中国空气动力学发展蓝皮书
(2017 年)

《中国空气动力学发展蓝皮书》编委会　编

国防工业出版社

·北京·

内 容 简 介

本书叙述了空气动力学发展史,回顾了中国空气动力学的发展历程,梳理了近5年来我国在空气动力学基础理论、试验设备设施、关键技术以及在国防和经济社会中应用方面取得的成果,阐明了空气动力学学科的现状,并展望了未来的发展趋势。本书的主要读者群体是国防和国民经济相关领域的科研机构、企业、高校的研究人员、管理人员、教学人员和在读学生,也可为科技管理部门决策提供参考。

图书在版编目(CIP)数据

中国空气动力学发展蓝皮书. 2017年/《中国空气动力学发展蓝皮书》编委会编. —北京:国防工业出版社,2018.9

ISBN 978 – 7 – 118 – 11678 – 6

Ⅰ.①中… Ⅱ.①中… Ⅲ.①空气动力学 – 技术发展 – 研究报告 – 中国 – 2017 Ⅳ.①V211 – 12

中国版本图书馆 CIP 数据核字(2018)第 213325 号

※

*国防工业出版社*出版发行

(北京市海淀区紫竹院南路 23 号 邮政编码 100048)

北京龙世杰印刷有限公司印刷

新华书店经售

*

开本 710 × 1000 1/16 印张 26¼ 字数 429 千字

2018 年 9 月第 1 版第 1 次印刷 印数 1—2000 册 定价 198.00 元

(本书如有印装错误,我社负责调换)

国防书店:(010)88540777   发行邮购:(010)88540776

发行传真:(010)88540755   发行业务:(010)88540717

序　言

空气动力学是力学的一个分支,是研究飞行器或其他物体在与空气做相对运动情况下的受力、受热特性、气体的流动规律和伴随发生的物理化学变化的一门科学。空气动力学兼具基础科学和技术科学的特点,能够为航空航天飞行器设计提供新思想、新概念和新方法,推动飞行器更新换代,被称为飞行器研制的"先行官"。

我国近代空气动力学研究始于 20 世纪 30 年代,羸弱的旧中国千疮百孔,航空工业几近于零,作为其基础的空气动力学事业更是举步维艰,发展极为缓慢。以航空报国为己任的莘莘学子纷纷前往国外学习深造,涌现了钱学森、郭永怀、陆士嘉、庄逢甘等享誉世界的大师名家。"卡门－钱公式""PLK(庞加莱－莱特希尔－郭永怀)方法""钱学森弹道"等一系列成就世人瞩目,为世界空气动力学和航空航天技术发展贡献了中国智慧、注入了中国力量。

新中国成立后,为独立自主发展"两弹一星"和航空航天事业,刚刚回归祖国的钱学森等就立即着手规划我国空气动力学的建设和发展。根据钱学森的建议,20 世纪 50 年代,先后在原国防部第五研究院和沈阳 112 厂成立了空气动力研究室,即如今中国航天空气动力技术研究院和中国航空工业空气动力研究院的前身。与此同时,中国科学院、兵器系统、相关高校也纷纷建立了自己的空气动力学研究力量。60 年代,为整合全国空气动力学研究优势资源,形成拳头力量,国防科学技术工业委员会决定成立以钱学森为组长的空气动力研究院筹备组,1968 年 2 月空气动力研究院正式成立,即中国空气动力研究与发展中心的前身。

在党和国家几代领导的亲切关怀下,经过数十年的顽强拼搏,我国空气动力事业实现了从无到有、由弱到强的巨大转变,构建了风洞试验、数值计算、模型飞行试验三大手段齐备的空气动力试验研究能力体系,整体规模和水平进入世界先进行列,为国防现代化建设和经济社会发展做出了突出贡献。目前,我国已经建成了大中小配套、全空域全速域覆盖的空气动力地面试验设施;开发了具有自主知识产权的一系列空气动力学数值模拟软件;具备了航空航天模型飞行试验能力;在湍流、涡动力学、分离流、稀薄气体动力学等领域取得了理论研究的突破;空气动力学教育事业蓬勃发展,培养了大批优秀人才;突破了大量飞行器研制中的关键气动问题,在载人航天、临近空间飞行器、深空探测、新型导弹武器、新一代作战飞机、大型客机等高精尖领域取得了举世瞩目的丰硕成果;充分发挥了军民共用的天然优势,在高速列车、建筑桥梁、风能利用、环境保护等领域做出了重要贡献。

展望未来,飞行器的发展趋势是更高、更快、更远、更环保、更舒适,向地外星球拓展、向不同介质扩展。新的飞行器有大量新的空气动力学问题亟待解决,很多问题呈现出多学科交叉融合的趋势,且宏观问题逐渐向微观、细观分析转变。在民用领域,越来越多的问题需要空气动力学研究的深入。在坚持创新驱动,建设航空、航天强国的精神指引下,在军民融合大背景大趋势下,我国的空气动力学事业任重道远,大有作为。

目前,空气动力学发展要特别重视超大规模计算机及其计算的发展。有了它,对任何物理模型已确定的气动问题,理论上都可数值求解,与没有计算机的时代相比是极大的变化,这就是力学称为"现代力学"的原因。另外,计算结果也有物理流动模型不确定或不完全确定的时候,此时数值模拟就需要地面试验和自由飞试验的验证,这要求提高试验的精度、能力和新方法。这些是现代空气动力学的重要任务。力学、计算和试验要紧密结合起来。

系统全面地总结我国空气动力学最新发展成果,是空气动力学界多年的期盼。为此,由中国空气动力研究与发展中心发起,中国空气动力学会牵头组织,开展了我国首部《中国空气动力学发展蓝皮书》的编撰工作。该书涉及面广、专业性强、编撰难度大,在编撰期间,学会下属9个专业委员会和数十个成员单位积极参与,同时得到了相关领域多位院士、专家的悉心指导,以及上级领导机关的大力帮助,历经近1年的艰苦工作,最终得以出版。

《中国空气动力学发展蓝皮书》致力于系统总结近5年来我国空气动力学发展的最新成就、展望未来发展趋势和方向,是众多专家学者共同努力的成果。相信《中国空气动力学发展蓝皮书》的出版能够为国家相关部门筹划发展、制定政策提供决策支持,为工业部门、研究机构、高等院校等相关单位和科研人员提供参考,为社会各界了解和支持我国空气动力学发展搭建桥梁。我们期待《中国空气动力学发展蓝皮书》能够持之以恒、推陈出新,不断为科技强国建设做出新的更大的贡献。

张涵信

2018 年 6 月

目　录

引　言

空气动力学界流传着这样一句话："凡有空气的地方就有空气动力学。"我们知道,人类及一切生物都与空气密切相关,然而,作为一门学科,空气动力学并不为很多人所熟知。空气动力学是力学的一个分支,或者更确切地说,它属于流体力学范畴。它是研究飞行器或其他物体在与空气或其他气体做相对运动情况下的受力特性、气体的流动规律和伴随发生的物理化学变化的一门科学。它既是一门基础科学,又是一门技术科学。

一、世界空气动力学的发展脉络

空气动力学学科的产生和发展可以追溯到 16 世纪,我们可以简要列出一些代表性人物及他们的重要贡献。可以看出,源自于对鸟类飞行的观察,人们产生了对空气流动现象的初步认识,而后又对流体流动开展了观察、实验和理论分析,自 19 世纪初叶以来,伴随着航空航天发展的需求,空气动力学得到了迅速发展。

16 世纪初,欧洲文艺复兴时期,意大利人达·芬奇在《论鸟的飞行》中对空气流动现象进行了描述;1726 年,英国科学家艾萨克·牛顿提出了物体在空气中运动时受到的力与物体的运动速度、物体的特征面积以及空气密度的关系;瑞士物理学家和数学家丹尼尔·伯努利通过实验发现了边界层效应,并在其《流体动力学》一书中提出了能量守恒定律,即伯努利方程;1752 年,法国物理学家和数学家让·勒庞·达朗贝尔在《流体阻尼的一种新理论》一文中提出物体在大范围的静止或者匀速运动的不可压缩、无黏流动中做等速运动时,物体受外力之和为零,这就是著名的达朗贝尔佯谬;1755 年,瑞士数学家莱昂哈德·欧拉在其《流体运动的一般原理》中运用牛顿第二定律给出了物体在无黏流体中运动的微分方程,即欧拉方程;1822 年,法国科学家路易斯·纳维在欧拉方程中加入黏性项导出了黏性不可压缩流体的运动方程,1845 年,英国物理学家乔治·斯托克斯也从不同途径推导出了描述物体在黏性流体中的运动方程,此后这组方程称为纳维－斯托克斯方程,即 N－S 方程;1872 年,奥地利物理学家路德维希·玻耳兹曼通过统计物理方法建立了描述气体从非平衡态到平衡态过渡过程的玻耳兹曼方程;1883 年,英国科学家奥斯本·雷诺通过观察黏性流体在小直径圆管内的流动,发现了层流和湍流两种流态,并指出流态由惯性力和黏性力的比值确定,这个无量纲参数就是著名的雷诺数;此后,威廉姆·兰金、皮埃尔·雨高尼奥提出了激波关系式,可由此求出激波前后介质运动速度、压强、温度、密度等参数。19 世纪 90 年代初,奥地利科学家恩斯特·马赫在其研究弹丸运动的论文中,指出弹丸速度在小于和大于声速时其扰动特征是不同的,这些特征可以用物体运动速度与当地声速之比来描述,这一参数称为马赫数。至此,经典流体力学的理论基础基本奠定,空气动力学进入了全面发展阶段。

自 19 世纪末,随着飞行器发展的迫切需要,空气动力学逐步从流体力学中独立出来,并发展成为一个新的分支。最开始的研究是围绕飞机如何提高升力和减少阻力而开展的。1904 年,德国物理学家路德维希·普朗特发表了著名的边界层理论,以此奠定了低速空气动力学的基础;1908 年,保罗·布拉休斯提出了层流边界层的相似解;1894 年,英国科学家弗雷德里克·兰彻斯特提出了无限翼展机翼产生升力的环量理论以及有限翼展机翼产生升力的涡旋理论,在其影响下,普朗特提出了有限翼展机翼理论;1906 年,俄国物理学家尼可莱·茹科夫斯基提出了升力公式,建立了二维翼型理论,并在 1909 年进一步概括为茹科夫斯基翼型理论。

飞机飞行速度的提高以及高超声速飞行器的研制需求,推动了超声速和高超声速空气动力学的发展。普朗特和西奥多·迈耶分别于 1907 年和 1908 年独立得到了完全气体膨胀加速二维等熵流的解析解,因此又称为普朗特 - 迈耶流,这是多维超声速流动的最早理论解。1911 年,西奥多·冯·卡门提出了钝体阻力理论,发现了后来被称为卡门涡街的尾涡序列;1918 年,普朗特提出了大展弦比机翼的升力线理论;1925 年,雅克布·阿克莱特推导出了翼型超声速线化理论;1935 年,西奥多·冯·卡门提出了超声速流动中的激波阻力概念,即超声速阻力原则;1935 年,阿道夫·布斯曼首次提出了完整的后掠翼思想,为飞机突破"声障"奠定了基础;1939 年,钱学森与西奥多·冯·卡门提出了亚声速气流中空气压缩性对翼型压强分布的修正公式,即卡门—钱学森公式;1946 年,钱学森和郭永怀提出了上临界马赫数的概念,并给出了上临界马赫数的计算方法;1946 年,钱学森提出了"高超声速"这一概念并导出了高超声速相似率,与普朗特和赫尔曼·格劳厄脱的亚声速相似律、西奥多·冯·卡门的跨声速相似率及雅克布·阿克莱特的超声速相似律一起奠定了可压缩流空气动力学的完整基础理论体系。1946 年,美国科学家罗伯特·琼斯提出了小展弦比机翼理论;到 20 世纪 40 年代中期,钱学森认识到稀薄气体力学的重要性,并于 1946 年发表了"超级空气动力学——稀薄气体力学"一文,提出了流动区域的划分原则;1949 年,郭永怀与庞加莱、莱特希尔提出了计算简便、实用性强的奇异摄动理论中的变形坐标法,此方法称为庞加莱·莱特希尔·郭永怀(PLK)方法;1951 年,美国科学家哈利·艾伦提出钝头体理论，克服了由于高超声速飞行和弹头再入大气层严重气动加热引起的"热障"问题；1952年，美国科学家理查德·惠特科姆提出了跨声速面积律，为飞机实现超声速飞行突破"音障"问题找到途径；琼斯在此基础上提出了超声速面积律；1967年，理查德·惠特科姆提出超临界翼型以及翼梢小翼概念。20世纪70年代以后，脱体涡流型和非线性升力的发展和应用为第三代高机动性战斗机的发展奠定了基础。

　　然而，在此后的一段时间内，一定程度上受计算机可以代替风洞和认为空气动力学理论已经很成熟的思想影响，空气动力学的发展有所迟缓，以至于一些空气动力学研究人员转行。直至美国国家空天飞机（NASP）计划受阻以后，人们发现，还有诸如超声速燃烧等问题远远没有解决，必须做大量的空气动力学研究工作，这才又导出了"高超声速空气动力学的复苏"问题。此外，诸如湍流这种百年难题仍未解决，因此，空气动力学至今也仍然是一门具有生命力的学科。

二、我国空气动力学的发展历程

　　20世纪50年代以前，除了当时旅居国外的钱学森、郭永怀等从事流体力学和空气动力学研究的学者为空气动力学研究做出了重要贡献以外，国内只有一些高等学校有流体力学的教学，没有多少实质性的研究工作。

　　20世纪50年代以后，随着中国对航空航天技术发展的需要，中国空气动力学的研究得到了有序发展。钱学森、郭永怀等一批科学家相继回国，对中国空气动力学的发展起到了至关重要的作用。

　　1956年2月，钱学森按照周恩来要求，起草了《建立我国国防航空工业的意见书》，建议成立空气动力研究机构，并建设各类空气动力试验设备。1956年末，国防部第五研究院所辖的空气动力研究室成立，此后演变为中国航天空气动力技术研究院。沈阳112厂成立了空气动力研究室，后来演变成中国航空工业空气动力研究院。20世纪60年代，为整合全国空气动力学研究优势资源，国防科委成立了以钱学森为组长的空气动力研究院筹备组，1968年2月空气动力研究院正式成立，后来演变为中国空气动力研究与发展中心。至此形成了中国主要的三大空气动力研究单位。此外，中国科学院力学所、中国兵器科学研究院第二〇三研究所、中国船舶重工集团公司第七〇二研究所以及有关大学的相应院系都有作用重要的空气动力学研究队伍，这些力量积极配合飞行器总体设计单位的研究人员，提供飞行器气动设计需要的数据，支撑着中国空气动力学的不断发展。

　　空气动力学研究主要通过三大手段，即风洞试验、数值计算和飞行试验进行，任何飞行器设计所需的空气动力学数据都是通过这三大手段来获取的。

按照我国三大研究手段发展历程的顺序,首先开展的工作是建设空气动力地面试验设备——风洞。

在 1956 年末,钱学森提出要"着手建立现代化的空气动力学实验室"。中国空气动力地面模拟设备,即风洞的建设大体分为集中规划建设、型号配套建设和专项特批建设几类。

集中规划建设总共有三次。第一次是从 1957 年开始,持续到 20 世纪 60 年代中期。1957 年 8 月,庄逢甘根据钱学森的指示,组织人员起草了我国第一个空气动力学试验基地的设备建设规划,该规划内列 16 座各种类型和尺寸的风洞,根据这个规划,全面开展了北京空气动力试验基地的风洞建设,先后开工并完成建设的有低速风洞、跨超声速风洞、高超声速风洞、低密度风洞和电弧风洞。5 年左右的时间建成了从低速到高超声速的风洞试验设备 9 座以及与之配套的动力系统和试验测试设备。根据高温环境和高超声速流场的特点,相继建造了脉冲风洞和电弧加热设备。这些设备为我国早期航天型号研制中的气动设计提供了技术支持。第二次是 60 年代中期和 70 年代中后期的四川绵阳基地建设。1964 年国防科委成立了以钱学森为组长的第十六专业组——空气动力专业组,他与郭永怀、庄逢甘等人规划了绵阳基地的建设工作。1965 年,上级下发了三线风洞的建设规划,并相继组织实施。首先,从全国几个一线单位抽调大批技术骨干充实队伍,同时先期组建各种风洞的设计小组,实施对口建设。据有关空气动力学研究的史料记载,到 1977 年底,已先后建成风洞设备 11 座,当时在建的有 10 余座。通过这一阶段的建设,除一线已有的同类设备以外,四川绵阳基地还建成了大尺寸低速风洞、1.2m 跨超声速风洞、2m 激波风洞以及 200m 自由飞弹道靶等大型空气动力试验设备,使其成为亚洲最大的空气动力试验基地,也为飞行器气动设计扩大了技术支撑的范围和能力。第三次集中规划是在 21 世纪初,《国家中长期科学和技术发展规划纲要(2006—2020)》中明确指出:"要建设若干大型科学工程和基础设施,包括大型空气动力研究试验等方面的大科学工程或大型基础设施。"为此,国家科技部联合发展与改革委员会、财政部、总装备部等七个部委和军队主管部门,成立了以庄逢甘院士为组长的全国专家论证组,着眼新世纪我国航空航天、交通运输等领域自主创新发展的需求,制定并颁布了《2008—2020 年国家大型空气动力试验设备设施平台建设规划(227 规划)》,提出了六个方面 15 项重点建设内容。这次规划与前两次不同的是,它不是针对某一特定研究机构的建设规划,而是从国家层面、面向重大战略需求规划空气动力学三大研究手段的发展。

经过半个多世纪的努力,前两次规划的建设已经完成,第三次规划的建设大部分已经启动,有的也已完成。此外,还有大量的专项特批建设和型号配套建设。早期,在航空、兵器、船舶以及民用领域的研究院所、高等院校都针对专项应用目的建设了相关的风洞。此后,又根据航天航空飞行器发展的不同阶段,针对各飞行器对空气动力研究的特殊需求,采用了型号配套技术改造的方式建设了各种类型的风洞及其配套系统,并不断发展各种试验技术和测量技术,从而形成了可与美、俄匹敌的强大风洞试验能力。

空气动力学研究的第二个重要手段是数值计算。在 1978 年的全国力学规划会议上,钱学森作了名为"现代力学"的发言,他指出:1910 年到 1960 年之间,力学主要通过理论上的突破来解决航空航天领域的工程实际问题,求解方式为人工计算,其发展状况可定义为"应用力学";1960 年以后,力学逐渐从专业的力学研究机构中走了出来,普及到了广大的工农业生产和工程技术中,电子计算机和力学研究紧密结合,在力学研究和工程问题求解中发挥了越来越大的作用,这一时期的力学应该称为"现代力学"。在"现代力学"时期,力学工作者应该学会使用计算机,更要懂得将力学本身的规律和计算机的规律结合起来,获得最好的解。"现代力学"概念的提出,阐明了利用计算机求解力学问题的重要性,对指导包括空气动力学在内的我国力学学科的发展具有重大意义。

数值计算包括工程计算和数值模拟,前者建立在空气动力学的若干近似理论或实验数据关联式的基础上,后者建立在对可准确描述流体运动的数学方程(N – S 方程、玻耳兹曼方程等)的求解的基础上。20 世纪 60 年代,由于计算机和计算技术本身的水平十分有限,尚不可能对 N – S 方程进行全面求解,为了应对型号研制的急需,主要利用基于近似理论的工程算法,既包括当时国际上通用的基于牛顿理论和修正牛顿理论的工程算法,也有如张涵信、曾广存等学者提出的建立在熵层理论基础上的工程算法。这些工程算法为当时的飞行器研制提供了气动数据。与此同时,我国研究者开展了位势流方程、无黏流欧拉方程以及黏性流的 N – S 方程的数值模拟研究,这些方法在 20 世纪 70—80 年代得到了迅猛发展。1987 年,庄逢甘以"中国计算流体力学"为题在国际会议上推介了我国计算流体力学的研究成果。计算空气动力学的发展为飞行器气动设计提供了综合优化设计方法和大量的数据,它作为空气动力学的研究手段与风洞试验、模型飞行试验和理论分析结果相互补充,同时也可取代一些风洞试验,以至于在 70 年代中期国际上以迪安·查普曼为代表的关于"计算机代替风洞"的一种观点出现了。当然,经过 40 多年的发展,证明这种观点还为时尚早,但它的作用及重要性与日俱增。

空气动力学研究的第三个手段是飞行试验。飞行器研制的初期,空气动力性能数据由理论估算、风洞试验和数值模拟提供,飞行试验只是它们的验证和补充。这种手段包括两类工作:一是为了研究某些特定时空环境下飞行器的特定气动和防热性能,通过设计模拟飞行器进行飞行试验,获取气动力、热性能并研究飞行器的飞行控制特性,为下一步的飞行器设计提供数据;另一类是已经通过风洞试验、数值模拟确定飞行器设计方案和参数的情况下,采用飞行试验对方案进行验证。飞行试验是飞行器设计中空气动力性能获取和设计定型的不可或缺的手段。

从 20 世纪 60 年代开始至今,经过 50 多年的发展,我国空气动力学研究已经形成了完整的体系,风洞试验、数值模拟和飞行试验三种研究手段配套齐备,相互补充,相互验证,可为各种航空航天飞行器、多种地面水面交通运输工具、桥梁建筑风能利用等各种军民用技术提供技术支撑,并将继续做出重要贡献。

除了大力发展空气动力学研究手段之外,我国还投入了大量的人力、物力开展空气动力学人才队伍建设。1949 年以前,我国的高等院校没有力学专业,这导致解放初期,我国的力学人才极其短缺。面对这一困境,以钱学森为首的力学发展领导小组提出了两条建议:一是在若干所大学设立力学专业,长期培养力学人才;二是从 1957—1958 年重点工科院校的毕业生中,挑选优秀者,开办力学研究班,以解人才需求的燃眉之急。在第一条建议的指导下,清华大学于 1958 年成立了工程力学数学系;同年,钱学森参加了以郭沫若为首的中国科学技术大学筹备委员会工作,并在中国科学技术大学创立时担任了近代力学系主任,为我国培育了新一代的近代力学工作者。在第二条建议的指导下,经国务院决定,由高教部与中国科学院在清华大学建立了工程力学与自动化两个研究班,1957 年 2 月至 1962 年 2 月,工程力学研究班共办了三届,共招生 309 人,为中国的力学事业紧急输送了大量人才。时至今日,我国已有多所高等院校设立了空气动力学专业或空气动力学课程,空气动力学相关的讲习班、研讨会等活动空前繁荣,为国家的航空、航天、能源、交通等行业输送了大量的宝贵人才。

在钱学森、郭永怀等专家的规划下,自 20 世纪 50 年代起,我国逐渐开始建立空气动力学学科及下属研究方向。1956 年,钱学森把他所提出的"物理力学"这一概念列为《我国科学发展的十年远景规划》中的边缘学科之一,之后在中国科学技术大学设立了物理力学专业,并在力学所成立了物理力学研究小组,研究方向包括高温气体、高压气体、高温固体、高温辐射等,目前发展为高温气体动力学开放实验室和非线性力学国家重点实验室。1961 年,钱学森、郭永怀组织在北京的老、中、青年空气动力工作者,成立了高超声速研讨班,研究了钝锥绕流头部的激波层分析方法,推动了高超声速空气动力学的发展。1970 年 12 月,钱学森听取中国航空学会风洞考察团关于西欧国家风能利用情况的汇报后,指示要开展风力发电研究工作,并将任务赋予风洞指挥部(中国空气动力研究与发展中心前身)。1981 年 12 月,中国科协批复成立风能专业委员会,并将其作为中国空气动力研究会的下属学术机构,这一举措有力促进了低速空气动力学的发展。1985 年底,庄逢甘倡导并主持成立了北京计算流体力学研讨会,其宗旨是介绍国内外计算流体力学的新动态、新思想、新方法,交流国内同行的最新研究成果和经验。该研讨会由各学术机构轮流主办并一直持续至今,极大地推动了我国在计算流体力学领域的创新研究。1989 年,庄逢甘主持建立了国家自然科学基金重大项目"旋涡、激波和非平衡起主导作用的复杂流动"课题,并主持建立了多个相关基金重大项目,带领百余名科技人员,对非定常流和旋涡运动等多尺度复杂流动,从理论、实验和数值模拟等方面开展了系统研究,取得了重大进展,孕育了下一代航空航天飞行器的多个新概念。当前,我国的空气动力学学科已经比较完善,并且在大量基础科研项目的支持下不断蓬勃发展。

三、我国空气动力学在国防和国民经济建设中的作用

空气动力学在国防和国民经济领域起着十分重要的作用,它为航空航天飞行器、高速列车、汽车、风力机、高层建筑等产品提供技术支持,反过来这些军民用产品的性能提升和换代需求又促进了空气动力学的发展。我国空气动力学的发展始终遵循着这样一个规则,从若干重大型号产品的研发过程就可以看出来。

1. 远程运载火箭的气动稳定性和防热研究

中国航天技术的发展从一开始就有空气动力学的介入。在早期的型号研制中,钱学森就要求刚成立的国防部五院的空气动力学研究室提供设计各种型号所需要的空气动力资料。不久,又针对飞行速度的提高而对头部防热的要求,又开展了烧蚀防热技术研究。但是到了 20 世纪 70 年代研究远程运载火箭时,遇到了技术瓶颈,这时开展了被钱学森称之为"淮海战役"的气动、防热的大范围联合技术攻关。钱学森明确提出要解决"飞得稳"和"不烧穿"的问题,也就是气动稳定性和飞行器头部防热的问题。经过总体设计单位、空气动力学专业研究机构、中国科学院以及若干高校的空气动力研究人员的集智攻关,以技术科学思想为指导并采用系统工程的管理模式,最终圆满解决了问题,保证了该运载火箭于 1980 年 5 月向太平洋预定海域的成功发射。

2. 载人航天飞行器研制中的气动攻关

早在 20 世纪 80 年代的中后期,我国航天界在"863"计划航天高技术领域中开展了载人航天发展途径及其关键技术的探讨,而在 20 世纪 90 年代初期决定了以飞船形式作为我国载人航天途径并正式立项。按照业内的共识,气动是任何飞行器设计的"先行官",因此立即开展了载人航天器以及逃逸系统和运载系统的空气动力技术研究。在 1993 年的"载人飞船工程气动攻关研讨会"上,庄逢甘提出了返回舱和逃逸飞行器的有关稳定性、分离、防热和热结构等方面的十大关键气动技术问题,仍然基本上按照前述模式调动各方力量攻关。由总体设计部和空气动力专业研究机构共同制定了相应的研究和试验大纲,既分工负责又联合攻关,最终取得重要成果,从气动性能、热防护和热结构方面保证了载人飞船飞行的圆满成功。我国气动界在总结载人飞船气动研究成果时又不失时

机地对未来深空探测的相关气动问题做预估分析和研究，做技术储备。

3. 大型客机气动构型和气动特性研究

大型客机研制对我国国民经济的发展和科技进步具有重大的带动作用，也是体现国家意志，提高综合国力的必然要求。空气动力技术是开展大型客机安全性、舒适性、经济性、环保性设计，以及实现减阻、减噪、减重、减排高性能设计的关键技术。2008 年 7 月，中国商用飞机有限责任公司上海飞机设计研究院在联合工作队综合论证的基础上，启动了 C919 飞机的气动设计工作。根据 C919 飞机的总体要求，调动发挥全国一流气动力设计力量，借助先进的气动构型参数化快速成形技术、先进计算流体力学技术、高效优化设计方法和风洞试验验证等，实现了在先进气动布局、超临界机翼、高效增升装置、先进减阻措施等设计技术的突破，提升了 C919 飞机的设计质量和设计效率，最终达到了 C919 空气动力设计相对竞争机同比减阻 5% 的设计要求。2017 年 5 月 5 日，C919 大型客机在上海圆满首飞，实现了国产大型客机领域的突破。

4. 高速铁路飞速发展中的动车气动性能预测

从 1990 年起，伴随着六次铁路大提速和高速铁路发展，我国开始着手列车空气动力性能与行车安全研究。随着列车速度的提升，出现了一系列危及行车安全、降低旅客舒适度和影响列车周围环境的列车空气动力学问题，如空气阻力急剧增大、能耗增加、列车交会压力波等。尤其当列车高速通过隧道，引起隧道内不断出现的压缩、膨胀波，使隧道内的空气压力交替发生变化，从而对隧道衬砌结构及各种附属设施、车辆结构、车厢内空气压力变化的人员舒适度、隧道内工作人员安全保护等方面均会带来不利影响。20 世纪 90 年代初，在大型低速风洞进行了全面的列车风洞试验研究，发现并提出了开展列车空气动力学研究需要解决的一系列研究方法科学问题，如风洞试验的地板效应问题，模拟列车交会、通过隧道等具有相对运动的数值计算和模型试验问题，以及如何在我国迅速开展空气动力学实车试验等问题。通过数值模拟计算、风洞试验、动模型试验、在线实车试验、理论分析方法，对列车空气动力学开展了全面深入、细致、系统的研究，制定了填补国内空白的一系列计算、试验、行车及评估标准，实现了"从应用基础研究到原创性技术研发和科技成果的产业化"。

5. 风能利用中的空气动力特性研究

中国是世界上最早开展风能利用的国家之一。传统风车从宋代开始一直使用到 20 世纪 50 年代，后来逐步被小型风电机组取代，发电成为风能利用的主要方式。风能利用是一项系统工程，空气动力学是风能技术重要的理论基础。钱学森在 20 世纪 50 年代曾提出了"风洞风车"的风能转换装置的概念。70 年代末，风能市场逐步形成，随着风能产业和技术的发展，钱学森要求组织全国队伍开展风能空气动力学研究工作。从"六五"开始，特别是从 21 世纪初开始，大型风电机组进入市场和风电场规模化建设后,风能空气动力学研究列入国家科技攻关项目,开始进入一个新的发展阶段。研究内容主要包括:风电叶片空气动力设计和风力机空气动力特性计算、试验;风力机尾流特性和复杂地形流场特性研究,优化风电场布局;海上风电机组在风、浪、流相互耦合作用下的非线性载荷和动力学特性研究;提升风力机风洞试验、数值计算、风场实测数据的可信度和融合技术。

从以上列举的国防和民用的几个重大产品及产业的发展中可以看出,空气动力学在其中起到了巨大的作用:它是新概念飞行器诞生的源泉,是保证飞行器和地面运输工具性能的基石,更是该类产品换代、升级的依靠。

四、近期我国空气动力学的发展

近年来,在钱学森"现代力学"思想的指引下,我国空气动力学事业发展迅速,主要趋势包括:高性能计算机、超大规模并行计算方法和空气动力学紧密结合,极大地提高了数值模拟的时空分辨率;先进传感器技术、图像采集及处理技术提升了地面试验和飞行试验的测试精度及可视化水平;数值模拟和试验精度的提高,加深了研究者对微观流动机理的认识,进一步有力推动了空气动力学理论的发展,建立了若干新的理论模型。近 5 年来我国空气动力学事业的主要成果表现在:①基础理论及前沿技术研究方面。在湍流、转捩、激波/边界层干扰等经典学科基础问题研究中,通过高精度数值模拟、风洞试验和飞行试验提供了大量的数据,基于数据发展了更加精确的预测模型;针对气动/运动/控制、气动声学、湍流燃烧、爆轰等多学科问题,进一步发展了多种理论模型,并建立了求解方法;发展了飞行器气动布局设计理论与方法,提出了高升阻比滑翔式飞行器等新概念布局。②地面试验设备和试验技术方面。先后建成了 3m×2m 结冰风洞、5.5m×4m 航空声学风洞、2m 高能脉冲风洞、50MW 电弧风洞等 40 余座风洞及设备,启动了 2.4m 连续式跨声速风洞、大尺度高超声速高温风洞等 6 座风洞及设备的建设,并完成近 20 座设备的改造提升。设备尺寸、试验参数范围、试验时间等性能指标显著提升,并新增了声学、结冰、红外、光学等多座特种试验设备,大幅提升了试验能力。发展了发动机进排气模拟、推力矢量模拟、轨道模拟、粒子云侵蚀等 100 余项试验技术,提升了气动力、气动热、防热参数的测量精度;发展了 PSP、TSP 等非接触测量技术,并突破了碰撞与毁伤、变形视频测量、冰形测量等特殊测试技术;发展了 PIV、纹影、BOS、LIF 等一系列流动显示技术,拓展了流动显示技术的适用范围。③数值模拟方法及软、硬件方面。发展了面向 CFD 的几何生成技术和多种网格生成方法,建立了转捩、燃烧、高温化学反应、稀薄流动、跨流域等多种计算方法,初步实现了加权紧致非线性格式、间断伽辽金方法等高阶格式的工程应用,实现了气动和运动、结构、控制、声学、传热的耦合计算,实现了超大规模的并行计算;发展了近40套空气动力学数值模拟软件,初步建立了软件验证与确认体系,大幅提升了CFD方法的工程实用化水平,部分软件已经初步实现商业化推广;建成了空气动力学研究专用大型高性能计算机系统3台,总运算速度达1691万亿次/s。④模型飞行试验方面。基于大型低速风洞发展了水平风洞模型自由飞试验技术和虚拟飞行试验技术,在高超声速风洞上实现了模型自由飞原理性试验;在模型自由飞试验技术方面,突破了相似性准则、模型总体设计技术、模型飞行试验风险分析评估技术、机动动作试验设计技术、气动力/热参数辨识技术、天地相关性换算方法等关键技术;建成了航空、航天模型飞行试验基础地面研发平台,航空、航天模型飞行试验平台及模型飞行试验基础设施;发展了气流参数、飞行器姿态参数、大气数据、高温环境下气动热参数等测量技术;实现了若干典型航空、航天型号的模型飞行试验。

五、中国空气动力学会和首部蓝皮书

在1978年的全国力学规划会议上,钱学森指出,学会工作应该大大繁荣,应多成立一些学会,多搞学会活动和学术交流。鉴于空气动力学对航空航天的重要性,钱学森倡议成立中国空气动力学学术团体,以推动我国在空气动力学领域的学术研究。1980年6月10日在上海成立了中国空气动力学研究会,钱学森、沈元当选为名誉会长,庄逢甘为会长,曹鹤荪等为副会长,共有委员136名。1980年9月12日,中国空气动力学研究会成立获得中国科学技术协会批准。1984年9月,研究会在四川召开了第二次会员代表大会,钱学森、沈元当选为名誉理事长,庄逢甘为理事长,曹鹤荪等为副理事长。1989年常务理事会讨论决定,并经中国科学技术协会批准,中国空气动力学研究会更名为中国空气动力学会并登记注册。目前,学会下设9个专业委员会,依次为低跨超声速空气动力学、高超声速空气动力学、计算空气动力学、物理气体动力学、空气动力学测控技术、风工程与工业空气动力学、风能空气动力学、流动显示技术和空气弹性力学委员会。

由空气动力学会牵头组织编写的首部《中国空气动力学发展蓝皮书》按照空气动力学会下属9个专业委员会的设置方式来设置章节,共分为12章。第1、2章分别是低跨超声速空气动力学和高超声速空气动力学,介绍我国近年来在相关领域基础理论与前沿技术的研究进展、试验设备建设及改造情况、试验技术发展情况以及应用情况。第3章是物理气体动力学,介绍高温、高压、存在物理化学变化等极端条件的气体动力学研究进展,介绍相关的试验设备、测试技术和理论及数值模拟技术发展情况。第4章是计算空气动力学,介绍我国在网格技术、物理建模、数值格式、多学科模拟等数值模拟理论与方法上取得的进展,介绍用于空气动力学数值模拟的高性能计算机系统的建设情况以及数值模拟软件发展情况。第 5 章是风工程与工业空气动力学,介绍结构风工程、环境风工程、车辆空气动力学领域取得的理论和前沿技术进展,介绍相关试验设备和试验技术。第 6 章是风能空气动力学,介绍风力机空气动力学的研究进展和试验设备、试验技术发展情况以及应用情况。第 7 章是气动弹性力学,介绍低速、亚跨超声速、高超声速气动弹性问题的基础理论和前沿技术研究进展,介绍相关设备和试验技术的发展情况,以及应用情况。第 8 章是空气动力学测控技术,介绍气动力、气动载荷、气动热、防热、目标特性、气动噪声等试验中用到的测试技术的研究进展,介绍风洞控制技术和测试技术的应用情况。第 9 章是流动显示技术,介绍 PIV、纹影、BOS、LIF、IRS、CARS 等常用流场显示技术研究进展。第 10 章是空气动力学科研和教育机构,介绍三大空气动力学专业研究机构以及其他从事空气动力学研究的机构,并介绍国内开设空气动力学专业及课程、从事相关教学及科研的主要高等院校。第 11 章是重要学术活动和事件,介绍重要学术会议、重要研究项目和个人及单位所获的重要奖项。第 12 章是空气动力学发展展望,分析航空、航天及地面交通等领域产品未来的发展趋势及其对空气动力学的要求。

第1章 低跨超声速空气动力学

　　低跨超声速空气动力学属于流体力学的下级学科,是航空航天、交通运输、桥梁建筑及环境保护领域的一门重要公共基础学科。主要研究从低速到马赫数5.0的速域范围内,气体与物体相对运动时气体流动及其与物体相互作用的规律,为飞行器及地面交通工具、桥梁建筑的型面设计、试验和验证提供低跨超声速理论、方法、技术和数据。

　　自1687年牛顿推导了气动阻力与速度平方的关系式以来,经过丹尼尔·伯努利、让·勒庞·达朗贝尔、莱昂哈德·欧拉等人的努力,建立了无黏流体力学理论模型。19世纪大规模的滑翔和蒸汽涡轮机设计研究积累了大量的空气动力数据,激发了空气动力学探索热情。奥斯本·雷诺、路易斯·纳维、乔治·斯托克斯、赛恩特-维南特建立了黏性流体力学模型,凯莱发表了大气飞行方面的文章,弗雷德里克·兰彻斯特提出了机翼翼尖涡模型,塞缪尔·兰利出版了著作《空气动力学试验》,恩斯特·马赫获得了超声速流动结构,威廉姆·兰金、皮埃尔·雨高尼奥建立了正激波理论,古斯塔夫·拉瓦尔发明了超声速喷管。20世纪是低跨超声速空气动力学理论和应用发展的黄金时期,威尔海姆·库塔、尼可莱·茹科夫斯基发表了翼型升力理论,路德维希·普朗特及其团队成员保罗·布拉休斯、西奥多·冯·卡门、西奥多·迈耶、贝特兹等人发展了边界层理论、激波/膨胀波理论、有限翼展机翼理论,蒙克发展了薄翼型理论,戈泰特、赫尔曼·格劳厄脱发展了机翼气动力压缩性相似律,雅克布·阿克莱特发展了超声速线化理论,阿道夫·布塞曼提出了高速飞行的后掠翼理论,理查德·惠特科姆提出了跨声速面积律、超临界翼型和翼梢小翼,路德维希·普朗特、西奥多·冯·卡门、迪特里克·屈奇曼等一批杰出科学家组织了强有力的理论和技术攻关,使得低跨超声速空气动力学理论体系在20世纪中叶已经成熟并大规模投入应用。在风洞设备建设方面,自1871年低速风洞诞生起,风洞试验成为空气动力学理论和航空工程发展的有力推手。第一次世界大战以后,航空工业的发展极大地推动了风洞建设进程,1905年超声速风洞建成,1948年跨声速风洞诞生,随后16ft(1ft=0.3048m)推进风洞、国家全尺寸空气动力学综合体80ft×120ft风洞、国家跨声速设备相继建成,美国、俄罗斯、欧洲形成了完善的低跨超声速空气动力学试验体系,有力推动了低跨超声速空气动力学学科成熟,确保了它们在航空航天工业领域的巨大优势。20 世纪中叶至今,低跨超声速空气动力学主要围绕航空航天应用开发新概念、新布局和新技术,军用和民用航空航天产业规模都空前壮大,形成了以大型客机、大型军用运输机为主体的大飞机空气动力学,以战斗机和导弹为主体的机动空气动力学,以工业、建筑、桥梁、环保为主体的工业空气动力学,进一步将学科发展引向深入。

我国空气动力学发展较晚,直到 1924 年,清华大学在西奥多·冯·卡门的建议下开设了国内第一门空气动力学课程,20 世纪 30 年代初期,国内开始在清华大学、中央大学、北洋工学院等大学成立航空系,强化空气动力学学科建设。1936 年,中央大学建成国内第一座大尺寸风洞——直径 1.2m 的开口风洞;1937 年,世界一流的 15ft 风洞在南昌接近完工,但由于日本空袭而没能投入使用。抗战期间,我国空气动力学研究尽管道路曲折,但相关工作并没有停止,1939 年成立了成都航空研究院和清华昆明航空研究所,对翼型、旋翼、固定机翼特性、风洞设计、高速飞机设计等问题进行了研究,设计了研教一、研教二、研轰三等飞机。

新中国成立以后,国家相当重视低跨超声速空气动力学这一学科分支的建设,在人才培养、设备建设、基础研究和工业应用方面也投入了巨大力量,基本形成了适合中国国情的低跨超声速空气动力学研究体系。1956 年导弹研究院设置了空气动力专业研究机构,着手规划建设导弹研制所需的空气动力试验设备。1958 年,航空工业成立空气动力研究机构,开始建设 0.6m 跨超声速风洞和 4m×3m 低速风洞。1967 年空气动力研究中心成立,全国最大的生产型风洞群建设拉开序幕。为了推动我国风洞设备体系建设,钱学森等老一辈科学家编制了我国第一个风洞建设规划,拟在"四五"期间建成一系列高低速重大设备,形成国家空气动力学基本试验能力,支撑航空航天事业的发展。遗憾的是,直到 2010 年 2m×2m 超声速风洞建成投入使用,该规划才得以收官。在该规划的指导和飞行器型号研制的牵引下,我国建成了 1.5m、4m 和 8m 量级三个系列的低速风洞,以及 0.6m、1m 和 2m 量级三个系列的高速风洞试验设备群,配套了全机和部件测力、测压、大迎角测力、通气测力,以及进气道、喷流、动稳定导数(简称动导数)、抖振边界、颤振边界、静气动弹性、外挂物投放分离、马格努斯效应等试验技术,形成了较为完善的小展弦比飞机和导弹低跨超声速空气动力学试验体系,突破了大后掠角超声速机翼设计、机翼弯扭优化、翼梢装置设计、航向增稳装置设计、副翼效率改进、跨声速抖振抑制、流动分离预测与判定等一系列关键技术,攻克了边条机翼布局、鸭式布局、大展弦比机翼应用和研制中面临的非线性低跨超声速空气动力学难题,有效支撑了我国第二代、第三代战斗机、战略战术导弹、火箭和载人航天、支线飞机、干线飞机等飞行器的发展。

2008 年,为了满足航空产业、航天事业和国防建设日益增长的空气动力学试验研究需求,国家科技部等 7 部委编制了我国第三个风洞建设规划——

《2008—2020 年国家大型空气动力试验设备设施平台建设(227 规划)》,明确了 2020 年前空气动力学急需建设的 15 个重点项目,显著加大了对低跨超声速空气动力学学科建设的投入,开启了低跨超声速风洞建设的新时代。近年来,我国在设备建设与改造、试验技术开发、基础和前沿技术研究等方面取得了显著成果:

在设备建设方面,突破了低噪声设计、连续式风洞设计、结冰风洞设计技术等重大关键技术,新建风洞 10 座,包括 4.5m×3.5m 动态试验风洞、8m 量级低速风洞、0.6m×0.6m 暂冲式跨超声速风洞、1.2m 亚跨超声速风洞、3m×2m 结冰风洞、5.5m×4m 航空声学风洞在内的 6 座工程型风洞和包括 1.8m×1.4m 低速风洞、0.6m×0.6m 连续式跨超声速风洞、2.0m×1.5m 气动声学风洞、红外辐射测试风洞在内的 4 座研究型风洞,形成了一流的气动声学、结冰、低速动态效应模拟能力和低速流动高保真模拟能力,大大增强了连续风洞设计、运行和管理攻关能力,拓展了航空声学、红外辐射等研究手段,为未来先进飞行器工程研制和技术研究所需的特种试验提供了一批优秀平台。为了应对未来飞行器对流场品质和试验效率的挑战,启动了大型低速风洞、新 1.2m 跨超声速风洞和 2.4m 连续式跨声速风洞的建设工作。其中,2.4m 连续式跨声速风洞是我国风洞建设实现跨越发展的重要标志,该风洞形成试验能力后,将彻底改变我国跨声速风洞运行模式,使得我国进入连续式风洞时代。

在试验技术研究方面,重点突破了高机动与多体干扰模拟、多学科耦合模拟合、特种流动模拟和精确测量等瓶颈问题,围绕高机动双发飞机、大型运输机和复杂航天器开发了边界层转捩模拟试验技术、翼型双天平测力试验技术、条带支撑试验技术、大迎角试验技术等 21 类 74 项试验技术,构建了较为完善的高机动飞机和大型飞机研制的两大试验体系,大大增强了我国生产型低跨超声速风洞试验能力,为先进航空航天飞行器气动设计、选型优化和定型提供了强有力支持。

在基础研究和应用研究方面,着重围绕大飞机工程、探月工程等国家重大工程的低跨超声速空气动力学研究和试验需求,实施了"973"、重大科学仪器设备开发专项、自然科学基金国家重大科学仪器专项的"直升机旋翼气动噪声测试与识别基础问题研究""飞机结冰致灾与防护关键基础问题研究""复杂工况下运动姿态视频测量与动态特性分析仪""基于超声速气流加速和碰撞技术的低热固相反应合成系统及诊断装置"等一系列重大基础研究和仪器开发项目,建立了高精度数值计算、多自由度动态模拟、气动/运动/控制一体化模拟、多场耦合流动观察等新方法,突破了高速飞行器减阻机理、飞机气动噪声产生与传播机理、多自由度动态运动流动演化机理、空气动力学/飞行力学非线性耦合机理、流动/噪声耦合机理、气动噪声/振动作用机理,为复杂航空航天装备气动设计和以空气动力学为核心的多学科一体化设计的创新发展奠定了坚实基础。大力开展流动控制研究,在流动控制原理演示、流动控制关键器件开发、流动控制与飞行器的集成技术、流动控制技术的飞行应用等方面成效显著,推动了等离子体、合成射流、微射流等流动控制技术的日趋成熟和向应用转化的进程。

　　这些成果为我国航空航天、地面交通、建筑环保空气动力问题研究提供了先进的基础平台和技术支持,有效地发挥了低跨超声速空气动力学在航空工业和航天事业中的"先行官"作用,确保了以大型飞机、大型运载火箭、大型轨道交通为代表的高技术装备成功研制,为国民经济转型升级和国防创新发展做出了重要贡献。

　　下面从基础理论与前沿技术研究、科研试验基础设施、试验技术及在国防与经济社会发展中的应用等方面就我国低跨超声速空气动力学研究单位近年来在该领域取得的重要进展进行介绍。

1.1　基础理论与前沿技术研究

1.1.1　基于风洞虚拟飞行试验的空气动力学/飞行力学非线性耦合机埋

　　现代先进战斗机和战术导弹高机动飞行过程中,快速变化的运动特性和非定常流动特性之间形成强烈的气动/运动非线性耦合,容易诱发非指令自激耦合运动,基于线性叠加理论的传统研究方法,无法准确预测和评估这种强非线性耦合的影响,难以实现高机动可控飞行,需要建立气动/飞行力学一体化的研究方法体系,准确获取高机动飞行条件下的气动和运动参数,掌握非线性耦合机理,预测耦合特性,探索解耦措施,为先进高机动飞行器设计提供必要的理论基础和技术支撑。近年来,紧紧围绕先进飞行器研制紧迫需求,基于风洞虚拟飞行试验,国内相关单位开展了空气动力学/飞行力学非线性耦合机理研究,取得了显著进展。

1. 理论研究

　　建立了航空航天飞行器气动/运动/控制一体化实验理论。中国空气动力研究与发展中心提出了能够同时满足流动相似、运动相似和控制相似的风洞虚拟飞行试验的相似准则,建立了能够补偿线位移约束和评估飞行速度变化影响的风洞虚拟飞行试验模拟方法,为风洞虚拟飞行试验技术的发展提供了理论支撑。

　　突破了高机动飞行器双自由度耦合运动分析方法。空气动力学国家重点实验室建立了滚转单自由度和俯仰/滚转双自由度耦合运动稳定性分析方法,提出了经过风洞试验和数值模拟验证的单/双自由度稳定性判据准则,促进了我国高机动飞行器稳定性分析理论的发展(图 1 - 1)。

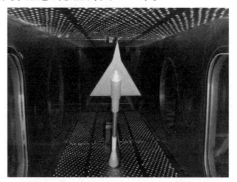

图 1 - 1　飞行器耦合运动的稳定性分析理论典型验证试验

发展了高机动飞行的非线性分析和评估方法。中国空气动力研究与发展中心、南京航空航天大学和沈阳飞机设计研究所联合攻关,发展了飞行器机动性和敏捷性评估方法、大迎角过失速机动非定常气动特性分析及建模方法、非线性飞行动力学特性分叉分析方法,建立了用于过失速机动控制律设计及飞行仿真的高机动飞行非线性分析和评估方法,满足了先进飞行器过失速机动研究需求,为我国高机动性、高敏捷性先进飞行器的设计提供了重要技术支撑(图 1 - 2)。

图 1 - 2　高机动飞行的非线性分析和评估方法典型结果

2. 试验研究

发展了飞行器气动/运动/控制一体化试验平台。中国空气动力研究与发展中心和南京航空航天大学建立了具有工程应用价值的高、低速风洞虚拟飞行试验平台,具备了气动/飞行力学/飞行控制一体化试验模拟能力,实现了风洞试验从单纯气动力试验向气动/飞行力学/飞行控制集成验证试验的跨越,为风洞中进行高机动飞行演示和控制系统试验验证开辟了新途径(图 1 - 3)。

揭示了典型机动形态的气动/运动非线性耦合机理。北京航空航天大学建立了气动/运动/空间流动同步测试技术,揭示了典型高机动布局诱发自激

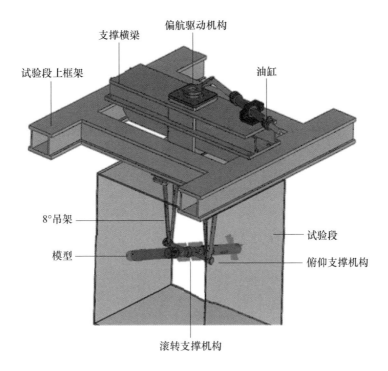

支撑横梁　偏航驱动机构

试验段上框架

油缸

8°吊架

试验段

模型

俯仰支撑机构

滚转支撑机构

图 1 - 3　高速风洞虚拟飞行试验平台

摇滚运动的气动/运动非线性耦合机理、触发条件和演化过程,发展了基于头部小扰动的前体非对称涡流动控制技术,为前体非对称涡主导的飞行器摇滚运动控制奠定了理论基础,对有效抑制非指令自激耦合运动具有重要的应用价值。

1.1.2　大尺度空腔高速复杂流动/振动/噪声耦合机理及控制方法

大尺度空腔是飞行器普遍采用的一种典型结构形式,高速飞行条件下,空腔复杂流动与强烈噪声可诱发结构振动,加速结构疲劳,还可能导致舱内电控系统工作失灵失效,甚至会造成机毁人亡的严重后果,极大地制约了带大尺度空腔的高速飞行器的发展。国内相关单位开展了大尺度空腔流动/振动/噪声耦合机理、大尺度空腔流动/振动/噪声特性分析与模拟理论、大尺度空腔流动/振动/噪声控制机理等关键问题研究,突破了空腔流动/振动/噪声特性预测与控制技术瓶颈,为大尺度空腔设计等提供了理论基础和技术支撑。

1. 理论研究

建立了空腔流动/振动/噪声多物理场耦合试验的理论基础。中国空气动力研究与发展中心提出了空腔流动/振动/噪声多物理场耦合试验模拟准则、相似参数和缩比刚性空腔模型设计原则,并提出了具有代表性的 C201 空腔标模,优选了几何结构参数(图 1-4),解决了亚声速前缘流动分离和超声速脱体激波对于空腔流动带来额外影响的难题,为空腔多场耦合机理研究和数值方法验证提供了精准数据。

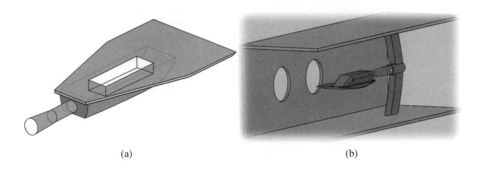

(a)   (b)

图 1-4　空腔 C201 标模几何构型及风洞试验方案示意图

空腔流致噪声机理取得突破。西北工业大学、空气动力学国家重点实验室和中国空气动力研究与发展中心基于 C201 空腔标模初步探讨了亚跨超声速条件下空腔复杂流动生成机理,掌握了剪切层厚度、腔内环流结构、噪声特性随腔体长深比和马赫数的变化规律(图 1-5),构建了空腔噪声预测模型,厘清了空腔复杂流动演化与高强噪声产生的物理机制。中国空气动力研究与发展中心、沈阳飞机设计研究所和中国飞机强度研究所揭示了边界层扰动、声腔振荡回路抑制的空腔流控降噪机理,获得了控制参数的敏感性;揭示了声阻抗边界条件与空腔噪声传播间的影响关系,建立了基于波导声模态和可控阻抗边界的声腔振荡回路抑制试验系统(图 1-6),筛选出了效果好的流控措施。

2. 试验研究

构建了多场综合测试系统。中国空气动力研究与发展中心建立了表面油流、空间粒子图像测速(PIV)法、视频测量、静/动态压力分布和振动/噪声测试的空腔多场综合测试系统(图 1-7),获得了 C201 空腔标模亚跨超声速条件下的流动结构、剪切层和多场试验数据。

3. 数值计算研究

建立了流场高精度计算方法。西北工业大学、空气动力学国家重点实验室和中国空气动力研究与发展中心发展了具有五阶精度谱分辨率的线性/非线性紧致数值计算格式,建立了多重分块网格加速的不完全上下三角(ILU)预处理 GMRES 迭代方法,初步构建了空腔高效高精度非定常流动及多尺度湍流计算方法,开发了高精度数值计算和基于混合方法的两套噪声计算软件。

建立了空腔噪声辐射/散射统一计算方法。西北工业大学、空气动力学国家

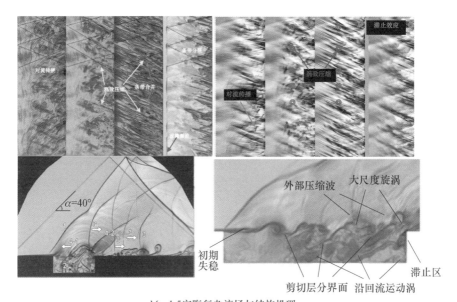

Ma=1.5空腹复杂流场与结构机理

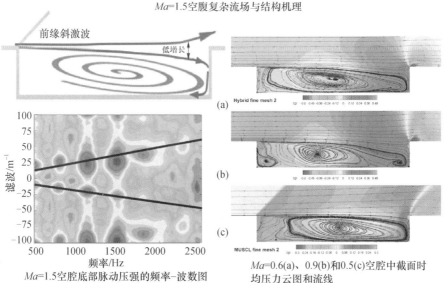

Ma=1.5空腔底部脉动压强的频率-波数图

Ma=0.6(a)、0.9(b)和0.5(c)空腔中截面时均压力云图和流线

图1-5 空腔复杂流动生成与演化机理、噪声产生机理分析(彩色版本见彩图)

重点实验室发展了基于积分边界的空腔噪声/散射统一计算方法,并通过空腔M219、C201标模的计算与试验结果综合对比分析验证了数值计算方法的可行性和正确性(图1-8),改进了延迟胶体涡湍流计算方法,构建了高强噪声环境下多尺度湍流结构分析模型。

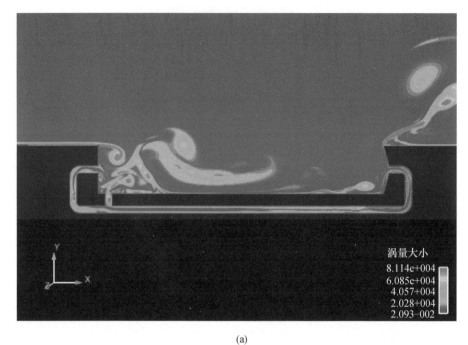

(a)

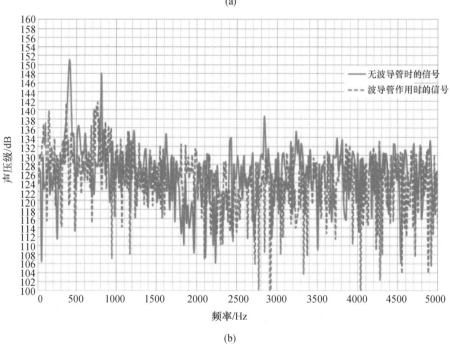

(b)

图 1-6　典型结构波导管对空腔噪声控制效果分析(彩色版本见彩图)

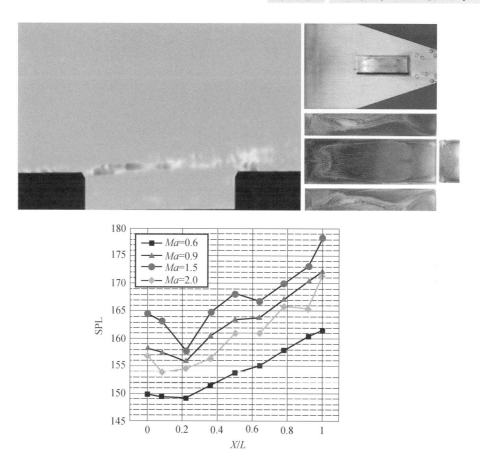

图 1-7 C201 空腔标模多场测试及分析技术(彩色版本见彩图)

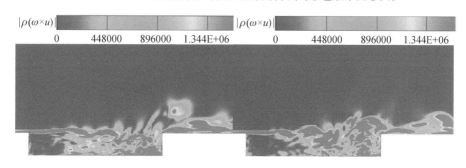

图 1-8 C201 空腔标模多尺度湍流结构图谱计算结果(彩色版本见彩图)

　　发展了多尺度流动结构高清显示方法。中国空气动力研究与发展中心基于水力学相似理论建立了适用于超声速复杂湍流波系结构/旋涡数据显示方法,解决了同时捕捉激波和旋涡结构的难题,显著提高了流场中波系结构与多尺度旋涡结构的显示效果(图 1-9)。

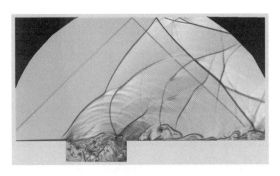

图 1－9　马赫数 1.5 空腔复杂流场结构

1.1.3　流动控制技术

　　流动控制是突破传统流动设计和应用瓶颈的关键手段,能够掌握和驱动流动并使其按照预先设计的方向发展,对于提升飞行器性能、改进稳定性和操纵性、抑制流动副作用等方面具有重大意义。从能量需求上看,流动控制分为主动和被动两种。国内近年来主要聚焦于等离子体、吹吸气、合成射流、几何变形,以及小肋、离散粗糙元、开孔开缝等主被动流动控制技术的发展。

　　在等离子体抑制流动分离方面,中国空气动力研究与发展中心采用等离子体流动控制技术,实现了在雷诺数 2.0×10^6 情况下,对超临界机翼翼身组合体半模的有效控制(图 1－10)。南京航空航天大学在飞行器不同位置布置不同的激励器实现对飞行器滚转偏航及俯仰力矩的控制,并且在小型无人机航模上进行了验证。空军工程大学采用纳秒脉冲等离子体激励实现了小展弦比飞行器增升减阻;开展了等离子体气动激励控制圆锥激波试验及等离子体气动激励控制压缩角区和激波诱导边界层分离的试验研究,开展了微秒脉冲和纳秒脉冲等离子体气动激励抑制叶栅流动分离的试验研究。国防科技大学开展了三电极高能火花放电合成射流控制尖劈斜激波的试验研究,可以实现斜激波的减弱和部分

图 1－10　等离子体流动控制风洞试验

消除。中国航空工业空气动力研究院建立了用于等离子流动控制技术研究的测力、PIV 等风洞试验技术。西北工业大学开发了等离子体气动激励微小压力测量技术，实现了等离子体气动激励微小压力场的精确测量，精度为 0.1Pa。

在变形体流动控制方面，中国空气动力研究与发展中心、南京航空航天大学、西北工业大学等单位对形状记忆合金流动控制技术进行了探索。西北工业大学主要利用形状记忆合金（SMA）的形状记忆效应，实现了机翼外形的改变，完成了舵面偏转角的控制以及翼型表面流动控制等。中国空气动力研究与发展中心在高速风洞对形状记忆合金后缘舵面开展了表面压敏漆（PSP）、尾迹损失等研究（图 1-11）。

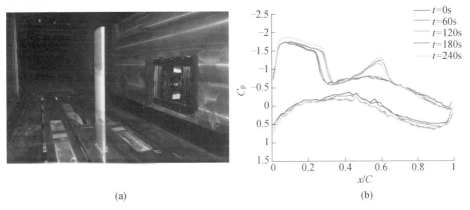

(a) 　　　　　　　　　　　　　　(b)

图 1-11　基于智能材料的变形体风洞试验模型及试验结果（彩色版本见彩图）

在吹吸气流动控制方面，南京航空航天大学开展了吹气环量控制技术的相关研究工作，并将吹气环量装置应用于小型无人飞行器的飞行控制中，用吹气环量装置代替常规舵面，设计制作了一款全无舵无人飞行器（图 1-12）。航空工业通用飞机有限公司基于 AG600 飞机开展了吹气襟翼方案设计和 CFD 计算，并采用了 1∶11 的翼身半模试验模型完成了风洞试验验证。

图 1-12　全无舵无人飞行器的飞行轨迹

在合成射流控制方面,南京航空航天大学验证了八字出口合成射流激励器在机翼分离流和S形进气道流动控制中的效果,发布了应用合成射流控制手段实现高机动飞行器尾旋飞行控制的成果,发表了流体式推力矢量喷管流动控制的研究成果。

在其他方面,中国空气动力研究与发展中心开展了开孔、开缝、三维鼓包等被动控制技术探索研究,在超临界翼型上表面布置鼓包,得到了减阻 16% 的效果;研究了开孔分布、孔径、空腔深度、开孔方向以及开缝参数等对于激波/边界层干扰控制的影响。中国航天科工集团第三研究院对离散粗糙元减阻进行了探索(图 1 – 13)。

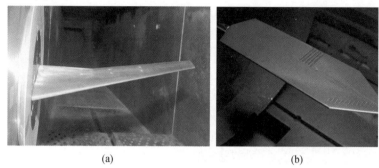

(a)　　　　　　　　　　　　　(b)

图 1 – 13　开缝构型试验模型与离散粗糙元减阻试验

1.1.4　大型飞机风洞试验数据修正技术

大型飞机具有尺度大、采用大展弦比超临界机翼和收缩船尾等特点,其缩尺模型的风洞试验结果与全尺寸飞行值之间差异明显。因此,需要对大型飞机风洞试验数据加以修正,以实现飞机性能的准确预测。近年来,国内相关单位在风洞中配套建设了大型飞机高速风洞试验数据修正设备,发展了试验数据修正技术体系,解决了大型飞机高速风洞试验数据修正与使用这一关键技术问题,为大型飞机研制提供了强有力的技术支撑。

建立了完善的支撑干扰修正技术。中国空气动力研究与发展中心采用计算与试验相结合的方法完善了支撑干扰修正装置与算法,发展了包括尾支撑、腹支撑、翼尖双支撑、条带支撑等多种形式的支撑干扰影响修正技术和数值计算修正技术(图 1 – 14)。中国航空工业空气动力研究院发展了试验修正方法和多层次的支撑干扰修正计算工具。

将洞壁干扰修正技术推广到工程实用。中国空气动力研究与发展中心发展完善了基于壁压信息法的高速风洞三维非线性洞壁干扰修正方法和快速工程修正方法,可用于各种复杂流动工况下的洞壁干扰修正(图 1 – 15)。中国航空工

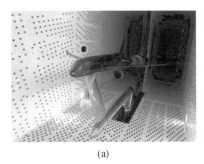 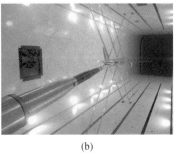

(a)　　　　　　　　　　　　　　　　　(b)

图 1 – 14　大型飞机支撑干扰试验

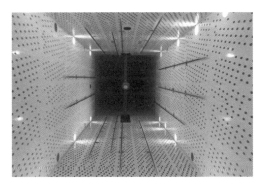

图 1 – 15　大型飞机洞壁干扰修正试验安装的壁压管

业空气动力研究院开发了基于壁压信息的非线性洞壁干扰修正软件,可用于跨声速风洞开孔壁、开槽壁试验段的洞壁干扰修正。

　　建立了模型变形高精度测量与修正技术。中国空气动力研究与发展中心发展了将视频变形测量(VMD)技术和 CFD 方法紧密结合的风洞试验模型变形影响修正技术,解决了风洞试验模型弹性变形测量及其气动力修正问题。中国航空工业空气动力研究院发展了基于多相机立体视觉的形变测量技术。

　　发展了非线性雷诺数效应外推技术。中国空气动力研究与发展中心发展了三种雷诺数影响修正技术,包括基于相似参数和压力分布的雷诺数影响修正方法、基于风洞试验和数值模拟的直接雷诺数影响修正方法和基于高雷诺数风洞试验数据修正方法,通过风洞飞行雷诺数试验,验证了雷诺数影响修正技术的可靠性。

　　完善了进排气修正方法。中国空气动力研究与发展中心初步建立了半模涡扇动力模拟(TPS)试验技术,具备为大型飞机开展动力影响试验能力。中国航空工业空气动力研究院建立了含 2 台 TPS 单元的半模 TPS 试验技术。

　　建立了静气动弹性效应研究方法。中国空气动力研究与发展中心发展了静气动弹性风洞试验技术、CFD 与计算结构力学(CSD)相结合的静气动弹性预测方法,建立了三维薄板样条插值的流场与结构数据交换技术、径向基函数与超限插值相结合的网格变形技术,形成了静气动弹性预测能力。

1.1.5 气动声学

气动声学的主要研究对象是空气动力效应与飞行器相互作用产生的噪声,而气动噪声是人类生活和工业应用中常见的问题,会影响人类健康。气动噪声问题主要有飞行/风洞试验测量、经验/半经验公式预测和数值模拟三种手段。

近年来,基于声学风洞的试验测量,国内气动噪声研究取得了较大进步。北京航空航天大学开展了圆柱绕流、空腔流动、起落架、增升装置等部件气动噪声研究,简化了起落架噪声相似准则及马赫数比例律,掌握了起落架缩比模型机轮空腔发声机理(图1-16)。

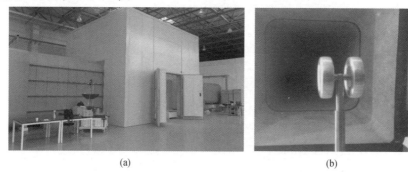

(a)   (b)

图1-16   D5气动声学风洞及LAGOON起落架缩比模型气动噪声试验

在气动噪声的经验/半经验公式预测方面,中国空气动力研究与发展中心与英国曼彻斯特大学合作,结合计算模拟分析和试验数据库,发展了基于组源的起落架和后缘襟翼气动噪声工程预测方法(图1-17)。

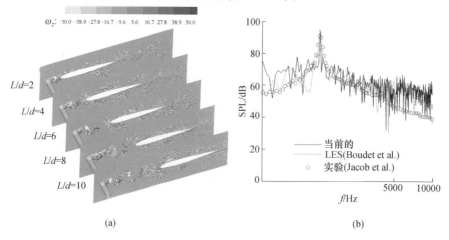

(a)   (b)

图1-17   串列圆柱/翼型噪声高精度CAA结果(彩色版本见彩图)

1.1.6　旋翼空气动力学

旋翼空气动力学主要研究旋翼与空气相互作用、分析旋翼气动载荷、估算旋翼的飞行性能和分析旋翼性能品质,是设计高性能直升机的基础,对推动旋翼飞行器朝高速、高机动、远程、长航时、轻重量、智能化等方向发展具有重大意义。

在旋翼气动特性数值模拟方法方面,南京航空航天大学基于考虑黏性的离散涡方法,结合 Weissinger – L 升力面理论建立了高效的旋翼尾迹求解模型,并通过耦合 CFD 方法发展了适合于旋翼非定常流场的高分辨率混合计算方法;开展了旋翼多体系统动力学建模方法研究,发展了可用于气弹分析的旋翼多体系统气弹动力学分析方法与程序;通过耦合流场 CFD、桨叶结构动力学和旋翼配平计算,发展了一套适合弹性旋翼流场数值模拟的流场/结构耦合计算方法。西北工业大学基于非线性结构有限元软件 NASTRAN 和自主研制的多块结构化计算流体力学求解器,开发了 CFD/CSD 耦合求解的气动弹性时域仿真程序。

在旋翼翼型优化设计验证方面,中国空气动力研究与发展中心建立了基于多目标优化设计和高精度数值计算的旋翼翼型气动设计与评估软件平台,形成了较为完善的旋翼翼型静、动态试验技术(图 1 – 18),优化设计了 7%、9%、12% 的 CRA 翼型系列,使其综合性能优于 OA3 翼型系列。

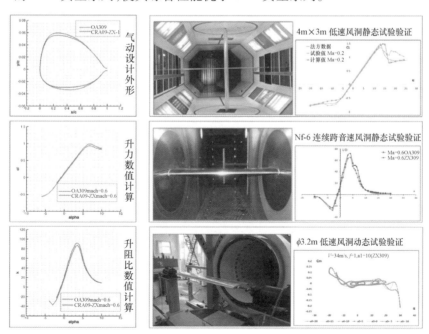

图 1 – 18　旋翼翼型的静、动态试验(彩色版本见彩图)

在共轴刚性高速直升机气动特性研究方面,南京航空航天大学建立了一套基于 N - S 方程的复合式高速直升机旋翼/机身/螺旋桨尾推的干扰流场数值计算方法;采用一阶谐波形式的静态非均匀入流模型和双旋翼间的气动干扰因子,建立了共轴双旋翼气动模型,在配平计算的基础上获得了共轴式直升机的垂直飞行性能、水平飞行性能及爬升性能。中国空气动力研究与发展中心利用 PIV 技术测试了双桨流场,研究了桨 - 涡干扰、涡 - 涡相互干扰等复杂非定常流动机理,并开展了桨毂表面流态测量与显示试验,降低了桨毂阻力。

在倾转旋翼机气动特性研究方面,南京航空航天大学针对倾转旋翼气动设计、过渡飞行状态下倾转旋翼气动特性、倾转旋翼/机身气动干扰等开展了分析研究,并进行了倾转旋翼机桨尖涡流动机理以及旋翼/机翼气动干扰特性的初步试验研究;基于动力盘模型和重叠网格技术发展了倾转旋翼动态干扰流场数值模拟方法,研究了倾转旋翼机飞行时的动态干扰流场特性。

在直升机旋翼气动噪声研究方面,中国空气动力研究与发展中心基于 5.5m × 4m 航空声学风洞,建立了风洞桨尖涡流场测量技术(图 1 - 19);联合南京航空航天大学、中国直升机设计研究所、上海交通大学、中国科学院声学研究所等单位开展了直升机旋翼气动噪声测试与识别基础问题研究,建立了先进的旋翼气动噪声源测试和识别方法,发展了旋翼噪声传播的高精度数值计算方法,探索了

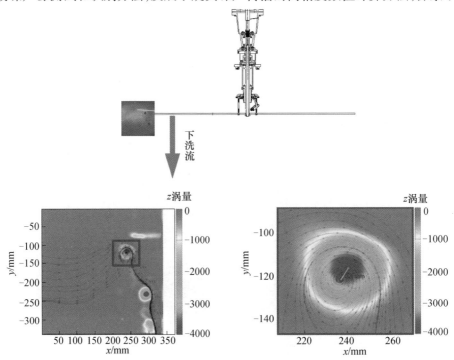

图 1 - 19　旋翼桨尖涡测量技术(彩色版本见彩图)

旋翼气动噪声特性,并揭示了旋翼气动噪声的产生机理等。南京航空航天大学在基于自适应滤波的前馈控制方法研究中,在桨叶模型上实现了1/rev的挥舞振动控制,并开展了基于后缘激励的旋翼振动载荷控制模型试验。

在直升机旋翼垂直飞行状态气动特性研究方面,中国空气动力研究与发展中心基于直径5m立式风洞搭建了直径2m旋翼模型垂直飞行状态试验装置,建立了模拟旋翼模型上升、下降飞行状态试验技术,具备载荷和流场精确测量能力(图1-20),分别用大视场和高速PIV测量了旋翼模型下降状态(含涡环状态)的流场特性(图1-21),并研究了桨尖布局对涡环状态气动特性的影响。

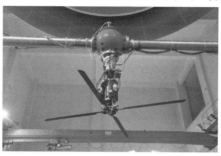

图1-20 立式风洞垂直升降试验台

图1-21 TR-PIV试验照片(彩色版本见彩图)

1.2 科研试验基础设备设施

1.2.1 常规气动力试验设备

1. 新建设备设施

1)1.8m×1.4m 低速风洞

中国空气动力研究与发展中心建成的1.8m×1.4m低速风洞(图1-22),

是一座单回路闭/开口试验段的研究型低速风洞。2013 年 11 月于绵阳开工建设,并于 2014 年 12 月 30 日建成通气,2015 年 6 月完成闭口试验段流场校测试验和标模测力试验,2016 年 10 月完成开口试验段流场校测试验。

图 1 - 22　1.8m×1.4m 低速风洞

　　风洞洞体回路中心线尺寸为 44.5m(长轴)×12.0m(短轴),闭口试验段长5.8m,空风洞最高风速 105m/s;开口试验段长 4.8m,空风洞最高风速 80m/s。闭口试验段湍流度小于 0.08% ,模型区动压稳定性小于 0.002,轴向静压梯度小于 0.000682/m。

　　该风洞可用于四个方面研究:一是针对飞行试验、数值仿真、工程型风洞试验发现的气动问题、特殊气动现象等开展深入研究;二是针对新概念飞行器、新学科、新研究领域、交叉学科等存在的主要气动问题开展预先研究;三是针对低速气动基础领域中的热点、难点问题开展机理研究;四是针对低速气动领域涉及的关键测量和控制设备、技术、材料、传感器等开展攻关研究。

　　2) 4.5m×3.5m 动态试验风洞

　　中国航空工业空气动力研究院 4.5m×3.5m 动态试验风洞(图 1 - 23)于2009 年在哈尔滨开工建设,2014 年 7 月完成开/闭口试验段流场校测,2014 年12 月先后完成开/闭口试验段标模试验,并于 2015 年正式投入使用。

　　该风洞试验段尺寸为 4.5m(宽)×3.5m(高),具有可互换的开/闭口双试验段,最大试验风速 100m/s(闭口试验段)和 85m/s(开口试验段),试验雷诺数可达 2.7×10^6。

　　该风洞具备半弯刀尾撑/单支杆腹撑测力测压、大迎角测力、动导数、大幅振荡、旋转天平、典型机动历程模拟试验能力。

　　3) 8m 量级低速风洞

　　中国航空工业空气动力研究院 8m 量级低速风洞(图 1 - 24)于 2008 年 9 月在哈尔滨开工建设,目前已经完成全部建设内容,进入标模试验阶段,是我国第

图 1 - 23　4.5m×3.5m 动态试验风洞

图 1 - 24　8m 量级低速风洞

一座回流式、具有开闭口试验段和低噪声特性的大型低速风洞。

　　该风洞采用低噪声风扇系统、声学拐角导流片、动力段声衬、扩散段声衬等进行噪声控制;采用可更换的收缩段、试验段和第一扩散段,结合气垫运输实现试验段构型的快速、高效变换。该风洞试验段尺寸 8m(宽)×6m(高)×20m(长),闭口试验段最大风速 110m/s,开口试验段最大风速 85m/s,雷诺数 5.2 × 106,电机功率 13.5MW。

　　该风洞可为我国大展弦比飞机、直升机等型号研制提供试验条件,将成为型号定型试验、航空声学、动力模拟等特种试验的主力风洞。

　　4) 0.6m×0.6m 连续式跨声速风洞

　　中国空气动力研究与发展中心 0.6m×0.6m 连续式跨声速风洞(图 1 - 25)于 2005 年开始进行规划论证,2008 年 1 月立项,2011 年 6 月在绵阳正式开工建设,2012 年 12 月风洞主体建成通气,2014 年 9 月完成风洞流场校测和标模试验。该风洞是大型连续式跨声速风洞的引导风洞,主要用于大型连续式风洞气动总体设计、轴流式压缩机、半挠性壁喷管等若干关键技术的预先研究及引导试验,以降低大型连续式风洞建设风险。

图 1 - 25   0.6m×0.6m 连续式跨声速风洞

该风洞试验段尺寸为 0.6m(宽)×0.6m(高)×1.85m(长),马赫数 0.2～1.6,稳定段总压(0.15～2.5)×10^5Pa,气流总温 280～323K,试验雷诺数(0.1～2.25)×10^6(0.06m),风洞能连续运行 2h 以上。

该风洞除了进行大型连续式跨声速风洞引导性研究外,还可作为开展跨声速空气动力学基础研究的试验平台。

5) 0.6m×0.6m 暂冲式跨超声速风洞

中国空气动力研究与发展中心 0.6m×0.6m 暂冲式跨超声速风洞(图 1 - 26)于 2015 年建成,该风洞是一座直流、下吹引射式、暂冲型跨超声速风洞,卧式布局,风洞于 2012 年 12 月在绵阳开工建设,2014 年 11 月建成通气,2015 年 9 月正式投入型号试验应用。

图 1 - 26   0.6m×0.6m 暂冲式跨超声速风洞

该风洞采用全柔壁喷管技术,实现了宽马赫数模拟能力;采用喷管与试验段一体化设计,提升了超声速流场的均匀性;稳定段采用烧结丝网降噪技术,提升了风洞的动态流场品质。该风洞试验段尺寸为 0.6m×0.6m,马赫数模拟范围为 0.3～4.5,雷诺数范围为 0.33×10^7～8.9×10^7/m。

该风洞具备模型气动力、模型表面压力分布、部件气动特性测量试验能力,正在开展模型投放、级间分离(带喷流)、进气道、动导数、颤振等试验技术配套工作,预计2019年完成。

6) 1.2m 亚跨超风洞

中国航空工业空气动力研究院建设的1.2m 亚跨超风洞(图1-27)是一座直流暂冲下吹式三声速风洞,于2011年12月开始设计,2014年3月在沈阳完成建设,2015年9月完成调试任务。

图1-27 中国航空工业空气动力研究院1.2m 亚跨超风洞

该风洞具备亚跨声速和超声速两个试验段,试验段尺寸为1.2m(高)×1.2m(宽),马赫数0.4~4.0,超声速范围内马赫数连续可调,雷诺数范围$0.88×10^6 ~ 7.65×10^6(0.12m)$。该风洞采用了多支点全柔壁喷管和栅指式二喉道、环缝引射等设计技术,亚跨声速范围内,使用二喉道节流的方式实现马赫数的精确控制。

该风洞主要承担飞行器的常规测力、常规测压、铰链力矩、部件测力和通气模型等试验任务。

中国空气动力研究与发展中心新建的1.2m 跨超声速风洞(图1-28),于2015年8月在绵阳开工建设,2017年1月风洞主洞体水压试验顺利完成,预计于2018年8月底建成通气,2019年底具备常规试验能力。

图1-28 中国空气动力研究与发展中心1.2m 跨超声速风洞

该风洞是一座半回流暂冲引射式风洞,采用全柔壁喷管技术实现风洞马赫数0.3~4.25大范围的速域模拟;采用喷管与超声速试验段一体化设计,引入栅指式二喉道控制技术;采用多变量控制策略提升风洞总压及马赫数控制精度。该风洞试验段尺寸1.2m(宽)×1.2m(高),试验雷诺数范围$0.47×10^6$~$9.57×10^6$($c=0.12m$)。

该风洞建成后,将承担飞行器气动力布局方案选型与优化、气动力验证与校核、气动载荷测量、操纵面铰链力矩特性、进气道特性、发动机喷流干扰影响、动稳定性、脉动压力特性测量等试验任务。

7) 2.4m连续式跨声速风洞

中国航空工业空气动力研究院2.4m连续式跨声速风洞(图1-29),于2014年4月在沈阳开工建设,预计于2018年开展设备联调及流场校测,将填补我国大型连续式跨声速风洞的空白。

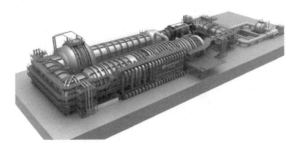

图1-29　2.4m连续式跨声速风洞

该风洞试验段尺寸2.4m×2.4m,具有可调开闭比孔壁和槽壁两个试验段,马赫数0.15~1.6,稳定段总压范围0.02~0.4MPa,主压缩机功率80MW,采用半柔壁喷管、中心体二喉道、多试验段互换、驻室隔离门等先进设计技术,突破了大功率轴流压缩机以及电力拖动设备、高精度流场控制等关键技术。

该风洞建成后将形成测力、测压、进气道等试验能力,经后续功能扩展后可具备气动弹性、推力矢量、动力模拟、空间流场测量、气动声学等试验能力。

2. 改造提升设备设施

1) 低速增压风洞

中国航空工业空气动力研究院低速增压风洞是一座回流式、闭口试验段低速增压风洞。该风洞于2009年12月完成竣工验收并投入使用,具备低速高/变雷诺数试验能力。切角矩形试验段尺寸4.5m(宽)×3.5m(高)×10m(长),最大风速130m/s,最大试验雷诺数$8.5×10^6$(0.397m),最高运行压力0.4MPa。

该风洞于2012年完成了单支杆腹撑全模试验系统、半模试验系统的建设和调试,典型民用飞机(如C919)全模、半模最大试验雷诺数分别可达$7×10^6$、$1×10^7$(马赫数0.2);完成了低速增压风洞配套大载荷天平静校台的建设和调试,用于直径 50~230mm 的杆式天平和尺寸不大于 2300mm 的盒式及外式天平校准(图 1-30)。

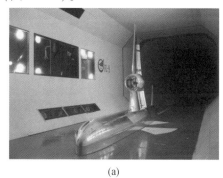 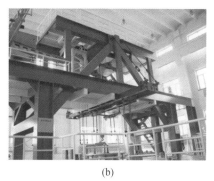

(a)   (b)

图 1-30 低速增压风洞半模试验及大载荷天平静校台

2013 年完成了声学试验段的设计加工和调试,可测量飞机模型机体噪声源定位、螺旋桨气动噪声测量与分布特性、机体表面声载荷测量等声学试验(图 1-31)。

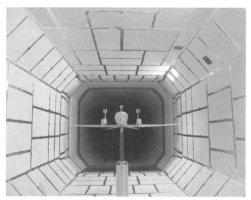

图 1-31 低速增压风洞声学试验段

2014 年开展了基于视频测量的弹性变形测量技术研究与设备应用工作,具备了模型机翼弹性变形测量试验能力;完成了示踪粒子发生与投放、光路布置和变密度条件下摄像机远程调焦与控制等方面的研究,具备了高/变雷诺数流场显示与测量试验能力。

2016 年完成低速增压风洞带引射器进排气动力模拟试验设备研制和调试,具备了进排气动力模拟试验能力;启动了短舱进气道试验系统建设;启动了二元翼型试验系统建设,预计于 2018 完成;启动了流场测量系统建设,包括边界层红外测量系统、压力/温度敏感涂料测量系统、三维激光多普勒测速系统、多普勒全场测速系统,预计于 2019 年完成。

目前与法国国家航空航天研究院开展技术合作,建设涡轮空气马达螺旋桨滑流试验能力(图 1 - 32)。

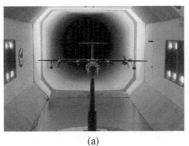 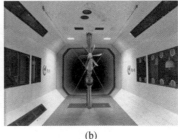

(a)　　　　　　　　　　　　　　(b)

图 1 - 32　低速增压风洞电机驱动螺旋桨滑流试验和涡轮空气马达螺旋桨单桨试验

2) 2.4m×2.4m 跨声速风洞

中国空气动力研究与发展中心 2.4m×2.4m 跨声速风洞是一座由中压引射驱动的暂冲型、半回流式增压跨声速风洞。该风洞于 1997 年 12 月建成,1999年正式投入运行,是我国目前口径最大的跨声速风洞。该风洞拥有两个试验段,截面尺寸分别为 2.4m×2.4m 和 3.0m×1.92m,马赫数为 0.3 ~ 1.25、1.4,试验雷诺数范围为 $1.76 \times 10^6 \sim 17.0 \times 10^6 (c = 0.24\text{m})$。

该风洞于 2012 年 3 月完成了马赫数 1.4 喷管的设计加工和调试;2012 年10 月完成了特种专用试验段配套工作(图 1 - 33),试验段总长 10.2m,外轮廓宽度 5.5m,高度 6.2m,试验区截面尺寸 6.7m(长)×3.0m(宽)×1.92m(高)。

图 1 - 33　特种专用试验段流场校测试验

2013 年 3 月完成了测控系统改造,将大飞机试验马赫数控制精度提高到0.0015 左右,迎角定位精度提高到 0.02°,常规测力试验数据通道扩充至 128 通道,压力测量精度提高到 0.03%,具备了 20 台天平同时测力和全机载荷的精细化测量能力;2013 年 6 月建成了模型地面准备平台,迎角运行范围 - 15° ~ 15°,滚转角运行范围 0° ~ 360°,可用于模型/天平及传感器配装、天平加载、数据采集和数据处理验证等工作;2013 年 12 月完成了槽壁试验段尾撑机构半弯刀中部支架和支杆直接头优化,构建了迎角/侧滑角液压驱动控制系统,实现了迎角/侧滑角的连续独立变化(图1-34)。

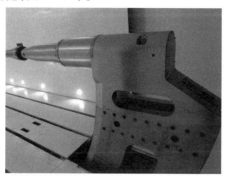

图1-34　槽壁试验段连续变侧滑尾撑机构

通过上述改造,有效拓展了该风洞试验模拟和测试能力,丰富和发展了试验手段,提高了马赫数和迎角控制精度,提升了试验质量效率。

1.2.2　其他类型试验设备

1. 新建设备设施

1) 2.0m×1.5m气动声学风洞

中国航空工业空气动力研究院2.0m×1.5m气动声学风洞(图1-35)于2015年12月在哈尔滨开工建设,预计于2018年12月投入使用。该风洞主要用于气动噪声机理与抑制方法试验研究。

图1-35　2.0m×1.5m气动声学风洞

该风洞采用带消声室的开闭口试验段、单回流式布局;采用低噪声风扇系统、气动与声学融合式拐角导流片、动力段声衬、扩散段声衬等进行噪声控制。该风洞开口试验段尺寸2.0m(宽)×1.5m(高)×6.3m(长),最大风速100m/s,消声室净空间14.5m(长)×13m(宽)×9.05m(高),低限频率80Hz,背景噪声不高于80dB(A)(80m/s);闭口试验段尺寸2.0m(宽)×1.5m(高)×4.5m

(长),最大风速110m/s;消声室电机功率1550kW。

该风洞建设完成后,将形成飞机主要噪声源部件(含起落架、增升装置、喷流/机体干扰噪声等)气动噪声产生机理与抑制试验研究能力。

2)3m×2m结冰风洞

中国空气动力研究与发展中心3m×2m结冰风洞(图1-36)于2010年5月在绵阳开工建设,2013年10月建成并投入使用,2015年6月通过验收。该风洞是综合性能指标达到世界先进水平的地面结冰试验设施,是构成我国独立研制先进飞行器风洞试验体系的重要支柱。

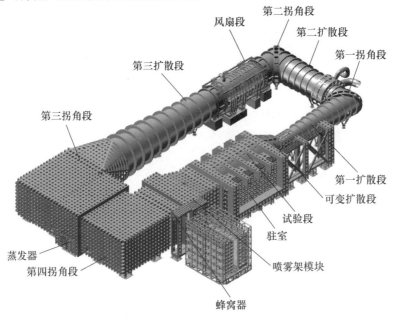

图1-36 3m×2m结冰风洞结构图

该风洞是一座闭口、高亚声速、回流式风洞,采用卧式布局,包含制冷系统、喷雾系统、高度模拟系统、加湿系统、洞体防除冰系统、动力与控制系统、测量系统、模型支撑系统等。该风洞有三个试验段,其中:主试验段尺寸3m(宽)×2m(高)×6.5m(长)、风速21~210m/s;次试验段尺寸4.8m(宽)×3.2m(高)×9m(长),风速8~78m/s;高速试验段尺寸2m(宽)×1.5m(高)×4.5m(长),风速26~256m/s。最低模拟温度-40℃,最高模拟高度20000m,水滴粒径范围10~300μm,液态水含量0.2~3g/m³,云雾均匀度覆盖60%试验段截面积。

该风洞主要用于飞行器结冰试验和防除冰系统验证试验,也可进行高空低雷诺数试验。

3)5.5m×4m航空声学风洞

中国空气动力研究与发展中心5.5m×4m航空声学风洞(图1-37)于2010

年 10 月在绵阳开工建设,2013 年 10 月建成通气,2013 年 11 月开展验证性试验,2014 年 6 月完成系统调试和流场校测,2015 年 6 月通过验收。该风洞是国内首座大型声学风洞,也是国内唯一能开展固定翼飞机、直升机、螺旋桨飞机等型号气动噪声工程试验评估的风洞。

该风洞是一座单回流式低湍流度、低噪声、低速试验设备,具有开口、闭口两个可更换试验段,试验段尺寸 5.5m(宽)×4m(高)×14m(长),开口试验段风速范围 8~100m/s,闭口试验段风速范围 8~130m/s。闭口试验段模型区中心湍流度 $\varepsilon \leqslant 0.05\%$,动压场系数 $|\mu_i| \leqslant 0.3\%$,动压稳定性系数 $\eta \leqslant 0.002$,全消声室内部净空尺寸为 27m(长)×26m(宽)×18m(高)的,背景噪声低于 75.6dB(A),截止频率为 100Hz(1/3 倍频程),混响时间 $T_{60} \leqslant 0.1s$。

该风洞以气动噪声试验为主,兼顾飞行器的低湍流度试验,可用于大型运输机、直升机、螺旋桨飞机等航空飞行器全机和部件气动噪声试验评估和降噪研究,以及高速列车、汽车等地面交通运输工具气动噪声特性研究和试验评估。

图 1-37　5m×4m 航空声学风洞

4）红外辐射测试风洞

中国航空工业空气动力研究院红外辐射测试风洞(图 1-38)于 2013 年 3 月在沈阳开工建设,2015 年 2 月完成各系统总装与动载试车,2016 年具备试验能力并投入使用。

该风洞是一座 0.6m 量级连续式跨声速风洞,可以模拟高度 0~15km,具备气动力、结冰与红外动态测试三种试验能力。风洞试验段尺寸 0.6m×0.6m,包括可调开闭比孔壁、槽壁、结冰和红外测试四个试验段,马赫数 0.15~1.6,稳定段总压范围 0.02~0.4MPa。

该风洞以红外辐射测试试验为主,还可用于飞行器部件结冰试验和防除冰系统验证试验。

图 1-38 红外辐射测试风洞

2. 改造提升设备设施

1）GJHG-001 高精度火箭橇试验滑轨

航空工业航宇救生装备有限公司高精度火箭橇试验滑轨于 1987 年在襄阳正式动工,1993 完成滑轨主体工程建设并开始试验运行。2012 年 9 月完成以轨道延长为主要内容的滑轨二期建设,具备开展大马赫数火箭橇滑轨试验能力。

该滑轨属双轨系统,为直线无缝结构,全长 6132.0m,轨距 1435.0m。主轨一侧建有 1×10^{-6} 精度的基准线,主轨相对于基准线、副轨相对于主轨在水平和垂直两个方向的直线性误差均在 ±0.2mm 范围内。改造后,具备开展低速(0 ~ 1224.0km/h)、中速(1224 ~ 2448.0km/h)、高速(>2448.0km/h)多种速度级别的地面动态试验能力,最高模拟马赫数 6.0(图 1-39)。

该滑轨可承担飞行器结构或机构、发动机、机载设备、制导导航系统或元器件的空气动力学研究、冲击侵彻性能研究、雨蚀研究、航空生理研究等多种高速环境效应研究试验任务。

图 1-39 GJHG-001 高精火箭橇高速弹射试验

2）高速进气道试验台

中国航空工业空气动力研究院高速进气道试验台是直流暂冲下吹式三声速

设备,于 2007 年正式投入使用。试验段截面尺寸 1.5m(宽) × 1.6m(高),马赫数范围 0.3 ~ 2.25,设计点试验雷诺数为 $2.6 \times 10^6 (c = 1m)$,开口试验段和闭口试验段长度分别为 3.0m 和 4.2m。

该风洞主要承担飞行器气动布局方案选型与优化、气动力验证与校核、气动载荷测量、操纵面铰链力矩特性、进气道特性、发动机喷流干扰影响、动稳定性、脉动压力特性测量等试验任务(图 1 - 40)。

2012 年 6 月配套了型号为 FLIR SC7750L 的红外热成像仪,配备制冷型长波(8 ~ 9.4μm)红外探测器,温度灵敏度可达 35mK,温度测量范围 - 40 ~ 1500℃,测温精度为量程的 1%,红外图像像素分辨率 640 × 512,满像素最高帧率 115Hz。

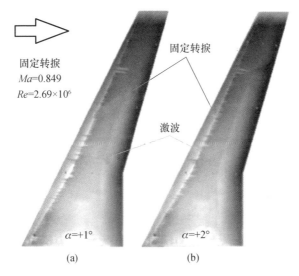

图 1 - 40   典型民机半模机翼边界层转捩位置测量

2013 年研制了 PIV 示踪粒子发生、散播装置,安装了光学玻璃窗口、搭建了 PIV 设备移测平台,具备了 500mm × 500mm 拍摄域的 PIV 试验能力。

2015 年完成了捕获轨迹试验(CTS)系统条件建设并投入使用,适用于马赫数 0.4 ~ 2.0、法向行程 ±500mm、侧向行程 ±500mm、轴向行程 ±700mm、俯仰角范围 ±45°、偏航角范围 ±45°、滚转角范围 ±330° 的多体干扰与捕获轨迹试验;完成了压力敏感涂料(PSP)系统的全部配套工作,试验精度为 $|\Delta Cp| \leqslant 0.02$ $(Ma = 0.6)$,$|\Delta Cp| \leqslant 0.01 (Ma \geqslant 0.8)$。

2016 年 6 月完成了可调开闭比试验段建设和调试工作,试验段全长 4.2m,截面尺寸为 1.5m(宽) × 1.6m(高)。

通过以上改造,该风洞具备了边界层状态和表面图谱连续测量和显示、速度场测量和捕获轨迹模拟试验的能力。

1.3 试验技术

1.3.1 边界层转捩模拟试验技术

边界层转捩模拟试验技术是对风洞试验所用缩比模型进行边界层强制转捩的技术,模拟参数主要有来流马赫数、雷诺数、迎角与侧滑角等。主要由人工粗糙元、边界层转捩观测、附加阻力修正等分系统构成。

中国空气动力研究与发展中心在原子灰柱状转捩带的基础上,研制了不干胶型柱状转捩带,为高速风洞试验提供了工程实用的边界层转捩模拟方法;建立了边界层转捩所需粗糙元临界高度计算方法,以及升华法与基于微机电系统(MEMS)的边界层转捩观测技术(图 1-41)。西北工业大学发展了翼型俯仰振动非定常边界层转捩探测技术,发展了确定翼型表面边界层流动转捩点和层流再附点的探测方法。

(a)   (b)

图 1-41 不干胶型柱状转捩带及升华法试验

1.3.2 翼型双天平测力试验技术

翼型双天平测力试验技术是用于评估翼型气动特性的直接测力试验技术,特别适用于低雷诺数翼型性能评估。低速风洞中模拟参数有雷诺数、迎角以及翼型几何外形参数。测量参数包括来流动压,模型的升力、阻力以及俯仰力矩。系统主要由升力测试组件、阻力测试组件以及力矩测试组件构成。

中国航天空气动力技术研究院研究了单天平悬臂支撑测试方法,发展了双天平测力试验技术(图 1-42),避免了悬臂支撑布局的缺陷,提高了试验数据质量。

1.3.3 条带支撑试验技术

条带支撑是以条带组合作为风洞试验模型支撑系统的支撑方式,具有不破坏模型尾部气动外形、支撑刚度好、气动干扰小等优点。

中国空气动力研究与发展中心以 2.4m×2.4m 跨声速风洞槽壁试验段为平台,合理布局条带悬挂内式支撑机构,创新结构设计和天平元件布局设计,在大

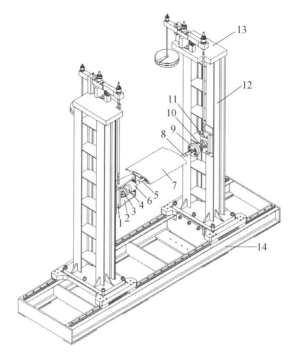

图 1 - 42　测力系统结构

1—直线滚动单元；2—连接板一；3—阻力单分量天平；4—轴承用法兰；5—连接杆一；

6—中空编码器；7—测力翼型；8—连接杆二；9—变迎角法兰盘；10—阻力和力矩二分量天平；

11—连接板二；12—模型支架；13—升力测量元件；14—导轨底座。

型高速风洞中建立了条带悬挂内式支撑装置、控制系统和试验数据修正方法，形成了条带支撑试验技术(图 1 - 43)。该系统具备了马赫数 0.3 ~ 0.9、迎角范围 - 10° ~ 30°的试验能力，动带纵向调节范围 400 ~ 1000mm，定带横向调节装置范围 80 ~ 800mm，阻力精度优于 0.0001(- 2° ~ 4°)。厦门大学发展了风洞试验绳

图 1 - 43　2.4m × 2.4m 跨声速风洞条带支撑试验

牵引并联支撑技术,完成了六自由度绳牵引并联机构构型设计、运动学与动力学分析与控制、刚度分析、工作空间优化、飞行器模型高精度位姿测量以及模型内置六分量天平的设计等工作,研制了八绳牵引的第三代样机并开展了标模试验。

1.3.4 大迎角试验技术

大迎角试验技术是采用缩比模型在风洞中对高机动飞行器在大迎角、大侧滑角运动姿态下的气动力特性和流动特性进行评估的试验技术,包括静态大迎角试验技术和动态大迎角试验技术,模拟参数主要有来流马赫数、迎角、侧滑角、几何外形参数以及动态试验减缩频率等,测量参数包括模型的气动力载荷、压力分布、流动参数。大迎角试验技术主要由大迎角试验模型、静/动态大迎角试验装置、试验装置控制系统、数据采集与处理系统构成。

中国空气动力研究与发展中心通过进气道试验技术和常规大迎角试验技术的融合,在 $2.4\text{m} \times 2.4\text{m}$ 跨声速风洞中建立了精确模拟进气条件的大迎角通气试验技术,实现了马赫数 $0.3 \sim 1.2$、$\alpha = -5° \sim 95°$、$\beta = -15° \sim 15°$ 范围内的大迎角通气试验能力,模型进气道流量系数超过 0.95(单个进气道最大质量流量达 0.595kg/s)。西北工业大学发展了适用于风力机翼型、旋翼翼型在极大迎角($\pm180°$)状态下低速气动性能测量的大迎角试验技术,发展了适合于翼型极大迎角试验的风洞洞壁干扰修正技术。

1.3.5 脉动压力试验技术

脉动压力试验主要研究和测量由于激波边界层干扰和流动分离等非定常流动现象诱导出的飞行器表面压力脉动规律。试验模拟参数主要有来流马赫数、雷诺数、模型姿态角等。脉动压力试验装置主要由脉动压力传感器、信号采集系统及线缆、信号调理系统、数据处理系统等部分组成。

中国空气动力研究与发展中心脉动压力试验技术主要朝着软、硬件集成化和标准化方向发展。硬件方面,建立了一体化脉动压力测量系统(图 $1-44$),拥有 64 个(经扩展可达 128 个以上)脉动压力信号通道,可实现每通道最高采样率 200kS/s 的并行采集,具有 24bit 分辨率;软件方面,开发了基于参数模型法的脉动压力试验数据处理方法与软件,提高了试验数据的频率分辨率。

1.3.6 进气道试验技术

进气道试验技术是采用缩比模型在风洞中进行飞行器进气道性能评估的技术,模拟参数主要有来流马赫数、迎角、侧滑角、流量系数、进气道喉道前的几何外形参数,测量参数包括进气道出口截面的流量系数、总压恢复系数和流场畸变指数以及管道内外表面的载荷分布。该技术主要由进气道试验模型、流场稳态/

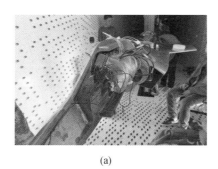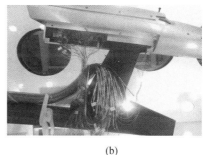

(a)   (b)

图 1 – 44　脉动压力试验

(a)2.4m×2.4m 跨声速风洞试验；(b)2m×2m 超声速风洞试验。

动态压力测量装置、进气流量调节装置、数据采集与处理系统构成。

中国航空工业空气动力研究院发展了进气道内外管道流动显示与测量试验技术，形成了 1.5m 量级高速风洞集动态荧光油流、PSP、PIV 等多种流显技术的进气道试验能力；研制了一套锤激波发生装置，形成了锤激波试验系统，并在工程上得到应用；构建了小型动力装置风洞综合试验平台，实现了暂冲式风洞内动力装置点火的综合试验验证。中国空气动力研究与发展中心在 4m×3m 低速风洞研制了进气道流量引射模拟装置，进气道试验迎角　10°～90°、侧滑角 – 30°～30°、最大模拟流量 8.5kg/s；在 8m×6m 大型低速风洞研制了真空抽吸系统和多通路流量控制系统，建立了 8m 量级低速风洞多发进气道试验能力，迎角 – 10°～90°、侧滑角 – 30°～30°、单发最大进气流量 4.5kg/s，可同时独立模拟三发进气道流量；在 2.4m×2.4m 跨声速风洞建成了适用于马赫数 0.4～1.4、迎角范围 – 12°～62°、侧滑角范围 – 15°～15°、单个进气道质量流量调节范围 0～1.5kg/s、进气道流量测量精度 0.8% 以上的双发进气道试验装置；在 2m×2m 超声速风洞建成了适用于马赫数 1.5～4.25、迎角范围 – 5°～20°、侧滑角范围 – 10°～10°、进气道质量流量调节范围 0～1.0kg/s、流量测量精度 0.8% 以上的进气道试验装置，形成了 2m 量级高速风洞双发进气道试验能力（图 1 – 45）。

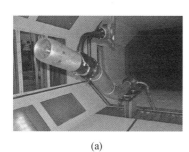

(a)   (b)   (c)

图 1 – 45　进气道装置

1.3.7 发动机进排气动力模拟风洞试验技术

发动机进排气动力模拟风洞试验技术是评估进排气对飞机气动性能影响的风洞试验技术。模拟参数主要有来流马赫数、迎角、侧滑角、进气流量系数、尾喷管出口落压比、进气道入口和尾喷管出口的几何型面参数,测量参数包括进气流量、排气流量、尾喷管入口气流总温和总压分布、风洞试验段环境温度和压力等。它主要由进排气试验模型、模型内部动力模拟器及进排气管路、高压气源及管路、流量控制与测量装置、数据采集与处理系统构成。

中国航空工业空气动力研究院发展了半模 TPS 进排气动力模拟试验技术(图 1-46),掌握了 TPS 短舱推力校准技术、空气桥天平校准与修正技术;建立了 28MPa 的高压气源,供气能力可达 10kg/s,供气流量控制精度优于 0.2%;发展了大 S 形弯进气道多级引射器动力模拟试验技术,在尾喷管落压比完全模拟时,进气流量系数大于 70%。

图 1-46 TPS 进排气动力模拟试验

1.3.8 推力矢量风洞试验技术

推力矢量风洞试验技术是指采用飞行器缩比模型在风洞中模拟和测量矢量喷流与飞行器外流的相互干扰,评估其对飞行器气动特性的影响及其控制特性。模拟参数有马赫数、雷诺数、喷流落压比、喷管出口马赫数、喷管出口面积比、喷流介质比热比、喷流温度、迎角、侧滑角,测量参数包括流量系数、喷管推力系数、喷管矢量偏角、矢量喷流影响量等。它主要由高压气源系统、高压管路及阀门系统、压力流量精确调节和测量系统、供气支撑系统、推力矢量模型、波纹管天平、推力测量平台和波纹管天平校准平台构成。

中国空气动力研究与发展中心在 2.4m×2.4m 跨声速风洞建成了适用于马赫数 0.3~1.2、迎角范围 -10°~60°、喷流出口最高总压 0.5MPa、喷流落压比(NPR)范围 0~9、喷流出口流量 0~3kg/s 的双发推力矢量试验装置及六分量全自动体轴系天平校准系统;研制了基于调压阀稳压、二进制数字阀调节控制流量的喷流流量实时采集与控制系统。中国航空工业空气动力研究院在 1.5m×1.6m 亚跨超风洞、1.2m×1.2m 亚跨超风洞发展了飞机后体阻力精确测量技术、推力矢量试验技术、全机喷流影响试验技术(图 1-47),试验最大马赫数 2.0,迎角大于 20°,侧滑角大于 5°,最大试验落压比 20;在 1.2m×1.2m 亚跨超风洞发展了横向喷流试验技术,试验最大马赫数 4.0,最大落压比可达 80,流量控制精度优于 5g/s,流量测量精度优于 0.3%。

图 1-47 单边膨胀喷管激波示意图

1.3.9 螺旋桨动力模拟试验技术

螺旋桨动力模拟试验技术是在风洞中研究螺旋桨性能及螺旋桨对飞机气动力特性影响的试验技术。模拟参数主要有前进比、拉力系数、扭矩系数、迎角、侧滑角,测量参数包括螺旋桨气动力参数和全机气动力参数。它主要由螺旋桨驱动装置及控制系统、螺旋桨气动力测量天平、全机气动力测量天平、支撑系统、数据采集与处理系统构成。

中国航空工业空气动力研究院研制了小体积、大功率驱动电机以及高精度螺旋桨气动力测量系统;发展了涡轮空气马达螺旋桨动力模拟试验技术,试验风速达到 70m/s,试验压力达到 0.33MPa;发展了大尺寸风洞大功率电机螺旋桨动力模拟风洞试验技术(图 1-48)。

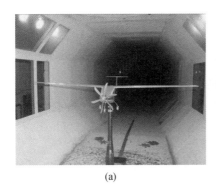 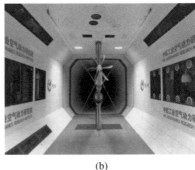

(a)　　　　　　　　　　　　　　　(b)

图 1 - 48　螺旋桨动力模拟风洞试验装置

(a)大功率电机螺旋桨动力模拟试验装置；(b)涡轮空气马达螺旋桨动力模拟试验装置。

1.3.10　旋转天平试验技术

　　旋转天平试验技术利用风洞中的旋转装置带着飞机模型做圆锥运动,用稳定的风洞风速和模型旋转速度模拟尾旋,通过内式应变天平测量模型在旋转运动中的气动力和力矩。模拟参数主要有来流马赫数、迎角、侧滑角、旋转参数等。它主要由模型支撑部件、模型姿态角机构、动力传动系统、装置支撑架、六分量应变天平及数据传输采集系统等部分组成。

　　中国航天空气动力技术研究院在低速风洞建立了旋转天平试验技术,转速范围 $0 \sim 300\text{r/min}(0 \sim 10\pi/\text{s})$、俯仰角间隔 $2°$、迎角范围 $-136° \sim 136°$、侧滑角范围 $-46° \sim 46°$(图 1 - 49)。

图 1 - 49　低速风洞旋转天平试验装置

1.3.11　动导数试验技术

　　动导数试验技术是在风洞中通过天平测出模型各个自由度下对于振动的响应,再经数据处理求得动导数的试验方法。除满足常规测力试验的相似准则外,动导数试验最主要的模拟参数是斯特劳哈尔数。

中国空气动力研究与发展中心在8m×6m大型低速风洞研制了一套动导数试验装置(图1-50),主要由支撑平台、激振机构、控制系统、数据处理系统、大展弦比飞机大尺度动导数试验标模等组成。试验迎角范围-10°~30°、0°~110°,侧滑角范围-30°~30°,俯仰振动最大振幅20°,滚转/偏航振动最大振幅25°,最高振动频率2.0Hz(振幅10°),模型最大展长2.8m。在迎角-4°~11°范围内,俯仰动导数相对精度在5%以内、偏航动导数相对精度在6%以内、滚转动导数相对精度在2%以内;在2.4m×2.4m跨声速风洞建成了适用于马赫数0.4~1.4、迎角范围-5°~35°、侧滑角范围-15°~15°、减缩频率范围为4~9Hz的动导数试验系统,可实现模型俯仰、偏航以及滚转三个方向的直接阻尼导数、交叉阻尼导数以及交叉耦合阻尼导数的测量;在2m×2m超声速风洞建成了适用于马赫数1.5~4.25、迎角范围-5°~18°、侧滑角范围-15°~15°、减缩频率范围为4~9Hz动导数试验系统(图1-51),直接阻尼导数重复性精度优于15%。

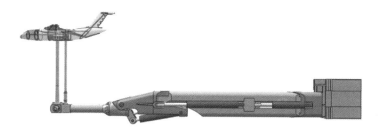

图1-50 俯仰振荡装置示意图

(a)　　　　　　　　　　　　　　　(b)

图1-51 动导数试验装置及标模

中国航天空气动力技术研究院在低速风洞建立了外式强迫振动动导数试验技术,包含角自由度振动动导数试验技术和升沉振动时差导数试验技术。角自由度振动动导数试验技术主要指标为俯仰角/滚转角范围-180°~180°、角运动振幅2°~5°、角运动频率0~4Hz;升沉振动时差导数试验技术主要指标为迎角范围0°~40°、升沉振幅10~120mm、振荡频率0~4Hz。

中国航空工业空气动力研究院研制了基于支杆尾部振动的俯仰/偏航高速动导数试验设备,采用模型与模型尾支杆一起振动的方式,测量大长径比模型俯仰和偏航动导数,模型长径比可以达到18,适用于马赫数0.4~1.2、迎角范围-4°~16°、侧滑角范围-7°~7°的动导数试验,振动频率范围4~10Hz,俯仰/偏航振动振幅1°。

1.3.12 多自由度动态试验技术

多自由度动态试验技术是采用缩比模型在风洞中进行飞行器多轴动态模拟的技术。目前主要发展俯仰/滚转两自由度动态试验技术,可以获得模型的动态气动力特性和俯仰、滚转耦合运动特性及其气动力变化规律。模拟参数主要有来流马赫数、俯仰角、滚转角、减缩频率、相对转动惯量、惯性积,测量参数包括五分量动态气动力、俯仰角和滚转角位移。其主要由俯仰振动装置、自由摇滚装置、强迫摇滚装置、运动控制系统、高精度动态天平、数据采集与处理系统构成。

中国空气动力研究与发展中心在直径3.2m低速风洞建立了两自由度大振幅振荡试验技术、多自由度复杂机动模拟试验技术(图1-52);在直径5m立式风洞建立了旋转流场下的大振幅振荡试验技术;在2.4m×2.4m跨声速风洞建成了多自由度动态试验技术,试验马赫数0.3~0.6,俯仰振动平均迎角0°~55°,振幅5°~30°,俯仰振动频率1.7(30°振幅以内)~2Hz(15°振幅以内),该系统同时具备静态测力和模型快速拉起试验能力,模型快速拉起角速率10(°)/s~80(°)/s,俯仰/滚转耦合试验时,自由滚转角位移为0°~360°。中国航空工业空气动力研究院发展了双自由度动态试验技术,主要指标为迎角-10°~110°,俯仰(或偏航)轴最大频率和最大振幅分别是1Hz和45°,滚转轴最大频率和振幅分别是2Hz和60°。

图1-52 六自由度动态试验系统

1.3.13　水平风洞模型自由飞试验技术

水平风洞模型自由飞试验技术是在风洞中通过飞行员在环飞行控制来实现飞机模型在风洞试验段内实时飞行,进而开展飞行控制律设计和验证的风洞试验技术。除最基本的几何相似外,涉及的主要相似参数有弗劳德数、斯特劳哈尔数、雷诺数以及质量相似、惯量相似和推力相似等。

中国空气动力研究与发展中心解决了包括试验相似准则与模拟方法、动力相似模型设计与加工技术、运动参数测量技术、发动机动力模拟技术、飞行控制系统设计与集成技术、飞行操纵技术等在内的关键技术,在 8m×6m 大型低速风洞建立了水平风洞模型自由飞试验技术,试验风速范围为 15 ~ 35m/s,模型翼展范围 1.0 ~ 1.5m(图 1 – 53)。

图 1 – 53　稳态飞行风洞自由飞试验

1.3.14　虚拟飞行试验技术

风洞虚拟飞行试验技术是在风洞中模拟飞机对控制指令响应的一种试验技术,主要用于开展飞行器姿态角、角速率及其变化历程响应研究,探索气动/运动耦合机理及解耦措施,验证气动/控制的集成性能,从而达到在地面评估分析飞行器飞行性能的目的。除几何相似外,模拟的相似准则包括弗劳德数、质量相似、惯量相似和飞行控制系统相似。其主要包括三自由度的支撑装置、试验模型、飞行控制系统(含传感器、控制器、执行器、操纵器等)、地面主控和数据库计算机等。

中国空气动力研究与发展中心建成了直径 3.2m 风洞虚拟飞行试验装置,完成了飞机模型稳定性的验证、俯仰/滚转/偏航三方向操纵的姿态控制、纵向和横航向混合操纵的姿态控制以及参数辨识等研究,实现了纵向静不稳定飞机的闭环控制和操纵;在 2.4m×2.4m 跨声速风洞建成了虚拟飞行试验技术,并开展了开环控制和闭环控制下的虚拟飞行验证试验(图 1 – 54)。中国航天空气动力技术研究院在低速风洞中发展了基于腹部支撑方式的舵面控制响应试验技术,完成了以 F-16 标模为试验对象的第一阶段验证试验,获得了风速 10～20m/s 范围内的动态阻尼导数、非定常迟滞效应以及多通道耦合特性等典型结果。中国航空工业空气动力研究院建成了适用于迎角 -10°～110°、俯仰(或偏航)最大角速度 250(°)/s 及滚转最大角速度 400(°)/s 的典型机动历程试验装置,实现了静不稳定动态标模的虚拟飞行试验。

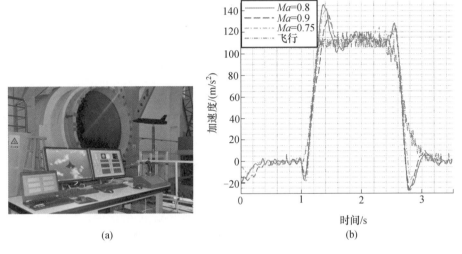

(a) (b)

图 1-54　虚拟飞行试验技术及典型结果(彩色版本见彩图)

1.3.15　静气动弹性试验技术

静弹性试验采用弹性缩比模型进行风洞试验,在不同的风洞速压条件下,获取试验模型弹性变形对其气动特性的影响量及其变化规律,为风洞与飞行数据相关性修正和检验理论计算方法提供试验数据。模拟参数主要有来流马赫数、速压、模型姿态角、飞行器几何外形参数及结构静力学参数。测量参数包括刚性模型与弹性模型的气动力/力矩系数、表面载荷分布及流态特性,还包括弹性模型的几何变形量和结构柔度系数矩阵。其主要由静气动弹性试验模型、刚性试验模型、气动力/力矩测量装置、压力分布测量装置、几何变形测量装置、结构柔度系数矩阵测量装置以及数据采集与处理系统构成。

中国空气动力研究与发展中心建成了气动弹性模型全自动加载柔度测量平台(图 1-55),最大加载能力可达到 1000N;建成了静气动弹性模型优化设计软件及模型研制平台,并在 2.4m×2.4m 跨声速风洞与 2m×2m 超声速风洞建成了适用于马赫数 0.3～4.25、速压 7～200kPa、迎角范围 -22°～22°、侧滑角范围 -12°～12°、几何变形测量精度达到 ±1mm 的 2m 量级高速风洞静气动弹性试验系统。

图1-55 全自动加载柔度测量平台

1.3.16 捕获轨迹试验技术

捕获轨迹试验技术是一种在风洞试验中用来测量外挂物与飞机分离轨迹，从而对飞机在空中发射/投放外挂物的性能进行评估的技术。试验参数主要有来流马赫数、飞行高度、过载、飞机的迎角和侧滑角、全尺寸外挂物的质量特性、几何参数、外挂物模型的气动力系数以及分离过程中的弹射力和推力等，输出结果包括外挂物在飞机干扰流场中的气动力和力矩、外挂物分离轨迹(线位移和角位移)以及分离过程中的速度、加速度等。其主要由飞机模型及支撑系统、外挂物模型、六自由度运动机构、运动控制系统、应变天平、数据采集与处理系统等组成。

中国空气动力研究与发展中心在1.2m×1.2m跨超声速风洞发展了基于气动系数修正的弹翼展开历程模拟方法；在2m×2m超声速风洞发展了基于惯性系的轨迹生成方法，建立了飞机多种机动状态下的分离轨迹试验技术(图1-56)；在0.6m×0.6m直流式跨超声速风洞发展了简化的捕获轨迹试验技术，实现了马赫数0.4~4.25范围内的分离轨迹试验。中国航空工业空气动力研究院在1.5m亚跨超声速风洞中建成了内埋物体专用网格测力系统，适用试验马赫数0.4~1.5，法向最大行程120mm，俯仰角度范围±10°；完成了高速进气道试验台捕获轨迹试验系统建设，试验马赫数0.4~2.0，机构线位移行程法向±500mm、侧向±500mm、轴向±700mm。中国航天空气动力技术研究院在1.2m×1.2m亚跨超声速风洞研发了基于并联式机构的六自由度运动系统，有效增加了支撑系统的刚性，提高了分离轨迹的定位精度，试验马赫数0.4~4.0。

图 1 - 56 2m × 2m 超声速风洞捕获轨迹试验装置

1.3.17 投放试验技术

投放试验技术是在风洞中将投放分离物从母机投放,并进行分离轨迹预测的试验技术。相似参数有几何形状、来流马赫数、转动惯量、质量、重力、弹射力、弹射速度等,测量数据主要是投放模型运动图像处理后得到的轨迹数据。其由模型、发射装置、摄像系统、图像处理、结构参数测量系统等构成。

中国空气动力研究与发展中心研制了时间分辨率达到 $0.5\mu s$ 的控制装置,以及轻模型投放装置和重模型投放装置,具备进行 0.15kg、1.2kg 模型弹射投放试验的能力,弹射速度达到 5m/s,试验马赫数 0.4 ~ 4.0,迎角范围 -3° ~ 5°,侧滑角范围 -3° ~ 3°。中国航空工业空气动力研究院发展了空投空降风洞试验技术和机翼下挂弹及副油箱低速投放试验技术,获得了小于 0.5m/s 量级的投放初速度,投放物夹持释放与投放物受力的时间差为 1ms;开展了动力相似模拟条件下的机载拖曳物体风洞试验技术研究,建立了拖曳物体投放后质心轨迹、俯仰姿态的三维重构技术,拖曳物体出舱初速度的释放精度可控制在 0.095m/s 以内,捕捉到了投放后 5m 以内区域的拖曳绳动态过程。西北工业大学建立了多路连续投放试验技术,并发展了基于翼尖支撑试验平台的运输机空投空降安全性低速风洞试验技术(图 1 - 57)。

1.3.18 增升装置试验技术

增升装置试验技术是采用缩比模型在风洞中进行飞行器增升装置气动性能测量与评估的气动力试验技术。模拟参数主要有来流马赫数、迎角、侧滑角、雷诺数,测量参数包括飞行器全模、半模增升构型的气动力和机翼表面压力分布。其主要由飞行器增升装置模型、气动力测量天平、压力测量装置、数据采集与处理系统构成。

图 1 - 57 运输机伞兵带伞离机安全性风洞模拟试验研究

中国航空工业空气动力研究院在低速增压风洞中建成了迎角范围 - 8° ~ 26°(全模)、- 10° ~ 30°(半模),侧滑角范围 - 16° ~ 16°,典型飞机最大试验雷诺数 7×10^6(全模)、10×10^6(半模)的试验装置,可实现增升装置气动特性的测力、测压、荧光丝线和 PIV 流动显示与测量,形成了增升装置高/变雷诺数试验能力(图 1 - 58)。

 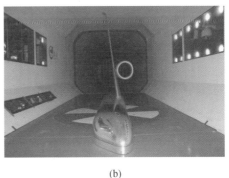

(a)   (b)

图 1 - 58 低速增压风洞全模、半模增升装置高/变雷诺数试验

1.3.19 结冰试验技术

结冰试验技术是采用全尺寸部件或截断模型(含混合缩比模型),在结冰风洞或专用装置中进行结冰特性评估的技术。模拟参数主要有来流马赫数、温度、粒径、液态水含量、海拔高度等,测量结果主要是冰形的二维或三维外形特征。其主要由结冰试验模型、冰形测量装置、摄像监控系统、数据采集与处理系统等构成。

中国空气动力研究与发展中心在 3m × 2m 结冰风洞中建成了适用于翼面部件的结冰试验技术(图 1 - 59),最高试验速度 256m/s,最低模拟温度 - 40℃,最高模拟高度20000m,试验云雾的水滴粒径范围10~300μm,液态水含量0.2~3g/m³。中国航空工业空气动力研究院开展了结冰试验技术研究,最大模拟风速240m/s,试验云雾的液态水含量范围0.1~3g/m³、粒径范围15~50μm,温度范围−40~5℃,最大模拟高度7000m;研制了冰雾喷洒塔,喷雾框架4m×28m,喷雾框中心距地面35m,能产生液态水最大含量1.2g/m³、平均体积直径15~50μm的喷雾,喷雾最大输送距离35m;与上海飞机设计研究院联合设计和建造了可移动地面喷雾设备(图1−60),云雾出口尺寸2.5m×2.5m,能产生液态水含量范围0.2~3.0g/m³,水滴平均直径范围9~50μm的喷雾。

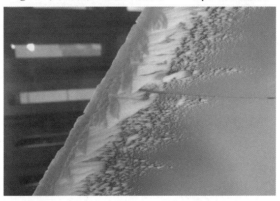

图1−59　3m×2m结冰风洞模型结冰

图1−60　ARJ−21发动机短舱移动式冰风洞结冰试验

1.3.20　基于MEMS的近壁流动测量技术

在航空航天以及实验流体力学领域,采用柔性MEMS传感器阵列粘贴在飞行器复杂表面或发动机内壁,可实现壁面剪切应力、压力、温度、热流、噪声等流场信息的实时测量和结构图像的实时解析,形成了基于MEMS的近壁流动测量技术。

中国空气动力研究与发展中心先后联合南京航空航天大学和西北工业大

学,自行设计研制了国内第一批浮动元件电容式 MEMS 剪应力传感器,建立了基于 Stokes 流的 MEMS 传感器静态性能和基于平面行波法的动态性能校准技术和系统(图 1 - 61);研制了柔性基热敏 MEMS 传感器阵列,阵列厚度 100 μm,敏感元件 2200 μm(长) ×80 μm(宽) ×1.8 μm(厚);研究了温度和流体密度及其共轭效应对热敏 MEMS 传感器性能影响,获得了马赫数 0.3 ~ 0.8、平板模型测量区域表面摩擦应力随马赫数和位置的变化特性以及转捩的过程特性。

 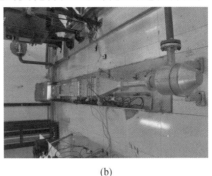

(a)   (b)

图 1 - 61   MEMS 传感器及其静态性能校准系统

1.3.21   连续变迎角试验技术

连续变迎角试验技术是在风洞试验模型迎角连续变化过程中进行气动特性测量的技术。与传统的顿点测试相比,该技术获得更加丰富的试验数据量,可以更好地捕捉气动力随迎角变化的细节信息。其相似参数与常规试验相同,测试参数包括模型气动力、力矩或者压力,以及模型姿态角。

中国空气动力研究与发展中心在 2.4m ×2.4m 跨声速风洞和 2m ×2m 超声速风洞发展了连续变迎角测力试验技术。在 2.4m ×2.4m 跨声速风洞连续变迎角试验中,马赫数控制精度达到了 ±0.002,单次车数据点数超过 50 个,阻力测量分辨能力达到 0.0002。

1.3.22   直升机旋翼试验技术

直升机旋翼试验技术是采用缩比旋翼模型在风洞中研究旋翼性能及旋翼对其他部件气动特性影响的试验技术。模拟参数主要有旋翼转速、来流马赫数、旋翼总距、旋翼周期变距、主轴前倾角等,测量参数主要有旋翼气动力参数、桨叶表面压力、桨叶变形、旋翼流场、噪声等。

中国空气动力研究与发展中心发展了基于模糊控制的直升机风洞前飞自动配平技术(图 1 - 62)。在直径 3.2m 低速风洞建立了直径 2m 共轴刚性旋翼模拟试验技术,旋翼额定转速 2100r/min,总距操纵范围 - 5° ~ 20°,周期变距范围

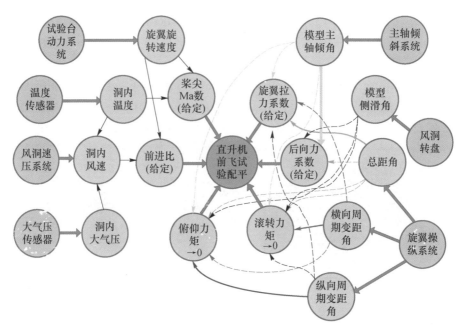

图1-62 基于神经网络的自动配平技术(彩色版本见彩图)

-15°~15°,该系统同时具备改变上下旋翼间距的能力;在直径5m立式风洞建立了旋翼模型下降状态模拟试验技术,旋翼额定转速2100r/min,旋翼轴倾角范围180°,总距操纵范围0°~10°;在5.5m×4m声学风洞建立了旋翼噪声测量与辨识试验技术(图1-63);在4m×3m、直径3.2m风洞、0.6m跨声速增压风洞建立了旋翼翼型静、动态试验技术(图1-64);建立了基于双目法的桨叶位移及变形测试技术;联合上海交通大学初步建立了基于快速响应压敏漆的旋翼桨叶表面压力测量技术。中国直升机设计研究所在中国空气动力研究与发展中心的8m×6m低速风洞建立了直径4m共轴刚性双旋翼试验模拟技术(图1-65),旋

图1-63 旋翼噪声测量技术

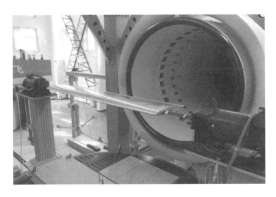

图 1 - 64　旋翼翼型动态试验技术

图 1 - 65　4m 直径共轴刚性双旋翼试验技术

翼额定转速 1100r/min，总距操纵范围 0°～14°，周期变距范围 - 15°～15°，主轴倾角范围 - 15°～15°。南京航空航天大学在直升机旋翼动力学国家级重点实验室建立了直径 1.1m 的小型倾转旋翼机模拟试验技术。

1.4　在国防与经济社会发展中的应用和贡献

1.4.1　大型客机

　　中国商用飞机有限责任公司联合国内优势单位，自主发展了具有国际先进水平的大型客机气动设计、优化、试验技术群，配套了大型客机空气动力学基础设施，形成了大型客机研制所需的空气动力学学科体系，确保了 C919 首飞成功和 ARJ 的适航取证。大型客机空气动力学体系的建立，有效地提升了我国航空设计水平，对于大型客机系列化创新发展具有重大意义。

中国商用飞机有限责任公司、中国空气动力研究与发展中心、中国航天空气动力技术研究院等单位突破了大型飞机流场环境模拟、模型流动精细模拟、试验数据修正和高精度测试的技术瓶颈,建立了大型飞机风洞试验流场控制技术、高雷诺数翼型试验技术、低干扰测力试验模型支撑及修正技术、模型姿态与模型变形视频测量技术、连续变迎角测力技术、气动噪声测量技术、大面积表面流动和空间流动显示技术等一系列试验技术,完成了 C919 飞机的选型、定型和校核试验,提供了完善的空气动力学数据,为 C919 气动设计、外形优化、性能预测、飞控设计、结构设计和飞行包线制定提供了强有力的支持。

1.4.2 航天飞行器

针对"长征"五号、"长征"六号、"长征"七号运载火箭以及月球探测器的研制需求,低跨超空气动力学领域先后攻克了大型火箭风载精确预测、阻力精确预测、动载荷多点预测、多体干扰试验模拟、喷流模拟、减速伞性能预测等一系列技术难题,发展了高精度小滚转力矩测量技术、多天平测力技术、大规模动态压力测量技术、全迎角测力技术、高精度压心测量技术、减速伞试验技术等,为运载火箭及月球探测器的总体方案设计、结构设计和稳定与控制系统设计提供了精确数据。

1.4.3 通用飞机

为了满足通用飞机工业发展需求,低跨超空气动力学领域先后突破了通用飞机气动性能预测、高雷诺数模拟、动力模拟等技术障碍,形成了通用飞机研制的风洞试验技术体系,在通用飞机气动、飞行控制和结构设计中发挥了重要作用。中航通用飞机有限责任公司在 AG600、HO300、AG300 飞机研制过程中,开展了一系列的风洞试验、数值计算研究工作,获得了 AG600 飞机、HO300 飞机、AG300 飞机机体/推进耦合效应,以及 AG600 飞机大迎角特性、尾旋特性、飞行雷诺数效应,为型号气动布局优化和试飞方案制定提供了强有力的技术支持。

参 考 文 献

[1] 赵忠良,吴军强,李浩. 2.4m 跨声速风洞虚拟飞行试验技术研究[J]. 航空学报,2016,37(2): 504 – 512.

[2] 张来平,马戎,常兴华. 虚拟飞行中气动、运动和控制耦合的数值模拟技术[J]. 力学进展,2014 (44):376 – 417.

[3] 荣臻,邓学蓥,王兵. 摇滚/PIV/压力同步测控技术的发展及其在机翼摇滚研究中的应用[J]. 空气动力学报,2010,28(2):180 – 187.

[4] 袁先旭,陈琦,张涵信. 再入飞行器失稳的分叉理论分析与数值仿真验证[J]. 气体物理,2016,1

（4）：12－26.

［5］汪清，钱炜祺，丁娣. 飞机大迎角非定常气动力建模研究进展［J］. 航空学报，2016，37（8）：2331－2347.

［6］张鑫，黄勇，王勋年，等. 超临界机翼介质阻挡放电等离子体流动控制［J］. 航空学报，2016，37（6）：1733－1742.

［7］杜海，史志伟，倪芳原，等. 基于等离子体激励的飞翼布局飞行器气动力矩控制［J］. 航空学报，2013，34（9）：2038－2046.

［8］吴云，李应红. 等离子体流动控制研究进展与展望［J］. 航空学报，2015，36（2）：381－405.

［9］于金革，牛中国，梁华，等. 等离子体用于三角翼模型流动控制试验研究［J］. 空气动力学学报，2017，35（2）：305－309.

［10］雷鹏轩，王元靖，吕彬彬，等. 一种智能材料结构在变形体机翼气动特性研究中的应用［J］. 实验流体力学，2017，31（5）：74－80.

［11］陶洋，邓枫，刘光远，等. 后掠机翼三维鼓包串激波控制参数的影响［J］. 航空动力学报，2016，31（7）：1617－1622.

［12］徐锦，周丹杰，何承军，等. 基于表面粗糙单元的超声速翼面减阻试验研究［C］. 第六届近代实验空气动力学会议，2017.

［13］李强. 条带悬挂内式支撑干扰分析及应用研究［D］. 绵阳：中国空气动力研究与发展中心，2015.

［14］刘大伟. 超临界机翼的雷诺数效应及预测方法研究［D］. 绵阳：中国空气动力研究与发展中心，2016.

［15］李鸿岩，王祥云，杨希明，等. 小展弦比飞翼标模 FL－2 风洞跨声速开孔壁干扰特性修正研究［J］. 空气动力学学报，2016，34（1）：131－137.

［16］熊波，周恩民，程松，等. 0.6m 连续式跨声速风洞调试运行关键技术［J］. 实验流体力学，2016，30（4）：81－86.

［17］林贵平，卜雪琴，申晓斌，等. 飞机结冰与防冰技术［M］. 北京：北京航空航天大学出版社，2016.

［18］冀洋锋，林麒，胡正红，等. 基于绳系并联机器人支撑系统的 SDM 标模动导数试验可行性研究［J］. 航空学报，2018，39（1）：121330.

［19］赵子杰，高超，张正科. 新型人工转捩技术及风洞试验验证［J］. 航空学报，2015，36（6）：1830－1838.

［20］焦予秦，王龙，高永卫，等. 翼型极大迎角风洞试验技术研究［J］. 实验流体力学，2013，27（4）：102－108.

［21］中国航空工业空气动力研究院. 航空气动力技术［M］. 北京：航空工业出版社，2013.

［22］李建强，李耀华，郭旦平，等. 2.4 米跨声速风洞推力矢量试验技术［J］. 空气动力学学报，2016，34（1）：20－26.

［23］黄浩，张永升，刘丹. FD09 风洞旋转天平试验系统研制［J］. 航空工程进展，2014，5（4）：429－434.

［24］季军. FL－3 风洞喷流试验高精度数字阀的设计与实现［J］. 实验流体力学，2014，10（5）：76－80.

［25］郭林亮，祝明红，孔鹏，等. 风洞虚拟飞行模型机与原型机动力学特性分析［J］. 航空学报，2016，37（8）：2583－2593.

［26］秦永明，董金刚. FD－12 风洞新型捕获轨迹试验技术研究［C］. 第六届近代实验空气动力学会议，2017.

［27］惠增宏，侯金玉. 低速空降的带伞风洞试验模拟［C］. 中国空气动力学会测控技术专委会第六届四次学术交流会，2013.

[28] 梁锦敏,李建强,蒋卫民,等. MEMS 传感器测量平板表面摩擦应力高速风洞试验[J],实验流体力学,2013,27(1):1-4,14.

[29] 谢艳. 2.4m跨声速风洞连续变迎角试验关键技术研究[J]. 实验流体力学, 2014,28(1):89-93.

[30] 魏鹏,史勇杰,徐国华,等. 基于黏性涡模型的旋翼流场数值方法[J]. 航空学报,2012,33(5): 771-780.

[31] 虞志浩,杨卫东,张呈林. 基于 Broyden 法的旋翼多体系统气动弹性分析[J]. 航空学报,2012, 33(12):2171-2182.

[32] 谢亮,徐敏,安效民,等. 基于径向基函数的网格变形及非线性气动弹性时域仿真研究[J]. 航空学报,2013,34(7):1501-1511.

[33] 王俊毅,招启军,肖宇. 基于 CFD/CSD 耦合方法的新型桨尖旋翼气动弹性载荷计算[J]. 航空学报, 2014,35(9):2426-2437.

[34] 黄深. 复合式高速直升机旋翼/机身/尾推干扰流场的研究[D]. 南京:南京航空航天大学, 2016.

[35] 欧飞. 共轴式直升机配平和飞行性能计算方法研究[D]. 南京:南京航空航天大学, 2016.

[36] 江露生,林永峰,樊峰,等. 共轴刚性旋翼悬停气动干扰特性试验研究[C]. 第三十二届全国直升机年会,2015.

[37] 袁明川,刘平安,樊枫,等. 共轴刚性旋翼前飞气动性能风洞试验研究[C]. 第三十二届全国直升机年会,2015.

[38] 苏大成,史勇杰,黄水林,等. 共轴刚性旋翼气动干扰特性研究[J]. 航空科学技术, 2015, 26(11):10-18.

[39] 李鹏. 倾转旋翼机非定常气动特性分析及气动设计研究[D]. 南京:南京航空航天大学, 2016.

[40] 何杰. 倾转旋翼机动态干扰流场模拟方法研究[D]. 南京:南京航空航天大学, 2016.

[41] 王荣,夏品奇. 利用桨叶后缘小翼运动的旋翼桨毂振动载荷优化控制[J]. 振动工程学报,2013 (4):574-582.

[42] 黄明其. 直升机风洞试验[M]. 北京:国防工业出版社. 2014.

[43] 新华. 我国成功攻克直升机风洞试验自动配平技术[J]. 军民两用技术与产品,2014(9):19.

[44] 黄明其,杨永东,梁鉴,等. 一种双旋翼风洞试验平台. ZL2016 2 1098144.6[P],2017.04.19.

[45] 黄明其,兰波,杨永东,等. φ5m 立式风洞直升机垂直升降试验台研制[J]. 实验流体力学,2013,25(5):94-97.

[46] 郑谢. 运动声源的识别与测量方法研究[D]. 绵阳:中国空气动力研究与发展中心,2016.

[47] 兰波,张卫国,段雪峰,等. 旋翼翼型动态测压风洞试验研究[C]. 第三十一届全国直升机年会,2015.

[48] 袁明川,刘平安,樊枫,等. 共轴刚性旋翼前飞气动性能风洞试验研究[C]. 第三十二届全国直升机年会,2015.

[49] 张铮,陈仁良. 倾转旋翼机旋翼/机翼气动干扰理论与试验[J]. 航空学报,2017,38(3):120196.

第2章　高超声速空气动力学

高超声速空气动力学是研究行星大气与高超声速飞行器相对运动而产生的气动力、气动热及其他物理气体效应的科学。传统上将飞行马赫数大于5的流动称为高超声速流动,更确切的内涵是,高超声速流动是随着马赫数的增大,某些流动物理现象变得越来越重要的流动范畴,这些现象主要包括高马赫数产生高度非线性的流体动力学特性和高温物理化学特性等。

高超声速空气动力学的概念提出已有70多年的历史,其发展与火箭、卫星、载人飞船、航天飞机、深空探测的发展密切相关,相继突破了"热障"和"黑障"及可重复使用等诸多技术瓶颈问题。20世纪60年代,远程火箭、载人飞船等的发展,推动了高超声速空气动力学进入第一段繁荣发展时期。80年代以后,航天飞机和空天飞机计划遇到了大量高超声速气动力、热问题,研究者重新聚焦高超声速空气动力学领域,第二段繁荣发展时期出现。近年来,为实现任务载荷全球快速投送、向更高更快的极限持续推进,掀起了高超声速技术探索的第三次浪潮,空间轨道机动飞行器、近空间助推滑翔飞行器、吸气式高超声速飞行器相继出现。

我国高超声速空气动力学研究在国家重大技术专项的牵引和支持下发展迅速,在气动布局设计、热防护技术、高超声速计算技术、风洞模拟能力、基础理论研究等方面取得了一系列成果。

高超声速无动力飞行器气动布局设计技术由传统地轴对称布局向升阻比更高的面对称布局发展,高超声速组合动力巡航飞行器实现了内外流一体化设计;长时间非烧蚀/微烧蚀热防护材料研究进展顺利,防热结构飞行性能预示精度大幅提升,应用于高焓低热流的疏导式热防护技术发展态势迅猛;高超声速CFD技术发展迅速,气动力/热计算精度不断提升,高温真实气体影响、气体辐射、稀薄流等多物理效应数值计算取得重大进展;大型高超声速风洞、50MW电弧风洞、1MW高频等离子体风洞、静风洞等新型试验设备的建设,使风洞对飞行环境的模拟能力得到大幅度提升;对流/辐射耦合加热、高超声速MEMS摩阻测量、纳米粒子平面激光散射流场显示等新型测试技术的快速发展,使风洞流场与气动特性的测试技术水平大幅提高。在流动机理方面,针对湍流、转捩和燃烧提出了新的模型和预测方法,探索了高空高超声速中的复杂多物理效应,为高超声速飞行器研制奠定了坚实的理论和试验基础。

高超声速空气动力学领域尚存在诸如边界层转捩、尖前缘防热、数值计算模型验证、等离子体控制等未完全解决的问题,随着高超声速 CFD 技术的进步、风洞试验模拟能力的提升与测试技术的提高、气动力/热环境飞行试验技术的发展,高超声速空气动力学必将为未来高性能高超声速飞行器研制提供强有力的技术支撑。

2.1 基础理论与前沿技术研究

2.1.1 高超声速气动布局设计

1. 高升阻比滑翔式气动布局设计

高超声速滑翔式飞行器通过远距高机动滑翔飞行执行任务,根据机动性和超远程等任务要求,提升升阻比是此类飞行器的核心空气动力学问题之一,同时滑翔式布局的操稳特性、控制能力等也是决定其成败的关键。

中国空气动力研究与发展中心开展了实用化类乘波体高超声速飞行器的气动布局设计工作,通过建立高超声速气动力、气动热预测方法和多学科优化方法,筛选出优化后的高升阻比飞行器布局,开展了原始外形与优化外形的气动力/飞行特性耦合的六自由度弹道对比分析和控制舵面的匹配及操稳设计,显著提升了飞行器的气动性能。

中国航天空气动力技术研究院挖掘传统航天飞行器布局设计优势,探索了高超声速飞行器气动布局设计技术,发展了高升阻比翼身融合气动布局,基于结构、防热、控制等约束要求,以升阻比、操稳特性等气动性能为指标,获得了具有高升阻比特性的新型气动布局外形;将乘波设计的优势融入高升阻比气动布局研究,发展了基于激波装配的三维流场乘波设计和双后掠乘波设计技术与方法,获得了工程级的宽速域乘波体布局形式。

中国科学院力学研究所提出了高压捕获翼新型气动布局,通过在机体上方的合理位置增加高压捕获翼,可大幅增加飞行器的升力及升阻比,有效地缓解了升阻比与容积率之间的矛盾关系,通过合理优化高压捕获翼外形,能够同时兼顾大装载量、高弹道、大航程等设计需求。

2. 高超声速巡航飞行器布局设计

组合动力高超声速巡航飞行器一般执行远程运输和载荷投放等任务,除了要求高升阻比性能之外,动力系统与气动外形的一体化设计也需要重点考虑。

中国空气动力研究与发展中心针对高超声速飞行器三维复杂构型一体化设计,提出了一种基于流面分割内外流设计方法,同时兼顾进气道及整机升阻比性能,在复杂约束下实现了不同发动机布局形式、不同进气道截面形状等一体化构型设计,为吸气式高超声速巡航飞行器的工程设计提供了参考。

北京航空航天大学提出了一系列高超声速飞行器机体/推进系统一体化设计方法,包括"压缩面马赫线切割"前体设计方法、组合楔乘波体设计方法、密切曲面乘波体设计方法及被动乘波设计方法,提出了兼顾高升阻比与高容积率的乘波鸭翼、乘波双翼高超声速飞行器气动布局概念。

中国航天空气动力技术研究院开展了组合动力高超声速巡航飞行器的气动布局设计工作,解决了飞行器高超声速飞行情况下的纵向静稳定性及配平问题,同时满足横航向操稳特性与巡航阻力要求;基于一体化优化设计方法,获得了性能更为优越的气动布局。

3. 空天飞行器气动布局设计

空天飞行器执行空天运载任务,单级入轨系统和两级入轨系统成为当前研究的焦点。空天飞行器空域速域宽广,气动布局设计的核心问题是如何在宽速域范围内满足气动性能要求。

中国空气动力研究与发展中心利用二次曲线横截面及模线设计方法,提出了一种升力体运载器气动布局,进行了机体优化和控制舵匹配设计,研究了飞行器的气动特性和操纵效率问题。

中国航天空气动力技术研究院开展了水平起降单级入轨重复使用飞行器概念方案研究,探索了基于乘波体布局和吸气式火箭预冷动力系统的单级入轨重复使用飞行器概念方案的可行性,获得了适用于大空域和宽速域的乘波体运载器气动布局方案,并开展了气动力/热特性初步分析。

4. 火星进入器气动布局设计

作为星际航行和宇宙飞船的先导,行星大气进入器要穿越高空、低雷诺数的非连续流区,然后进入高超声速、超声速、跨声速、亚声速的中低空连续流区,其间遇到的非地球大气环境的空气动力学问题很多,难度较大。

中国空气动力研究与发展中心研究了火星进入器气动布局选型设计原则,提出了球锥或球冠防热大底、单锥/双锥/三锥尾部布局的总体方案;建立了综合使用二次曲线方法和类别形状函数法的飞行器气动布局参数化建模方法;发展了火星进入器高超声速气动特性工程预测方法;建立了多学科多目标设计优化技术,满足火星探测着陆器气动布局选型需求(图 2-1(a))。

中国航天空气动力技术研究院以半升力式再入安全开伞为目标,设计了带配平翼火星着陆器气动布局;以改善跨、超声速稳定性为目标,开展了着陆器后体优化设计,提出了通过质心偏置实现有迎角进入、超声速阶段展开配平翼以保证零迎角开伞的火星着陆巡视器进入方案,给出了能够显著改善火星着陆巡视器跨超声速静动稳定性的后锥整体优化外形(图 2-1(b))。

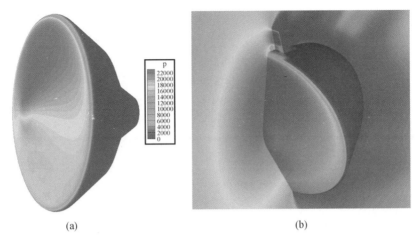

（a）   （b）

图 2 - 1　火星进入器外形（彩色版本见彩图）

2.1.2　高超声速热防护技术

1. 新型防热材料热响应预测

近年来，超高温陶瓷、抗氧化碳/碳等新型防热材料成为高超声速飞行器实现长时间非烧蚀/微烧蚀热防护的重要备选材料，中国空气动力研究与发展中心、中国航天空气动力技术研究院、哈尔滨工业大学、西北工业大学等高校与科研院所在各自研究领域开展了系统性研究，一定程度上拓展了传统模型方法的适用范围和模拟精度，支撑了高超声速飞行器热防护系统设计与防热性能评估的理论体系与模拟方法的发展。

中国空气动力研究与发展中心创建了碳基材料烧蚀的双平台理论，解决了长期在烧蚀领域存在的"快/慢"反应和"单/双"平台模型的争议，提出了覆盖两种极端情况的统一模型，显著提高了烧蚀量计算的准确性；构建了再入飞行器三维烧蚀耦合分析体系，突破了沿弹道三维烧蚀与气动热耦合、烧蚀动边界与内部温度场耦合等关键技术，实现了对烧蚀过程全面耦合模拟，使防热设计精度大幅提升。

中国航天空气动力技术研究院针对碳/碳化硅、超高温陶瓷、氮化硅多组分材料的主被动氧化及扩散氧化、熔体保持与流失问题，研究了其在高超声速气动加热环境下的响应模型与分析预测方法，并将研究方法应用于高超声速飞行器气动加热环境下多机制转换、多现象并存条件下的防热性能预测（图 2 - 2）；建立了新型低密度防热材料在高焓二次加热环境、多物理化学机制作用下的烧蚀模型，开发了烧蚀传热耦合计算方法，结合大尺度模型地面试验，准确预示了防热结构的飞行性能。

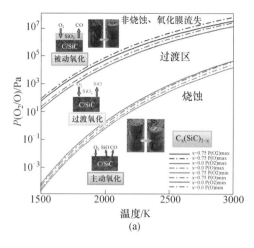
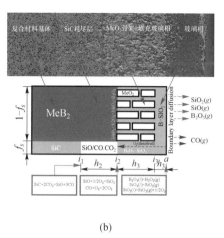

（a）　　　　　　　　　　　　　　　　　　　　　（b）

图 2 - 2　新型多组分耐烧蚀防热材料防热机理分析（彩色版本见彩图）

2. 防热结构性能预测

近年来,防热结构的传热分析逐渐向复合传热机制过渡,各学科耦合的影响成为该领域需要解决的难点问题。中国空气动力研究与发展中心、中国航天空气动力技术研究院和哈尔滨工业大学等院所及高校研究了高超声速飞行器新型防热材料服役过程导热、对流、辐射、相变等多机制复合的传热特性预测方法,发展了多孔类、非连续类新型材料的热应力/热变形预测方法,形成了针对不同防热材料及不同防热结构较为系统的防热性能预测方法。

中国空气动力研究与发展中心针对三维与轴对称区域结构动态热力耦合问题,构造了无条件隐式有限元计算方法,开发了一维至三维结构热力耦合模拟程序,并将之应用于分析再入陨落环境下结构热力耦合变形失效行为,实时考虑结构的瞬时响应行为,实现了气动与结构计算相结合,获取了航天器非线性变形以致失效损毁的机理;提出了防热结构内部热量、温差分配的新概念,以及基于热量分配特征的材料与结构的优化设计新途径;发展了内置高温热管非烧蚀防热系统熔化、蒸发、汽液两相流动、冷凝等过程与外层防热材料导热、辐射相耦合的整体热响应预测方法及软件系统。

中国航天空气动力技术研究院、中国空气动力研究与发展中心等采用材料细观结构建模与宏观等效参数模型相结合的方法,建立了跨尺度新型复合热防护材料三维热应力/热应变场计算分析技术及热应力计算软件系统;建立了材料高温性能劣化的基于分段常数和分段线性近似的分层损伤模型,发展了含裂纹非均质梁自由振动和弹性屈曲问题的解析分析方法,提出了含接触热阻结构的热/力耦合分析方法;针对大面积热防护系统采用的陶瓷 TPS 单元防热性能的高效高精度预测需求,采用非结构网格技术解决了复杂结构建模困难的问题;采用总体应力磨平方法解决了不同材料界面物性参数间断给计算带来的困难;构建了基于有限元方法的多尺度可扩展通用软件平台,实现了各种多尺度结构热传导、结构力学与热力耦合问题的有限元求解(图 2 - 3)。

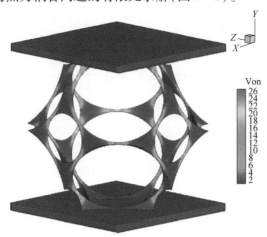

图 2 - 3　复合相变材料 RVE 等效应力云图(彩色版本见彩图)

3. 创新热防护结构技术

创新热防护结构是高超声速飞行器实现长时间热防护瓶颈问题的重要技术支撑。国内高校与科研院所在基于热管的疏导式热防护和梯度化防热结构等领域取得了重要的技术突破,为创新热防护结构的工程应用奠定了基础。

中国航天空气动力技术研究院建立了基于镍基高温热管和难熔合金超高温热管的疏导式热防护技术,形成了完整的理论体系与设计方法,掌握了高温/超高温热管结构制备技术,使用温度 1000℃的镍基疏导构件研制技术显著提高了飞行器尖锐前缘的高温热管疏导结构工程化水平,使用温度 1300℃以上的超高温热管技术实现了典型飞行状态下的长时间风洞试验验证(图 2 - 4);提出了疏导与主动冷却结合的半主动 - 主动一体化防热新概念,实现了原理演示验证;基于耐高温防热层到多孔高效隔热层组分与结构一体化梯度过渡原理,完成了梯度化防热墙材料设计、结构优化、制备实现与试验验证研究(图 2 - 5),建立了耐高温非烧蚀防热材料计算设计方法、基于第一性原理的基础性能预测方法、梯度化结构设计与微结构制备控制方法以及基于电弧风洞试验的可重复使用性能表征技术;研制了具有一体化结构特征的低密度($0.6g/cm^3$)梯度化防热结构球头试验模型及 200mm × 200mm 平板防热结构试验模型,通过了流密度 $1.6MW/m^2$、焓值 16MJ/kg 加热环境下的 500s 电弧风洞试验考核。

南京化工大学对钠、钾工质高温热管寿命进行了研究,其研制的高温热管运行时间已达到约 2000h。

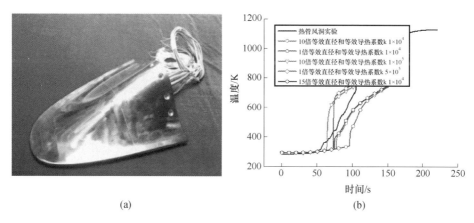

(a)　　　　　　　　　　　　　　　　(b)

图 2-4　基于热管的疏导式热防护结构与非疏导结构
风洞试验对比(彩色版本见彩图)

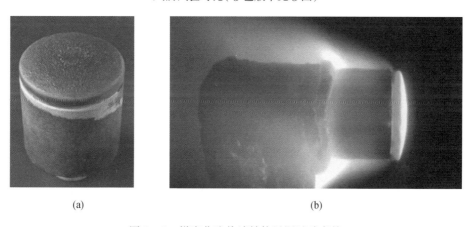

(a)　　　　　　　　　　　　　　　　(b)

图 2-5　梯度化防热墙结构风洞试验考核

2.1.3　高超声速 CFD 技术

1. 高温真实气体效应数值模拟方法

中国空气动力研究与发展中心、中国航天空气动力技术研究院分别发展了适用于复杂外形化学平衡/非平衡气动加热 CFD 方法,进一步完备了气动加热数值模拟方法体系,且能够考虑化学平衡模型/有限速率化学非平衡模型、双温度/多温度热力学非平衡模型、基于统计力学的流场组分热力学函数计算模型、基于碰撞截面数据的黏性输运特性计算模型以及壁面完全催化、完全非催化和有限催化模型;针对火星 CO_2 大气环境,建立了化学非平衡多组元气体模型、化学平衡气体模型、等效比热比模型等适用于复杂气体物理效应多层次的气动特性预测评估技术。

　　大连理工大学提出了计算化学非平衡流动的简化算法,对经典的激波诱导燃烧算例进行了数值模拟,验证了算法的时空精度,进一步提高了化学非平衡的计算效率。

2. 跨流域统一算法

　　高超声速飞行器再入过程中分别经历自由分子流区、稀薄过渡流区、稀薄滑移流区及连续流区,在高空稀薄流域,现有基于连续流假设的 N - S 方程不再有效,需要开展跨流域的数值计算方法研究,统一算法是重要研究方向之一。中国空气动力研究与发展中心、西北工业大学、清华大学等研究团队开展了跨流域统一算法的探索性工作。

　　中国空气动力研究与发展中心基于 Shakhov 模型方程的解析解,建立了一种将分子运动与碰撞耦合处理的新型跨流域统一算法,初步完成了统一气体动力学方法对三维复杂外形的适应性研究;提出了求解玻耳兹曼模型方程全局马赫数(1.2~20)条件下的离散速度坐标法、宏观流动参数动态确定数值积分技术,探索了统一算法跨流域高超声速流动模拟研究与工程应用需要解决的关键与瓶颈问题(图 2 -6)。

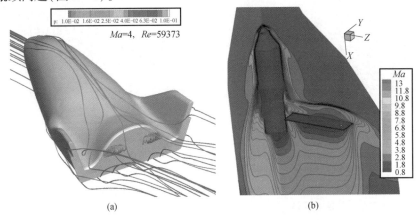

图 2 -6　跨流域算法的模拟实例(彩色版本见彩图)

　　西北工业大学针对原有 BGK 模型的网格及时间步长限制存在的弊端,通过对界面通量进行新的重构分析,并结合重叠网格、时间隐式处理等技术,提高了BGK 求解的效率。

3. 稀薄流蒙特卡罗直接模拟方法

　　高空稀薄大气环境的存在使得飞行器流动不同于低空连续流区,飞行器局部或整体将表现出典型的稀薄气体流动,传统的基于连续流假设的研究手段在流动局部或整体区域失效,蒙特卡罗直接模拟(DSMC)方法是预测该区域流动的重要方法之一。

中国空气动力研究与发展中心基于 N-S 方程/滑移边界条件修正 N-S 方程数值求解、NS-DSMC 耦合方法(图 2-7)、DSMC 方法、玻耳兹曼模型方程数值求解等多种数值模拟技术,构建了涵盖连续流区、近连续滑移流区、稀薄过渡流区和自由分子流区的全流域高超声速流动 CFD 平台;针对 DSMC 方法广义硬球碰撞模型本身缺陷问题,发展了基于变径硬球模型与广义硬球模型的混合模型,提升了广义硬球碰撞模型在低温条件下的计算效率;建立了直角网格与表面非结构网格混合结构的 DSMC 通用数值算法及网格自适应算法,构建了考虑量子效应的离散内能传输模型、地球大气和火星大气的 TCE 化学反应模型,发展了有效模拟高超声速近连续流的碰撞限制器方法、变时间步长技术以及大规模 DSMC 并行算法,解决了将 DSMC 方法应用于真实复杂外形飞行器热化学非平衡绕流可靠模拟问题,并提出了一种 DSMC 含电离化学反应的稀有组分权重因子法。

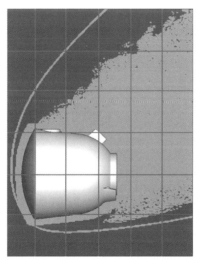

图 2-7 NS-DSMC 耦合算法紧耦合自动分区及 MPI 并行分区示意图

中国航天空气动力技术研究院开展了基于三维四面体网格的 DSMC 大规模并行仿真策略研究,提高了并行 DSMC 分子仿真的计算效率,发展了基于四面体网格的复杂外形稀薄/非平衡耦合效应的大规模并行 DSMC 手段,并提出了改进 DSMC 计算的三种新方法(图 2-8):针对过渡流粒子碰撞距离小问题建立的虚拟子网格方法、基于流动特征的自适应权函数模型以及基于网格内部密度梯度的粒子碰撞概率修正模型;建立了可考虑地球大气、火星大气等复杂气体热非平衡、化学非平衡的高温/稀薄耦合通用模拟方法,有效地提升了高密度区的数值模拟效率与精度;针对复杂外形飞行器近地轨道衰减问题,发展了一套快速预测近地飞行器气动特性仿真方法,解决了现有自由分子流区多次反射难以考虑的问题(图2-9)。

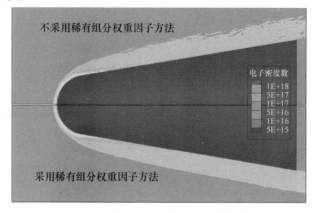

图2-8　使用与不使用稀有组分权重因子方法得到的 RAM – C II 81km
电子数密度分布比较(彩色版本见彩图)

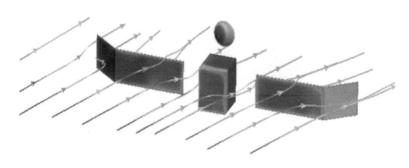

图2-9　火星气动刹车的流场结果

4. 临近空间喷流干扰

反作用控制系统(RCS)是在稀薄环境下对高超声速飞行器进行控制的重要方式。RCS喷流导致的多尺度复杂干扰流动,为数值模拟带来了极大的挑战。中国空气动力研究与发展中心、中国航天空气动力技术研究院、南京航空航天大学等开展了持续研究。

中国空气动力研究与发展中心和中国航天空气动力技术研究院分别发展了适用于高超声速喷流干扰流动数值模拟的高分辨率算法及精细描述复杂构型的网格生成技术,获得了喷流干扰诱导的强间断和黏性剪切层一致高分辨率数值模拟技术和计算结果。中国空气动力研究与发展中心基于计算精度和计算效率的平衡,考虑喷流组分的对流和扩散,建立了高超声速飞行器横向喷流数值模拟准则;建立了相应的喷流干扰气动建模分析手段和方法。中国航天空气动力技术研究院发展了热喷近似(考虑喷流组分对流和扩散)的反喷作用多体分离技术并应用于工程研制。

5. 气动/飞行/控制一体化耦合计算

数值虚拟飞行本质上是高精度多学科时域耦合的分析方法,以非定常 CFD 为纽带将气动、飞行、控制等诸多学科耦合在一起,可实现对复杂飞行过程的完整预示或逼真复现。

中国空气动力研究与发展中心、中国航天空气动力技术研究院、北京航空航天大学、南京航空航天大学、国防科技大学等分别发展了数值虚拟飞行的基础技术,主要包括非定常雷诺平均 N–S(RANS)方程计算技术、广义运动网格技术、非定常流场/刚体运动/飞行控制律耦合的一体化计算技术。

中国空气动力研究与发展中心实现了真实飞行器过载控制变马赫数的一体化计算,得到了与靶试测量相一致的计算结果。

中国航天空气动力技术研究院开展了闭环控制的数值虚拟飞行研究,实现了高超声速飞行器气动/飞行/控制一体化模拟;针对高超声速高升阻比布局机动飞行的数值虚拟飞行与基于数据库的传统飞行仿真基本吻合;在复杂飞行包络与极限机动状态下,数值虚拟飞行具有突出的工程指导意义。

国防科技大学实现了针对高超声速内外流一体化的非定常气动/飞行耦合过程的模拟,并与相关试验结果相吻合。

6. 多层次动稳定参数计算方法

动态稳定性参数简称为动导数,用以描述飞行器机动飞行和受到扰动时的动态气动特性。动导数不仅是飞行器飞行稳定性与飞行品质分析的重要参数,而且是飞行器姿态与轨道控制系统设计中控制增益确定的重要依据。由于高超声速风洞试验模拟的困难,可靠的数值计算成为飞行器研制中获取动态参数的主要手段。中国空气动力研究与发展中心、中国航天空气动力技术研究院、国防科技大学、北京航空航天大学等都开展了动导数数值方法研究,重点是模拟精度和效率的提升。

中国空气动力研究与发展中心和中国航天空气动力技术研究院分别构建了高超声速动导数多层次的数值模拟研究体系,主要包括非定常双时间步时域方法(自由振动、强迫振动)、高效保精度的频域法、当地活塞理论法、基于导数定义的差分法等,掌握了非定常预测的关键技术,预测精度显著提高。频域法具有与传统时域法一致的计算精度,但高超声速下的计算效率可提高一个量级甚至更高,较好地满足了工程应用需求。

7. 气动数据不确定度

气动数据不确定度的量化是一个复杂的科学和工程技术问题,涉及不确定度来源的识别、表示、传播量化及模型构建等问题。

中国空气动力研究与发展中心对 CFD 的误差估计和不确定度来源与量化开展了有关研究,认为概率方法不适合于高超声速模拟的不确定度量化,非概率方法中的敏感性导数方法更加适合不确定度估计。

中国航天空气动力技术研究院借鉴概率边界分析方法的基本思想和验证与确认理论，发展了一套高超声速飞行器气动数据不确定度量化方法，全面考虑了CFD 模拟中存在的输入参数不确定度、数值不确定度和计算模型不确定度。

西北工业大学采用自动微分分析方法对翼型几何误差如何影响气动性能进行了量化分析。中国运载火箭技术研究院针对高超声速飞行的不确定度来源进行了深入研究，建立了重要不确定度来源的量化方法。

8. 复杂气动热问题的理论研究和数值模拟技术

复杂气动热问题的求解关系到高超声速飞行器热防护系统设计的成败，近年来，各单位分别在气动热天地换算方法、热流的高精度数值求解方法以及工程快速预测技术等方面取得了一定进展。

中国空气动力研究与发展中心围绕气动热环境的天地差异性机理，通过理论分析、数值计算和风洞试验三种手段相结合开展了系统的研究，建立了适用于复杂外形飞行器的气动热天地换算方法，并通过国内外典型风洞试验数据和飞行试验数据开展了验证和修正，在一定程度上实现了气动热的天地换算；提出了通量分裂与焓守恒修正相结合的数值方法，有效抑制了非物理耗散，解决了流场分辨率与计算稳定性的矛盾；基于超限插值概念，建立了适于热流计算的网格重构技术，解决了几何大跨度陡变区复杂波系干扰的精确模拟问题（图 2 - 10）。

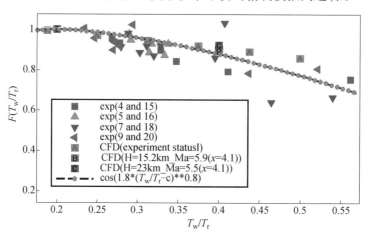

图 2 - 10　计算与试验结果的对比

中国航天空气动力技术研究院通过理论分析与计算，提出了不依赖于边界层外缘参数、考虑壁温影响、适用于大面积区域层流/湍流的换热系数计算修正关系式，给出了以壁温与恢复温度比值为自变量、可考虑壁温影响、适用于干扰区换热系数计算的修正关系式。

2.1.4 湍流、转捩与燃烧

1. 转捩与湍流机理

在流动稳定性分析方面,天津大学、清华大学、中国空气动力研究与发展中心和中国航天空气动力技术研究院等单位将抛物化稳定性方程(PSE)以及基于PSE 的 e^N 方法用于高超声速平板、圆锥等简单模型和具有面对称特征的飞行器,如 HIFiRE-5 椭锥和实际工程外形,显著提高了稳定性分析能力和 e^N 方法的转捩工程预测能力。

在精细数值模拟方面,中国科学院力学研究所、清华大学、中国空气动力研究与发展中心、天津大学和中国航天空气动力技术研究院等单位对高超声速平板、圆锥、带粗糙元或涡发生器平板等问题开展了大涡模拟(LES)和直接数值模拟(DNS),为人工转捩和转捩延迟设计提供了理论指导,并为转捩和湍流建模提供了数据基础。

在复杂转捩过程机理研究方面,北京大学通过静风洞试验给出了二次模态扰动波的高清图片,指出了二次模态扰动波对转捩和气动加热的重要作用。北京大学通过静风洞、中国空气动力研究与发展中心和中国航天空气动力技术研究院通过常规风洞试验给出了多个面对称外形上的复杂转捩现象,并研究了这些转捩现象随雷诺数、迎角、噪声、风洞尺寸等因素的变化规律。清华大学、中国航天空气动力技术研究院、北京航空航天大学等用数值模拟手段复现了这些现象。

2. 转捩与湍流模型及预测方法

转捩和湍流预测的主要进展是将转捩模型拓展用于高超声速领域。

清华大学提出了 $k-\omega-\gamma$ 三方程转捩预测模型,近年来根据工程需要对模型再次进行了完善,引入了横流失稳机制,同时在工程中得到了大量运用,取得了很好的预测结果。

中国空气动力研究与发展中心以 $\gamma-Re_\theta$ 转捩模型为基础,结合自有数值模拟平台和边界层转捩测量技术,对该转捩模型中的经验参数和典型判别函数开展了详细的标定,研究了该模型对网格及数值格式的依赖性和匹配要求,并研究了马赫数修正方法。

中国航天空气动力技术研究院对 $\gamma-Re_\theta$ 模型进行了压缩性修正,提高了该模型在高超声速领域的预测精度,并应用于面对称外形飞行器转捩预测;将在地球大气环境下发展的 Re_θ/Ma_e 转捩判据工程预测方法拓展用于火星大气,可近似预测转捩位置。

3. 转捩地面试验与飞行试验

中国航天空气动力技术研究院在直径 0.5m 和直径 1.0m 量级高超声速风

洞上发展了多种转捩测试技术,包括铂薄膜热电阻、脉动压力传感器、脉动热流传感器、磷光热图、液晶摩阻和红外热图技术,测量和研究了高超声速平板、圆锥、三角翼、面对称飞行器上的边界层转捩。

北京大学在静风洞上发展了传感器和光学测试技术,开展了扰动稳定性、自然转捩和人工转捩研究。

中国空气动力研究与发展中心和中国航天空气动力技术研究院均开展了低成本转捩飞行试验,获得了超/高超声速圆锥边界层转捩的飞行试验数据;基于飞行试验和地面风洞试验,中国航天空气动力技术研究院探索了转捩数据的天地相关性理论,给出了适合大面积区自然转捩的雷诺数、噪声、壁温、风洞尺寸等因素的数据关联公式。

4. 转捩控制原理与技术

北京机电工程研究所、中国空气动力研究与发展中心、清华大学和中国航天空气动力技术研究院围绕超燃冲压发动机进气道转捩控制系统研究了钻石颗粒、后掠斜坡涡流发生器的原理和设计准则,开展了相关的计算、试验和设计工作。中国航天空气动力技术研究院基于转捩机理进一步设计了对齿斜坡型涡流发生器。

中国航天空气动力技术研究院、中国科学院力学研究所和清华大学在平板边界层上探索了高超声速边界层转捩延迟的机理和技术,通过 DNS 研究了粗糙单元和表面细纹两种技术,并完成了风洞原理性验证试验。

5. 湍流燃烧

中国航天空气动力技术研究院对超声速湍流混合层燃烧的瞬态特性、演化特性和时均特性进行了较为全面的探索,发现了超声速湍流混合层燃烧中燃烧模式对流动结构的影响,发现了超声速湍流混合层燃烧中的燃烧诱导激波现象,发现了超声速湍流混合层燃烧中剪切层增长率的新型影响因素,并探索了化学反应机理对燃烧诱导激波的影响;提出了基于统一混合规则和物理守恒定律的超声速湍流混合层燃烧高精度数值模拟相容性入口条件;发现了超声速湍流混合层流动中燃烧不稳定性由湍流涡团诱导产生的可燃预混气自着火和准定容燃烧而产生。

北京航空航天大学提出了可压缩的火焰面/进度变量湍流燃烧模型,通过在低速流动火焰面模型中引入流场当地可压缩效应,提出了新的可压缩火焰面/进度变量湍流燃烧模型;构造了边界层内有/无燃烧化学反应的统一壁函数模型,提出了边界层化学反应速度壁面律和静焓壁面律,有效放宽了超燃冲压发动机内流道摩阻和热流模拟时对网格密度的限制,显著提高了计算效率;提出了激波/湍流干扰中湍流模型变量非物理增长的修正模型,改善了湍流模型对高超声速流动气动热的预测精度。

2.1.5 高超声速 RCS 喷流及复杂干扰流动

在高超声速流动中,由 RCS 喷流、表面凸起物等导致的多尺度复杂干扰流动中包含激波/边界层干扰、边界层分离与再附、旋涡的形成和演变,并耦合非定常效应等,其机理复杂,影响因素众多,风洞试验和数值模拟难度很大。

中国航天空气动力技术研究院针对大推力、强干扰轨控 RCS 喷流复杂干扰问题,建立了高超声速喷流直接测力、测压和流动结构显示等试验技术以及相关数值预测技术,完成了高超声速条件轨控 RCS 喷流气动干扰机理与影响规律及冷/热喷流干扰特性等研究;突破了高超声速脉冲工作发动机 RCS 喷流风洞试验技术,获得了高速纹影和脉动压力试验结果。采用改进的表面热流率测量技术、高速纹影技术和脉动压力测量技术,对高超声速层流、转捩及湍流条件下平板/钝舵干扰引起的定常/非定常复杂分离流动开展了细致研究。

中国运载火箭技术研究院联合中国航天空气动力技术研究院等专业单位,针对低空大动压分离窗口窄与强干扰的特性,在逆向喷流仿真中,基于动量比和动能比相似模拟准则,构建了三维斜切喷管冷喷流等效模拟的模型,与热喷流仿真结果吻合度较好;进行了多体分离气动特性干扰的多风洞试验校核,验证了喷流仿真精度;基于气动/分离/姿态一体化设计方法,进行了分离过程精确预示及分离可靠性设计,通过飞行试验校验了设计方法的正确性。

中国空气动力研究与发展中心开展了六类激波干扰的产生机理研究,获取了磷光热图干扰图像、纹影图像,探索了双锥干扰、压缩拐角、槽道流及凸起物构型激波边界层干扰的流场特征,开展了熵层结构及其对激波/边界层干扰现象、受限流与非受限流条件下的激波/边界层干扰理论等研究。

2.1.6 复杂多物理效应

1. 高温真实气体效应

在高马赫数流动中,受高温作用气体分子过激波后会发生离解,产生大量氧原子和氮原子甚至电子,这种高温作用带来了流场结构完全不同于原有完全气体流场,进而带来飞行器物面气动力/热分布、流场电子分布等结构的不同,其严重影响着飞行器的气动性能。

中国空气动力研究与发展中心针对高温真实气体效应与流动的复杂耦合问题,发展了适用于连续流、稀薄过渡流、自由分子流多个流区的物理化学模型和流动计算方法,在连续流区,发展了以多组分热化学非平衡 N - S 方程数值求解为基础的高温真实气体流动计算方法,在稀薄过渡流及自由分子流区,发展了考虑高温真实气体效应的 DSMC 方法;在实验研究方面,建立了化学非平衡流场参数和高焓离解射流参数数值模拟方法及非接触试验测量方法,实现了化学非平衡流场参数的获取，建立了不同介质中防热材料表面催化特性试验表征方法，通过试验验证了化学非平衡条件下碳－碳材料与氮原子的反应，获得了初步的表征关系，研究了防热材料表面氧化、催化耦合效应对气动热环境的影响过程及主要因素，获得了典型防热材料表面氧化、催化耦合效应对气动热环境的影响规律。

中国航天空气动力技术研究院在高温非平衡效应研究方面，通过试验与理论相结合，研究了非平衡效应影响下飞行器激波脱体距离和激波形状的变化，以及膨胀和压缩区域压力分布变化和机理，掌握了非平衡效应对飞行器气动力/热特性的影响规律；结合高焓地面热考核试验结果，形成了基于第一性原理的表面催化特性机理与模型分析的新方法；开展了高空飞行器离子化过程和电子密度分布的模拟，获得了"黑障"发生的流动电离特征和通信中断条件与范围（图 2 – 11）。

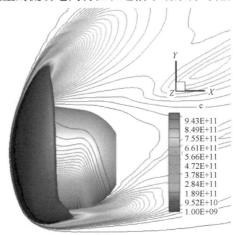

图 2 – 11　钝体外形电子密度等值线及等值面分布（彩色版本见彩图）

2. 气体辐射效应

飞行器高速再入地球或行星大气时，高温激波层将产生和对流热流相当的气体辐射加热，准确预测行星大气环境中的气体辐射的产生条件和加热程度对热防护系统的设计非常重要。

中国航天空气动力技术研究院在超高速飞行条件下，研究了平动、转动、振动和电子模态之间的能量分布、化学反应速率和能量松弛时间以及离子化过程，建立了适用于辐射预测的气体热化学模型，发展了极高温非平衡气体辐射特性模型和相关计算方法，开发了基于统一架构的超高速再入飞行器流动 – 气体辐射耦合预测并行计算平台；联合中国科学院力学研究所在激波管、膨胀管等地面设备上开展了地球大气和火星大气高速流动条件下的气体辐射定量化测试试验，获得了光谱辐射强度定量数据，与美国国家航空航天局（NASA）发表的文献数据相符，基于地面试验,对计算平台数据进行了定量化验证(图 2-12 和图 2-13)。

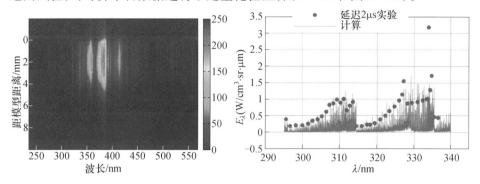

图 2-12　绝对辐射量的空间分布和随光谱变化(彩色版本见彩图)

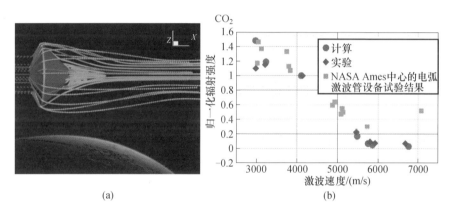

图 2-13　火星"探路者"号流动结构和不同速度的 CO_2 辐射加热数值与测试结果

中国空气动力研究与发展中心发展了基于化学非平衡、热力学非平衡的高超声速飞行器绕流、尾迹流场计算方法,火箭发动机喷焰、超燃冲压发动机喷焰流场计算方法;建立了包括飞行器本体、非平衡绕流和尾迹紫外-长波红外辐射计算方法,喷焰紫外-长波红外辐射计算分析方法,获得了多种高超声速目标、多种火箭发动机喷焰辐射数据;完善了飞行器本体、非平衡绕流和尾迹电磁散射计算方法,获得了多种高超声速目标电磁散射数据;发展了电磁波在时变等离子体中传播的计算方法和试验方法。

3. 稀薄气体效应

稀薄气体效应,即是在低密度的稀薄大气环境下气体的流动特性及气体与飞行器相互作用的效应。连续介质假设失效,气体应该看成是大量微观分子构成的系统,需要从气体分子运动和碰撞的微观尺度去分析流动现象和气固相互作用。

中国空气动力研究与发展中心和中国航天空气动力技术研究院通过各自建

立的稀薄流域 RCS 喷流与稀薄大气干扰的 DSMC 数值算法,实现了高空复杂羽流干扰条件下的羽流热环境及羽流沉积污染的仿真预测,分别应用于飞船返回舱、探月返回器、火星着陆器等跨流域流动机理和稀薄气体效应分析、跨大气层飞行器稀薄过渡流区的气动力/热特性及喷流干扰影响规律研究等方面(图 2 – 14)。

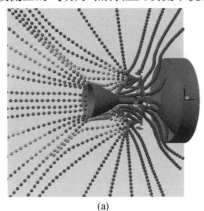 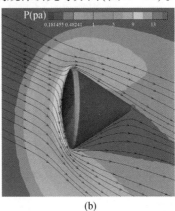

(a)   (b)

图 2 – 14   高空羽流流场结构以及"阿波罗"(Apollo)流场结构(彩色版本见彩图)

国防科技大学开展了气体与壁面相互作用的分子动力学模拟,研究了气体分子在壁面附近的运动规律,通过统计获取了气体的壁面适应性质,并研究了壁面温度、壁面材料、壁面粗糙度以及宏观速度对适应特性的影响。

4. 气动光学问题

高超声速飞行器的流场存在湍流、强压缩的激波作用、高温气体效应等复杂流场严重影响着光线传输效应的精确求解,因此,研究光线与高速复杂干扰气体流动之间的相互影响机理对飞行器探测系统的设计至关重要。

中国航天空气动力技术研究院采用空间模式大涡模拟(LES),获得了可压缩剪切层流动从层流到发生转捩直至发展到完全湍流全过程的光学畸变特性(图 2 – 15);利用图像拍摄系统(ICS)和细光束(SAB)技术在炮风洞开展了光传输试验,发现在高超声速平板边界层的转捩过程中,沿平板的表面热流与细光束抖动的均方值具有相同的增长规律。

中国航天科工集团第二研究院对不同尺度的湍流结构和不同程度密度脉动引起的光学畸变(包括像偏移、抖动范围和斯特列尔比)进行了分析,分析了具有不同参数的空间涡光传输效应对成像的影响;开展了气动光学窗口热辐射效应建模研究,使用有限元分析法和光线追迹法,得到了像面上的辐射分布及像元上的辐通量。

哈尔滨工业大学建立了气动光学头罩有限元分析模型,根据热光效应和弹光效应理论,对头罩的折射率场进行了数值计算,采用光线追迹程序对气动光学头罩内红外辐射光线传输进行了数值仿真,发现气动热环境下热光效应对光学头罩光传输的影响远比弹光效应大,且气动光学头罩成像质量受到气动热效应的影响严重下降。

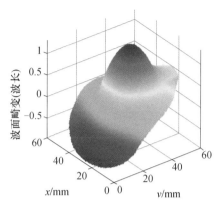

图2-15 窗口介质引起的波面畸变(彩色版本见彩图)

5. 高超声速复杂干扰区气动热环境

高超声速复杂干扰区气动加热特性以高超声速飞行器绕流中非附着的干扰流场为研究对象,重点关注其流动结构的形成机理及其与表面热流分布间关系。根据形成机理,复杂干扰区可大致分为激波/激波干扰和激波/边界层干扰两类。

中国空气动力研究与发展中心、中国航天空气动力技术研究院、北京航空航天大学、国防科技大学、中国科学院力学研究所等单位在复杂干扰流动区研究方面开展了大量工作,包括溢流口的激波/激波干扰、机体/机翼干扰、机翼/舵面干扰、RCS喷流干扰等多种复杂干扰流动的研究。在数值计算研究方面,通过网格拓扑结构的研究以及数值格式耗散的精细控制,基本实现了复杂外形飞行器上各类干扰流动基本结构的捕捉;在试验研究方面,磷光热图技术的工程应用实现了热环境的面测量,提高了大面积区域干扰峰值位置的捕捉精度,毫米量级热流传感器及纳米粒子平面激光散射(NPLS)等精细化流场显示技术的成熟则使表面热流及流场结构的同时高精度测量成为可能(图2-16~图2-18)。

6. 力/热/结构一体化多场耦合

高超声速飞行器外部气动加热、结构传热以及飞行高度引起的非定常传热过程等复杂物理场耦合问题为飞行器一体化防热及热管理设计带来了困难,在这类不同时间尺度下的多物理场耦合问题研究成为关注的焦点。

中国航天空气动力技术研究院对变压力、变缝隙尺度情况下的舱内传热进行了沿轨道的系统分析,为飞行器变压力舱内防热设计提供了数据支撑,并提出了一种估算舱内气体传热特性的快速预测方法。

中国空气动力研究与发展中心针对舱内高能密度的机载设备安全问题,发

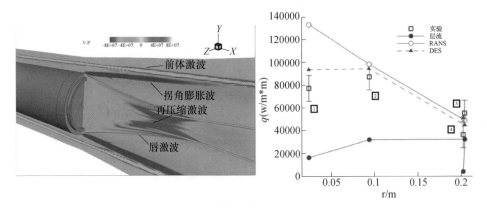

图 2 – 16　飞行器底部波系及底部热环境计算试验对比(彩色版本见彩图)

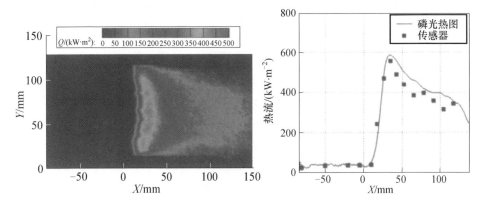

图 2 – 17　压缩拐角流动磷光热图试验(彩色版本见彩图)

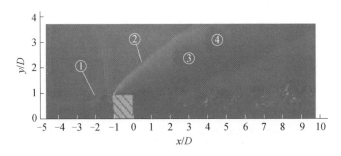

图 2 – 18　圆台扰流的 NPLS 图像

展了舱内多热源、多部件复杂系统的热效应预测技术,考虑变飞行高度、轨道变
化形成的变重力环境影响,发展了变重力环境对流特性预测技术,形成了包含导
热、对流、辐射等热过程的舱内复杂系统热效应预测与评估能力;针对天地往返
飞行器热环境 – 热防护 – 热管理综合热效应预测需求,建立了气动热环境/结构
传热耦合分析技术和空间外热流/结构传热耦合分析技术,开发了外热流分析、

舱内热分析、相变储热系统热分析软件模块,以及热环境-热防护-热管理综合分析软件系统(图 2-19)。

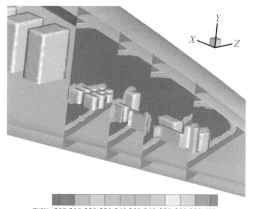

$T(K)$: 299 310 320 330 340 350 360 370 380 390 400

图 2-19　舱段结构与舱内耦合热效应预测(彩色版本见彩图)

7. 空间飞行器复杂多物理问题

航天器飞行过程中存在轨道衰减、太阳辐射、天体撞击、空间碎片撞击等威胁航天器安全的众多物理问题,有必要对潜在威胁因素进行重点关注。

中国空气动力研究与发展中心建立了微元的特征辐射模型、微元热辐射模型、撞击火球辐射模型,进一步开展了航天器典型结构部件如蜂窝板、烧蚀材料的撞击特性研究,研发了新的防护材料,发展了用于铝球撞击铝板的碎片云模型,开发了航天器结构、部件/电子设备撞击特性数据库,研制了航天器空间碎片撞击风险评估系统(图 2-20)。

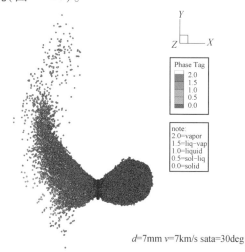

d=7mm v=7km/s sata=30deg

图 2-20　铝的相图及超高速撞击碎片云相态模拟(彩色版本见彩图)

中国航天空气动力技术研究院采用基于粒子模型的蒙特卡罗试验粒子（TPMC）方法对典型航天器的脱气污染、轨道衰减、天体辐射等问题的影响进行了系统分析，获得了规避返回流污染的航天器优化外形及考虑季节、经纬度与太阳辐射综合影响的轨道衰减参数，为空间航天器的优化设计提供了技术支撑。

8. 气动力/热/弹道耦合分析

针对高超声速飞行器再入过程中涉及复杂的跨流域气动力/热作用，需建立从自由分子流到连续流、从高超声速到跨超声速的气动力/热/弹道耦合分析方法，解决多学科、多尺度、大规模的性能参数快速精确计算及综合分析评估的问题。

中国空气动力研究与发展中心和中国航天空气动力技术研究院分别发展了高超声速飞行器气动力/热/弹道耦合分析技术，基于准静态假设，以弹道计算为主线，实时开展气动力、热工程计算和烧蚀计算，实现了典型飞行器的气动力/热（烧蚀）/弹道一体化分析。

9. 高超声速气动数据天地相关性

高空高超声速大气环境下的复杂物理效应给气动数据的准确预测带来了极大的挑战，基于传统相似理论的地面风洞试验已难以准确模拟飞行状态下的流场特性，气动数据天地差异给飞行器研制带来不确定性和风险，需要将地面试验、理论研究和数值模拟三种手段结合，发展有效的气动数据天地相关性理论和天地换算方法。

中国空气动力研究与发展中心针对层流和湍流，对无量纲热流系数、斯坦顿数、换热系数进行了定性分析，得到了热流系数与马赫数、流场总温、总压、模型几何尺度、雷诺数的相关程度，基于对气动热风洞试验模拟参数的理论分析结果，发现选择以驻点热流为参考的无量纲热流作为天地换算关联参数较为合适；针对复杂外形飞行器表面不同流动特征部位建立了不同的气动热天地换算关联换算方法，并结合地面风洞试验数据对建立的换算方法开展了验证研究。

中国航天空气动力技术研究院在高空高超声速复杂气动效应的理论研究基础上，采用统计数学手段研究了高超声速气动数据的天地关联特性，形成了多种物理效应作用下的气动数据天地相关性理论，并基于响应面模型构建了一套系统的气动数据天地换算方法。

2.2 科研试验基础设备设施

2.2.1 气动力、热试验设备

1. 新建设备设施

1）2m高能脉冲风洞

中国航天空气动力技术研究院高能脉冲风洞于2013年10月在北京开工建

设,2016 年 12 月形成试验能力。该风洞是世界最大尺寸的自由活塞驱动高焓激波风洞,长 170m,压缩管内径 0.668m,激波管内径 0.29m,喷管出口最大尺寸 1.9m,驻室总焓范围 4~16MJ/kg,总温范围为 2000~8500K,总压范围为 6~24MPa,试验马赫数 6、10、15、18,喷管出口速度 3~6km/s。该风洞可开展大尺度模型热环境测量试验、激波/边界层干扰、激波/激波干扰、边界层转捩、气动光学、真实气体效应等基础研究,以及吸气式高超飞行器一体化、超燃冲压发动机性能、行星再入飞行器热环境等前沿研究(图 2-21)。

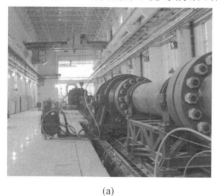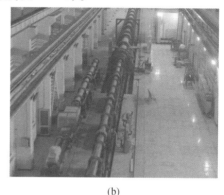

(a)　　　　　　　　　　　　　　　　　(b)

图 2-21　高能脉冲风洞

2)直径 1.2m 常规高超声速风洞

中国航天空气动力技术研究院直径 1.2m 常规高超声速风洞于 2012 年 2 月在北京开工建设,2017 年 10 月形成试验能力。该风洞试验马赫数 5、6、7、8,单位雷诺数范围 $4 \times 10^6 \sim 1.4 \times 10^8$/m,风洞稳定段总温 350~1068K、总压 0.001~2.0MPa。该风洞可开展空天往返飞行器、大型运载器、再入飞行器、滑翔飞行器、吸气式发动机飞行器等复杂飞行器的气动热、力试验研究(图 2-22)。

图 2-22　直径 1.2m 常规高超声速风洞

3）直径 2m 超声速风洞

中国空气动力研究与发展中心直径 2m 超声速风洞于 2014 年 4 月在绵阳开工建设,2017 年 3 月形成试验能力。该风洞喷管口径 2m,试验马赫数 4、5、6、7,总温范围 288 ~ 632K,总压范围 0.05 ~ 8MPa,运行时间 60s。该风洞是目前世界上口径最大、综合性能一流的高超声速风洞,可满足高超声速飞行器通气模型气动力试验和级间分离等特种试验需求(图 2 - 23)。

图 2 - 23　直径 2m 高超声速风洞

4）直径 1m 高超声速低密度风洞

中国空气动力研究与发展中心直径 1m 高超声速低密度风洞于 2011 年 8 月在绵阳开工建设,2015 年 1 月形成试验能力。该风洞喷管口径 1 ~ 1.3m,试验马赫数 10、12、14、16、20,总温范围 1100 ~ 3100K,总压范围 0.1 ~ 10MPa,运行时间 30 ~ 120s。该风洞可开展稀薄气动力/操纵面气动特性试验、稀薄气动加热试验、高空多体分离/干扰试验、发动机高空喷流干扰/喷流控制特性试验、羽流撞击/污染特性试验、稀薄流动特性研究试验等(图 2 - 24)。

图 2 - 24　直径 1m 高超声速低密度风洞

5）直径 1.2m 激波风洞

中国空气动力研究与发展中心直径 1.2m 激波风洞于 2012 年 9 月在绵阳开工建设,2014 年 12 月建成。该风洞喷管口径 1.2m,试验马赫数 5、6、7、8,总温范围 800 ~ 2500K,总压范围 2 ~ 20MPa,运行时间 5 ~ 30ms。该风洞可开展空天往返飞行器、再入飞行器、滑翔飞行器、吸气式发动机飞行器等复杂飞行器的气动热、气动力和气动光学效应试验研究(图 2 - 25)。

图 2 - 25　直径 1.2m 激波风洞

6）直径 2m 激波风洞 B

中国空气动力研究与发展中心直径 2m 激波风洞 B 于 2012 年 9 月在绵阳开工建设,2014 年 12 月建成。该风洞喷管口径 1.2m(马赫数 8)、2m(马赫数 10 ~ 16),试验马赫数 8、10、12、14、16,总温范围 800 ~ 2500K,总压范围 5 ~ 30MPa,运行时间 5 ~ 30ms。该风洞可开展空天往返飞行器、再入飞行器、滑翔飞行器、吸气式发动机飞行器等复杂飞行器的气动热、气动力和气动光学效应试验研究(图 2 - 26)。

图 2 - 26　直径 2m 激波风洞 B

7）高焓膨胀管风洞

中国空气动力研究与发展中心高焓膨胀管风洞于 2016 年 8 月在绵阳开工建设,计划 2019 年 4 月形成试验能力。该风洞模拟速度范围 2.8 ~ 11.2km/s,模拟焓值范围 4 ~ 50MJ/kg,有效试验时间 0.1 ~ 1ms。建成后,该风洞可开展探月返回器、火星探测器等高焓真实气体条件下的气动热、气动力试验研究。

8）直径 0.5m 高超声速风洞

中国空气动力研究与发展中心直径 0.5m 高超声速风洞于 2013 年 9 月开始在绵阳开工建设,2015 年 6 月建成。该风洞喷管口径 0.5m,试验马赫数 5、6、7、8、9、10,总温范围 350 ~ 1100K,总压范围 0.15 ~ 12MPa,运行时间小于 340s。该风洞能够承担常规测力、测压、测热试验任务,以及微量滚转力矩、铰链力矩、动导数、脉动压力、多体干扰分离、喷流、附面层转捩、油流、纹影观测等特种试验任务(图 2 - 27)。

图 2 - 27　直径 0.5m 高超声速风洞

2. 改造提升设备设施

1）1m 高超声速脉冲风洞

中国航天空气动力技术研究院高超声速脉冲风洞于 2016 年 1 月开工改造,完成了 1m 量级喷管及配套设施改造,增加了 CO_2 气源及管路,同年 7 月形成试验能力。改造完成后,该风洞喷管出口直径由 0.5m 增加到 1m,试验马赫数由 4、5 拓展至 4、5、6、8、10、12,雷诺数范围由 5.3×10^6 ~ 2×10^7/m 拓展至 3.3×10^6 ~ 4×10^7/m,驻室总压范围 1.0 ~ 30MPa、总温范围 400 ~ 1800K,试验时间由 5 ~ 30s 拓展至 5 ~ 60s,该风洞可开展大面积高精度热环境测量(热色液晶、磷光热图技术等)、模型热环境测量、激波/边界层干扰、转捩特性研究、火星大气进入环境模拟等试验(图 2 - 28)。

2）0.5m 常规高超声速风洞

中国航天空气动力技术研究院 0.5m 常规高超声速风洞于 2005 年 5 月开工改造,配置了快速插入式四自由度机构,更换了通光口径为 350mm 的光学玻璃

图 2 - 28 1m 高超声速脉冲风洞

窗口,提高了引射器功率,2005 年 8 月形成试验能力。改造完成后,该风洞带封闭室的自由射流试验段尺寸 1.88m × 1.40m × 1.13m,喷管出口直径 400mm、500mm,试验马赫数 4、4.5、5、6、7、8,迎角变化范围 - 10° ~ 50°。该风洞可开展操纵面铰链力矩特性、再入体回收气动特性、喷流干扰、模型自由飞、级间分离模拟、飞行器动态特性、气动光学等试验(图 2 - 29)。

图 2 - 29 0.5m 常规高超声速风洞

3)直径 1m 高超声速风洞

中国空气动力研究与发展中心直径 1m 高超声速风洞于 2011 年 8 月在绵阳开工改造,完成了数据采集系统配置,直径口径 800mm 纹影系统配置,小流量供气及阀门系统改造、迎角机构系统改造等,2013 年 12 月形成试验能力。马赫数在原有基础上扩展到 9 和 10,最大供气流量由 180kg/s 提高到 250kg/s,总压控制精度由 ±2% 之内提高到 ±1% 之内,加热器温度控制精度由 ±3% 提高到 ±1%,纹影系统有效通光口径由 500mm 提高到 800mm,具备连续变迎角、高精度测力、大面积表面压力及脉动压力测量、多体和级间分离、动稳定性与配平特性、冷热喷流模拟、操纵面效率和铰链力矩以及摩阻测量等试验能力(图2－30)。

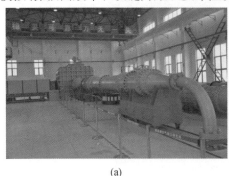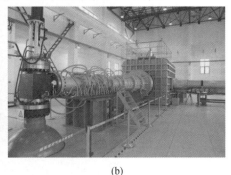

(a)   (b)

图2－30　直径1m高超声速风洞

4) 0.3m高超声速低密度风洞

中国空气动力研究与发展中心0.3m高超声速低密度风洞于2011年8月在绵阳开工改造,完成了气源系统、电源系统、冷却水系统、储热式加热器、石墨电阻加热器、风洞本体、真空系统、模型机构、数采系统、控制系统等升级改造,2014年1月形成试验能力。改造完成后,试验马赫数在之前5、6、7、8、9、10、11、12、16的基础上增加了马赫数20、24的试验能力,模拟高度由30～80km提高到30～94km,试验段真空度由20Pa提高到1Pa,微量天平校准系统加载精度由0.20%提高到0.08%。该风洞具备气动力测量试验、表面压力/热流测量、跨流域气动力/气动热数据关联、大迎角气动力/热/压力测量等试验能力(图2－31)。

图2－31　0.3m高超声速低密度风洞

5) 直径2m激波风洞A

中国空气动力研究与发展中心直径2m激波风洞于2012年9月在绵阳开工改造,完成了管路及阀门系统、供气系统、控制系统、真空系统、纹影系统和数采系统的升级改造,并于2014年3月形成试验能力。改造完成后,该设备喷管口径1.2m(马赫数6~马赫数16)、2m(马赫数24),马赫数6、9、10、12、14、16、24,总温范围800~4000K,总压范围2~40MPa,运行时间2~18ms。该设备可开展高超声速飞行器下列主要试验任务的研究:表面压力/热流测量试验研究,气动力测量试验研究,气动力热黏性效应影响试验研究,喷流干扰试验研究,气动光学效应风洞试验研究,表面摩阻测量试验研究等(图2-32)。

图2-32　直径2m激波风洞A

6) JF12激波风洞含喷流飞行器一体化试验台

中国科学院力学研究所JF12复现高超声速飞行条件激波风洞于2008年建设,2012年验收使用。该设备采用我国独创的爆轰驱动方法研制的超大型地面气动试验装置,可复现马赫数5.0~9.0的真实高超声速飞行条件且有效试验时间超过100ms,试验舱口径达3.5m。该设备已经开展了新型高超声速飞行器气动热/力、高速气动分离、高温气体效应研究等试验;以性能参数优异的JF12激波风洞为依托,建立了可开展内喷流控制、含发动机的飞行器一体化以及高速分离等特种试验的试验台,可满足并解决科技重大共性关键技术的战略需求,将带动高温气体动力学的诸多重要领域如喷流控制、纯净空气超声速燃烧等研究(图2-33)。

7) 高超声速飞行器试验台

中国科学院力学研究所于2017年启动了高超声速巡航飞行器试验研制项目,其研究目的是设计和研制出满足实用需求的高超声速巡航飞行原理验证样机,用于验证原创的高巡飞行力学理论研究,尝试以原创思想和新思路来提出突破高超声障的可行技术途径(图2-34)。针对该高超声速巡航飞行器试验,开展了高超声速飞行控制半物理仿真试验平台等设备装备研究。高超声速飞行器试验台的研制内容包括:①飞行器大型结构模态参数测量和分析系统、高巡飞行器热环境模拟与考核系统和高超声速飞行控制半物理仿真试验平台。其中飞行器大型结构模态参数测量和分析系统配备50kg激振器、500kg力锤和9t力锤;

图 2-33　JF12 激波风洞含喷流飞行器一体化试验台

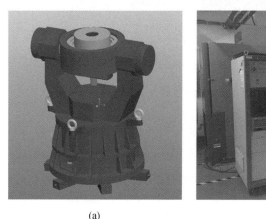

(a)

(b)

图 2-34　高超声速飞行器试验半物理仿真三轴转台和单轴转台

高巡飞行器热环境模拟与考核系统将配备红外石英灯加热器、16 台三相大功率调功器,实现飞行器的辐射加热,满足热环境模拟考核。高超声速飞行控制半物理仿真实验平台系统包括三轴精密飞行仿真转台,作用为物理模拟飞行的姿态和导航设备固连姿态并用于测试和标定导航/惯性器件性能。其技术指标:负载不小于 20kg,空间尺寸不小于 $300mm \times 300mm \times 300mm$,$0.001(°)/s \sim 150(°)/s$,误差小于 $0.002(°)/s$,角度条件范围 $0° \sim 360°$ 连续,误差小于 $0.001°$。

2.2.2　防热试验设备

1. 新建设备设施

1) 50MW 电弧风洞

中国航天空气动力技术研究院 50MW 电弧风洞于 2011 年 6 月在北京开工建设,2013 年 12 月形成试验能力。该风洞电弧功率 10 ~ 50MW,气流总焓1.5 ~

25MJ/kg,锥形喷管出口尺寸 0.6m、0.8m、1m,矩形喷管出口尺寸 1m×0.25m,最大运行时间 3000s。该风洞具备高超声速飞行器的防热材料性能研究以及热结构部件/组件的可靠性考核能力,可开展 10~70km 范围高超声速飞行器的气动加热环境模拟(图 2 – 35)。

图 2 – 35　50MW 电弧风洞(一)

中国空气动力研究与发展中心 50MW 级电弧风洞于 2010 年 10 月在绵阳开工建设,2012 年 9 月建成 50MW 电弧风洞片式电加支路,开展了首次工程试验,2014 年 6 月联调成功。该风洞最大喷管口径 1.5m(片式)/1m(管式),总焓 13~30MJ/kg(片式)/总温 900~2300K(管式),气体流量 0.6~4kg/s(片式)/1~28kg/s(管式)。该风洞可用于防热材料筛选,烧蚀/热防护性能研究,以及局部热结构/匹配/密封、气动光学、热/电联合等考核、验证与评估,可满足 1m 量级以及部分 1.5m 量级部件热结构热匹配的试验需要(图 2 – 37)。

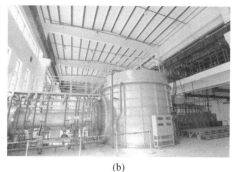

(a)　　　　　　　　　　　　　(b)

图 2 – 36　50MW 电弧风洞(二)

2)1MW 高频感应加热风洞

中国航天空气动力技术研究院 1MW 高频感应加热风洞于 2012 年 6 月在北京开工建设,2015 年 7 月形成试验能力。该风洞高频发生器功率 1.2MW,最高气流焓值30MJ/kg,气体流量1.5g/s～40g/s,工作气体空气、N_2、Ar、CO_2。该风洞可开展防热材料烧蚀、材料表面催化效应、材料辐射特征等研究(图2-36)。

图2-37 1MW高频感应加热风洞

3) 1MW高频等离子体风洞

中国空气动力研究与发展中心1MW高频等离子体风洞于2012年10月在绵阳开工建设,2014年4月形成试验能力。该风洞最大电源功率1.52MW,最大喷管口径180mm,总焓10～62MJ/kg,气体流量5～36g/s。该风洞可开展防热材料表面催化特性、防热材料表面抗氧化特性、防热材料表面辐射特性、防热材料热电特性、防热材料烧蚀产物对流场电子数密度影响、等离子体与电磁波相互作用等多种试验研究(图2-38)。

图2-38 1MW高频等离子体风洞

4) 大尺度高超声速高温风洞

中国空气动力研究与发展中心的大尺度高超声速高温风洞于2017年7月在绵阳开工建设,并计划于2020年5月形成试验能力。大尺度高超声速高温风洞马赫数4、5的喷管口径为2m,马赫数6、7的喷管口径为3m,最高总温

2080K,最高总压 15.9MPa,运行时间 60s。该风洞建成后将是一座世界上口径最大、综合性能世界一流的高超声速高温风洞,可以满足高超声速飞行器全尺寸发动机试验、一体化飞行器/发动机推进一体化试验、热结构考核试验等,为我国战略战术导弹、航天飞行器防热系统的研制提供有力支持。

2. 改造提升设备设施

1)30MW 电弧风洞

中国航天空气动力技术研究院 30MW 电弧风洞是在 2007 年建造的国内第一座直径 1m 量级电弧风洞的基础上进行改造的,2012 年底将传统的管式和分段电弧加热器功率提升到 30MW 量级。改造完成后,该风洞锥形喷管出口直径 1m,电弧功率 10~30MW,弧室压力 0.5~10MPa,气流焓值 2~15MJ/kg,运行时间 1~800s。该风洞可开展较大尺度试件热密封考核、异型复杂形式热结构、三维异型大面积 TPS 组件考核、等离子体传输特性、气动光学、超燃冲压发动机自由射流/直连等试验(图 2-39)。

图 2-39 30MW 电弧风洞

2)20MW 电弧风洞

中国空气动力研究与发展中心 20MW 电弧风洞于 2010 年 10 月在绵阳开工改造,完成了喷管、试验段、模型送进系统、扩压器、测控系统等部段的升级改造,2013 年 12 月形成试验能力。改造完成后,气源压力由 22MPa 提高到 32MPa,气体流量由 0.5kg/s 提高到 1.0kg/s,喷管最大尺寸由 500mm 提高到 800mm。该风洞可开展球柱端头材料烧蚀性能试验研究、翼前缘材料烧蚀性能试验研究及大面积防隔热组合试验研究及热结构及热匹配、热密封试验研究(图 2-40)。

3)电弧加热试验设备

中国空气动力研究与发展中心电弧加热试验设备于 2010 年 10 月在绵阳开工改造,完成了电弧加热器本体、供水系统、供气系统、供电系统、监控系统、测试

图 2 - 40   20MW 电弧风洞

系统、模型送进系统、排气系统的升级改造,2014 年 6 月形成试验能力。改造完成后,整流电源容量由 45MW 提高到 135MW,气源最高压力由 22MPa 提高到 32MPa,电弧功率由 30MW 提高到 50MW,气流总焓由 6 ~ 21MJ/kg 扩展到 4 ~ 30MJ/kg。该设备可开展 30km 以下低空的防热材料筛选和局部试件热结构考核,以及包罩烧蚀滚转测力、天线罩烧蚀、锥身材料湍流平板试、端头自由射流驻点烧蚀等试验研究(图 2 - 41)。

图 2 - 41   50MW 电弧加热器

4) 空天等离子体反应地面模拟与检测系统

中国科学院力学研究所空天等离子体反应地面模拟与检测系统于 2017 年在北京开工改造,2020 年具备试验能力,新增了大功率射频等离子体电源、射频等离子体发生器、基于非接触测量的光电诊断系统、热防护材料超景深显微分析系统、高频/射频感应耦合加热系统等。该设备可用于来流流场和模型流场以及材料烧蚀产物等多组分同时时空分辨诊断、飞行器行星大气层再入时的典型热 - 化学环境模拟、材料表面催化特性及目标特性研究等。升级改造后电源功率达到 50kW 量级,射频频率 13.56MHz(图 2 - 42)。

图 2 - 42 空天等离子体反应地面模拟与检测系统

2.2.3 其他类型试验设备

1. 新建设备设施

1) 新概念高超声速巡航组合动力的关键技术试验台

中国科学院力学研究所液氧煤油火箭发动机试验台于 2016 年 11 月在北京开工建设,2017 年 11 月一期工程全部完毕。该试验台主要针对高超声速巡航飞行的理论研究及其验证,开展以火箭发动机为动力新型的高超声速巡航飞行器技术基础研究,建立相关的地面技术研究试验平台(图 2 - 43)。其中包括:①液氧煤油火箭发动机地面试验台,研究一台地面试验液氧/煤油燃烧的火箭发动机,主要结构包括火箭发动机喷注器、推力室、喷管等,推进剂组合为液

图 2 - 43 液氧煤油火箭发动机试验台

氧/煤油,流量 3~6kg/s,氧油比为 2.5~3.1,总压 3~4 MPa,总温 3000~3500K,地面比冲 250~300s,试验时间 2~200s;②高压电驱泵增压系统关键技术研究与测试开发平台,集成高压泵、高能量密度电机,实现推进剂增压泵送功能;③发动机推力测量天平,六分量测力天平六分量同时测量,测量精度 0.3%,最大量程 20000N,大量程高精度的发动机推力矢量测量。

2)直径 2.4m 脉冲燃烧风洞

中国空气动力研究与发展中心直径 2.4m 脉冲燃烧风洞于 2007 年 10 月在绵阳开工建设,2009 年 10 月形成马赫数 6 的试验能力,2013 年 10 月经过性能拓展形成马赫数 4~7 试验能力。该风洞喷管口径 2.4m,试验马赫数 4~7,最大流量 720kg/s,总温 850~2100K,总压 1~10MPa,试验时间 300~550ms。该风洞是一座大型脉冲型高温高超声速风洞,采用氢气、氧气和空气混合燃烧的方式产生试验气体,主要由气源系统、加热器、减压段、喷管、试验段、扩压器、真空系统、控制系统和测试系统等组成,主要用于大尺寸超燃冲压发动机及以其为动力的高超声速一体化飞行器基本性能试验研究(图 2-44)。

图 2-44　直径 2.4m 脉冲燃烧风洞

3)直径 600mm 高超声速高温风洞

中国空气动力研究与发展中心直径 600mm 高超声速高温风洞始建于 2005 年,2006 年形成试验能力,2012 年 7 月通过性能拓展形成 60s 长时间试验能力。该风洞采用氢气、氧气和空气混合燃烧的方式产生试验气体,排气系统采用"真空球罐+机械泵抽吸"组合排气。该风洞由气源系统、加热器系统、喷管、试验段、扩压器、真空球罐、大型水环泵和测控系统等组成。风洞喷管口径 600mm,最大流量 40kg/s,总温 850~1900K,总压 1~8.5MPa,试验时间 60s。该风洞配备了测力/测热/测压/高速纹影/前景照明摄像等测试手段,主要用于开展高超声速一体化飞行器和超燃冲压发动机的性能考核试验、部件级热结构和材料性能考核试验(图 2-45)。

图 2 - 45　直径 600mm 高超声速高温风洞

2. 改造提升设备设施

1）200m 自由飞弹道靶

中国空气动力研究与发展中心 200m 自由飞弹道靶于 2012 年 2 月在绵阳开工改造，2013 年 11 月形成试验能力。改造完成后，新增了 120mm、203mm 口径二级轻气炮，模型发射速度由 0.3 ~ 6.0km/s 扩展到 0.2 ~ 6.5km/s（37/50mm）、0.2 ~ 5.0km/s（120mm）、0.3 ~ 4.0km/s（203mm），模型质量范围由 0.03 ~ 0.7kg 扩展到 0.03 ~ 30kg，飞行环境模拟高度由 0 ~ 40km 扩展到 0 ~ 80km。该设备配备有雨雪模拟侵蚀场、38 站模型速度测量和试验自动控制系统、13 站水平/正交阴影成像系统、30 站视觉位姿测量系统、红外/紫外/可见光波段的光辐射强度测量系统、紫外至近红外波段的辐射光谱测量系统、红外波段辐射成像系统、10ns 级超高速序列激光阴影成像仪等高瞬态测量设备，最大测试视场直径 1m，测速精度 0.3%。该设备可开展复杂外形飞行器气动力、材料抗粒子云侵蚀、超高速碰撞等试验研究（图 2 - 46）。

图 2 - 46　200m 自由飞弹道靶

2）气动物理靶

中国空气动力研究与发展中心气动物理靶于 2012 年 2 月在绵阳开工改造，2013 年 11 月形成试验能力。改造完成后，配备有 25mm、37mm、50mm 等口径二级轻气炮，具备将 0.03 ~ 0.65kg 模型发射到 0.3 ~ 6.5km/s 速度的能力，靶室/真空系统最高真空度由 6kPa 提高到 100Pa；配备有直径 2m、长 5m 的碰撞室，直径 3m、长 15m 的微波暗室，测试系统包括模型速度测量与试验自动控制、阴影成像系统、X/Ka 波段 RCS 测量系统、电子密度测量系统、红外/紫外/可见光波段的光辐射强度测量系统、紫外至近红外波段的辐射光谱测量系统、红外波段辐射成像系统、10ns 级序列激光阴影成像、高分辨率阴影成像等高瞬态过程测试系统。该设备可开展超高速再入目标红外辐射图像特征试验研究、超高速飞行体边界层转捩特性试验研究，动能毁伤火球光谱辐射特性、温度时间特性试验研究、动能毁伤火球光辐射图像特性试验研究、高温气体电磁波传输特性试验研究等（图 2 - 47）。

图 2 - 47　气动物理靶

3）超高速碰撞靶

中国空气动力研究与发展中心超高速碰撞靶于 2012 年 2 月在绵阳开工改造，2013 年 11 月形成试验能力。改造完成后，该设备配备有 4.5mm、7.6mm、16mm 口径二级轻气炮，具备将 0.2mg ~ 1g 模型发射到 0.1km/s ~ 8.6km/s 速度的能力，靶室/真空系统最高真空度 0.01Pa，测试系统包括模型速度测量与试验自动控制、水平阴影仪、序列 X 光机、10ns 级序列激光阴影成像、紫外至近红外波段的辐射光谱测量系统、红外波段辐射成像系统等。该设备可开展超高速撞击特性/撞击失效模式试验研究，破片冲击引爆试验研究，弹头防热材料单粒子侵蚀试验研究，材料动态力学性能测试试验研究等（图 2 - 48）。

4）高超声速推进实验装置

中国科学院力学研究所高超声速试验平台于 2017 年 1 月开工改造，完成了

图 2 - 48　超高速碰撞靶

低湍流度喷管设计和流场精细结构测量系统升级改造,增加了纳米粒子平面激光散射(NPLS)光学测量系统,2019 年 12 月形成试验能力。改造完成后,该设备将配备 100kW、1.5m³ 蓄热加热器,最大压力 4.0MPa,流量 3.6kg/s,喷管马赫数分别为 3.5、4、5 和 6,流场湍流度降到 1% 以下,并配备超声速/高超声速 NPLS 测量系统。该设备可开展马赫数达 6.0 的纯净空气气动试验,以及超燃冲压发动机工作机理研究(图 2 - 49)。

图 2 - 49　高超声速推进试验装置

2.3　试验技术

2.3.1　防热试验测试技术

1. 平板试验技术

超高速飞行器表面有一些凸起物或缝隙,如振子天线杆、控制翼、传感器等,其周围的气流可能产生分离和再附,导致激波–边界层干扰,引起局部区域过热、烧蚀加剧,甚至使防热层烧穿,飞行器受到破坏。超声速平板试验可以有效模拟这些局部区域的烧蚀过程,在飞行器防热设计中起到重要作用。

中国空气动力研究与发展中心在电弧加热器出口连接矩形喷管或半椭圆喷管,将试验平板模型与之有迎角紧密连接,在接缝处形成激波,进而提高平板上压力、热流等参数,用于模拟热环境,平板最高热流可达 $2.2MW/m^2$。目前已结合轨道模拟试验技术,开展了数十项材料烧蚀防热特性考核,通过设备技术改造,大幅降低了气流中的铜离子浓度,进而有效降低了铜离子对材料催化效应的影响(图2–50)。

图2–50　平板试验技术

2. 包罩试验技术

包罩试验技术主要用于大尺度热结构考核试验,按结构形式可分为固壁包罩试验技术和气壁包罩试验技术。固壁包罩试验技术在模型外部加包罩喷管,高温气流从包罩喷管内壁及模型外表面构成的气流通道流过;气壁包罩试验技术利用大流量冷气环流,在冷热气流不混合条件下,将高温气流压缩到核心流区内,经喷管加速形成超声速包罩流场。主要模拟参数包括气流焓值、表面热流密度、表面压力等。

中国航天空气动力技术研究院发展了1:1尺寸的异性包罩和半包罩试验技术。异性包罩可模拟弹头空气舵、天线罩等大部件再入过程中热环境分布;半包罩技术可模拟大迎角再入飞行的飞行器迎风面、背风面受热严重不对称的情况(图2–51)。

中国空气动力研究与发展中心已广泛开展各种1:1弹头天线罩的热防护鉴定,目前可支持最大底部直径 600mm 量级弹头的全尺寸考核,能够同时模拟锥身轴向和径向的气动热环境梯度分布,最大热流可达 $20MW/m^2$(图2–52)。

3. 电弧加热器粒子云侵蚀/烧蚀试验技术

电弧加热器粒子云侵蚀/烧蚀试验技术利用粒子播发系统将粒子以一定的

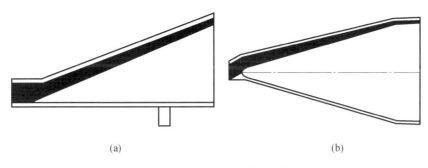

(a) (b)

图 2 - 51　半包罩和异型包罩

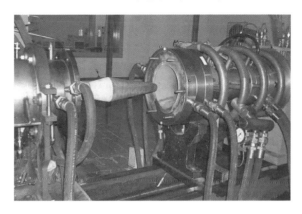

图 2 - 52　亚声速包罩试验技术

质量流率均匀地播发到粒子加速喷管的高温射流中去,产生侵蚀流动,用于飞行器的抗侵蚀试验。播发系统需保证粒子流量均匀、稳定、容易控制,不发生阻塞。

　　中国空气动力研究与发展中心已将该试验技术用于头部直径 40 ~ 50mm 模型的烧蚀/侵蚀试验,评估飞行器抗侵蚀能力和检验材料抗侵蚀性能(图 2 - 53)。

图 2 - 53　电弧加热器粒子云侵蚀/烧蚀试验技术

103

4. 钝楔试验技术

钝楔试验技术利用置于电弧风洞中钝楔表面的流动,模拟飞行器返回大气层时的表面流动参数,进行防热材料、防热结构试验。其优点是模拟参数范围广,试验模型尺寸大,而且可以模拟附面层流动,大大提高电弧风洞的试验能力。

中国空气动力研究与发展中心近年来开展了一系列材料考核及热密封考核试验,目前最大试验模型尺寸达到 600mm×600mm(图 2 - 54)。

图 2 - 54　钝楔试验技术

5. 风洞热结构考核试验技术

风洞热结构考核试验技术采用轨道台阶模拟方法,结合比色 - 红外相机组合测温、双目高温变形测量、高温应变测量等技术,对飞行器的局部 1:1 结构件进行热结构考核。

中国空气动力研究与发展中心结合 50MW 电弧风洞,开展了一系列结构件热结构、热匹配、热密封考核,最大模型尺寸达到 1.5m 量级(图 2 - 55)。

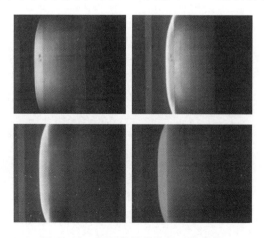

图 2 - 55　风洞热结构考核试验技术

6. 材料特性研究试验技术

材料特性研究试验技术用于对化学非平衡流环境中的飞行器防热材料催化、氧化/烧蚀过程和机理进行研究和评估,支撑热防护系统设计。试验设备包括高频等离子体风洞,光谱测试仪,高温计等。

中国空气动力研究与发展中心开展了低烧蚀/非烧蚀防热材料表面催化特性试验表征技术研究,并成功应用于试验(图 2 - 56)。

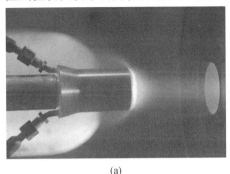 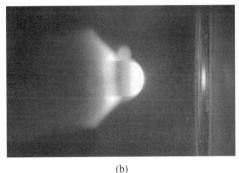

(a)　　　　　　　　　　　　　　　　(b)

图 2 - 56　材料特性研究(催化、氧化及辐射)试验技术

7. 自由射流试验技术

自由射流试验技术通过加热器加热形成高温、高压气流,经喷管加速后形成自由流动的高温、高速流场,对流场内试验模型进行防热性能考核。主要模拟参数包括气流焓值、表面热流密度、表面压力等,测量参数主要包括模型表面/背面温度、线烧蚀率、质量烧蚀率、有效烧蚀焓、烧蚀形貌等。

中国航天空气动力技术研究院通过提高电弧加热器功率和电弧风洞尺寸,将试验模拟状态和模型尺寸大幅度提升,目前驻点最高热流可达 $30MW/m^2$,模型尺寸最大可达 SR500mm;平板最高热流可达 $2MW/m^2$,模型尺寸最大可达 $600mm \times 600mm$(图 2 - 57)。

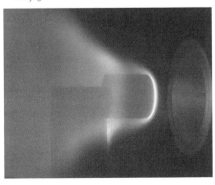

图 2 - 57　自由射流试验技术

中国空气动力研究与发展中心开展了自由射流试验技术研究,试验状态和模型尺度均大幅度提高,目前驻点自由射流试验最高热流可达 30MW/m², 模型尺度最大可达 SR500mm; 平板自由射流最高热流可达 2MW/m², 模型尺度最大可达 500mm × 500mm(图 2 – 58)。

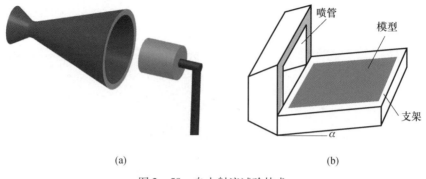

(a)   (b)

图 2 – 58　自由射流试验技术

8. 轨道模拟试验技术

轨道模拟试验技术用于模拟高超声速飞行器飞行过程中,气动加热环境随飞行速度和飞行高度的变化过程。主要模拟参数包括气流焓值、表面热流密度、表面压力等。

中国航天空气动力技术研究院在大功率叠片加热器上开展了轨道模拟试验技术研究,解决了加热器参数运行范围选择、输入参数的改变方法及协调、改变运行参数过程中电弧稳定性等难题,一次试验中模拟台阶数可大于 10 个,台阶热环境跨度可在 3 倍以上(图 2 – 59)。

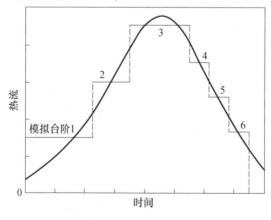

图 2 – 59　轨道模拟试验技术

9. 对流/辐射耦合加热试验技术

中国航天空气动力技术研究院开发的对流辐射耦合加热技术将石英灯辐射

加热和电弧加热器对流加热相结合,在低热流区采用辐射加热,在高热流区采用对流加热,解决了疏导式热防护长时间(3000s)连续加热的问题,以及电弧加热器流场参数覆盖范围小的问题,可满足高超声速飞行器大空域飞行轨道气动热参数模拟试验的需求。针对400mm×400mm大面积平板,辐射-对流加热的热流模拟能力为$1 \sim 200 kW/m^2$(辐射)、$100 \sim 1000 kW/m^2$(对流)(图2-60)。

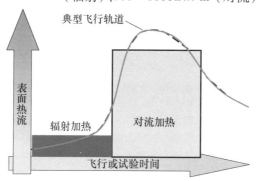

图2-60　对流/辐射耦合加热试验技术

2.3.2　气动力试验测试技术

1. 高精度阻力测量技术

阻力是飞行器的重要气动性能参数,关系到飞行器的航程、速度、载荷及推力矢量配置。高精度阻力测量技术是一种准确预测气动阻力的试验技术。

中国空气动力研究与发展中心在直径1m高超声速风洞中发展了高精度阻力天平技术、模型底部压力测量及底阻修正技术、阻力测量不确定分析方法,建立了较为完整的高超声速风洞高精度阻力测量技术。HB-2标模试验结果表明阻力系数重复性精度小于0.4%,相对不确定度小于2.2%(图2-61)。

图2-61　高精度阻力天平示意图

2. 高超声速动导数试验技术

动导数是飞行器导引系统和控制系统设计以及动态品质分析不可缺少的原始气动参数。

中国空气动力研究与发展中心在直径1m高超声速风洞上建立了动导数试验技术,试验马赫数3.0~8.0。风洞考核性试验结果表明,自由振动动导数试验重复性精度小于25%,自由滚转动导数试验重复性精度小于25%,强迫振动动导数试验重复性精度小于15%(图2-62)。

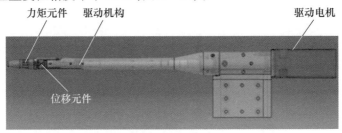

图2-62 强迫俯仰/偏航动导数试验装置结构

3. 连续变雷诺数测力试验技术

在风洞中开展连续变雷诺数试验可以获得比常规气动力试验更加丰富的试验数据,以及飞行器气动特性随雷诺数变化的规律,对飞行器的研制有十分重要的意义。

中国空气动力研究与发展中心在直径1m高超声速风洞上开展了升力体飞行器雷诺数效应试验研究,结果表明,采用单点和连续变雷诺数试验技术相结合的方式,能较为完整、准确地获得飞行器模型气动力随雷诺数的变化规律(图2-63)。

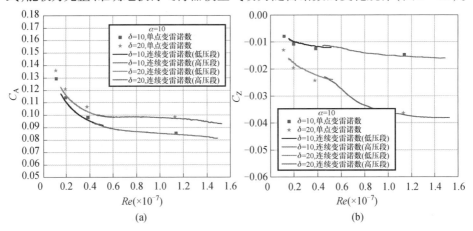

图2-63 升力体模型变雷诺数试验结果曲线(彩色版本见彩图)

4. 风洞模型自由飞试验技术

风洞模型自由飞试验技术是把试验模型投放到风洞的均匀流场中,让其自由飞行,同时用高速摄像方法实时记录下模型姿态随时间变化的图像序列,事后对图像进行判读、辨识,得到模型的气动力。

中国空气动力研究与发展中心在直径1m高超声速风洞中开展了模型自由飞原理性试验,研制了高压气体驱动的模型发射装置,配置了模型姿态双目立体测量系统。通过测量模型轨迹和姿态数据,进行气动参数辨识,得到相应模型的气动力矩静、动导数(图 2 - 64)。

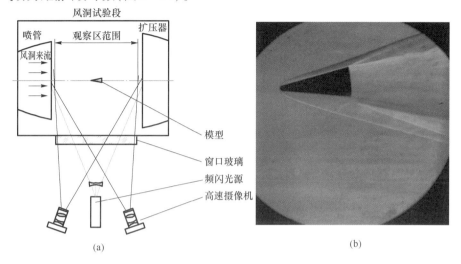

(a)　　　　　　　　　　　　　　(b)

图 2 - 64　常规高超风洞模型自由飞试验装置与纹影图像

5. 高超声速铰链力矩测量试验技术

舵面控制是飞行器在稠密大气层内飞行时的主要控制方式之一。在常规高超声速风洞中开展舵面铰链力矩试验的主要目的是获得舵面的法向力、铰链力矩和对舵根的扭矩,作为飞行器结构设计和控制系统设计的依据。

中国空气动力研究与发展中心在直径 1m 高超声速风洞中发展了内置杆式铰链力矩天平技术,形成了较为成熟的试验能力,试验数据的不确定度与常规高超声速风洞气动力试验不确定度相当(图 2 - 65)。

(a)　　　　　　　　　　　　　　(b)

图 2 - 65　不同结构形式的铰链力矩天平

6. 高超声速通气模型内阻测量试验技术

吸气式高超声速飞行器采用了机体 - 推进一体化设计,内外流相互耦合、相互干扰。内流道的气动特性,特别是阻力特性对飞行器设计有重大影响。

中国空气动力研究与发展中心在直径 1m 高超声速风洞上发展了测量内阻的试验方法,研制了用于测量喷管出口气流皮托压力和静压的三自由度测量装置,采用"动量差"法计算内阻。与数值模拟结果相比,进气道设计状态的试验不确定度小于10%(图 2 - 66)。

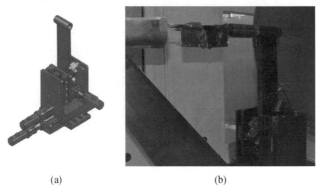

(a)   (b)

图 2 - 66   三自由度测量装置

7. 高超声速颤振试验技术

高超声速颤振试验是在高超声速风洞中用动力相似模型再现颤振现象,了解飞行器的颤振特性,确定危险飞行状态下的颤振临界动压和颤振频率,为飞行器安全飞行提供飞行包线数据。

中国空气动力研究与发展中心在直径 1m 高超声速风洞中开展了颤振试验研究,首次成功获取了颤振试验临界动压和颤振频率,并在间隙可调的限幅装置作用下实现了试验模型的极限环振荡。风洞动压最高可达 70000Pa,试验模型最大可达 1000mm × 500mm(图 2 - 67)。

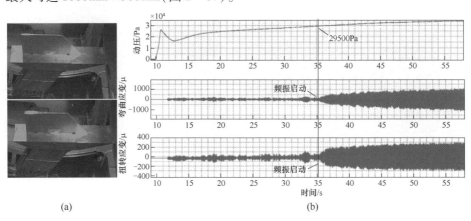

(a)   (b)

图 2 - 67   典型的颤振试验和试验模型的应变响应曲线

8. 基于 MEMS 器件的高超声速摩阻测量技术

基于 MEMS 器件的高超声速摩阻测量技术是指利用 MEMS 摩阻传感器开展高超声速表面摩阻测量试验研究,能够为研究高超声速飞行器减阻设计、超燃冲压发动机增推减阻设计以及发动机内流等各种高超声速流动现象与问题研究提供有效的试验研究手段。

中国空气动力研究与发展中心发展了基于测量元件与待测壁面平齐、信号输出微结构与风洞流场隔离原理的高超声速 MEMS 摩阻测量方法和 MEMS 传感器技术,先后研制出两代 MEMS 摩阻传感器样机和能够模拟高超风洞试验环境的 MEMS 摩阻传感器静态校准装置,开展了静校和风洞验证试验研究。研究表明:MEMS 摩阻传感器表头结构及封装形式适用于高超声速试验环境;MEMS 摩阻传感器样机抗干扰能力强、稳定性好、灵敏度高。目前 MEMS 摩阻传感器样机测头直径 5mm,量程 0~100Pa,分辨率优于 0.5Pa,层流状态风洞试验重复性精度优于 2%(图 2-68)。

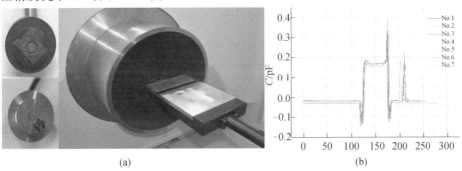

$$(a) \qquad\qquad (b)$$

图 2-68　两代 MEMS 摩阻传感器样机、风洞验证试验装置和
层流状态试验结果(彩色版本见彩图)

9. 微波对飞行器气动特性影响试验技术

微波对飞行器气动特性影响试验技术利用兆瓦级微波装置产生高功率微波脉冲,经发射天线和反射聚焦装置,在风洞流场均匀区内形成能量核心区,用以分析微波对飞行器气动特性的影响。

中国空气动力研究与发展中心在直径 1m 高超声速风洞上开展了微波能量与风洞流场相互作用研究,成功获得了马赫数 5.0 下的等离子体云团,为分析高功率微波对高超声速飞行器气动特性的影响奠定了基础(图 2-69)。

10. 高超声速 CTS 试验技术

高超声速 CTS 试验技术是指在常规高超声速风洞中,以准静态方式模拟飞行器在高超声速飞行条件下部件分离过程的试验技术,可获取分离过程中主体模型和分离体模型的气动特性及分离轨迹。

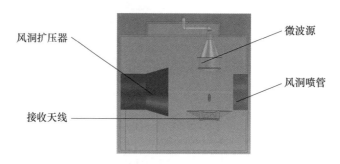

图2-69 安装在风洞中的微波发生装置示意图

中国空气动力研究与发展中心在直径1m高超声速风洞中建成了由机械台体、机构伺服驱动系统、机构运行控制系统、配套软件系统及辅助支撑系统组成的CTS试验装置,具备各个自由度独立运动或多个自由度按预定轨迹联动的六自由度运动功能,可快速达到指定的捕获轨迹点位置,角位移定位精度优于1′/10°、重复性定位精度优于1′/10°、线位移定位精度优于0.1mm/100mm、重复性定位精度优于0.1mm(图2-70)。

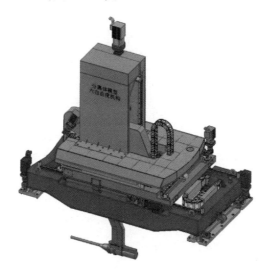

图2-70 六自由度CTS机构示意图

11. 级间动态分离模拟气动力测量试验技术

级间动态分离模拟气动力测量试验技术与网格测力相比,模拟飞行条件的相似度更高。级间分离过程中会形成激波-激波干扰、激波-附面层干扰等复杂流场结构,导致前后两级的气动特性有较强的非定常性,必须通过动态分离试验获得两级的气动力。

中国空气动力研究与发展中心在直径1m高超声速风洞中开展了试验技术

研究,对模拟准则、级间分离方式、模型与风洞防护、分离体轨迹获取、试验数据动态补偿等进行了探索,建立了相关试验技术(图2-71)。

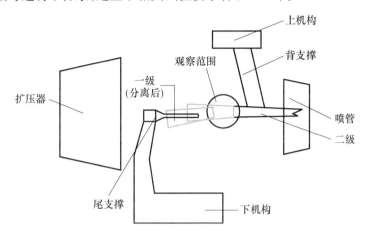

图2-71 动态分离试验装置示意图

12. 常规高超声速风洞测热试验技术

常规高超声速风洞测热试验技术是用于获得高超声速飞行器表面热流分布规律以及热流随飞行轨道变化规律的试验技术。模型表面热流测量技术分为两类:一类是接触式测量,如薄膜电阻温度计、薄壁量热计、同轴热电偶和戈登及水卡、塞式、零点等类型的量热计;另一类是非接触测量,如相变热图技术、红外测温技术、磷光温敏漆测热技术、液晶热图等。

中国空气动力研究与发展中心开展了热流传感器标定、红外测热系统标定、模型发射率标定与修正、材料热物性参数标定、热流数据处理、红外热图三维重构等关键技术研究,初步建立了常规高超声速风洞单点和大面积红外测热试验技术(图2-72)。

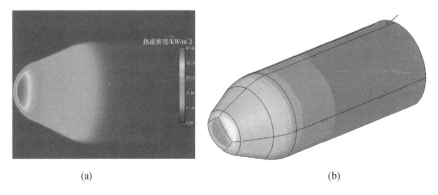

(a)   (b)

图2-72 红外热流云图及三维重构后热流云图(彩色版本见彩图)

13. 复杂工况组合喷流模拟气动力试验技术

复杂工况组合喷流模拟气动力试验技术在常规喷流试验技术基础上,发展多种喷流压比同时模拟试验技术,可更加真实地模拟飞行器的实际工作状态。

中国空气动力研究与发展中心在直径1m高超声速风洞中开展了喷流模拟方法、天平研制、模型和试验装置设计技术等研究,建立了相关试验技术,试验数据精准度达到常规喷流试验水平(图2-73)。

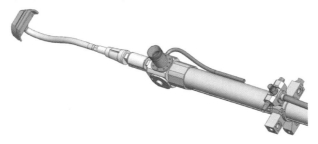

图2-73 某复杂工况组合喷流模拟气动力试验装置供气管路

14. 高超声速PSP测量试验技术

高超声速PSP技术是指采用压敏涂料进行模型表面压力测量的光学非接触测量方法,测量模型表面大面积连续压力分布特性的试验技术,可获得常规测压方法难以捕捉到的流动特征及压力分布。

中国空气动力研究与发展中心在直径0.5m高超声速风洞建立了单组分PSP测量系统,完成了平板+钝舵模型、压缩拐角模型表面压力测量,并与常规测压结果进行对比验证,解决了高超声速风洞模型表面温度升高、喷涂与光照不均匀性、参考图像选取、校准方法对测量精度影响的问题。压缩拐角模型试验结果表明,压力系数P/P_∞与ESP的相对偏差小于6%,初步验证了压敏漆技术应用于高超声速环境的可行性(图2-74)。

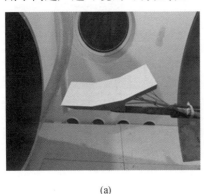
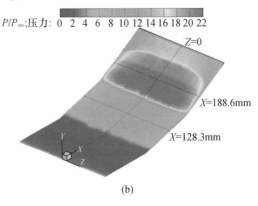

(a)　　　　　　　　　　　　　(b)

图2-74 高超风洞压缩拐角测量试验装置与压力分布云图

2.4　在国防与经济社会发展中的应用和贡献

2.4.1　探月工程

国内首次针对以第二宇宙速度半弹道跳跃式再入的返回器,基于全速域全空域的高精度静/动态气动特性预测评估方法,成功解决了稀薄滑移与高温真实气体等复杂物理效应气动力预测的关键问题。飞行试验前开展了返回器气动评估与复核复算研究,精确分析了再入过程中烧蚀和凸起物外形不对称等因素对返回器气动特性数据偏差的影响,提供了一套满足工程设计精度的气动力数据,支撑再入制导控制的设计,将返回器落点精度控制在百米量级。

基于碳硅基复合材料在多物理化学机制作用下的烧蚀模型和烧蚀/传热耦合计算方法,结合高熵、长时间、二次加热和大尺度模型地面试验,准确预测了结构防热性能;实现了非气密返回舱内气体压力、温度快速预测,以及复杂形状结构件三维温度分布预测。

突破了亚跨条件、背风面大分离区内小推力发动机 RCS 喷流干扰数值预测的诸多技术难点,建立了适用于返回器再入环境下发动机控制效率和喷流干扰特性研究的数值预测技术,为总体设计、控制系统设计提供了基础参考数据。

突破了探月三期返回器以第二宇宙速度再入的气动加热地面模拟试验关键技术,发展了跳跃式再入气动加热环境的轨道模拟方法,完成了探月三期防热材料筛选及考核试验,确定了防热材料方案和验收试验规范,并完成了工程尺寸样件热结构考核试验,为探月工程返回器的防热设计提供了重要支撑。

2.4.2　火星探测

针对火星以 CO_2 成分为主的稀薄大气环境,建立了化学非平衡多组元气体模型、化学平衡气体模型、等效比热比模型以及稀薄滑移流区气动快速预测技术,进一步发展了基于复杂气体物理效应的多层次气动特性预测评估技术,显著提高了工程研制的进度。

基于雷诺平均纳维·斯托克斯方程/大涡模拟(RANS/LES)混合技术的自由振动动导数模拟方法,有效地捕获了返回舱大钝头体亚、跨、低超声速的动不稳定问题;设计出两种后锥整体优化外形,能够显著改善着陆巡视器小头朝前时的纵向静稳定性以及大底朝前时的小迎角俯仰动态特性,有力支撑了工程研制。

参 考 文 献

[1] 姜宗林,李进平,赵伟,等.长试验时间爆轰驱动激波风洞技术研究[J].力学学报,2012,44(5):

824 – 831.

[2] Wang Y, Hu Z, Liu Y, et al. Starting Process in a Large – Scale Shock Tunnel, AIAA Journal, 2016, 54 (4): 1240 – 1249.

[3] 姜宗林, 罗长童, 胡宗民, 等. 高超声速风洞实验数据的多维空间相关理论与关联方法[J]. 中国科学: 物理学 力学 天文学, 2015, 45(12): 124705 – 124716.

[4] 万田, 刘洪伟, 樊菁. 100km 附近大气密度模型的误差带和置信度[J], 中国科学: 物理学 力学 天文学, 2015, 45(12): 124705.

[5] 樊菁. 稀薄气体动力学: 进展与应用[J]. 力学进展, 2013, 43(2): 185 – 201.

[6] 樊菁. 高超声速高温气体效应判据[J]. 力学学报, 2010, 42(4): 591 – 596.

[7] 黄河激, 潘文霞, 孟显, 等. 推进剂组分对电弧加热推力器性能的影响[J]. 工程热物理学报, 2013, 34(5): 896 – 898.

[8] 彭翔, 黄河激, 潘文霞. 洛伦兹力对自由燃烧弧和壁稳非转移弧流场的影响[J]. 强激光与粒子束, 2013, 25(1): 52 – 56.

[9] 俞刚, 范学军. 超声速燃烧与高超声速推进[J]. 力学进展, 2013, 43(5): 449 – 471.

[10] 李龙, 范学军, 王晶. 高温壁面热流与温度一体化测量传感器研究[J]. 实验流体力学, 2012, 26 (2): 93 – 99.

[11] 张新宇, 陈立红, 顾洪斌, 等. 超燃冲压模型发动机实验设备与实验技术[J]. 力学进展, 2003, 33 (4): 491 – 498.

[12] 李飞, 余西龙, 顾洪斌, 等. 超声速气流中煤油射流的等离子体点火实验[J]. 航空动力学报, 2012, 27(4): 824 – 831.

[13] 李飞, 林鑫, 余西龙, 等. 用于超燃冲压发动机的多通道 TDLAS 测量系统[C]. 全国实验流体力学学术会议, 2010.

[14] 唐志共, 许晓斌, 杨彦广, 等. 高超声速风洞气动力试验技术进展[J]. 航空学报, 2015, 36(1): 86 – 97.

[15] 彭治雨, 石义雷, 龚红明, 等. 高超声速气动热预测技术及发展趋势[J]. 航空学报, 2015, 36(1): 325 – 345.

[16] 周嘉穗, 张扣立, 江涛, 等. 激波风洞温敏热图技术初步试验研究[J]. 实验流体力学, 2013, 5: 79 – 82.

[17] 李明. 激光散射技术在高超声速激波与边界层干扰试验中的应用[J]. 红外与激光工程, 2013, 42: 79 – 83.

[18] 李明, 祝智伟, 李志辉. 红外热图在高超声速低密度风洞测热试验中的应用研究[J]. 实验流体力学, 2013, 3: 108 – 112.

[19] 王刚, 杨彦广, 唐志共. 高超声速气动力试验模拟参数选取准则[J]. 航空学报, 2015, 36(3): 789 – 796.

[20] 隆永胜, 杨彦广, 陈爱国, 等. 电弧加热流场品质优化初步研究[J]. 推进技术, 2015, 36(12): 1788 – 1794.

[21] 柳森, 王宗浩, 谢爱民, 等. 高超声速锥柱裙模型边界层转捩的弹道靶实验[J]. 实验流体力学, 2013, 27(6): 26 – 31.

[22] 于哲峰, 刘佳琪, 刘连元, 等. 临近空间高超声速飞行器 RCS 特性研究[J]. 宇航学报, 2014, 35(6): 713 – 719.

[23] 焦德志, 黄洁, 平新红, 等. 200m 自由飞弹道靶升级改造[J]. 实验流体力学, 2014, 28(2): 95 – 98.

[24] Liu S, Zhou Z X, Ren L S, et al. A Vulnerability Analysis Method of Spacecraft under Space Debris Impact[C]. 67th International Astronautical Congress, 2016.

[25] 舒海峰,许晓斌,孙鹏. 高超声速风洞多天平测力试验技术研究[J]. 实验流体力学,2014,28(4):49 − 53.

[26] 谢爱民,黄洁,宋强,等. 多序列激光阴影成像技术研究及应用[J]. 实验流体力学,2014,28(4):84 − 88.

[27] 侯峰伟,吴斌,齐大伟. 高超声速风洞真空保障系统改造[J]. 真空, 2014,51(5):36 − 38.

[28] 李杰,朱涛,许晓斌,等. ϕ1 米高超声速风洞自主式维修保障系统设计[J]. 计算机测量与控制, 2016,24(2):126 − 129,136.

[29] 隆永胜,袁竭,赵顺洪,等. 电弧加热设备开展超燃冲压发动机试验概述[J]. 飞航导弹,2016,2:72 − 79.

[30] 杨彦广,李明,李中华,等. 高超声速飞行器跨流域气动力/热预测技术研究[J]. 空气动力学学报, 2016,34(1):5 − 13.

[31] 谢飞,郭雷涛,朱涛,等. 高超声速风洞变雷诺数试验技术研究[J]. 空气动力学学报,2016,34(3):398 − 403.

[32] 张扣立,周嘉穗,孔荣宗,等. CARDC 激波风洞 TSP 技术研究进展[J]. 空气动力学学报,2016,34(6):738 − 743.

[33] 范孝华,杨波,朱涛,等. ϕ240mm 高超声速风洞扩压器设计研究[J]. 空气动力学学报, 2017,35(5):633 − 639,644.

[34] 林敬周,解福田,钟俊,等. 高超声速风洞压敏漆试验技术[J]. 航空学报,2017, 38(7):120890.

[35] 李强,张扣立,庄宇,等. 激波风洞边界层强制转捩试验研究[J]. 宇航学报,2017,38(7):758 − 765.

[36] Huang J, Ke F W, Xie A M, et al. Measurement technology of model's positions and attitudes with high accuracy on the 200 m free flight ballistic range[C]. 21st AIAA International Space Planes and Hypersonics Technologies Conference, 2017.

[37] 张松贺,杨远剑,王茂刚,等. 电弧风洞热/透波联合试验技术研究及应用[J]. 空气动力学学报, 2017,35(1):141 − 145.

[38] 李中华,李志辉,李海燕,等. 过渡流区 NS − DSMC 耦合计算研究[J]. 空气动力学学报,2013,31(3):282 − 287.

[39] 梁杰,李志辉,杜波强,等. 探月返回器稀薄气体热化学非平衡特性数值模拟[J]. 载人航天,2015, 21(3): 295 − 302.

[40] 梁杰,李志辉,杜波强. 飞船返回舱再入稀薄流域配平特性研究[J]. 航天返回与遥感,2013,34(3):42 − 48.

[41] 李志辉,彭傲平,方方,等. 跨流域高超声速绕流环境 Boltzmann 模型方程统一算法研究[J]. 物理学报,2015,64(22),224703.

[42] 李志辉,吴俊林,蒋新宇,等. 跨流域高超声速绕流 Boltzmann 模型方程并行算法[J]. 航空学报, 2015,36(1), 201 − 212.

[43] 林敬周,曹程,吴彦森,等. 多喷流干扰级间热环境风洞试验研究[J]. 实验流体力学,2012,26(3):1 − 5.

[44] 徐筠,徐翔,王志坚,等. 多喷口喷流对侧向喷流流场影响的风洞试验研究[J]. 实验流体力学, 2015,26(5):13 − 16.

[45] 许晓斌,舒海峰,谢飞,等. 通气模型内流道阻力直接测量技术[J]. 推进技术,2013,34(3):

311 – 315.

[46] 张绍武,关祥东,朱涛,等. 高超声速风洞进气道流量系数测量精度影响因素研究[J]. 推进技术,2013,34(4):470 – 476.

[47] 李明,杨彦广,祝智伟. 利用红外热图开展通用航空飞行器气动热特性试验[J]. 红外与激光工程,2013,42(2):285 – 289.

[48] 张扣立,常雨,孔荣宗,等. 温敏漆技术及其在边界层转捩测量中的应用[J]. 宇航学报,2013,34(6):860 – 865.

[49] 梁世昌,于哲峰,张志成,等. 开槽钝锥体及等离子体鞘套的 RCS 特性研究[J]. 实验流体力学,2013,27(2):19 – 23.

[50] 谢爱民,黄洁,徐翔,等. 激波风洞流场密度测量的聚焦纹影技术[J]. 实验流体力学,2013,27(2):82 – 86.

[51] 吕治国,李国君,赵荣娟,等. 激波风洞高超声速摩阻直接测量技术研究[J]. 实验流体力学,2013,27(6):81 – 85.

[52] 朱超,姚峰,陈德江,等. 电弧风洞真空氩气起弧技术研究[J]. 实验流体力学,2014,28(2):69 – 72.

[53] 兰胜威,柳森,李毅,等. 航天器解体模型研究的新进展[J]. 实验流体力学,2014,28(2):73 – 78.

[54] 牛雯霞,黄洁,柯发伟,等. 混凝土房屋结构靶的超高速撞击特性研究[J]. 实验流体力学,2014,28(2):79 – 84.

[55] 周智炫,黄洁,任磊生,等. 卫星在空间碎片撞击下的易损性分析方法研究[J]. 实验流体力学,2014,28(3):87 – 92.

[56] 罗杰,蒋刚,王国林,等. 高焓流场氧原子激光诱导荧光技术初步研究[J]. 光谱学与光谱分析,2017,37(2):481 – 485.

[57] 刘丽萍,王国林,王一光,等. 高焓化学非平衡流条件下防热材料表面催化特性的试验方法[J]. 航空学报,2017,38(10):121317.

[58] 毕志献,韩曙光,伍超华. 磷光热图测热技术研究[J]. 实验流体力学,2013,27(3):87 – 92.

[59] 韩曙光,毕志献. 磷光热图技术在高超声速复杂外形飞行器热环境试验中的应用[C]. 中国力学大会,2015.

[60] 曾磊,石友安,孔荣宗. 薄膜电阻温度计原理性误差分析及数据处理方法研究[J]. 实验流体力学. 2011,25(1):79 – 83.

[61] 曾磊,桂业伟. 镀层式同轴热电偶数据处理方法研究[J]. 工程热物理学报. 2009,30(4):661 – 664.

[62] 文帅,陈星,潘俊杰,等. 高超声速飞行器高精度液晶涂层摩阻分布测量技术研究新进展[C]. 中国力学大会,2017.

[63] 姜宗林,李进平,赵伟,等. 长试验时间爆轰驱动激波风洞技术研究[J]. 力学学报,2012,44(5):824 – 831.

[64] Li Z H, Ma Q, Cui J Z, Finite Element Algorithm for Dynamic Thermoelasticity Coupling Problems and Its Application to Transient Response of Structure with Strong Aerodynamic Heating and Force Environment [J]. Communications in Computational Physics. 2016,20(3):773 – 810.

[65] Li Z H, Ma Q, Cui J Z. Multi – scale modal analysis for axisymmetric and spherical symmetric structures with periodic configurations[J]. Computer Methods in Applied Mechanics and Engineering, 2017,317,1068 – 1101.

[66] Li Z H, Ma Q, Cui J Z. Second – order two – scale finite element algorithm for dynamic thermos – mechan-

ical coupling problem in symmetric structure[J]. Journal of Computational Physics,2016,314,712 – 748.

[67] Ma Q, Cui J Z, Li Z H. The second – order two – scale method of the elastic problem for axisymmetric and spherical symmetric structure with small periodic configurations[J]. International Journal of Solids and Structures, 2016, 78 – 79:77 – 100.

[68] Ma Q, Cui J Z, Li Z H. Second – order asymptotic algorithm for heat conduction problems of periodic composite materials in curvilinear coordinates[J]. Journal of Computational and Applied Mathematics, 2016, 306:87 – 115.

[69] Ma Q, Li Z H, Yang Z H, et al. Asymptotic computation for transient conduction performance of periodic porous materials in curvilinear coordinates by the second – order two – scale method[J]. Mathematical Methods in the Applied Sciences, 2017, 40(14):5109 – 5130.

[70] Wang Y, Hu Z, Liu Y, Jiang Z. Starting Process in a Large – Scale Shock Tunnel[J]. AIAA Journal, 2016, 54(4): 1240 – 1249.

[71] Li Z H, Li Z H, Wu J L, et al,. Coupled Navier – Stokes/Direct Simulation Monte Carlo Simulation of Multicomponent Mixture Plume Flows[J]. Journal of Propulsion and Power, 2014,30(3): 672 – 689.

[72] Li Z H, Peng A P, Zhang H X, et al. Rarefied gas flow simulations using high – order gas – kinetic unified algorithms for Boltzmann model equations[J]. Progress in Aerospace Sciences, 2015, 74: 81 – 113.

[73] Li Z H, Fang M, Jiang X Y, et al. Convergence proof of the DSMC method and the Gas – Kinetic Unified Algorithm for the Boltzmann equation[J]. Science China,Physics,Mechanics & Astronomy, 2013,56(2): 404 – 417.

[74] Wang Y, Liu Y, Jiang Z. Design of a pulse – type strain gauge balance for a long – test – duration hypersonic shock tunnel[J]. Shock Waves, 2016, 26(6):835 – 844.

第 3 章　物理气体动力学

物理气体动力学是相对经典气体动力学而言的,其学科内涵是处理宏观流动现象时必须考虑微观物理特性或者需要用微观理论来解释宏观气流参数,是气体动力学与物理力学交叉的技术学科。近代工程技术经常面临着高温、高压等极端条件,例如火箭、卫星、载人飞船、航天飞机等航天器再入大气层的飞行过程,惯性约束聚变中氘氚气体汇聚压缩时发生的聚变核反应过程等,这些流动气体的关键物质特性参数或状态方程难以通过试验手段给出,往往需要通过理论计算确定。在确定这些高温、高压下的气体物质特性参数时,考虑到气体是由大量的原子、分子组成,组成气体的原子、分子结构以及它们之间的相互作用,是气体在高温、高压等外因条件下物质性质发生变化的内因,因而可以根据气体在原子、分子层次的微观结构及其运动规律,利用近代物理学和近代化学的成就,通过理论分析和数值计算得出气体的宏观性质,并对其宏观现象和运动规律做出微观解释。由于高温、高压条件下气体流动的物质特性参数必须通过近代非经典力学进行描述,因此物理气体动力学的基本学科包括高速和超高速气体动力学、分子运动论、统计力学、化学热力学、量子力学、原子分子物理以及计算数学等。可以说,物理气体动力学是近代力学应航天科技等尖端技术的迫切需要而发展起来的一门技术学科。

物理力学作为力学的一个分支学科,最早由我国著名科学家钱学森在 20 世纪 50 年代首先提出,并在 60 年代初出版了其经典著作《物理力学》,涉及物理固体动力学、物理液体动力学以及物理气体动力学等主要领域。60 年代中期,美国斯坦福大学的维塞特与克鲁格出版了另一部重要著作《物理气体动力学引论》,介绍了高温气体动力学中出现的有关物理和化学方面的基础知识以及非平衡流动的一些基本特性。80 年代末期,美国马里兰大学的安德森出版了又一部重要著作《高超声速和高温气体动力学》,更加系统、深入地介绍了航天技术发展以来取得的高温气体动力学中有关物理、化学、高速流动方面的进展。

半个世纪以来,我国广大科技工作者在物理气体动力学涉及的高精度物性参数计算方法、宽温域气体状态方程、高温高压 CFD 方法、高温高压爆轰精密建模、高温高压界面不稳定性与混合理论、气动物理学理论、等离子体利用技术、主动热防护技术等方面取得了长足进步,为推动我国科学技术进步做出了应有的贡献。

3.1 基础理论与前沿技术研究

3.1.1 高精度物性参数计算方法

对高温、高压条件下的气体流动进行理论分析或者数值模拟时,必须预先知道气体的物质特性参数,这些关键的物性参数主要有黏性系数、导热系数、物质扩散系数、不透明度、辐射吸收和发射系数、电导率等。

北京应用物理与计算数学研究所开展了物性参数研究,通过修正 Lennard - Jones 势函数,获得了任意单一气体或混合气体的黏性系数、热传导系数、物质扩散系数;通过发展的用平均原子自洽势计算等离子体的自由电子背景思想,借助在 Hartree - Fock - Slater 自洽场原子结构中引入背景修正计算离子组态结构,获得了高精度气体等离子体的不透明度、辐射吸收和发射系数;通过在 Debye - Huckel 模型中考虑等离子体环境下电子与离子间相互作用的屏蔽效应,运用 Spitzer 公式借助分波法计算获得了等离子体的电导率。

3.1.2 宽温域气体状态方程理论

气体的状态方程也是对气体流动进行理论分析或者数值模拟时必须预先知道的物质特性。近代工程技术面临的气体温度范围十分宽泛,如航天器再入大气层时气体温度可达到数千摄氏度,核聚变反应时气体可超过 10^8℃,在这种宽泛温度范围内,气体状态方程的理论研究是一项非常具有挑战性的工作。

北京应用物理与计算数学研究所开展了宽温域气体状态方程理论研究,对温度为数千摄氏度以下的混合气体,发展了 CHEQ 程序,通过吉布斯(Gibbs)自由能最小原理,借助化学平衡方程组求解混合气体的平衡组分,获得混合气体的平衡方程,并采用 van der Vaals 等效单组分流体模型和硬球微扰理论软球修正模型,计算获得混合气体的状态方程;针对高温、高压下出现部分离化或电离等复杂物理变化过程的混合气体,发展了一系列气体状态方程的物理模型;建立了基于液体微扰论的化学图像模型,可较好地描述物质的离解和电离过程;建立了基于经验模型的离化电离平衡模型,可较好地给出气体在该状况下的状态方程;发展了平均原子模型和 INFERNO 模型,以及第一原理分子动力学和量子蒙特卡罗方法。

3.1.3 高温、高压爆轰精密建模

爆轰是带剧烈化学反应的流体力学激波冲击流动现象。在高温、高压下,假

设化学反应流动处于热力学平衡状态的经典 ZND 模型往往不再成立,必须考虑化学反应过程中的热力学、动力学非平衡过程。

北京应用物理与计算数学研究所开展了考虑热力学、动力学非平衡过程的精密爆轰物理建模研究,构建了适用于爆轰过程模拟的离散玻耳兹曼模型,由离散玻耳兹曼方程和唯象反应率方程构成,等效于传统 N - S 模型外加关于热动非平衡行为的粗粒化模型,可提供更多动力学和动理学信息,有利于对爆轰问题的深入认识;在反应欧拉方程组基础上,通过考虑热学非平衡过程建立了一种多相流动的化学反应流体力学方法来模拟爆轰,该模型能更好地预测爆轰传播过程中 Von Neumann 尖峰和化学反应区物理量分布等关键特征。

3.1.4 高温、高压 CFD 方法

高温、高压条件下,辐射等因素成为重要能量形式,这时气体动力学转化为辐射气体动力学。与经典气体动力学相比,主要差别是辐射扩散或电子热传导引起能量重新分布,辐射所产生的内能和压力随温度、密度变化,内能、压力均由辐射部分和物质部分组成并且往往具有复杂表达形式。针对辐射气体动力学这些特点,必须发展适应高温、高压条件的计算方法。

1. 高精度数值格式

清华大学提出了针对复杂状态方程的 Riemann 求解器,并在此基础上构造了适应非结构网格的高阶紧致有限体积法,该方法可克服高阶有限体积方法重构时基架单元选取的困难,提供了一种构造非结构网格高阶有限体积法的新思路。

中国空气动力研究与发展中心在 LU - SGS 隐式离散方法基础上,发展了用于求解热化学非平衡/平衡流动问题的全隐方式来处理化学反应源项与热力学源项,较好地解决了流动特征时间与化学反应特征时间及能量松弛时间差异引起的数值求解刚性问题。

北京应用物理与计算数学研究所针对辐射流动完善了能够很好保持能量守恒性的九点离散差分格式;对于辐射气体动力学构造的计算格式,开展了非结构网格(滑移、大变形网格)上守恒格式的稳定性、收敛性、鲁棒性、保正性分析;改进了 Picard 方法、JFNK 方法和 Picard - Newton 迭代加速方法等非线性迭代方法;给出了高精度的能量通量计算格式,包括非线性扩散系数与能量交换系数的离散,以及辐射流体计算中扩散系数在网格边界的不同离散逼近;发展了与新的非线性迭代方法相结合的高阶时间积分法、基于物理的预处理子迭代加速方法,以及时间步长与迭代初值的选取方法;开展了多尺度扩散问题的分析研究,针对轻介质区三温(两温)描述、重介质区单温描述的两尺度扩散计算,发展了分区界面处连接条件以及(串行和并行)区域分解算法,给出了三温能量方程组的单

温渐近逼近解。

2. 基于混合建模的多流体数值方法研究

北京应用物理与计算数学研究所针对常用高精度格式在接触间断或物质界面处容易出现物理量非物理振荡的问题,分析了常用高精度差分格式产生非物理振荡的数值机理,给出了消除非物理振荡的办法,实现了可压缩多相流问题的高精度、高分辨率数值模拟;针对多相流模型方程非守恒带来的离散困难,分析了两相流模型方程的波系结构,给出了适用于两相流模型方程的近似 Riemann 解,发展了能够克服非守恒项离散困难的路径守恒格式。

3. 高温、高压 CFD 软件

中国科学院力学研究所开发了高精度开源计算空气动力学软件 OpenCFD,该软件包括流场高精度差分求解器 OpenCFD - SC、高精度有限体积求解器 OpenCFD - EC 以及湍流燃烧高精度求解器 OpenCFD - Comb。

北京应用物理与计算数学研究所开发了依托 YH6 的大型流体计算软件 SAED,该软件支持数千万网格规模、数千 CPU 并行计算,流场后处理与功能强大的 TERAVAP 衔接,包含 RANS、LES、胶体涡模拟(DES)等湍流模式以及各种差分格式和算法,包含化学反应模块,可以计算真实气体效应,支持从亚声速到高超声速的广泛流动区域的流场计算;研制了 LARED 系列程序,该程序求解的辐射气体动力学方程组由质量方程、动量方程、电子热传导方程、离子热传导方程以及辐射能量方程组成,具备模拟激光等离子体相互作用过程和流体力学不稳定性的功能;研制了九点离散格式的辐射流体力学程序 RH2D,在任意多边形网格上建立了求解二维辐射热传导方程的差分格式,优化了数据结构与程序结构,并适用于大规模并行计算。

3.1.5 高温、高压界面不稳定性与混合理论

中国工程物理研究院采用 PIV 和米(Mie)散射技术观测到了速度直方图的单峰和双峰结构,以及涡量分布的多尺度现象,构建了气柱扩散层初始界面的二维高斯分布,得到了旋涡运动速度,修正了经典 RS 模型,试验、计算和理论吻合较好(图 3 -1);采用半高斯分布构造了一种初始非均匀流场模型,再现了非均匀流场 RM 不稳定性实验过程,揭示了这类不稳定性发生的内在物理机制(图 3 -2);探索建立了非均匀激波冲击界面演化试验技术,发现了孔洞结构、界面台阶等不同于经典界面不稳定性的试验现象,分析认识了压力驱动界面演化的新机理,试验和理论分析规律吻合良好,拓展了界面不稳定性研究的新方向(图 3 -3);针对初始非均匀气体流场的 RM 不稳定性问题,开展了试验和计算研究,发现了初始流场的密度非均匀性对于界面演化增长率的重要影响,利用激波管装置结合纹影和片光高速摄影技术,进一步试验研究了扰动激波冲击均匀气体界面演化过程,并

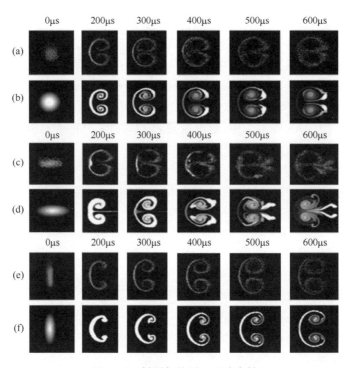

图 3 – 1　椭圆气柱界面不稳定性

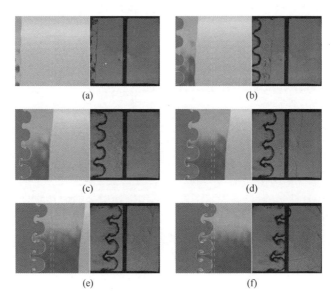

图 3 – 2　非均匀流场 RM 不稳定性

与经典 RM 不稳定性进行了定量对比分析;利用果冻试验研究了不同初始扰动对气液界面 RT 不稳定性流动演化的影响,研究表明,分层密度剖面会改变 RT 的演化动力学,且层化可压缩性效应较内在可压缩性效应重要得多。

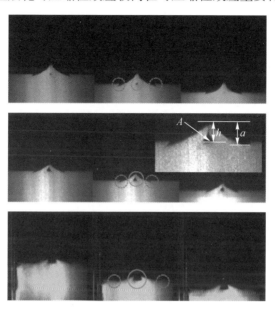

图 3 - 3　非均匀激波冲击界面演化

A—孔洞面积;h—孔洞高度;a—界面高度。

北京应用物理与计算数学研究所采用 LES 方法研究了不可压、密度比为 2 的 RT 流动对凹槽形和方形扰动波的依赖性;针对湍流混合问题,提出了预测混合宽度和增长系数的模型;针对多介质混合问题,建立了物理上自洽合理的混合网格封闭模型,该模型能够反映混合网格内不同流体压缩性的差异,在此基础上发展了能够统一描述多介质流动和多相混合流动的多流体模型方程。

中国科学技术大学首次试验获得了汇聚激波管中界面扰动的演化规律,发现在反射激波再次作用之前界面扰动出现衰减,证明了在汇聚激波作用下存在轻重界面减速引起的 RT 稳定性,并提出了相应的扰动增长物理模型,理论预测与试验结果良好吻合(图 3 - 4),揭示了汇聚激波诱导界面不稳定性的内在机理,为相关理论和数值研究提供了可靠的试验数据。

清华大学针对高超声速以及高温流动边界层 Görtler 失稳和转捩问题进行了研究,揭示了气体压缩性对流动转捩的重要影响,指出 Klebanoff 模态产生的有限幅值 K 型条带可以同时有效地抑制高超声边界层的第一模态和 Mack 第二模态。厦门大学发展了适用于复杂湍流运动的 LES 谱方法以及针对高温复杂流动的计算流体谱/谱元法。

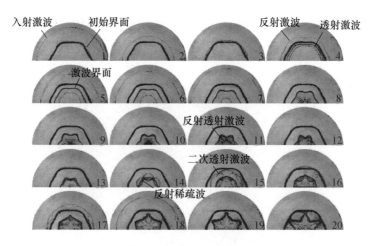

图3-4　柱形汇聚下气体界面演化

3.1.6　气动物理学理论

气动物理学主要研究飞行器与空气相互作用时引起的物体周围气体物理性质的变化及其与电磁波、光波的相互作用机理与规律,并应用这些规律解决实际问题。随着飞行器运动速度的增加,可导致"声障""热障"乃至"黑障"发生,迫切需要综合分析和评估飞行器的光电特性、气动光学效应及真实气体效应,发展相应的气动物理模型、方法和试验技术。

1. 气动－辐射学

中国空气动力研究与发展中心以预测评估飞行器绕流或发动机羽流的辐射特性及高温气体辐射加热对飞行器气动热环境的影响为背景,建立了适用于飞行器发动机羽流的标准红外辐射模型,建立了非平衡空气辐射模型,构建了相关计算软件及光谱数据库,其光谱范围从紫外到远红外,适用最高温度达18000K。

2. 气动－电磁学

中国空气动力研究与发展中心发展了时域有限体积(FVTD)数值方法,采用守恒形式的控制方程,适合任意形式计算网格,与CFD计算具有较好的一致性,提供了FVTD数值方法与CFD方法融合的可能性。

3. 气动－光学

中国空气动力研究与发展中心研究了流动对光波传播与光学成像的影响机理以及气动光学效应的校正方法,开发了气动光学效应计算分析软件包。

北京应用物理与计算数学研究依托大型计算机和大型流体计算软件SAED,建设了完备的机载激光气动光学效应研究平台,对实际飞行模型的机载激光气动光学效应开展了三维数值模拟研究,给出了机载激光气动光学效应中的平均流场效应、湍流效应时空特性的定量分析(图3-5)。

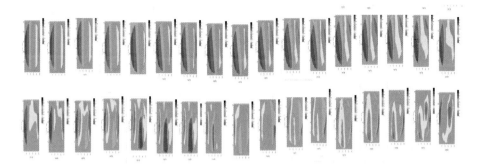

图 3 - 5　沿中轴线天顶角从 - 15° ~ 18°气动光学
效应导致的波面变化(彩色版本见彩图)

4. 气动流场干扰

北京应用物理与计算数学研究所利用自主开发的流动软件 SAED,分析了高超声速飞行器穿越雷电、爆炸等形成的强源场时力学量的变化,指出高超声速飞行器遇到强源场后的气动力学量峰值,远大于相遇之前飞行器气动力与强源场对静止飞行器施加的气动力的叠加,冲击波之间的非线性相互作用会放大强源场的影响(图 3 - 6)。

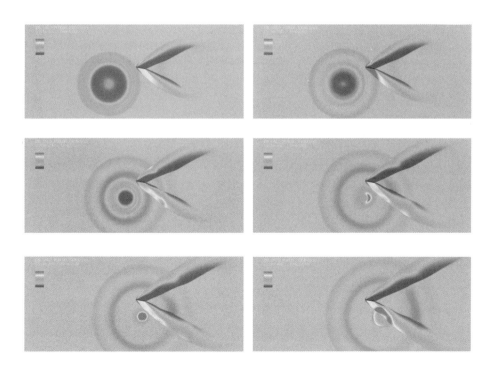

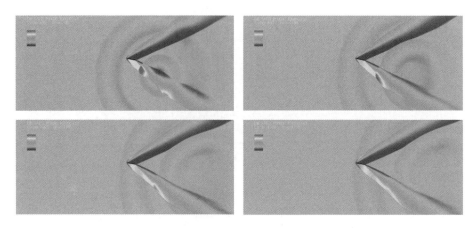

图 3 - 6　飞行器穿越强源场压强变化图像(彩色版本见彩图)

3.1.7　等离子体利用技术

飞行器再入大气层过程中出现的弓形脱体激波强烈压缩作用以及飞行器与空气之间的剧烈摩擦作用,使得飞行器周围产生高密度、强电离的等离子体层。等离子体层包含大量与电子成对出现的离子,其运动在电磁场力的支配下表现出显著的集体性行为,同时会产生温升和压升。

1. 再入飞行器热防护设计中气动热环境预测

中国空气动力研究与发展中心考虑流场非平衡效应、表面热辐射效应、催化效应和烧蚀效应及热防护层内部的热传导效应,初步建立了表面温度分布与气动热的耦合计算方法。

2. 等离子体预测

中国航天空气动力技术研究院采用数值模拟方法,分析了气体组分及化学反应动力学模型对等离子体分布的影响规律和机理,提高了对等离子体预测与气体组分相关性的认识。

3. 等离子体流动控制

哈尔滨工业大学采用介质阻挡放电(DBD)等离子体激励器控制机翼失速流场(图 3 -7),发现了利用大尺度旋涡和促进湍流转捩两种流动控制机制。在较大迎角下,利用大尺度旋涡结构能更好地控制分离;而在失速角附近,促进湍流转捩能提供更好的分离控制。

西北工业大学采用对称和非对称的等离子体激励器控制机翼流动分离,非对称激励器产生单向气流,对称激励器产生双向射流,均安装于机翼前缘、沿展向方向,在速度达 100m/s 时,对称激励器可以有效延迟气流分离,与不对称激励器相比,具有更好的流动控制性能(图 3 -8)。

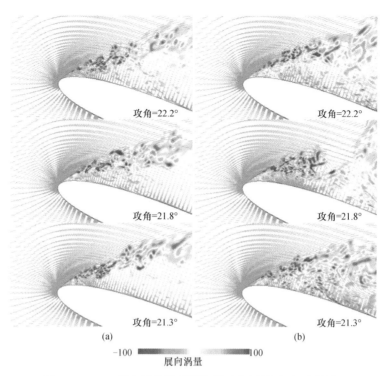

图3-7 DBD 等离子体激励器控制对比(彩色版本见彩图)

(a)关闭;(b)打开。

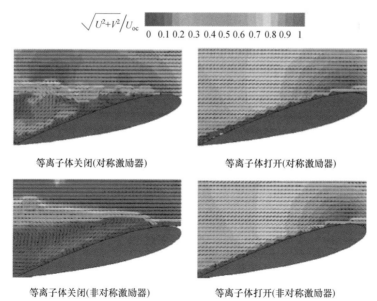

图3-8 有无控制的机翼速度分布对比(彩色版本见彩图)

3.1.8 主动热防护技术

主动热防护技术是未来热防护设计的重要研究方向,飞行器以高超声速在大气层中飞行时会出现强烈的气动加热现象,通过采用主动热防护技术可以避免传统被动热防护系统维护成本高、防热结构脆性大、防热装置可靠性低等问题。

1. 对流冷却技术

北京航空航天大学提出采用内外两层壁结构的对流冷却发动机推力室,冷却剂在夹层中流动,带走燃气传给推力室内壁的热量。冷却剂选用冷却性能较好的推进剂组元,冷却方式分为再生冷却和排放冷却两种。

2. 发汗冷却技术

北京航空航天大学开发了一种发汗冷却系统,其内壁由多孔层板和用金属粉末烧结成的多孔材料构成,显著提升了燃烧室压力和温度。

3. 气膜冷却技术

国防科技大学提出了一种外部气膜冷却技术,在光学窗口前方开一条缝隙,布置一排小型喷管,由喷管喷出低温冷却液,冷却液在附面层中形成液膜,液膜蒸发后形成一层与光学窗口表面平行的薄超声速气膜,可以把外部高温气流与光学窗口隔离开,起到对光学窗口的冷却作用。

3.2 科研试验基础设备设施

1. 50MW 电弧风洞

中国空气动力研究与发展中心建设的 50MW 量级电弧风洞,最大功率超过50MW,运行时间长达几千秒,产生的气体温度最高超过 6000K,具备开展高超声速飞行器热结构在高温、高速气动加热条件下的可靠性考核能力。

2. 1MW 高频感应风洞

中国空气动力研究与发展中心建设的 1MW 量级高频感应风洞,利用高频电源产生交变电磁场生成焦耳热,使空气电离并达到极高温度,且高温流场纯净无污染,可开展高温气动加热条件下真实气体效应、热防护材料催化效应等高温气体动力学研究工作。

3. 爆轰激波风洞

中国科学院力学研究所建设的爆轰激波风洞,最高温度可达 3000K,运行时间达到百毫秒量级,流场尺度达到 2 米量级,具备模拟飞行高度 24 ~ 40km、马赫数 5.0 ~ 9.0 气动环境的能力,可开展高温、高压条件下的物理气体动力学相关试验研究。

4. 自由飞弹道靶

中国空气动力研究与发展中心建设的自由飞弹道靶,发射器口径为 203mm、试验段直径 3m、长度 200m,能够模拟飞行器在气体环境中的自由飞行条件与状态,可以开展真实气体效应下的气动力学、气动热学、气动声学、气动物理等多方面研究。

3.3 试验技术

1. 高温气体研究试验方法

中国空气动力研究与发展中心建立了以高温空气为工作介质的高温气体研究试验方法,具备了对飞行器前缘、机身大面积等部位热防护材料和结构的筛选、验证、考核能力。飞行器气动热环境复现能力覆盖了 0~100km 高度及飞行马赫数 5~25 的大空域、大速域范围。

2. 非接触测试手段

中国空气动力研究与发展中心建立了发射光谱、可调谐半导体激光吸收光谱(TDLAS)等非接触高温气体光谱测试手段,初步具备了高温气体组分的定性、定量测试能力;建立了红外热像、高温比色等相对成熟的非接触温度测试手段(详见第八章)。

3. 等离子体电子密度、电子温度静电探针测量技术

中国工程物理研究院发展了分辨率优于 8mm、三角波扫描速度高达 200kHz、响应时间优于 2.5μs 的高超声速等离子体电子密度、电子温度静电探针测量技术(图 3-9)。

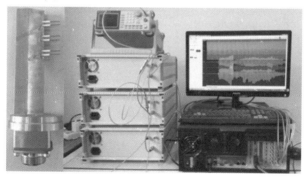

图 3-9　三角波扫描静电探针测量系统

4. 气动物理效应测试技术

中国空气动力研究与发展中心发展了飞行器气动物理效应测试技术,包括等离子体鞘套激光、电磁透波效应、磁场波透波效应的试验与测试技术,形成了等离子体对激光、电磁波传输与通信影响试验研究能力(图3-10)。

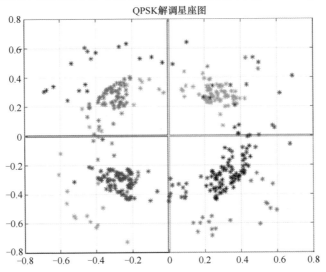

图3-10 S波段调制信号在等离子体中传输后的星座图

5. 激波或加速度加载气体界面不稳定性试验方法

中国工程物理研究院发展了激波或加速度加载气体界面不稳定性试验方法,获得了大量高时空分辨率的试验数据,并进行了不稳定性及混合问题的高精度建模与修正。

参 考 文 献

[1] 钱学森. 物理力学讲义(新世纪版)[M]. 上海:上海交通大学出版社,2007.

[2] 维塞特 W G, 小克鲁格 C H. 物理气体动力学引论[M]. 卞荫贵, 译. 北京:科学出版社,1978.

[3] 安德森 J D. AIAA 系列 - 高超声速和高温气体动力学(第2版)[M]. 杨永, 李栋, 译. 北京: 航空工业出版社, 2013.

[4] 马桂存, 齐进, 王敏. 统计自洽场 INFERNO 模型中电子共振态[J]. 计算物理, 2015, 32(3): 361 -368.

[5] 徐锡申, 张万箱. 实用物态方程理论导引[M]. 北京:科学出版社,1986.

[6] 戴自换, 邬吉明, 丁宁. 二维三温辐射(磁)流体力学拉氏计算中的人工黏性分裂技术[J]. 计算物理, 2015, 32(4):379 -385.

[7] 于明, 刘全. 凝聚炸药爆轰波在高声速材料界面上的折射现象分析[J]. 物理学报, 2016, 65(2): 024702.

[8] 马桂存, 张其黎, 宋红州, 等. 温稠密物质物态方程的理论研究[J]. 物理学报, 2016, 6(3):036401.

[9] 符尚武, 付汉清, 沈隆钧. 二维三温热传导方程组的九点差分格式[J]. 数值计算与计算机应用. 1999, 21(3): 239 -240.

[10] 吕桂霞, 孙顺凯. 扩散方程的有限方向差分方法[J]. 计算物理, 2015, 32(6):649 -661.

[11] 陶应学,赵强,陈发良. 激光相变烧蚀二维结构网格程序的数值计算[J]. 计算物理,2014,31(2):165 – 172.

[12] 李双贵,杨容,杭旭登. 多群辐射输运计算的输运综合加速方法[J]. 计算物理,2014,31(5):505 – 513.

[13] 杭旭登,李敬宏,袁光伟. 多群辐射扩散方程组的分裂迭代算法收敛分析[J]. 计算物理,2013,30(1):111 – 119.

[14] 赵强,袁光伟,董志伟. 基于节点重构的扩散方程有限体积格式[J]. 计算物理,2012,29(1):1 – 9.

[15] 孟广为,李敬宏,裴文兵,等. 高温辐射场作用下的原子过程[J]. 物理学报,2012,61(4):043201.

[16] 丁丁,曾思良,王建国,等. 磁化等离子体环境对氢原子能级结构的影响[J]. 物理学报,2013,62(7):073201.

[17] 周前红,董志伟. 弱电离大气等离子体电子能量分布函数的理论研究[J]. 物理学报,2013,62(1):015201.

[18] 赵艳红,刘海风,张其黎. 高温高压下爆轰产物中不同种分子间的相互作用[J]. 物理学报,2012,61(23):230509.

[19] 朱希睿,孟续军. 改进的含温有界原子模型对金的电子物态方程的计算[J]. 物理学报,2011,60(9):093103.

[20] 董维中,高铁锁,丁明松,等. 高超声速飞行器表面温度分布与气动热耦合数值研究[J]. 航空学报,2015,36(1):311 – 324.

[21] 苗文博,黄飞,程晓丽,等. 再入飞行器等离子体预测与气体组分相关性[J]. 计算物理,2015,32(1):27 – 32.

[22] 吴云,李应红. 等离子体流动控制研究进展与展望[J]. 航空学报,2015,36(2):381 – 405.

[23] 洪延姬,李倩,方娟,等. 激光等离子体减阻技术研究进展[J]. 航空学报,2010,31(1):93 – 101.

[24] 杜艳伟,刘莎,郑翰清,等. 浅谈再入飞行器等离子体[J]. 飞行器控制与光电探测,2014,152:19 – 27.

[25] 蔡国飙,李家文,田爱梅,等. 液体火箭发动机设计[M]. 北京:北京航空航天大学出版社,2011.

[26] 朱杨柱. 喷流制冷的超声速光学头罩流动及启动光学激励试验研究[D]. 长沙:国防科学技术大学,2011.

[27] Deng X G, Min Y B, Mao M L, et al. Further studies on Geometric Conservation Law and applications to high – order finite difference schemes with stationary grids[J]. Journal of Computational Physics, 2013, 239:90 – 111.

[28] Wang Q, Ren Y X. Compact high order finite volume method on unstructured grids I: basic formulations and one – dimensional schemes[J]. Journal of Computational Physics, 2016, 314:863 – 882.

[29] Chen S Y, Xia Z H, Pei S Y. Reynolds – stress – constrained large – eddy simulation of wall – bounded turbulent flows[J]. Journal of Fluid Mechanics, 2012, 703:1 – 28.

[30] Gao B, Wu Z N. A study of the flow structure for Mach reflection in steady supersonic flow[J]. Journal of Fluid Mechanics, 2010, 656:29 – 50.

[31] Gao B, Wu Z N. Time history of regular to Mach reflection transition in steady supersonic flow[J]. Journal of Fluid Mechanics, 2011, 682:160 – 184.

[32] Wang X X, Wu Z N. Stroke – averaged lift forces due to vortex rings and their mutual interactions for a

flapping flight model[J]. Journal of Fluid Mechanics, 2010, 654: 453 –472.

[33] Wang X X, Wu Z N. Lift force reduction due to body image of vortex for a hovering flight model[J]. Journal of Fluid Mechanics, 2012, 709: 648 –658.

[34] Li J, Wu Z N. Unsteady lift for the Wagner problem in the presence of additional leading/trailing edge vortices[J]. Journal of Fluid Mechanics, 2015, 769: 182 –217.

[35] Li J, Wu Z N. A vortex force study for a flat plate at high angle of attack[J]. Journal of Fluid Mechanics, 2016, 801: 222 –249.

[36] Ren J, Fu S. Secondary instabilities of Görtler vortices in high – speed boundary layer flows[J]. Journal of Fluid Mechanics, 2015, 781: 388 –421.

[37] Peng J. Linear instability of two – fluid Taylor – Couette flow in the presence of surfactant[J]. Journal of Fluid Mechanics, 2010, 651: 357 –385.

[38] Wang Q, Ren Y X. Compact high order finite volume method on unstructured grids I: Basic formulations and one – dimensional schemes[J]. Journal of Computational Physics, 2016, 314: 863 –882.

[39] Wang Q, Ren Y X. Compact high order finite volume method on unstructured grids II: Extension to two – dimensional Euler equations[J]. Journal of Computational Physics, 2016, 314: 883 –908.

[40] Wang Q, Ren Y X, Pan J H, et al. Compact high order finite volume method on unstructured grids III: Variationalreconstruction[J]. Journal of Computational physics, 2017, 337: 1 –26.

[41] Way W, Olds R. SCORES – Developing an object – oriented rocket propulsion analysis tool[C]. 34th AIAA Joint Propulsion Conference & Exhibit, 1998.

[42] Haeseler D, Mäeding C, Rubinskiy V, et al. Experimental investigation of transpiration cooled hydrogen – oxygen subscale chambers[C]. 34th AIAA Joint Propulsion Conference and Exhibit, 1998.

第4章　计算空气动力学

计算空气动力学作为空气动力学的重要分支,是采用 CFD 方法,以电子计算机为工具,对空气动力学的各类问题进行计算机模拟和数值试验,研究气体流动和相关物理现象的科学。

计算空气动力学源于经典流体力学理论,其本质是对质量、动量和能量守恒方程进行求解。由于 N-S 方程本质的非线性以及边界条件处理的困难,除少数简单的问题外,获得解析解是一件极其困难的事情,数值求解几乎是唯一可供选择的途径。20 世纪 60 年代以来,随着计算机技术的提高,计算科学得到了快速发展,涌现了许多的离散格式和计算方法,为计算空气动力学发展奠定了理论基础。在之后 30 余年,计算空气动力学经过不断发展,形成了较为完整的理论体系,包括稳定性理论、数值误差耗散、色散原理、网格生成与自适应技术、迭代加速收敛方法;提出了许多有效的格式,如总变量衰减格式(TVD)、无波动和无自由参数耗散差分格式(NND)、Godunov 方法、提高分辨率的紧致格式等。进入 21 世纪以来,随着信息技术与计算机技术的飞速发展,计算空气动力学在先进网格技术、先进湍流建模、高精度格式、高性能计算诸多方面取得大的发展,极大地拓宽了计算空气动力学研究及应用的深度和广度。在传统基于 N-S 方程的数值求解技术取得不断进步的同时,当前基于粒子碰撞模型的格子玻耳兹曼方法也得到显著发展,为计算空气动力学研究提供了新的手段。计算空气动力学的研究范畴包括流动物理建模、数值求解技术、几何处理与网格生成技术、数据信息提取技术、高性能计算技术等。应用领域以流动速度划分为低速不可压流动、亚跨声速流动和高超声速流动;以气体介质划分为连续流、稀薄流及过渡流动;以气体组分划分为单介质、单相流动和多介质、多相流动等。同时计算空气动力学与其他学科互相融合,在复杂多物理场的建模与仿真、参数辨识与性能评估、数值优化设计等多个方面得到应用,进一步拓宽了计算空气动力学的应用范围。

在过去 5 年内,国内在计算空气动力学领域的研究取得了丰硕成果。在网格生成方面,结构与非结构网格生成技术均获得了发展,结构网格的动态重叠算法推广至并行环境,在模拟动态多部件运动上得到广泛应用;非结构网格具备黏性附面层网格生成能力,大幅提高网格生成自动化程度和生成效率,变形网格技术和自适应网格技术研究得到持续推进,在复杂流场模拟方面展示了其良好的应用前景。在物理建模上,湍流 RANS/LES 混合模拟方法得到了广泛研究,该方法因为计算量适中,能获得分离区的湍流脉动特性而受到重视。转捩预测主要发展了基于间歇因子 γ 的转捩模型,提高了三维边界层横流转捩的预测精度。燃烧预测发展了火焰面、输运概率密度函数等模型。其他物理建模,如高温真实气体化学反应、稀薄流及跨流域等都获得了一定程度的发展。在高精度格式方面,国内在高阶紧致格式、本质无振荡格式、间断伽辽金方法和高阶有限体积方法上开展了研究,成功应用于精确阻力预测、计算气动声学等问题的模拟。在多学科耦合数值模拟方面,气动/运动/结构/控制耦合占很大比例,应用于多体分离、旋转部件、动态特性等问题的计算;多介质流动针对水下航行体空泡现象、物体出入水等问题进行了研究;气动声学、气动光学、磁流体、结冰等与空气动力学相关的多学科耦合问题研究,近 5 年也获得了快速的发展。国内计算空气动力学相关软件发展迅速,在各高校、科研院所和行业领域得到推广使用,功能涵盖气动力、气动热、气动物理、气动优化设计、气动参数辨识、多学科耦合等方面。软件的验证与确认工作得到重视,通过比较系统的软件测试、标模验证,软件可信度水平得到持续提高。计算空气动力学的发展离不开硬件技术的支撑,近 5 年内,国内各主力研究机构相继建立了每秒百万亿次甚至千万亿次浮点运算能力的超算系统,专门用于计算空气动力学研究。这些大型设备的投入使用,为开展超大规模数值计算创造了条件,使得一些计算量巨大的复杂空气动力学问题求解成为可能。在高性能计算方面,当前基于 CPU 的并行计算已经成为一种主流计算方式,面向 CPU + GPU 和 CPU + MIC 异构并行体系的高效协同算法研究也得到开展,目前已经能够在超级计算机上实现数十万核级并行的超大规模数值计算。计算空气动力学技术广泛应用于航空航天、地面交通、能源动力等行业,在特性预测、优化设计、安全分析、性能评估各方面发挥重要作用。计算空气动力学与现代数值优化算法结合,实现满足多种约束、气动性能最佳的飞行器几何外形设计,在 C919 大型客机自主设计中得到应用,实现先进气动布局、超临界机翼、高效增升装置、先进减阻措施等设计技术的突破,总体达到了空气动力设计相对竞争机同比减阻 5% 的设计要求。在高速列车设计中,围绕计算空气动力学开展的工作包括头型设计、气动外形优化、横风气动特性、交会压力波特性等,阻力预测误差控制在 2% 以内,通过计算空气动力学技术评估优化,实现了国产车型比引进车型减阻 5% 以上的效果。

综上所述,由于工程应用上的迫切需求,以解决空气绕流问题为目标的计算空气动力学获得快速发展,尤其是在当前高性能计算机快速发展的大背景下,数值模拟在空气动力学领域内的作用与影响越来越突出,与风洞试验、模型飞行试验共同构成空气动力学研究的三种手段,其相关技术的发展不仅对航空、航天研发具有先导和牵引作用,对国民经济相关领域,如能源、水利和交通工程等也具有重要推动作用。未来计算空气动力学发展前景广阔,在三维复杂湍流、多组分多相流、跨流域、燃烧等领域还存在诸多物理机制建模难题,在计算方法上还迫切需要发展高精度、高效率和鲁棒性好的求解格式,在网格技术上需要发展网格自动化生成和流场自适应方法,在与硬件结合上需要发展高性能的大规模能并行算法和流场可视化技术,以上方面的发展,将有力促进计算空气动力学在各个领域的应用拓展,经过验证与确认的计算方法与软件将被更放心地应用于工程实践,在提高流动物理机理认识能力和工程设计能力上发挥作用。

4.1 基础理论与前沿技术研究

4.1.1 几何处理和网格生成

网格技术是 CFD 技术的基础,也是影响 CFD 计算精度的关键因素之一。当前绝大多数 CFD 计算都是采用基于网格的离散方法,网格生成过程包括几何数模处理、表面网格划分和空间网格生成三个步骤。根据网格拓扑结构,目前发展的网格生成方法分为结构化网格、非结构化网格和混合网格等,网格生成技术研究热点包括几何复杂外形的网格生成、运动网格构建和变形网格生成等几个方面。

1. 几何处理技术

目前技术条件下,用于 CFD 网格生成的数字几何模型是由 CAD 软件通过非统一均分有理性 B 样条(NURBS)曲线和曲面逐片拼接构造的,而 NURBS 表达在跨面光滑性及封闭性方面尚不能满足需求,造成了 CFD 在构造表面网格时的几何处理技术难题。解决问题的途径之一是在 CAD 的 NURBS 数学表达上做针对表面网格处理的技术改进;另一种途径则是引进新型的几何表达、处理方法,如近年来兴起的共形几何,在复杂外形几何处理方面有天然优势,有望成为解决表面网格生成几何处理难题的有效技术。

针对网格生成需求,PointWise 公司在 2012 年的网格生成技术圆桌会议上,提出了重新构造"面向 CFD 的 CAD"的构想。中国空气动力研究与发展中心构造了一套基于 NURBS 数据聚合技术的数模光顺、修补算法,能够顺利地实施残缺、重叠数模面上的平滑过渡,从而实现了较鲁棒的表面结构网格生成。浙江大学、大连理工大学基于 NURBS 曲面标度率技术研究,提出了构造适应于非结构网格的表面三角化改进算法,能够适应各种复杂几何问题的表面三角化和网格生成。

共形几何技术是几何保角变换和拓扑流形综合的一门交叉学科技术,已经在影视特效构造、医学影像处理等技术领域得到了应用,是有望解决 CFD 表面网格问题的另一种新型几何技术。大连理工大学将共形几何技术引进到结构化网格自动生成领域,在一定条件下自动地生成人体血管等复杂外形的流体计算网格。

2. 结构化网格生成技术

结构化网格的网格单元有序排列,比较容易对空间网格进行控制,能同时适用于有限差分和有限体积算法,具有较高的成熟度,其不足之处是网格生成需要耗费较多的人力和时间。当前结构网格生成技术研究的主要目标包括发展结构网格自动/半自动生成技术以及图形显示技术,以实现人机交互网格生成;发展动态网格技术,如动态重叠网格、动态拼接网格等,以处理多部件相对运动。

中国空气动力研究与发展中心在其开发的网格生成软件 GridStar 中实现了复杂外形附面层结构网格的全自动生成,还探索了构造较粗糙、鲁棒性高的胞元网格单元,并在其中填充精细的局部结构网格,完成了一种与非结构四面体网格生成难度相同、自动化程度较高的结构网格生成技术。此外,浙江大学在更加自由的网格拓扑单元特性和实现技术方面做了有益的探索,南京航空航天大学在无网格技术的物面处理方面也取得了进展。

重叠网格在处理复杂外形方面具有很大的优势,针对复杂外形,用户可以分部件生成拓扑结构相对简单的网格,减少结构网格的生成难度。同时动态重叠网格支持网格运动,在多部件相对运动的模拟方面得到广泛应用。北京航空航天大学、中国空气动力研究与发展中心、航空工业计算技术研究所等单位对动态重叠网格算法进行了研究,分别发展了洞映射法、交替数字二叉树(ADT)法和割补法等算法,对重叠网格进行挖洞、寻点和洞面优化处理,从而得到较为理想的嵌套网格重叠区,保证了流场求解时嵌套网格具有较高的插值精度。北京航空航天大学与中国空气动力研究与发展中心各自发展了一种适用于分布式并行的结构重叠网格方法,将洞面优化方法推广至并行环境。

北京航空航天大学还对传统的结构重叠网格方法进行了改进,提出了复合式挖洞方法,提高挖洞过程的鲁棒性和挖洞效率;提出了混合洞面优化方法,引入物面距离优化准则,使得重叠边界光滑、平整;发展了物面重叠网格技术(图4－1),实现了物面附近流动变量的正确传递;提出了辅助网格法,有效地解决了物面网格重叠时气动力、力矩积分问题。

3. 非结构与混合网格技术

非结构化网格在网格生成上的自动化程度较高,对于复杂外形具有良好的适应性,同时易于实现基于流场的网格自适应加密。但是非结构网格的离散效率较低,在激波、边界层等大梯度区域的模拟精度略低于结构网格,因此,综合了结构网格和非结构网格优势的混合网格技术是当前和未来的发展趋势。近年来国内非结构/混合网格生成技术研究的热点方向和问题主要集中在非结构化网格的自动生成技术、高质量附面层贴体网格生成技术、动态网格技术、并行网格生成技术、高精度曲网格生成技术等方面。

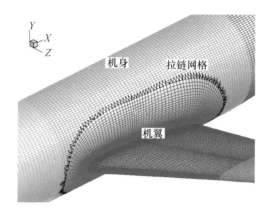

图 4 - 1　重叠网格示例

在附面层非结构网格自动生成技术方面,中国空气动力研究与发展中心持续推进算法改进,并把结构网格附面层生成的技术引进到非结构附面层网格中,取得了较大进展,并在尖锐凸角多方向推进、基于各向异性四面体网格聚合等方面开展有益探索。

在非结构网格自动生成和并行网格生成技术方面,中国空气动力研究与发展中心、浙江大学、大连理工大学等单位开展了研究工作,大幅提升了复杂构型非结构网格生成自动化程度和非结构网格生成效率。

针对复杂飞行器机动飞行、变形运动、多体分离等实际应用需求,中国空气动力研究与发展中心将多种现有动网格技术(包括弹簧松弛法、Delaunay 背景网格映射法、径向基函数(RBF)插值法、网格重构法)有机集成,基于运动分解和计算区域分解的策略,发展了一套动态混合网格生成技术(图 4 - 2 和图 4 - 3)。中国空气动力研究与发展中心、西北工业大学、国防科技大学等单位发展了基于径向基函数的非结构/混合网格变形技术,并在控制点选取、并行 RBF 等效率

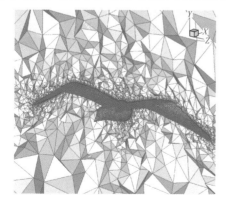

图 4 - 2　鸽子扑翼过程中的动态混合网格

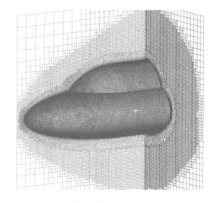

图 4 - 3　三维黏性流计算混合网格实例

提升方面开展了系列工作,这一技术已广泛应用于气动弹性数值模拟和气动外形优化设计。中国空气动力研究与发展中心、北京航空航天大学、南京航空航天大学等单位发展了基于非结构网格的动态重叠网格技术,并在高效、鲁棒的装配技术及大规模并行装配等方面开展了研究工作。大连理工大学提出虚拟网格通气技术,成功解决了完全密闭状态—开缝—逐渐打开过程而引起区域拓扑变化带来的计算难题。

笛卡儿网格属于一种特殊的非结构网格技术,具有生成迅速、空间正交性好等优点,根据物面网格处理方式不同分为单元切割生成法和投影生成法两种模式。中国空气动力研究与发展中心在笛卡儿网格投影法的基础上发展了一种适应于三维复杂外形鲁棒的笛卡儿网格切割法,可以在物面不满足水密性的条件下生成满足计算需求的网格,成功实现了笛卡儿网格在复杂外形问题上的应用。中国航天空气动力技术研究院发展了基于自适应笛卡儿网格的网格生成技术,建立了适用于非结构网格 CFD 解算器的贴体笛卡儿网格生成方法,提高了针对复杂外形的网格生成效率(图 4 - 4);发展了在笛卡儿网格上适用于可压缩流动的基于指数插值的浸没边界法,提高了处理复杂外形和动态问题时的灵活性和便利性。中国科学院力学研究所、南京航空航天大学、解放军理工大学等单位近年来在笛卡儿网格的自适应技术、基于边界嵌入(IB)方法的黏性流动模拟等方面开展了深入研究,在潜艇大涡模拟、仿生鱼体模拟等方面得到良好应用。笛卡儿网格在处理高雷诺数黏性流动问题方面存在不足,将其与其他非结构网格技术耦合,可以发挥各种网格的优势。中国空气动力研究与发展中心、中国航天空气动力技术研究院、南京航空航天大学等单位在这方面开展了较为深入的研究,并应用于实际飞行器的数值模拟。

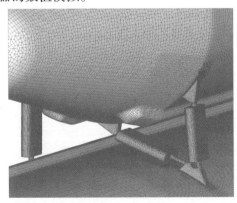

图 4 - 4　复杂外形的黏性贴体笛卡儿网格

近年来,高精度格式研究与应用不断深入,基于非结构网格的高精度格式研究也取得显著进展。为适应非结构网格高精度格式对高精度曲边界网格的需求,中国空气动力研究与发展中心、南京航空航天大学等单位开展了基于初始直边网格的高精度曲网格生成技术研究,通过物面几何保形投影、曲面重构、空间网格变形等方法实现曲边界网格生成,基本具备复杂外形高精度网格生成能力。

4. 网格自适应技术

网格生成时网格单元的疏密分布依赖于对流动特征的预先估计和网格生成人员的经验,针对不同的流动条件生成对应的网格耗时且费力。因此,耦合流动特点、自动调整网格疏密分布的网格自适应技术得到了国内外广泛关注。NASA明确将网格自适应技术列为亟待发展的一项网格技术,并提出了未来网格自适应技术研究路线及政府投资建议。

中国空气动力研究与发展中心,西北工业大学、中国工程物理研究院、南京航空航天大学和航空工业计算技术研究所等都初步建立了自适应方法并应用于三维情况下内、外流场的计算。中国空气动力研究与发展中心、西北工业大学、北京航空航天大学和西安交通大学等将笛卡儿网格和自适应技术应用于二维和三维流场的模拟。

误差估计是网格自适应技术的基础,通常分为基于流场特征和基于积分目标函数两类。中国空气动力研究与发展中心等单位基于流场特征,如激波面、剪切层和分离区等,对网格进行局部加密,增加流动特征的网格分辨率,提高流场模拟精度和气动特性求解精度(图4-5)。中国空气动力研究与发展中心、航空工业计算技术研究所、南京航空航天大学等基于积分型目标函数的误差估计方法,通过求解流动方程和流动伴随方程,直接把目标函数(如升、阻力系数或力

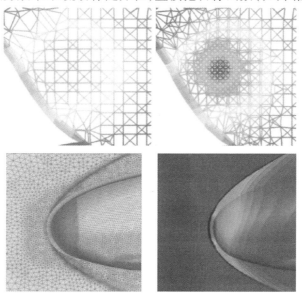

图 4-5　基于流场特征的自适应技术(彩色版本见彩图)

矩系数)与估计误差相联系,通过网格的加密或稀疏使得总误差降低且在所有的网格单元间平均分布,实现了三维流场的自适应模拟,明显地提高了升、阻力的计算精度(图4-6)。

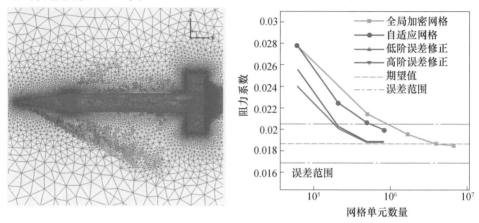

图4-6 基于目标函数的自适应技术(彩色版本见彩图)

4.1.2 物理建模

1. 湍流模拟新方法

湍流是自然界和工程领域中常见的流动现象。相对层流而言,湍流是一种更为复杂的三维、非定常、带旋转的不规则流动,同时具有多尺度、非线性、强扩散性与耗散性等流动特征。根据对湍流尺度的模化程度不同,目前发展的湍流数值模拟方法按湍流尺度模化程度主要包括 DNS、LES、RANS 以及新兴的RANS/LES 混合方法(图4-7)。RANS 方法对所有的湍流尺度进行模化,计算量小,对简单流动如边界层附着流动能给出较为令人满意的结果。LES 方法通过滤波方法将湍流分解为大尺度和小尺度脉动两部分,对大尺度部分直接求解,小尺度部分进行模型模化。LES 方法对计算条件的要求小于 DNS 方法,且对分离流动、非定常问题的求解精度明显高于 RANS 方法。但 LES 方法在高雷诺数壁湍流问题中仍计算量巨大,且亚格子模型及壁面模型还需深入研究,LES 方法离应用于实际工程问题尚有明显差距。DNS 方法直接求解非定常 N-S 方程,对所有尺度的湍流脉动进行直接计算,是最为精确的湍流模拟方法。但 DNS 方法对网格尺度和时间步长提出了极高要求,超出了现有的计算水平,目前一般仅用于简单外形的低雷诺数流动。

目前基于 RANS 方法的湍流模型仍然是用于预测复杂布局大范围流动的标准方法,这种方法的技术成熟度高、容易应用、计算效率高,并且通常能准确模拟壁面约束流动、剪切流、流线弯曲和旋转的流动,以及有中尺度分离的流动。不足之处是该方法仅能获取流场中的平均信息,对大分离等复杂流动问题则预测精度较差。RANS 方法大多采用涡黏性湍流模型。雷诺应力输运(RST)方法用雷诺应力直接建模取代涡黏性表达式,原则上能捕捉大范围流动中流动分离的发生和发展,随着计算机和计算技术的发展,具有较大的发展潜力。

RANS/LES 混合方法结合了 LES 方法对分离流动的高精度和 RANS 方法高效率的优点,在近 20 年来得到了迅猛发展,并得到了较为广泛的应用。清华大学、北京航空航天大学、西北工业大学等高校与中国空气动力研究与发展中心、中国航天空气动力技术研究院等科研院所相继开展了湍流 RANS/LES 混合模拟方法的研究,在 RANS – LES 界面模型、第二代非稳态雷诺平均(URANS)方法和嵌入模型研究上取得了较大进展。

RANS – LES 界面模型指在流场计算中近壁区域采用 RANS 计算,分离区域采用 LES。具有代表性的方法包括 DES 方法、分区混合方法(ZDES)和 RANS 限制的 LES 方法(RANS – Limited LES)。北京航空航天大学对 DES 方法进行了研究,从能量耗散的角度,推导出用于指示边界层的熵函数,从而提出一种新的基于熵概念的 DES 方法(SDES),得到较为合理的 RANS 模化区域。中国空气动力研究与发展中心针对复杂飞行器大范围湍流分离的数值模拟需求,发展了基于混合网格的二阶精度自适应耗散格式及 DES 计算方法,在复杂构型的大迎角流动模拟中得到良好应用,同时将该方法推广应用于动边界问题的数值模拟(图 4 – 8)。中国航天空气动力技术研究院采用 RANS/LES 混合方法模拟低速翼型大迎角非定常分离特性,取得了与试验符合较好的结果。

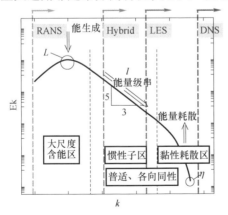

图 4 – 7　不同方法对湍流尺度模化程度对比

k—湍流尺度波数;E_k—湍流尺度对应的能谱;

L—含能尺度(大尺度区);l—含能尺度(惯性子区);

η—含能尺度(能量耗散区)。

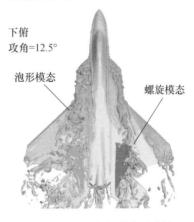

图 4 – 8　DES 类方法在动边界
问题上的应用(彩色版本见彩图)

第二代 URANS 方法在形式上与传统的 URANS 一致,但分离区的雷诺应力或多或少表现出 LES 方法的特征,因此也可以归为 RANS/LES 混合方法的一类。具有代表性的包括部分平均的 N‐S 方程(PANS)和尺度自适应模拟(SAS)。北京航空航天大学对 PANS 方法进行了研究,结果表明 PANS 方法具有求解非定常多尺度湍流结构的能力,可以解析出其中三维的瞬态旋涡结构(图 4‐9),其性能总体上与传统的 DES 方法相当;对 SAS 的湍流混合方法,采用涡量和涡量梯度的比值,研究了新的冯·卡门尺度的构造方法,研究表明该方法继承了 DES 方法简单易行的基本框架,同时表现出良好的尺度自适应特性。

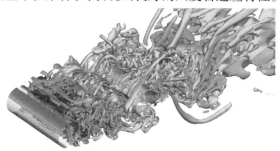

图 4‐9　PANS 计算的双圆柱瞬时流场(彩色版本见彩图)

在嵌入类方法中,如何生成 LES 区域的湍流脉动十分重要。清华大学从嵌入类 RANS/LES 方法的分区独立、要素灵活和界面关键的特点出发,对 RANS、LES 和界面这三大组成要素开展了进一步研究,通过基于人工湍流脉动生成和双向信息传递的耦合界面技术实现了 RANS/LES 嵌入耦合方法(图 4‐10)。中国空气动力研究与发展中心提出了针对一方模拟(S‐A)湍流模型的新长度尺度模型,从而使嵌入类混合模拟方法可以用于基于 S‐A 的湍流模型,取得了较好的从 RANS 到 LES 流动过渡的效果。

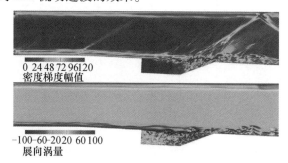

图 4‐10　嵌入类方法模拟燃烧室流动(彩色版本见彩图)

在 LES 方面,北京大学、清华大学、北京航空航天大学等高校及中国空气动力研究与发展中心、中国科学院力学研究所等科研院所开展了比较广泛的研究工作,在大迎角大分离流动、燃烧、流动转捩等方面得到应用。例如,中国空气动力研究与发展中心先后发展了高精度的中心型紧致格式加显式数值滤波方法、二阶精度的动态自适应迎风(DAU)方法,用于工程问题的湍流大涡模拟,论证了二阶精度数值方法在湍流大涡模拟中的可行性。

2. 转捩预测方法

边界层转捩始终是流体力学领域的一个前沿和难点问题。在过去数十年,发展的转捩预测方法包括基于经验数据库的 e^N 方法、基于线化稳定性方程的 PSE 方法、低雷诺数湍流模型方法、当地关联的 $\gamma - Re_\theta$ 转捩模型方法、直接数值模拟 DNS 方法等。但是由于转捩机制非常复杂,包括自然转捩、旁路转捩、分离诱导转捩以及湍流在顺压梯度区的再层流化等,使得转捩的模拟非常困难,迄今没有普适的转捩预测方法。

国内开展转捩预测相关工作的单位包括中国空气动力研究与发展中心、中国航天空气动力技术研究院、航空工业第一飞机设计研究院、航空工业计算技术研究所、中国航空研究院、中国航空工业空气动力研究院等科研院所和西北工业大学、清华大学和天津大学等高校。国内多家单位以 $\gamma - Re_\theta$ 转捩模型为基础,结合自有数值模拟平台,对该转捩模型中的经验参数和典型判别函数开展了详细的标定,研究了该模型对网格及数值格式的依赖性和匹配要求,分别建立了具备预测边界层转捩能力的自研软件。

受飞行器设计需求牵引,高超声速边界层转捩是目前国内外转捩研究的重点。清华大学通过在湍流模型中引入间歇因子方程的方式建立了 $k - \omega - \gamma$ 转捩湍流模型,进行了持续改进和发展,在高超飞行器中得到很好的应用。北京航空航天大学对该模型进行了改进,提高了对三维边界层横流转捩的预测精度(图 4 - 11)。中国空气动力研究与发展中心、北京航空航天大学、浙江大学等研究了 $\gamma - Re_\theta$ 模型的高马赫数修正方法,将该模型成功应用于高超声速流场转捩预测中,通过引入横流转捩判据实现了高超横流转捩模拟,初步具备横流转捩和分离转捩模拟能力。在 $\gamma - Re_\theta$ 模型的框架上,西北工业大学基于新的湍流度和压力梯度指示因子,提出一种新型的旁路转捩预测关系式,结合间歇因子方程构造 $k - \omega - \gamma$ 流转捩预测模式。中国航天空气动力技术研究院通过在 $\gamma - Re_\theta$ 模型基础上进行压缩性修正,研究了高超声速钝双楔绕流流动转捩与分离流动的壁温影响,预测的转捩流态壁面热流数据与实验数据一致,预测了三维高超声速吸气式飞行器的进气道转捩情况。

3. 燃烧预测方法

燃烧数值模拟是 CFD 数值模拟的一个难点,涉及湍流、两相流、燃烧、湍流和燃烧相互作用等多种物理化学过程,且不同过程在不同时间和空间上相互耦合,具有强非线性的特点,为燃烧过程的精确预测带来挑战。

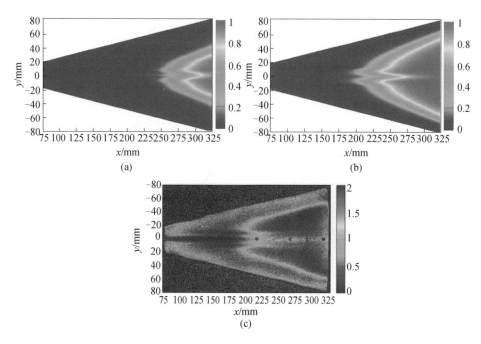

图 4 - 11   HIFiRE - 5 表面转捩区域分布(Re∞ = 6.1 × 10⁶/m)(彩色版本见彩图)
(a)不考虑横流；(b)考虑横流；(c)试验结果。

可靠的燃烧化学反应动力学机理是对燃烧进行模拟预测的前提条件,大分子碳氢燃料的反应机理一直是研究的难点。上海交通大学基于同步辐射真空紫外线电离质谱方法,开展了 1 - 己烯、正庚烷、甲基环己烷等燃料代表性组分的低温氧化反应动力学研究,探测到了过氧烷基、烷基过氧化物等低温物种,构建了与试验结果符合的机理模型,并与清华大学开展了乙基苯、丁基苯和十氧化萘等单组分燃料的预混火焰研究,获得了积碳前驱体多环芳烃生成的关键途径。四川大学通过激波管点火延迟试验获得了 RP - 3 航空煤油和正十一烷低温点火的负温度效应,开发了燃烧反应动力学数据库,已包含 2000 多种物种的热力学参数和 2000 多反应的动力学参数,为高精度航空燃料机理构建提供了基础,并与清华大学构建了工程燃料的简化机理,应用于湍流燃烧数值模拟,提高了燃烧模拟精度。

雾化过程涉及气液界面识别和追踪,同时气液界面存在大变形和大的跨尺度演化,其数值模拟一直是液雾燃烧领域研究的热点和难点。浙江大学采用直接数值模拟手段和守恒的 Level Set 追踪气液界面方法揭示了旋流雾化机理和界面不稳定波演化,较好捕捉了液膜一次雾化过程。国防科技大学采用可压缩气体和不可压液体耦合方法模拟了超声速横向气流中射流的一次雾化过程,捕捉到射流前体激波、射流柱表面波动、液柱变形过程以及射流柱破碎后液团、大液滴所产生的小激波。哈尔滨工业大学利用改进的 KH/RT 模型模拟了射流雾化,穿透深度与试验吻合。西安航天动力研究所发展了一套基于虚网格的拉格朗日粒子法对液滴进行追踪,实现雾化过程模拟。火箭军工程大学采用光滑粒子流体动力学(SPH)方法实现了雾化过程的模拟,该方法适合模拟液滴碰撞聚合与反弹等大变形及凝胶推进剂雾化。

在实际工程运用中,燃烧往往在湍流条件下进行。由于湍流与化学反应过程的多尺度和高非线性的特点,湍流与燃烧相互作用的建模一直以来是制约湍流燃烧数值模拟发展的主要因素。基于模型本身的物理假设,当前的主流燃烧模型大致可以分为火焰面类模型、输运型概率密度函数(PDF)模型、条件矩封闭(CMC)模型、增厚火焰模型、线性涡(LEM)模型以及一维湍流(ODT)模型。

近年来,火焰面类模型在国内工程应用中得到了广泛使用。中国科学院、西北工业大学、南京航空航天大学、浙江大学等单位均建立了基于火焰面类模型的湍流燃烧数值模拟方法。中国空气动力研究与发展中心将其应用于航空发动机燃烧室研究(图 4-12)。为了考虑超声速流场中可压缩效应对燃烧过程的影响,中国空气动力研究与发展中心、国防科技大学、清华大学和北京航空航天大学等均对传统火焰面模型进行了改进,建立了适用于高速可压缩流场中湍流燃烧过程的火焰面模型,并应用于以超燃冲压发动机为代表的新型发动机燃烧室的模拟,实现了燃烧室复杂流场从静止到统计定常状态,从点火、火焰传播到燃烧不稳定、贫油熄火等燃烧全过程的大涡模拟。

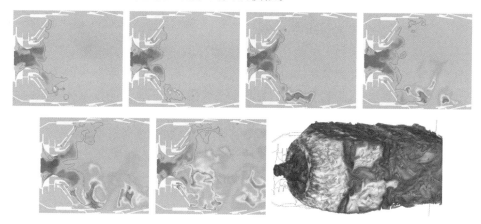

图 4-12　基于火焰面类模型的航空发动机燃烧室大涡模拟(彩色版本见彩图)

PDF 模型由于计算量较大,目前主要用于简单构型的湍流燃烧。清华大学和中国科学技术大学对 PDF 模型的中小尺度混合模型进行了验证与改进,国防科技大学通过可压缩修正,提高了 PDF 模型在超声速燃烧模拟的适用性。

清华大学对 CMC 模型中的二阶矩燃烧模型进行发展,建立了代数二阶矩模型。中国科学院工程热物理研究所对代数二阶矩模型进行了进一步改进,提高了模型的普适型,并成功应用于航空发动机燃烧室的大涡模拟。浙江大学也对二阶矩模型进行了改进性研究,建立了动态二阶矩模型,并建立了适用于详细化学反应机理的燃烧模拟方法。

浙江大学发展了增厚火焰模型中的探测函数,并应用于甲烷火焰的数值模拟。天津大学建立了基于线性涡模型的部分预混燃烧大涡模拟方法,并应用于液体燃烧射流火焰的模拟。此外,浙江大学在超声速燃烧的直接数值模拟(图4-13)、上海交通大学在湍流燃烧火焰拓扑结构演化规律和火焰与壁面相互作用的直接数值模拟等方面取得了较好的进展。

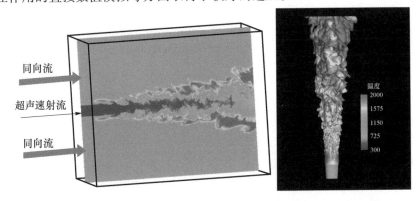

图4-13 超声速气相射流抬升火焰直接数值模拟(彩色版本见彩图)

4. 高温气体化学反应动力学模型

在高超声速飞行过程中,由于黏性滞止和激波压缩,使得其周围空气的温度增加,分子振动激发并产生离解和电离,引起了电子激发和光辐射。此时传统的完全气体假设不再成立,由此产生的对流场和飞行器性能的一系列影响被称作真实气体效应。根据气体流动的特征时间与化学反应和热力学松弛特征时间的差异,高温真实气体效应分为热化学(热力学和化学)平衡、非平衡和冻结三种状态。

中国空气动力研究与发展中心自主开发了高温气体非平衡流场 CFD 计算软件,完善了高温气体化学反应和热力学非平衡、表面温度、表面催化和烧蚀的计算模型,发展了不同表面材料区域有限催化特性的一体化数值模拟方法,建立了与非平衡流场耦合的湍流计算模块,发展了与非平衡流场耦合求解的热传导温度场计算模块以及高温气体等离子体非平衡流场的耦合计算模块;对高超声速飞行器地球临近空间高温气体非平衡流场、高温火星大气非平衡流场、高焓风洞驻室/喷管/试验段/试验模型热化学非平衡流场开展了研究,提升了准确预测和评估高超声速飞行器气动特性、气动热环境和目标特性的能力。中国航天空气动力技术研究院基于气体动理论方法,在转动温度的热非平衡模拟方面取得了一定进展;采用热化学非平衡模型和预测技术,研究了平动、转动、振动和电子模态之间的能量分布,化学反应速率和能量松弛时间,以及离子化过程,并对这些效用相互作用产生气体热辐射开展数值和试验研究,取得了符合的对比结果;通过非平衡模型和预测手段的建立,研究了非平衡效应影响下飞行器激波脱体距离和激波形状的变化,膨胀和压缩区域压力分布变化和机理;在表面催化方面,开展了第一原理的表面催化特性机理与模型分析;在电子密度模拟方面,开展了高空飞行器离子化过程和电子密度分布的模拟,研究了"黑障"发生的流动电离特征和通信中断条件与范围。中国航空工业空气动力研究院着眼于计算方法的探讨和机理现象的阐释,提出了热化学非平衡效应数值模拟中空间格式的改进方法。

5. 稀薄流计算方法

稀薄气体效应是高超声速空气动力学的关键科学问题之一,其与真实气体效应以及黏性干扰效应的相互耦合,导致流动情况非常复杂,难以精确预测。在临近空间飞行器以及其他天地往返系统中,飞行器将面临稀薄气体效应的影响。在稀薄流区,连续介质假设不再成立,常规的 CFD 方法将会失效,必须依赖分子动力学的工具。DSMC 方法是在稀薄气体动力学领域得到普遍公认的计算方法,其理论和应用研究一直是稀薄流动数值模拟领域的研究热点。

为了解决高超声速流动中的稀薄气动力热预测难题,中国空气动力研究与发展中心、中国航天空气动力技术研究院发展了基于非结构网格的 DSMC 计算软件,并在自适应网格、自适应时间步长、并行算法、微尺度流动、高空喷流与羽流、火星大气模拟等方面取得了一定进展。中国空气动力研究与发展中心针对 DSMC 方法广义硬球碰撞模型本身缺陷问题,发展了基于变径硬球模型与广义硬球模型的混合模型,构建了考虑量子效应的离散内能传输模型、地球大气和火星大气的,发展了有效模拟高超声速近连续流的碰撞限制器方法。中国航天空气动力技术研究院在稀薄滑移流方面,开展了非平衡多组分滑移模型分析、滑移流动影响等研究工作。南京航空航天大学将电离反应模型扩展到 DSMC 方法中,研究了电离化学反应能量(TCE)模型效应对高超声速稀薄流飞行器气动热的影响特性。

针对高空稀薄条件下的气体 – 颗粒两相羽流场与辐射场,国防科技大学从描述粒子运动的微观层次出发,建立了高空稀薄环境下的气体 – 颗粒两相双向耦合作用的动量和能量传输机制。基于 DSMC 方法,发展了颗粒碰撞、相变、聚合和分离模型,建立了颗粒辐射与动力学耦合模型,实现了稀薄条件下气粒两相羽流的流动与辐射传输的数值模拟。

6. 跨流域计算方法

在火箭发射、飞船再入以及空天飞机等其他天地往返系统中,飞行器历经连续流区、滑流区、过渡区和自由分子流区等不同稀薄程度气体中的持续飞行,由于各流域中表征稀薄非平衡效应的气体间断粒子效应不同,表现出互不相同的流动特征。针对这一问题,除了传统的跨流域 NS/DSMC 自适应耦合方法之外,从格子 – 玻耳兹曼方程出发,发展跨流域多尺度流动统一计算方法成为新的发展趋势。

近年来,国内在跨流域多尺度流动统一算法方面开展了大量建模和计算工作。中国空气动力研究与发展中心发展了求解玻耳兹曼模型方程气体运动论统一算法(GKUA)。香港科技大学不断完善气体动理学统一格式(UGKS),发展了气体动理学框架下的高精度格式、辐射输运模型等,同时提出了离散空间直接建模的多尺度、多物理流动的全新 CFD 格式思想。中国空气动力研究与发展中心、华中科技大学、西北工业大学、清华大学等在这一框架下对算法进行了完善,提出了气体动理论统一算法及隐式求解方法。国防科技大学将基于格子 – 玻耳兹曼方法的 CFD 数值模拟推广到并行计算,在"天河二号"平台及 Intel 最新一代众核处理器 KNL 平台上进行了测试。

在应用方面,西北工业大学开展了 UGKS 算法的隐式格式算法、多重网格算法、混合网格技术、离散速度空间并行加速算法等方面的应用拓展研究,对绕阿波罗指令舱的高超声速稀薄流动进行了并行计算研究。中国空气动力研究与发展中心在 MEMS 微尺度流动与传热、航天再入跨流域空气动力学应用方面进行了研究;针对大型航天器陨落解体非规则物形绕流流场表征的复杂性,构造了求解玻耳兹曼模型方程的隐式气体动理论格式与高阶式,发展了基于玻耳兹曼模型方程两相空间区域分解的多级并行 MPI + OpenACC ∗ 超大规模可扩展并行程序开发架构,建立了可靠模拟大型复杂结构航天器在轨及陨落解体跨流域多体干扰、非定常流动问题气体动理论统一算法应用研究平台。

4.1.3　高精度格式

相较于低阶格式,高阶格式有利于提高 CFD 计算的准确度,在给定物理模型和数学模型的情况下,在理论上能避免大的截断误差,拥有精度高、分辨率高、频谱特性好等优点。目前 CFD 模拟存在的难题,如气动热的高精度模拟、湍流模拟、转捩预测、真实气体效应等,都需要以高精度的流场计算解作为基础。当前高精度格式的主要趋势是发展鲁棒的二阶以上格式,解决高精度格式计算复杂外形时的鲁棒性、精度保持等关键技术问题,推广其在工程实际问题中的应用。近年来,国内在高阶紧致格式、加权本质无振荡(WENO)格式、间断伽辽金(DG)格式、高阶有限体积方法等方面取得了较大研究进展。

1. 高阶紧致格式

紧致格式兴起于 20 世纪 90 年代,具有模板小、分辨率高、保频谱性好等优点。中国空气动力研究与发展中心、国防科技大学持续开展了高阶紧致格式算法研究,进一步发展了非线性紧致格式,既保持了原有线性中心紧致差分格式高阶精度和低耗散特性,同时能捕捉强激波;发展了满足几何守恒律的对称守恒网格导数计算原则(SCMM)网格导数算法,有效改善了高精度格式计算复杂外形流动的鲁棒性;采用节点/半节点构造混合差分格式的思想,构造了高阶耗散紧致格式(HDCS)系列格式;提出了一种基于 Roe 通量函数的鲁棒的新型混合通量函数。此外,国防科技大学开展了基于 TVD 思想的高阶迎风紧致格式研究。

中国空气动力研究与发展中心发展了与高精度内点格式相适配的边界格式,获得一致高阶精度加权紧致非线性格式(WCNS),并得到一系列标准算例的验证。针对线性紧致格式不能计算强激波流场的不足,采用 WENO 格式捕捉激波思想,发展了一系列加权型紧致格式。目前,高阶紧致格式已经成功应用于复杂外形中复杂流动/气动噪声模拟。

2. 本质无振荡格式

本质无振荡(ENO)格式使用自适应的扩展模板思想构造插值多项式,在插值区域中自动地选取插值模板,使得在这个模板上尽可能地避免间断的发生,从而获得一致的高阶精度。WENO 格式利用各个备选模板的凸组合方式重构,每个模板的权值依赖于该模板上数值解的局部光滑性,实现比 ENO 格式的更高精度。

中国科学院力学研究所等单位开展了基于耗散优化的混合 WENO 格式研究,发展了以自适应低耗散为特征的中心 WENO 组合格式、权重优化的 WENO – ZA 格式以及与保单调格式混合的加权格式 H – WENO、多步 WENO 格式等。西北工业大学研究了基于 Harten、Lax 和 VanLeer 格式(HLL – HLLC)的高阶 WENO 格式,提高了格式的鲁棒性。北京航空航天大学、南京航空航天大学、中国航天空气动力技术研究院等发展了紧致格式与 WENO 格式的耦合算法,通过设计新的权重算子,将迎风紧致格式与本质无振荡 WENO 格式耦合,利用 WENO 格式在极点附近精度高、紧致格式在光滑区域耗散低的特点,保持了混合格式高分辨率、高精度特性和对间断的捕捉能力。

针对所模拟空气动力学问题的不同,国内各研究单位在高阶精度 WENO 格式的改进和构造上开展了研究工作。北京航空航天大学通过合理控制数值黏性,对 WENO 格式进行了改进,使其适用于高超声速热流计算。中国空气动力研究与发展中心针对计算气动声学的需求,设计了一种新的光滑测试因子迎风插值技术,基本解决了 WENO 格式对含有激波的定常流动不收敛问题。此外,结合 WENO 格式和线性紧致格式,发展了一种类谱分辨率的紧致格式,既能捕捉流场中的激波,又能很好地计算声波。

3. 间断伽辽金方法

间断伽辽金方法能够应用在结构和非结构网格上,结合了有限体积方法和有限元方法的优点,具有高精度、紧致、计算量大的特点。目前,该方法的鲁棒性、效率、间断捕捉能力仍然是主要研究方向。

针对 DG 方法计算量大的缺点,中国空气动力研究与发展中心实现了同一套网格下,不同区域网格采用 DG 和有限体积(FV)混合计算;发展了主控方程和湍流模型方程不同方法的混合计算;提出了静态重构和动态重构思想,发展了 DG/FV 混合方法。DG/FV 混合方法结合 DG 和 FV 优点,在提高精度的同时保持其紧致特点,减少了计算时间,提高了稳定性。

为提高 DG 计算效率,中国空气动力研究与发展中心、北京航空航天大学、西北工业大学、南京航空航天大学、中国商用飞机有限责任公司发展了高效的上下对称高斯赛德尔(LU-SGS)、广义最小剩余法(GMRES)隐式迭代方法。通过预处理技术、无矩阵化处理、精确求解无粘及黏性雅可比矩阵,实现了 DG 高效、稳定计算。

为提高 DG 方法捕捉间断和激波的能力,中国空气动力研究与发展中心、中国航天空气动力技术研究院、清华大学、北京航空航天大学、西北工业大学、南京航空航天大学、厦门大学发展了限制器激波捕捉技术,实现和构建了斜率类限制器、HWENO 重构类限制器,通过将限制过程转换到特征空间,进一步提高了限制器的鲁棒性。中国空气动力研究与发展中心、北京航空航天大学发展了各类人工黏性方法,在一些标准算例中能够清晰捕捉激波,且具有很好的收敛性。为提高计算精度、减小计算量,以上各单位还发展和应用了各类间断探测器。

边界处理对于 DG 方法至关重要。中国空气动力研究与发展中心、南京航空航天大学通过获取物面高斯积分点真实法向量,采用曲面拟合技术,简化处理曲面边界问题,在含曲面的算例中达到设计精度,获得了对称流场。北京航空航天大学、中国商用飞机有限责任公司在二维外形中通过输出高次单元,直接实现了高次单元的 DG 计算。

清华大学、北京航空航天大学、中国空气动力研究与发展中心、中国商用飞机有限责任公司发展了 BR2、SIP、DDG 等黏性计算方法,在二维及简单三维标准算例中得到了较好的结果。

4. 高阶有限体积方法

高阶有限体积方法是在二阶有限体积算法基础上,通过空间显式或隐式插值以及高阶重构算法,得到有限体积单元边界上的高精度流场状态参数值或通量值,以紧致滤波等方式取代二阶、四阶人工耗散,抑制由于流动的非线性特征和数值解过程中高频振荡所引发的不稳定问题,从而获得高阶精度。

对于有限体积方法,高精度格式主要依赖于 ENO 和样条重构方法。清华大学在结构网格色散最小、耗散可控高精度、高分辨率格式方面,发现了色散和耗散相互独立的充分条件,构造了四阶精度的色散最小、耗散可控有限差分格式。

将其推广到有限体积方法,发展了六阶精度的 MDCD 格式,并讨论了最佳耗散的选取问题,提出了三次和五次样条重构有限体积格式。该方法用于可压缩边界层智能凹坑减阻的反馈控制(图 4-14)以及高超声速边界层的被动流动控制。中国航天空气动力技术研究院结合紧致格式和有限体积法两者的优点,发展了一种基于紧致格式的高阶有限体积算法。

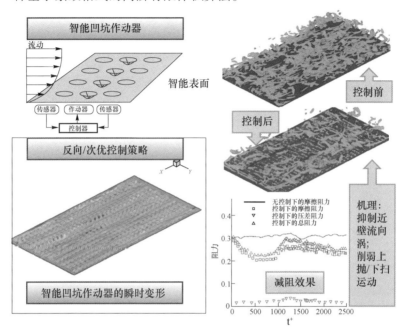

图 4-14　可压缩边界层智能凹坑减阻反馈控制

为了解决非结构网格高精度有限体积方法重构模板过大的瓶颈问题,清华大学发展了“紧致最小二乘重构”方法和“紧致变分重构”方法,应用于可压缩流动的数值模拟,同时采用“重构和时间推进耦合迭代方案”提高求解效率。

为了发展高效、保精度的高精度格式限制器,清华大学对非结构网格高精度格式限制器开展了系统研究,提出了二次重构技术和无积分的 WENO 权计算方法,使计算效率得到提高。在此基础上,提出了一种新的保持高阶精度、可有效抑制振荡、无需数值积分的加权偏侧平均限制器,在精度、分辨率、鲁棒性之间取得了较好的平衡。

4.1.4　多学科耦合数值模拟

在空气动力学问题中,很多涉及多学科交叉、耦合问题,如与结构/材料有关的气动弹性问题、与飞行控制有关的气动/运动/控制耦合问题、与目标特性有关的气动噪声及抑制问题等。近年来,基于 CFD 的多学科耦合数值模拟呈现蓬勃发展的趋势,主要表现在气动/运动/结构/控制耦合、多介质流动、气动噪声、气动力/热/结构耦合等方面。

1. 气动/运动/结构/控制耦合

1)动导数预测

动导数是飞行器动态稳定性分析、弹道设计和控制系统设计的重要参数,从数值计算角度,目前已建立了比较完善的动导数数值求解方法和辨识技术,形成了涵盖精度与效率的动导数完整解决方案。

当前,时域方法的研究重点是发展适合于非定常问题的高效精确数值方法,以及与之匹配的边界和网格处理方法。国防科技大学、中国航天空气动力技术研究院等单位在时域数值模拟方法的框架内,基于自由振动法、强迫振动法发展了可以预测俯仰、偏航及滚转三方向的直接阻尼导数,还可预测加速度导数、旋转导数、交叉导数、交叉耦合导数的数值模拟方法和软件,在高超声速外形的动态特性研究上得到应用。

基于非定常频域的时间谱预测方法,适用于周期性非定常流场,通过增加内存消耗,可使计算效率大幅提高。中国空气动力研究与发展中心、中国航天空气动力技术研究院、国防科技大学等单位分别开展了研究工作,在不损失精度的情况下有效地将动导数计算效率提高了一个数量级,突破了大规模工程应用的瓶颈。

2)数值飞行仿真

多体分离问题是航空航天领域的关键问题,也是国内外的研究热点。在物体分离过程中,各部件之间存在较强的非线性、非定常气动干扰,因此分离物体的运动轨迹呈现出一定的复杂性,可能会对飞行安全构成严重威胁。数值模拟作为飞行器多体分离预测研究的重要手段,可再现分离过程中复杂非定常、非线性过程,近年来在运动舵面、约束投放与碰撞、带控制率投放以及分离边界预测等方面取得了进展。

多体分离的计算方法主要采用基于任意拉格朗日-欧拉(ALE)方法描述的N-S方程,以及基于结构和非结构的动网格算法。中国空气动力研究与发展中心、中国航天空气动力技术研究院、大连理工大学等单位在这一领域持续开展研究,以物面直接挖洞、ADT搜索和三线性插值重叠网格技术为基础,建立了适用于任意多部件运动的实用算法,应用于舱门开闭、折叠翼展开等动态过程的模拟。在网格重构信息传递方面,大连理工大学提出了基于卡尔曼滤波思路的新方法,发展了物理量守恒的插值算法,提出了可以保证流固界面传递能量守恒的体积修正算法。

针对约束投放问题,中国空气动力研究与发展中心、中国航天空气动力技术研究院等单位发展了约束和碰撞下的刚体动力学建模与计算方法,实现了对多体分离模拟中部件碰撞的实时检测和持续约束的有效模拟,同时建立了基于完全弹性/非弹性假设的碰撞作用力计算方法,可模拟完全弹性/非弹性碰撞后物体的运动趋势,并持续跟踪碰撞和约束作用下各个物体的运行轨迹,为存在复杂干涉或有碰撞风险的多体分离过程研究提供了有效的预测方法。

分离过程中控制时序的确定是分离方案设计的重点与难点。中国空气动力研究与发展中心、中国航天空气动力技术研究院建立了耦合真实飞行控制律的分离投放过程模拟方法,实现了分离过程中舵面闭环控制偏转的实时动态仿真过程。该方法可辅助设计分离过程中的控制时机和控制策略,为分离方案的设计与优化提供研究手段。

分离安全边界的确定也是飞机设计中的关键问题。为了预测分离边界,中国空气动力研究与发展中心发展了基于蒙特卡罗方法的分离边界预测技术,实现了分离边界的有效预测。

针对未来飞行器数值虚拟飞行的需求,中国空气动力研究与发展中心、中国航天空气动力技术研究院、北京航空航天大学、南京航空航天大学等单位开展了气动/飞行/控制多学科耦合的模拟技术研究。发展了耦合动态混合网格生成、非定常 N－S 方程求解、六自由度运动方程求解、飞行控制律于一体的多学科耦合计算方法,在统一的框架下,实现气动/运动/飞行控制的耦合计算,初步实现飞行器姿态控制和过载控制的虚拟飞行。中国航天空气动力技术研究院发展了高超声速飞行器的气动舵控制以及气动舵＋喷流组合控制方法,采用数值虚拟飞行技术,实现了通用高超声速飞行器气动舵控制的俯仰机动以及六自由度滚摆机动飞行(图 4－15),并针对翻身下压控制机动进行了模拟飞行演示。

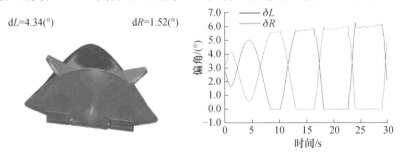

图 4－15　CRV 飞行器六自由度滚摆机动飞行(彩色版本见彩图)

3) 旋转部件

在所有空气动力部件中,旋翼作为核心部件有着非常广泛的应用,螺旋桨飞机、直升机、航空发动机等都将旋翼技术作为其关键技术。旋翼空气动力学涉及复杂的涡动力学、非定常干扰等问题,其研究已成为相关领域技术革新的核心课题,近年来取得了较大进展。

螺旋桨飞机有着非常广泛的应用,如何准确预测螺旋桨滑流对飞机气动特性的影响一直是其设计中亟待解决的问题。当前发展的模拟螺旋桨滑流方法包括作用盘/激励盘模型的定常方法、运用多重参考坐标系(MRF)模型的准定常计算方法和基于双时间推进法的非定常数值模拟。在作用盘/激励盘模型上,西北工业大学、南京航空航天大学、北京航空航天大学和中国空气动力研究与发展中心分别发展了采用动量－叶素理论改进的激励盘模型,考虑了桨叶数目、安装角和转速等因素对滑流的影响,采用该模型开展了滑流的宏观干扰影响研究。在准定常计算方法上,西北工业大学、航空工业第一飞机设计院对螺旋桨滑流的干扰影响进行了准定常计算分析,相比作用盘模型能够提供更多的螺旋桨扰流细节,但仍无法给出螺旋桨滑流的非定常变化现象。在非定常数值模拟上,西北工业大学、北京航空航天大学等开展了相关算法研究,中国空气动力研究与发展中心发展了较为成熟的螺旋桨/机身流场的模拟方法,在多个螺旋桨飞机的滑流气动特性影响的预测中已得到了应用(图4－16)。

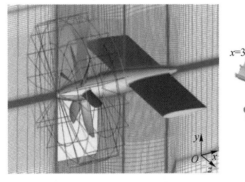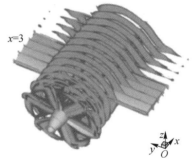

图4－16　螺旋桨的流动模拟(彩色版本见彩图)

直升机旋翼运动比较复杂,桨叶运动包括旋转、挥舞、变距、摆振及弹性变形运动,前飞状态下桨叶工作在前行侧与后行侧的非对称气流环境中,旋翼气动特性具有高度非定常、非线性的特性。南京航空航天大学、西北工业大学、中国空气动力研究与发展中心等单位开展了直升机旋翼流场数值模拟方法研究工作,发展了动态重叠网格算法、高分辨率计算格式和高效率的数值配平方法,应用于直升机旋翼的悬停和前飞状态计算(图4－17)。南京航空航天大学开展了耦合桨叶气动弹性影响的旋翼流场数值计算(图4－18),提高了旋翼气动载荷的预测精度。中国空气动力研究与发展中心开展了大规模并行算法研究,分析了原始 LU－SGS 方法在旋翼并行计算中产生误差的原因,采用混合并行上下隐式(DP－LUR)和 LU－SGS 格式消除由网格剖分带来的误差,取得了较好的收敛效果。

压气机流动问题主要是由高速旋转的转子引起的跨声速、黏性、非定常内流

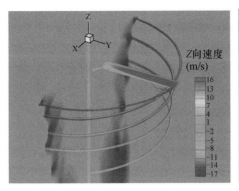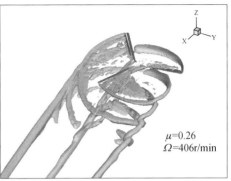

图 4 - 17　旋翼悬停与前飞状态模拟(彩色版本见彩图)

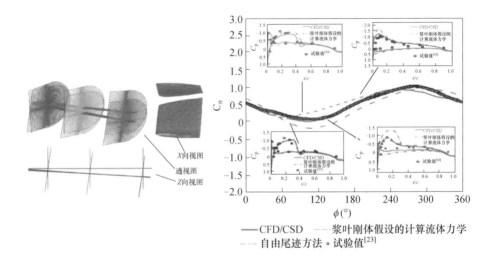

——CFD/CSD　—— 桨叶刚体假设的计算流体力学
--- 自由尾迹方法。试验值[23]

图 4 - 18　基于 CFD/CSD 耦合方法的旋翼气动载荷预测(彩色版本见彩图)

问题,其模拟手段包括混合平面法、谐波平衡法、相滞后法和多通道/全环非定常模拟方法,可用于单排/多排的平面叶栅、回转面叶栅和三维压气机的流场模拟。清华大学、西北工业大学等高校采用 DES 类方法模拟叶栅流场,将该方法应用于高负荷压气机叶栅的激波/附面层/尾迹干扰等流动细节的捕捉。上海交通大学、北京航空航天大学等采用延迟胶体涡模拟(DDES)方法对叶栅进行了数值模拟,捕捉到试验中出现的角区分离"双峰"现象,证实了 DDES 方法对三维角区分离各向异性湍流模拟的准确性。清华大学采用改进延迟胶体涡模拟(ID-DES)方法对跨声速转子进行了数值模拟,发现了与 URANS 模拟结果不同的失速诱因。清华大学、哈尔滨工业大学、西北工业大学、南京航空航天大学等单位开展了压气机流动的 LES 模拟研究。西北工业大学采用 LES 深入研究了压气机三维角区内边界层转捩及其对三维角区分离流动的影响。南京航空航天大学发展了相滞后法与混合平面法,并耦合 LES 方法与六阶精度格式对一级半压气机进行了流场模拟。

2. 多介质流动

多介质流动具有大变形、强间断、强非线性以及多物理过程强耦合等特点,涉及介质面、间断面、自由面等各种运动界面问题,其计算方法主要包括界面捕捉方法、SPH 粒子法和格子 – 玻耳兹曼方法等。

气液两相流的研究方法主要有流体体积函数(VOF)法和虚拟流体方法等。中国空气动力研究与发展中心基于可压缩、均质平衡流假设的混合模型方法,应用预处理技术,发展了模拟气、水蒸气和液态水两相三组分问题的计算方法,能模拟通气条件下的空化现象,使模拟条件与复杂介质飞行器的真实环境状态更加吻合(图 4 – 19 和图 4 – 20)。在此基础上,发展了平衡非均质模型的 ρ – VOF 方法,能够同时模拟气液两相流问题中的自由界面现象、气液可压缩流动现象和组分转化现象(圆盘如水算例见图 4 – 21、图 4 – 22)。中国航天空气动力技术研究院对模拟多介质流的虚拟流体方法进行了研究,推导了该类方法定义虚拟流体状态需要满足的完备数学条件,设计出一种基于密度的误差修正方式,提高了多介质流界面附近的求解精度。针对多介质黎曼问题需要隐式迭代求解的问题,提出了界面条件的预测 – 校正技术,获得了模拟气液问题的显式界面条件定义方式,进一步提高了虚拟流体方法的应用能力。清华大学开发了一种新型的代数类型 VOF 自由界面捕捉算法,能够在较大库朗数条件下对自由界面产生更为精确的数值预估,有效地保持自由界面的形状和突变特征。

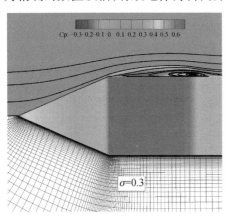
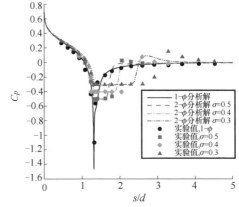

图 4 – 19　混合模型锥柱体流场图　　图 4 – 20　壁面压力系数比较曲线
　　　　　(彩色版本见彩图)　　　　　　　　　　(彩色版本见彩图)

SPH 的思想是将连续的流体(或固体)用相互作用的质点组来描述,通过求解质点组的动力学方程和跟踪每个质点的运动轨迹,求得整个系统的力学行为。

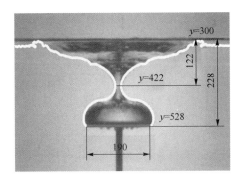

图 4 - 21　圆盘气泡闭合处位置
参数($v = 0.5$m/s)

图 4 - 22　圆盘气泡闭合处位置
参数($v = 1$m/s)

北京理工大学提出了一种无核梯度的 SPH 方法及一种迭代粒子均匀化方法,提高了数值模拟的精度和稳定性。新疆大学运用 SPH 方法对沙粒和气流的相互耦合运动特性进行了分析,提出了风沙流的 SPH 数值方法并进行了数值模拟。中国空气动力研究与发展中心开展了基于 SPH 方法的运动界面模拟研究,初步具备了物体出水过程的模拟能力。

　　利用格子 - 玻耳兹曼方法求解多介质流动是一种新的探索。哈尔滨工业大学基于格子 - 玻耳兹曼自由能模型,提出了一种模拟黏性流场中大密度比气液两相流的改进模型。

3. 气动噪声

　　气动声学是建立在非定常空气动力学和声学基础上的交叉学科。当前的噪声预测方法主要包括计算气动声学(CAA)和声学比拟方法两类。CAA 对低色散、低耗散高精度数值离散格式有很高要求。南京航空航天大学、西安交通大学开展了基于线性欧拉方程的声辐射高精度方法研究,采用高精度间断伽辽金方法求解气动声学问题。中国空气动力研究与发展中心采用 WENO 格式计算超声速射流激波噪声,给出了轴对称的啸声 A1 模态和 A2 模态,以及特殊啸声的 A0 模态。中国空气动力研究与发展中心与国防科学技术大学在满足几何守恒律的基础上,构造了可以应用于复杂外形流动计算的高阶耗散紧致格式。该格式具有非常高的分辨率,这对于声波捕捉是极为有利的条件,为高精度的计算气动噪声在复杂外形中的研究应用奠定了基础。

　　由于 CAA 对数值方法的过高要求,另一发展趋势是采用流场和声场分开求解的方法,即采用 CFD 方法计算近场噪声,通过声学比拟方法计算远场噪声。西北工业大学开展了非紧致结构的气动噪声问题研究,采用 RANS/LES 混合方法获得近场流动数值解,并通过声传播方程计算远场噪声。中国船舶科学研究中心利用大涡模拟与 Powell 涡声方程求解了螺旋桨敞水与潜艇带桨自航状态的流激噪声。

在超声速声爆特性研究领域,中国航空工业空气动力研究院采用自研 CFD 数值模拟软件开展了近场脱体压力的计算,初步建立了适于全机声爆特性预测的精细方法,开展了典型高超声速飞行器的声爆特性研究,并利用试验数据对 CFD 计算结果进行了对比分析。中国航天空气动力技术研究院对超声速飞行器声爆特性进行了数值模拟研究,获得了与试验值符合较好的结果(图 4 - 23)。

图 4 - 23　典型高超声速远程飞行器的声爆特性分析(彩色版本见彩图)

4. 气动力/热/结构耦合

近年来,高超声速飞行器的发展对气动热防护提出了更高要求。传统的烧蚀防护已难以满足要求,非烧蚀(微烧蚀)热防护成为新一代高超声速飞行器的主要防热模式。由于大量新型防热材料与防热结构的采用,使气动力、气动热与结构热/力响应特性之间的耦合关系变得极为复杂。同时,舱内热载荷较传统高超声速飞行器有较大幅度的增加,给高超声速飞行器气动热环境的有效预测及防热与热管理系统的精细设计带来了极大困难。

对高超声速飞行器气动热环境的准确预测及材料、结构热/力响应特性的精细刻画,是进行防热结构性能有效预测和评估以及改进和优化防热结构的前提和基础。近年来,国内针对气动力、气动热与结构热效应的多物理场耦合问题开展了大量研究工作。

针对气动力、气动热与结构热响应、热变形的耦合问题,中国空气动力研究与发展中心发展了气动力/热/结构多场耦合分析方法,形成了高超声速飞行器整机及典型部件的力/热/结构一体化预测能力,研究了气动力/热环境对结构热响应、热变形及热气动弹性的影响规律,获得了影响防热结构热安全的主要影响因素及其作用规律(图 4 - 24);针对飞行器舱内外综合热效应预测需求,发展了气动热环境/空间外热流/结构传热/舱内热效应耦合分析技术,开发了热环境 - 热防护 - 热管理综合分析软件系统,建立了舱内外一体化热分析预测平台。

针对高超声速飞行器涉及的舱内热环境预测问题,中国航天空气动力技术研究院对变压力、变缝隙尺度情况下的舱内传热进行了沿轨道的系统分析,为飞行器变压力舱内防热设计提供了数据支撑,并提出了一种估算舱内气体传热特性的快速预测方法。针对舱内高能密度机载设备的热安全问题,中国空气动力研究与发展中心发展了舱内多热源、多部件复杂系统的热效应预测技术,形成了包含导热、对流、辐射等热过程的舱内复杂系统热效应预测与评估能力(图4－25)。

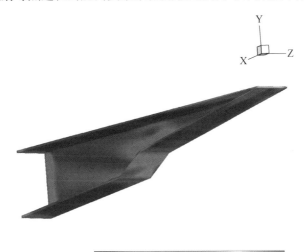

屈服准则/MPa: 50   150 250 350 450 550 650 750 850

图4－24　力/热/结构耦合分析(彩色版本见彩图)

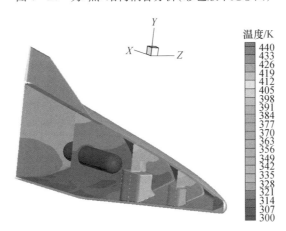

图4－25　舱内热环境预测(彩色版本见彩图)

5. 其他交叉学科

1)结冰数值模拟

结冰数值模拟基于 CFD 技术,对飞机在结冰环境下的流动、传热和传质情况进行模拟,获得飞行器表面的结冰外形、结冰之后的空气动力学特性、防冰与除冰特性等,是运输类飞机设计和适航取证的重要手段。

中国空气动力研究与发展中心发展了水滴撞击特性计算的拉格朗日法和欧

拉法,提出了基于经典 Messinger 分析方法的结冰热力学模型并扩展到三维应用,实现了针对全机复杂构型结冰的模拟(图 4 – 26);北京航空航天大学通过计算水滴撞击特性,结合热力学平衡分析,获得了防冰表面的热载荷(图 4 – 27);南京航空航天大学、上海交通大学等高校也开展了二维或三维冰形计算,用于除冰分析或结冰气动特性评估;西北工业大学采用 RANS 和格子 – 玻耳兹曼方法分别研究了不同翼型及增升装置结冰之后的流动特性。

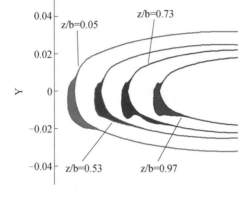

图 4 – 26　三维结冰模拟

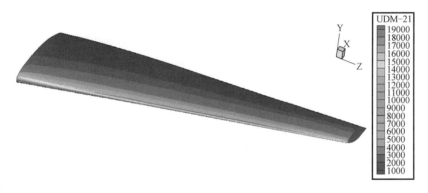

图 4 – 27　三维机翼表面防冰热载荷(彩色版本见彩图)

2) 磁流体计算

基于飞行器周围等离子体的导电性,利用机载磁场发生装置向等离子体流动引入可控的动量和能量对高超声速飞行器内外流场进行控制。目前,这种基于磁流体动力学(MHD)的电磁流动控制技术已成为一个多学科交叉融合的重要研究方向,电磁流动控制机理和方法研究取得了重要进展,在高超声速飞行器气动力控制、热流控制、层流/湍流边界层控制、等离子体电子数密度控制等方面显示出广阔的应用前景。

近年来,国内高超声速飞行器电磁流体控制研究逐步发展。中国空气动力研究与发展中心开展了高超声速流动磁流体控制的数值研究,建立了高超声速飞行器复杂外形热化学非平衡流动磁流体控制数值计算方法和程序,分析了不同磁场配置、飞行高度以及速度条件下电磁场对再入三维等离子体流场以及气动热环境的影响。北京航空航天大学、南京航空航天大学和国防科技大学等单位采用可压缩磁流体流动的弱等离子体模型方程和 MHD 方程求解,开展了超声速磁流体管道流动数值模拟研究,实现了等离子体流动加速/减速控制。南京航空航天大学基于诱导磁场方程,混合两相流和湍流两方程模型,开展了磁场强度对喷管等离子体流动与热传导特性影响的研究。北京航空航天大学开展了磁流体进气道一体化的外形设计,通过磁流体控制有效地提高了进气道的性能。北京理工大学、南京理工大学等高校针对超燃冲压发动机的混合和燃烧性能,开展了新型冲压推进系统的波系结构及其电磁流动控制的研究。

3）气动光学

气动光学是空气动力学与光学的前沿交叉学科,是指由于空气流动引起的非均匀气体流场、光学窗口温度场对光传播的影响,按研究对象可以分为主动光学和被动光学两类。窗口流场密度及其湍流密度脉动是分析气动光学传输效应的基础,密度脉动计算方法主要有两类,即直接获取密度脉动量的 DNS、LES 方法和在 RANS 方法基础上建立密度脉动关联项的求解模式。

中国空气动力研究与发展中心基于高超声速飞行器层流流场、湍流脉动场、高温气体辐射场和光学窗口温度场,通过几何光学、物理光学及统计光学相结合的方法,数值模拟光信号通过流场和温度场的传输效应,获得光学窗口外流场的平均密度和脉动密度均方根及平均和脉动折射率、用于描述流场/窗口导致的瞄视误差、像偏移和斯特尔比等表征气动光学效应的参数。中国航天空气动力技术研究院采用空间模式大涡数值模拟,获得了可压缩剪切层流动从层流到发生转捩直至发展到完全湍流全过程的光学畸变特性;利用 LES 方法得到的瞬态流场密度分布,开展了 RANS 方法湍流脉动工程预测模型的系数修正研究。中国航天科工集团第二研究院对不同尺度的湍流结构和不同程度密度脉动引起的光学畸变进行分析,获得了具有不同参数的空间涡光传输效应对成像的影响。

4.1.5　多目标、多学科优化设计

飞行器气动外形优化是针对典型飞行工况,采用现代数值优化算法与 CFD 计算技术,实现满足多种约束、气动性能最佳的飞行器几何外形。现代数值模拟技术与优化理论相结合,发展以气动为核心的飞行器多目标、多学科优化设计,成为未来大幅提高设计效率、显著提高飞行器气动与综合性能的关键技术之一。该学科方向主要关注的是复杂气动外形参数化方法、面向优化设计的高效高精度数值模拟方法、高效敏度分析方法、高效全局优化方法、鲁棒优化设计方法、代

理模型技术以及多学科优化设计理论与算法等。

1. 参数化建模

参数化建模技术是飞行器气动外形优化设计的基础,其目的是为气动外形变化提供设计变量,构造优化设计空间。中国空气动力研究与发展中心、西北工业大学、清华大学等单位分别开展了相关研究工作,基于 NURBS 曲线/曲面、自由变形(FFD)以及 CST 方法等,发展了分层次的复杂几何外形参数化建模技术,建立了从翼型、平面形状、局部形状到全机外形的多层次参数化体系(图 4 – 28),结合不同的网格自适应技术,实现了飞行器物面变形与网格重构的无缝对接。西北工业大学发展了面向翼型、机翼、全机复杂构型的多种参数化建模手段,并开发了相应的参数化建模软件。

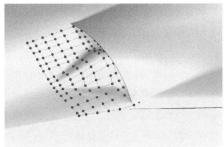

图 4 – 28　机翼和进气道鼓包的参数化建模

2. 代理模型

在实际的工程应用中,由于使用高精度物理模型进行性能分析会带来计算成本过高的问题,代理模型作为学科分析工具和优化算法之间的接口得到了广泛的应用和发展。

西北工业大学在 Kriging 模型理论和算法方面进行了广泛研究,分别提出了将代理模型与伴随梯度信息相结合的梯度增强 Kriging(GEK)模型、结合 GEK 和混合广义桥函数的变可信度代理模型、自适应 co – Kriging 代理模型、分层的 Kriging 代理模型等,并发展了一种子模型加权的 GEK 方法,为解决 GEK 模型矩阵过大的问题提供了一种新的思路。航空工业第一飞机设计研究院开展了代理模型更新技术和降维技术研究,以修正代理模型的预测精度。清华大学在遗传类优化设计方法的基础上,以代理模型预测并建议遗传进化种群个体,从而引导遗传优化方向,在确保优化精度的同时提高优化效率。中国空气动力研究与发展中心发展了基于动态改进的代理模型技术,在设计变量与目标之间建立数学模型,有效缓解了采用 CFD 软件进行气动设计计算量过于庞大的问题;提出了基于高效降维代理模型的不确定性设计优化方法,用于飞行器概念设计阶段的鲁棒优化设计。

3. 多学科优化算法

多学科优化算法主要包含单级模式和多极模式两大类。单级模式主要包括多学科可行(MDF)和同时分析和设计(SAND)等方法,这些方法只在系统级进行优化,各学科只进行分析或者计算,不进行优化;多级模式主要包括协作优化(CO)、并行子空间优化(CSSO)、两级系统一体化合成优化(BLISS)以及解释目标级联(ATC)等方法,这些方法中各个学科分别进行优化,控制局部设计变量的选择,并在系统级进行各学科优化之间的协调和全局设计变量的优化。

国防科技大学开展了对于多学科优化算法理论的研究,联合成立了飞行器多学科设计优化研究中心,所形成的方法与成果在各类飞行器整体设计中得到了成功应用。中国空气动力研究与发展中心基于单级模式的思想进行了飞行器气动/隐身优化设计研究,基于多级模式协调优化的思想开展了面向十万量级设计变量的气动/结构综合优化设计研究。

4. 高效全局优化方法

高效全局优化设计方法主要分为梯度类和非梯度类。梯度类方法关键技术包括基于梯度的离散伴随优化技术、复杂构型的参数化建模技术、适于复杂问题的网格变形技术等;非梯度类方法要在高维搜索空间中估算适应函数的大小,如何处理大规模、超大规模设计变量问题是该全局优化方法的难点。

中国空气动力研究与发展中心以现代智能进化算法为基础,结合 Pareto 解的思想构建了多目标优化设计体系,发展了约束处理方法、后代种群的产生机制以及设计空间动态扩展等技术,提高了多目标优化方法的鲁棒性和搜索效率;发展了基于 N-S 方程的伴随梯度方法,获得了目标函数对设计变量的灵敏度导数;结合梯度类优化算法,开展了大规模设计变量问题的高效寻优研究(图 4-29)

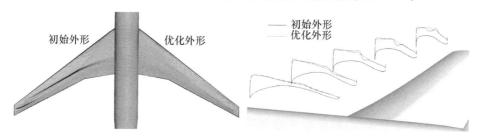

图 4-29　机翼优化设计前后对比图(彩色版本见彩图)

西北工业大学在高效全局优化算法和飞行器多目标多学科优化设计系统开发方面,提出了代理优化的概念,对代理优化算法进行了深入研究,在高效优化加点准则、子优化算法、约束处理方法方面取得了一系列创新研究成果。中国航空第一飞机设计研究院针对多约束、多目标优化问题,引入以多目标遗传算法为主的智能优化算法,并通过翼型设计得到验证。清华大学等单位以遗传类算法为基础,提出了压力分布形态约束体系;设定了人工监视与调控接口,实现了设计师经验向优化流程的引入;采用窗口嵌入网格等技术,实现了关键部位的高效分析。

4.1.6 高性能计算

1. 超大规模网格生成

随着 CFD 仿真处理的外形复杂度不断提高以及湍流精细化模拟的需要,高精度 CFD 计算对网格规模提出了更高的要求,推动了国内相关技术的发展。

在超大规模结构网格生成方面,中国空气动力研究与发展中心开展了一系列并行处理方法和软件研究,针对单机生成网格的极限规模在十亿量级的问题,研究了物面保形的网格自动加密算法,具备了通过粗糙网格构造百亿以上规模网格的能力;针对规模增加造成的单机数据承载量瓶颈,发展了并行网格加密方法,具备了特定条件下网格规模任意扩展的能力;基于 Pointwise 边界条件格式发展了一套计算网格重构软件,能够在不改变网格拓扑的情况下对计算网格进行空间和表面重构,均匀缩小或者增大网格规模,完整保留了原始网格的几何特征、正交性和光滑性,采用该软件已经成功获得了高质量的千亿规模结构网格,且在网格收敛性的验证计算中获得了良好的数值结果。

在超大规模非结构网格生成方面,国内高校和科研机构进行了广泛的并行化技术研究。浙江大学开展了并行网格生成技术研究,在国际比赛中取得了优异成绩(图 4-30)。大连理工大学发展了一种可以切断非结构网格并行计算过程中数据耦合关联的动态边界墙技术,理论上可以将非结构并行网格生成的规模扩展到计算机硬件支持的极限情况。中国空气动力研究与发展中心发展了基于全局自适应技术的百亿量级非结构/混合网格生成技术,通过有机集成 CAD 投影技术和 RBF 网格变形技术,解决了复杂外形表面网格保形和空间网格相交问题,应用于大型客机外形并行网格生成。

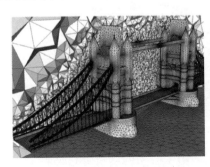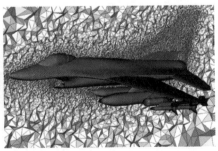

图 4-30　浙江大学并行网格生成测试算例

2. CFD 并行加速技术

随着 CFD 在基础研究和工程应用中的不断深入,更完整的包线、更精细的物理模型等实际需求决定了 CFD 必须与并行加速技术协调发展。近年来,随着通用多核 CPU 和 GPU、MIC 等众核加速器发展,面向"CPU + 加速器"异构并行体系结构的 CFD 并行加速技术成为研究热点。

在适合大规模并行计算的 CFD 计算方法研究方面,中国空气动力研究与发展中心提出了基于位置空间和速度空间组成多相空间玻耳兹曼模型方程大规模并行计算数学模型,从数千到数十百万、数百万核进程并行计算加速比为拟线性,并行效率 80% 以上。

在异构并行加速技术研究方面,中国空气动力研究与发展中心针对未来 E 级计算的需求,开展了超大规模并行计算方法研究,设计了基于网格单元的细粒度数据并行算法;提出了基于嵌套 OpenMP 以及基于异步 GPU 执行的 CPU + GPU 协同并行方法;开展了任务并行、数据并行和数据重用等三个层次的并行优化研究。国防科技大学与中国空气动力研究与发展中心、中国航天运载火箭技术研究院合作,研究了面向典型 CFD 算法的可扩展多线程并行技术、向量化技术,设计了可扩展的消息传递/共享存储并行算法、面向 CPU + GPU 和 CPU + MIC 异构并行体系结构的高效异构协同并行算法;在"天河 1A"上,实现了支持 MPI + OpenMP + CUDA 三层级并行的高精度格式多区结构网格 CFD 求解器,完成了 8 亿网格规模三段翼构型的高阶精度气动声学数值模拟;在"天河 2 号"上实现了基于 MPI + OpenMP + Offload 三层级并行的高精度 CFD 数值模拟,最大规模 CFD 应用达到 1220 亿个网格点,共使用约 59 万 CPU + MIC 处理器核。西安航空计算技术研究所发展了 CFD 计算中的 CPU + GPU 异构多级并行计算、低延迟的 GPU 线程数据访问互斥和 GPU 内存数据精细管理等技术。

在并行软件研发方面,中国空气动力研究与发展中心以风雷结构非结构通用混合计算软件为基础,持续开展了百亿量级超大规模网格并行生成及预处理、文件系统分组优化、串行数组存取优化、打包式通信并行优化、MPI + OpenMP 混合并行优化等工作,在"天河 2 号"上实现了实际复杂飞行器 10 万核以上的并行计算。航空工业计算技术研究所开发了多 CPU + GPU 异构多级并行计算求解器,并在"天河 1A"上完成了软件系统的移植。中国航天空气动力技术研究院开展了同构及异构体系下的计算软件研发,并将软件移植到 CPU + GPU 异构平台。

4.1.7 气动力建模与参数辨识

1. 气动力建模

气动力建模是飞行器仿真、控制系统设计、性能评估与分析的基础,近年来国内气动力建模方法研究的热点方向和问题主要集中在大迎角非定常气动力建模和多可信度气动数据融合方法研究等方面。

准确建立非定常气动力数学模型，是飞机大迎角飞行控制律设计、飞行动力学分析和飞行仿真的基础和前提。近年来，国内大迎角非定常气动力建模研究的方法主要分为数学建模方法和人工智能建模方法。在数学建模方法方面，南京航空航天大学建立了基于两步回归法的状态空间模型，并通过与飞机模型的小振幅动态试验数据的比较验证了模型的准确性；中国空气动力研究与发展中心在状态空间模型基础上建立了微分方程模型，直接用微分方程描述由涡破裂和恢复迟滞引起的非定常气动力增量，在工程上取得了比较好的应用效果；清华大学提出了飞行数据多重分区方法、通用气动模型和模块化级联模型，克服了迎角分区方法的局限性；上海飞机设计研究院结合飞行试验和工程应用特点，建立了民机纵向气动参数非线性辨识模型及方法，为民机飞行品质鉴定及工程飞行模拟器的建立提供了依据。在人工智能建模方法方面，中国空气动力研究与发展中心、南京航空航天大学均对神经网络建模方法进行了研究，根据先验信息的利用程度分别发展了非定常气动力的多种神经网络模型；中国空气动力研究与发展中心利用风洞试验数据开展了最小二乘支持向量机建模方法的应用研究。

气动数据的生产主要有飞行试验、风洞试验和数值计算三种手段，其数据可信度、生产效率和成本差异较大，探索如何快速获取高质量、低成本的气动数据具有重要现实意义。中国空气动力研究与发展中心发展了基于 Kriging、径向基函数、支持向量机和分类决策树等响应面模型的多可信度气动数据融合方法，充分利用大量低可信度数据用于预测全局趋势，少量高可信度数据用于提供更准确的值和修正全局趋势，二者融合得到期望的数据集这一思路，通过对关键测试点上高可信度与低可信度之间的差异量建模，修正原始数据，提升了数据的可信度，为气动性能评估提供了有力保障。

2. 气动力参数辨识

基于飞行试验数据的气动力参数辨识是飞行器系统辨识中发展最为成熟的一个领域。近年来，国内气动力参数辨识方法研究的热点主要集中在输入设计方法研究、辨识方法研究、辨识结果准度分析和辨识方法应用等方面。

在输入设计方法研究方面，中国空气动力研究与发展中心开展了多通道输入频域设计方法研究，采用该方法设计的输入信号频带较宽，对动力学模态不确定性的鲁棒性较高，并且在频域和时域上各通道信号相互正交，适用于飞行器的任何飞行状态，增加了试验数据的有效信息量，提高了气动参数的可辨识性和辨识准度，具有实际应用价值。

在辨识方法研究方面，中国空气动力研究与发展中心将在线辨识技术应用于飞机结冰气动特性研究，在结冰气动特性建模基础上，利用辨识方法获得结冰前后飞机气动参数的变化；基于极大似然估计和修正牛顿－拉夫逊迭代法开发了飞机大导数辨识软件,并成功利用该软件平台辨识得到了大飞机的稳定和控制大导数,分析了飞机的操稳特性,为飞机控制系统设计、飞行品质评估和一体化设计提供了有力的数据支持。北京航空航天大学在预测制导法中引入气动参数的在线估计与修正环节,保证了制导精度,提高了高超声速飞行器再入过程中的抗气动扰动能力。空军航空大学通过固定翼飞机飞行数据,详细对比分析了扩展卡尔曼滤波(EKF)和无迹卡尔曼滤波(UKF)的在线辨识性能。南京理工大学提出了一种新的自适应混沌变异粒子群算法,求解最大似然准则下的高速旋转弹丸气动参数辨识问题。华中科技大学提出了一种基于粒子群优化算法的带遗忘因子的最小二乘时变气动参数在线辨识方法,并通过仿真分析验证了方法的有效性。天津大学和北京宇航系统工程研究所利用气动特性的先验知识,将传统的参数估计问题转化为有约束的优化问题,解决了小迎角下有控飞行器气动参数辨识误差大甚至无法辨识的难题。

在辨识结果准度分析研究方面,中国空气动力研究与发展中心发展了一种修正协方差方法,解决了测量数据被有色噪声污染下的参数估计准度评估问题,方法适用范围广泛。

在气动参数辨识方法的新应用方面,中国空气动力研究与发展中心利用低速风洞带动力自由飞试验,开展了气动力建模和参数辨识研究;提出了气动参数辨识对弹道靶/高超声速风洞自由飞试验测量精度的需求。中国航天空气动力技术研究院从提升试验对实际飞行状态模拟能力的角度出发,将双平面拍摄技术应用于风洞自由飞试验中,采用三周期法辨识得到了简单锥模型的气动导数及运动稳定性判据;采用一种基于混合遗传算法的参数辨识方法获得了飞艇的气动特性。南京理工大学在改进弹道靶试验进程和数据传输的基础上,建立了弹丸的气动参数辨识工程算法,在保证结果精度的前提下缩短了数据处理时间。

3. 气动热参数辨识

气动热参数辨识是一类热传导逆问题,主要是通过测量结构内部温度,辨识出结构受热面的表面热流或者结构热物性参数。中国空气动力研究与发展中心建立了二、三维表面热流辨识方法,并将此方法应用于飞行器表面热流辨识,辨识结果为确定转捩位置提供了数据支撑;基于热解面、热解层烧蚀模型建立了考虑烧蚀热解表面热流辨识方法,并将其用于钝头型碳酚醛材料试件在陶瓷加热风洞中的试验结果分析;从无量纲分析和仿真辨识出发,总结出了表面热流辨识问题的相似参数,初步建立起了表面热流可辨识性的准则和分析方法,给出了与测量误差相对应的表面热流辨识的截止频率;建立了一种基于贝叶斯推理和马尔可夫链蒙特卡罗(MCMC)加速抽样的辨识方法,并应用于表面热流辨识,计算结果从概率分布的角度给出了表面热流辨识的截止频率和精度;基于超声波脉冲回波法,建立了超声测量各向同性均匀介质结构内部瞬态温度分布的理论模型,发展了预测结构内部非均匀温度场的灵敏度法和共轭梯度法。

4.2 计算空气动力学软件建设

4.2.1 CFD软件研制

长期以来,我国自主研发的CFD软件一直受到国际商业软件的冲击,以CFD学术研究为宗旨的软件开发模式,重CFD技术方法而轻软件工程及相关软件技术,CFD软件的持续升级和功能扩充困难,阻碍了CFD软件做大做强。此外,与CFD关联的网格生成功能和流场可视化主要依赖于国外商业软件,国内软件在相关方面发展比较滞后。近年来,国内CFD软件发展迅猛,开发了一大批面向工程应用的相关软件,功能涵盖气动力、气动热、气动物理、气动优化设计、气动参数辨识、多学科耦合等方面。目前国内CFD软件大多是In – house软件,尚未形成商业化软件产品。附表2对国内各科研院所和高等院校已获得或正在申请软件著作权的CFD软件信息进行了统计,并对各软件开发思路、面向领域及主要功能、软件特色和主要技术指标进行了说明。

4.2.2 CFD软件的验证与确认

数值模拟软件系统只有经过全面系统的验证和确认之后才能在实际应用中发挥应有的作用。验证和确认主要是通过科学方法、标准流程、专业算法、精密层级试验,不断为工程模拟软件的正确性和物理模型的适应性产生证明。1998年AIAA发布了世界上第一个关于CFD验证和确认、可信度评价的指南。近年来,欧美针对复杂流动问题开展了广泛的CFD方法和软件的验证与确认工作。在国内,这项工作受到了越来越多的关注,开展了一系列相关工作。

1. 体系和方法

随着软件验证与确认在大型CFD软件开发中的作用日益凸显,中国空气动力研究与发展中心提出开展CFD软件验证与确认体系建设(图4 – 31)。该体系包括了标模体系建设、验证与确认数据库、自动化测试平台和软件可信度评价等部分。标模体系建设包括已有标模数据收集整理、典型标模精细风洞试验以及部分模型的飞行试验,以此建立用于验证与确认研究的专用数据库,同时建立自动化测试平台和不确定度量化分析工具,在大型CFD软件开发过程中,利用该验证体系持续对代码进行测试验证,保证软件开发的质量和高效。

针对CFD验证与确认中不确定度的定义和评价标准,航空工业计算技术研究所提出了基于指标的评价体系,指出软件验证包括指标定义、算例筛选、计算、分析和对比评估全过程。中国船舶科学研究中心提出CFD软件验证的核心是

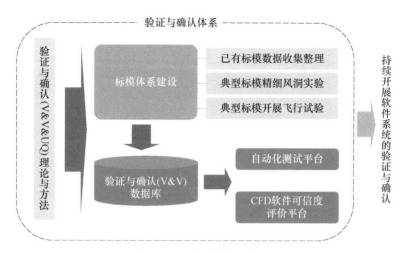

图4-31 验证与确认体系

"不确定度分析、最优解确认、大子样验证"三重验证流程。中国空气动力研究与发展中心对量化评估方法进行了研究,提出不确定度可解读为计算值或试验值与真值准确到前 n 位,从而可给出不确定度的表达式和真值估算的原则。

2. 标模建设

1)小展弦比飞翼布局标模

中国空气动力研究与发展中心联合国内多家单位开展了小展弦比飞翼布局风洞特种试验技术研究的全国联合攻关,研制了具有自主知识产权的小展弦比飞翼布局标模,完成了国内主力高、低速风洞静态气动力以及动态气动特性试验,获取了静态条件下的六分量气动数据、彩色油流显示与PIV流场测量结果以及大振幅振荡条件下的动态气动数据,建立了可用于CFD验证与确认的标模数据库,并向全国相关单位进行了发布(图4-32)。

2)大展弦比运输机标模

中国空气动力研究与发展中心从2010年开始,组织开展了大展弦比运输机标模(CHNT-01)外形设计和风洞试验(图4-33)。该标模巡航马赫数为0.78,由典型的大展弦比超临界翼型机翼、大收缩后机身、平尾、垂尾、短舱(可选)等部件组成,能反映现代高亚声速飞机基本特征。该标模在国内2.4m×2.4m跨声速风洞和8m×6m低速风洞,以及俄罗斯T-128风洞、荷兰HST和LLF风洞开展了全机纵横向测力、变雷诺数、支架干扰和转捩带特性等试验,为CFD软件验证与确认研究提供完整的高精准度试验数据。试验前后进行的CFD计算结果表明,数值计算与试验数据有着良好的相关性。

3)小型高亚声速飞机标模

中国航空工业空气动力研究院从航空CFD软件验证与确认研究特殊需求

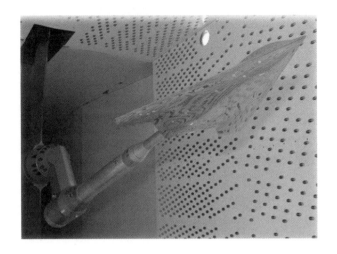

图4-32 小展弦比飞翼布局的高速风洞试验

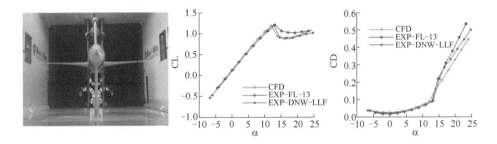

图4-33 运输机标模试验与数据相关性研究

出发,研制了专用的空气动力学验证模型(CAE-AVM)。该模型以小型高亚声速飞机为基础,在荷兰HST风洞进行了全面的风洞试验(图4-34)。试验中首次采用了同车次并行测力、测压、测变形和测转捩的精细试验技术,为CFD软件确认研究提供完整的高精准度试验数据。中国航空研究院和DNW于2016年联合组织了第一届CAE-DNW CFD和风洞试验相关性国际研讨会,介绍了采用CAE-AVM标模的CFD计算结果,共同比对了风洞试验数据,CFD计算结果总体上与风洞试验数据吻合度良好。

3. 软件测试平台

中国空气动力研究与发展中心、航空工业计算技术研究所、北京航空航天大学等单位开展了CFD软件自动化测试平台建设。主要思路是集成专用数据库,通过前台界面和远程集群后台管理程序的网络信息交互,实现自动加载测试算例、输出分析结果、提供误差分析报表和汇总报告等,完成对大型CFD软件的自动化验证与确认。

图 4 - 34　气动验证模型在 DNW - HST 风洞

中国空气动力研究与发展中心开发了大型 CFD 自动化测试软件平台,能对多个 CFD 解算器模块进行自动化测试,支持单元测试、集成测试等多层次多粒度测试。该平台的应用贯穿大型 CFD 软件开发的全周期,能针对不同 CFD 软件模块开展多层次多粒度自动化测试。

航空工业计算技术研究所研制了基于评价指标体系的气动数值模拟软件可信度分析平台和 CFD 试验验证数据库。该平台以 CFD 软件可信度评价为核心,实现从指标定义、算例筛选、计算、分析和对比评估全过程的自动化,强调通过大量自动对比结果提供软件可信证据,提供自动化验证与确认、跨平台应用、远程可视化分析等先进能力。

中国空气动力研究与发展中心建立了针对超燃冲压发动机计算软件的验证与确认体系和相应的数据管理系统。通过多种非接触测量手段,结合中心开展的飞行试验和常规地面风洞试验以及国外经典文献标模数据,开发了兼具地面试验与飞行试验的数据管理系统,数据库涵盖基础算例、发动机部件、模型发动机、真实发动机等,可以对超燃冲压发动机 CFD 软件中相关数值方法、物理化学模型等关键问题进行系统验证。

中国空气动力研究与发展中心在空气动力学国家重点实验室等八家单位的支持和参与下,参考 AIAA DPW 和 High - Lift 的模式,成功举办了两届"航空 CFD 可信度专题研讨活动"。此外,在 AIAA 阻力预测会议(2016 年)上,中国空气动力研究与发展中心自主开发的飞行器气动特性预测软件 MFlow 和 TRIP 在数据对比中表现突出(图 4 - 35),计算结果和所有参会结果的统计平均值非常一致,与国际先进 CFD 专业软件和著名 CFD 商业软件水平相当。

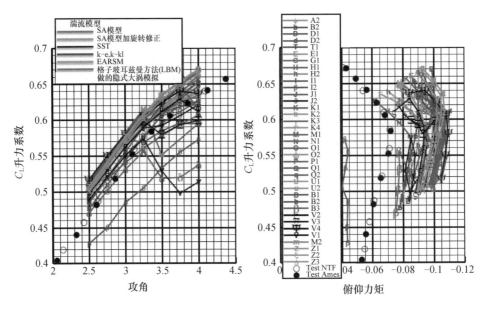

图 4 - 35　阻力预测会议上的计算结果汇总(彩色版本见彩图)

4.3　大型计算机及附属设施

CFD 的发展离不开硬件技术的发展。20 世纪 70 年代,超级计算机的运算速度是 M 级(百万次级每秒),CFD 计算主要是求解线性或非线性势流方程。20 世纪 90 年代,超级计算机的速度增加到 G 级(10^9 次/s),CFD 计算开始面向 N – S 方程,其中对雷诺平均 N – S 方程计算占据了主流。2000 年以后,个人台式机和笔记本电脑的运算速度达到 G 级以上,CFD 方法得到很大程度上的普及。当前,百 P 级(10^{17} 次/s)的计算机已研制成功并投入使用,E 级(10^{18} 次/s)计算机预计在未来 5 年内将会面世,高性能计算机能力的持续提升给 CFD 的发展与应用注入了强大活力。

4.3.1　中国空气动力研究与发展中心千万亿次级计算中心

2017 年,中国空气动力研究与发展中心计算中心千万亿次级超算系统投入运行(图 3 – 37(a))。该系统采用先进体系结构和自主微处理器,其计算分系统包括 10908 台飞腾计算节点和 136 台 X86 服务节点,峰值计算性能达 1260 万亿次/s,全局存储容量达 4.044PB。系统每年最大可提供约 15 亿核心小时的机时,能够高效支撑计算流体力学 CFD 等应用,有效支撑大规模并行仿真应用程序的开发和业务运行。同时配置有 3D 可视化系统(图 4 – 36(b)),图形集群由

12 个节点构成,内存容量 1.5TB,具备对 CFD 大规模三维网格和流场数据进行网格可视化和流场可视化的能力。

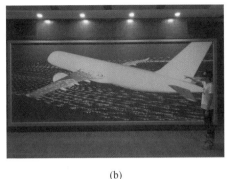

(a)   (b)

图 4-36　中国空气动力研究与发展中心计算机集群和可视化系统

4.3.2　航空工业研究院高性能计算中心

2015 年,航空工业研究院建成航空工业高性能计算中心,计算系统共 8000 余个 CPU 核,峰值速度达到 101 万亿次/s。主要基础设施包括高性能计算机、可视化系统和应用软件系统等(图 4-37)。其中可视化系统具备 TB 量级大型数据 3D 可视化能力。计算中心可提供现场使用服务和行业专网远程使用,已为多家单位提供上万次和数千万核小时计算服务。

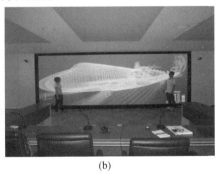

(a)   (b)

图 4-37　航空工业研究院计算机集群和可视化系统

4.3.3　中国航空工业空气动力研究院高性能数值模拟集群

2017 年,中国航空工业空气动力研究院建成大型气动力高性能数值模拟集群(图 4-38),计算峰值达到 330 万亿次/s,主力计算平台胖节点 4 台(E7v3 128 核、1T 内存),远程图形处理节点 3 个。目前,该集群已进入试运行阶段,接受飞行器气动数据委托计算、节点租用等任务和合作。

图 4 - 38　中国航空工业空气动力研究院计算机集群

4.4　在国防与经济社会发展中的应用和贡献

当前,CFD 技术已广泛应用于航空航天、地面交通、能源动力等行业,在特性预测、优化设计、安全分析、性能评估各方面发挥重要作用。CFD 可用于产品的早期概念设计,通常使用简化的计算模型,在较短时间内筛选出可行的初步设计方案;在详细设计阶段,可用于对关键气动部件进行优化以及对全机气动特性进行分析;在产品研制阶段,CFD 可用于确认性能测试结果,并提供设计改进建议。同时,CFD 与结构/材料、运动/控制、噪声等学科结合,为结构强度设计、飞行安全和减振降噪控制提供设计建议,大幅度降低研究成本与风险。

4.4.1　C919 大型客机

C919 飞机是我国拥有完全自主知识产权的 150 座级大型客机,借助先进的气动构型参数化快速成形技术、CFD 技术、高效优化设计方法和风洞试验验证等,实现先进气动布局、超临界机翼、高效增升装置、先进减阻措施等设计技术的突破,提升了飞机的设计质量和设计效率,机头、后体设计减阻 1% ,翼梢小翼设计减阻 2% ,机翼吊挂/发动机一体化设计比竞争机减阻 2% ,总体达到了空气动力设计相对竞争机同比减阻 5% 的设计要求。

在关键的超临界机翼高速气动设计中,融入了工程设计经验、准确数值分析方法以及高效全局优化流程。将设计经验及准则与现有数值计算工具、优化算法和计算机硬件资源相结合,探索发展了基于 CFD 的大型客机气动优化设计综合方法。该方法综合全局优化与局部寻优、人工经验与数值优化、参数化方法和参数控制以及自动化网格生成等方法和技术,大幅提升了气动设计效率。同时,完善了工程中实用的大型客机高速气动设计方法和流程,设计过程中融入了气

动、结冰、静气动弹性等多专业的综合约束,反映了机翼设计多学科综合的本质
特征,为形成综合最优的设计方案提供了技术支持。

4.4.2　高速列车

列车高速运行时,空气动力环境十分复杂。CFD 技术作为空气动力研究的
主要手段,对于优化高速列车空气动力设计,提升列车安全性、舒适性、环保性和
经济性具有重要作用。在高速列车建设需求的牵引下,中国中车集团、中国空气
动力研究与发展中心、中国科学院力学研究所、中南大学、同济大学、上海交通大
学、西南交通大学等单位通过大量计算工作,为高铁的高速运行、提速发展提供
了重要的技术支撑。

中南大学、西南交通大学、中国空气动力研究与发展中心等单位针对高速列
车研发了相关软件,完成了“和谐号”“复兴号”等高铁型号以及高速磁悬浮列
车的空气动力学计算任务。针对各型号,CFD 开展的主要工作包括头型设计、
气动外形优化、列车常规空气动力学特性评估、横风下气动特性、高架桥上气动
特性、交会压力波特性(明线交会、列车进隧道、隧道交会)、高寒车车体表面积
雪收集率计算、列车受电弓气动噪声计算等。CFD 目前的阻力计算精度可以达
到 2% 以内,非定常压力波计算精度在 50Pa 以内,通过 CFD 技术评估优化,实现
了国产车型比引进车型减阻 5% 以上的效果。

4.4.3　深空探测

根据中国航天白皮书,我国在深空探测领域的任务是选择有限目标,分步开
展以月球探测和火星探测为重点的深空探测活动。CFD 技术在深空探测器的
设计和研制中发挥了重要作用。

在月球探测方面,CFD 技术为探月返回器研制过程中方案设计、初样设计、
正样设计等不同阶段面临的气动力、气动热、热防护等问题提供了分析手段。通
过研究不同布局方案的气动性能,获得改善飞行稳定性的返回器外形,并对优化
外形进行全弹道的气动特性分析,为再入弹道分析和六自由度制导控制仿真分
析提供了气动数据;结合初步弹道数据进行沿弹道的再入热环境预测,为防热材
料筛选提供数据输入,为返回器外形的可行性评估提供了依据(图 4 – 39)。

在火星探测方面,针对火星大气环境,现有 CFD 软件在经过算法改进和适
应性改造之后,分析了表面催化条件、壁面温度条件、飞行高度偏差和气体模型
对气动力特性的影响,获得了不同高度、马赫数和迎角的高超声速静态气动力数
据;分析了化学反应模型、热力学非平衡效应、表面催化特性和湍流效应对气动
热计算结果的影响,获得了不同飞行高度和飞行迎角情况下的对流气动热数据;
通过对不同外形参数组合下着陆巡视器的静态气动特性和热环境进行分析,获

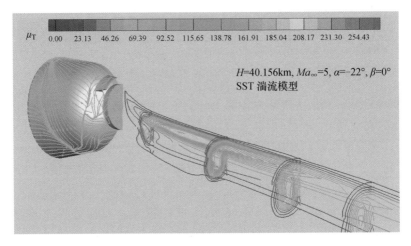

图4-39　探月返回器湍流效应影响(彩色版本见彩图)

得了不同外形参数下的升阻特性、全迎角压心系数以及小迎角表面热流密度分布。综合以上工作,获得了火星着陆巡视器气动布局优化方案(图4-40)。

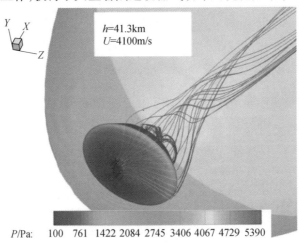

图4-40　火星探测器空间流线(彩色版本见彩图)

参 考 文 献

[1] 张来平,常兴华,赵钟,等. 计算流体力学网格生成技术[M]. 北京:科学出版社,2017.

[2] 郑耀,陈建军. 非结构网格生成:理论、算法和应用[M]. 北京:科学出版社,2016.

[3] 王文,阎超,袁武,等. 新型重叠网格洞面优化方法及其应用[J]. 航空学报,2016,37(3):
826-835.

[4] 袁武,阎超,杨威. 割补法的改进和应用[J]. 空气动力学学报,2013,31(6):704-709.

［5］张来平,赫新,常兴华,等. 复杂外形静动态混合网格生成技术研究新进展[J]. 气体物理,2016,1(1):42-61.

［6］唐静,郑鸣,邓友奇. 网格自适应技术在负责外形流场模拟中的应用[J]. 计算力学学报,2015,32(6):752-757

［7］许和勇,叶正寅. 三维非结构自适应多重网格技术[J]. 空气动力学学报,2011,29(3):365-369.

［8］周春华. 一种基于预估-修正策略的非定常流网格自适应加密/稀疏方法[J]. 计算物理,2013,30(5):633-641.

［9］李立,白文,梁益华. 基于伴随方程方法的非结构网格自适应技术及应用[J]. 空气动力学学报,2011,29(3):309-316.

［10］崔鹏程,邓友奇,唐静. 基于离散伴随方程的网格自适应及误差修正技术[J]. 航空学报,2016,37(10):2992-3002.

［11］杨夏飓,周春华. 目标函数误差估算及网格自适应处理[J]. 空气动力学学报,2014,32(5):688-693.

［12］杜若凡,阎超,罗大海. PANS 方法在双圆柱绕流数值模拟中的性能分析[J]. 北京航空航天大学学报,2015,41(8):1374-1380.

［13］瓮哲. 植入式混合方法之合成湍流生成方法研究[D]. 北京:清华大学,2015.

［14］张毅锋,何琨,张益荣,等. Menter 转捩模型在高超声速流动模拟中的改进及验证[J]. 宇航学报,2016,37(4):397-402.

［15］夏陈超,姜婷婷,郭中州,等. 压缩性修正对 γ-Reθ 转捩模型的影响研究[J]. 空气动力学学报,2015,33(5):603-609.

［16］周玲,阎超,郝子辉,等. 转捩模型与转捩准则预测高超声速边界层流动[J]. 航空学报,2016,37(4):1092-1102.

［17］Juliano T J, Adamczak D, Kimmel R L. HIFiRE-5 flight test heating analysis[C]. 52nd AIAA Aerospace Sciences Meeting, 2014.

［18］毛枚良,陈亮中,万钊,等. 高超声速流动多物理效应对美国航天飞机气动力影响研究的回顾[J]. 空气动力学学报,2017,35(1):1-12.

［19］田浩,叶友达,蒋勤学,等. 真实气体效应对升力体舵面局部流动分离的影响[J]. 空气动力学学报,2015,33(3):330-337.

［20］李俊红,潘宏禄,程晓丽. 真实气体效应对返回舱气动力特性的影响[J]. 力学与实践,2013,35(3):27-34.

［21］黄飞,吕俊明,程晓丽,等. 火星进入器高空稀薄气动特性[J]. 航空学报,2017,38(5):10-16.

［22］樊菁. 稀薄气体动力学:进展与应用[J]. 力学进展,2013,43(2):185-201.

［23］屈程,王江峰. 电离对高超声速稀薄流飞行器气动热影响[J]. 航空动力学报,2016,31(9):2156-2163.

［24］李洁,石于中,徐振富,等. 高超声速稀薄流的气粒多相流动 DSMC 算法建模研究[J]. 空气动力学学报,2012,30(1):95-100.

［25］杨彦广,李明,李中华,等. 高超声速飞行器跨流域气动力/热预测技术研究[J]. 空气动力学学报,2016,34(1):5-13.

［26］徐昆,李启兵,黎作武. 离散空间直接建模的计算流体力学方法[J]. 中国科学:物理学 力学 天文学,2014,2014(5):519-530.

［27］张浩龙,陶实,郭照立. 离散统一气体动理学格式的浸入边界方法[J]. 工程热物理学报,2016,37

(3):539 – 544.

[28] 毛枚良,江定武,李锦,等.气动动理学统一算法的隐式方法研究[J].力学学报,2015,47(5):
     822 – 829.

[29] 李志辉,吴俊林,蒋新宇,等.高超声速飞行器跨流域气动力/热问题 Boltzmann 模型方程大规模并
     行算法研究[J].航空学报,2015,36(1):201 – 212.

[30] 燕振国,刘化勇,毛枚良,等.基于高阶耗散紧致格式的 GMRES 方法收敛特性研究[J].航空学
     报,2014,35(5):1181 – 1192.

[31] 王东方,邓小刚,王光学,等.高超声速尖双锥流动高精度数值模拟[J].国防科技大学学报,
     2016,38(4):54 – 63.

[32] 刘旭亮,张树海.基于气动声学问题的高阶非线性紧致格式[J].气体物理,2016,1(2):29 – 36.

[33] 王文龙,李桦,刘枫,等.基于 TVD 思想的高阶迎风紧致格式[J].国防科技大学学报,2013,2013
     (6):9 – 14.

[34] 姜屹,邓小刚,毛枚良,等.基于 HDCS – E8T7 格式的气动噪声数值模拟方法研究进展[J].空气
     动力学学报,2014,32(5):559 – 574.

[35] 张树海.加权型紧致格式与加权本质无波动格式的比较[J].力学学报,2016,48(2):336 – 347.

[36] 涂国华,邓小刚,毛枚良.5 阶非线性 WCNS 和 WENO 差分格式频谱特性比较[J].空气动力学学
     报,2012,30(6):709 – 712

[37] 王来,吴颂平.无自由参数型混合格式[J].北京航空航天大学学报,2014,2015(2):318 – 322.

[38] 朱志斌,袁湘江,陈林.高阶紧致格式分区并行算法[J].计算力学学报,2015,2015(6):
     825 – 830.

[39] 武从海,赵宁,田琳琳.一种改进的紧致 WENO 混合格式[J].空气动力学学报,2013,31(4):
     477 – 481.

[40] 王超,吴颂平.一种适用于热流计算的改进 WENO 格式[J].航空动力学报,2012,27(11):2499 –
     2504.

[41] 徐丹,王东方,陈亚铭,等.高精度有限体积格式在三维曲线坐标系下的应用[J].国防科技大学
     学报,2016,38(2):56 – 60.

[42] 王秋菊,任玉新.最小色散自适应耗散的有限体积方法[C].中国力学大会,2013.

[43] 朱志斌,袁湘江,陈林.适用于超声速流场计算的有限体积紧致算法[J].航空动力学报,2015,30
     (10):2481 – 2487.

[44] 任玉新,李万爱.非结构网格高精度数值方法中限制器的构造[C].全国流体力学学术会议,2012.

[45] 袁先旭,陈琦,谢昱飞,等.动导数数值预测中的相关问题[J].航空学报,201,37(8):
     2385 – 2394.

[46] 陈琦,陈坚强,谢昱飞,等.谐波平衡法在非定常流场中的应用[J].航空学报,2014,35(3):
     736 – 743.

[47] 刘刚,肖中云,王建涛,等.考虑约束的机载导弹导轨发射数值模拟[J].空气动力学学报,2015,
     33(2):192 – 197.

[48] 陈波,刘刚,肖涵山,等.基于蒙特卡罗模拟的导弹分离边界计算方法研究[J].空气动力学学报,
     2012,30(4):508 – 513.

[49] 达兴亚,陶洋,赵忠良.基于预估校正和嵌套网格的虚拟飞行数值模拟[J].航空学报,2012,33
     (6):977 – 983.

[50] 张来平,马戎,等.虚拟飞行中气动、运动和控制耦合的数值模拟技术[J].力学进展,2014,44:

376 – 417.

[51] 席柯, 袁武, 阎超, 等. 基于闭环控制的带翼导弹虚拟飞行数值模拟[J]. 航空学报, 2014, 35(3): 634 – 642.

[52] 段中喆, 刘沛清, 屈秋林, 等. 修正的动力盘模型与三维模拟螺旋桨滑流比较[J]. 北京航空航天大学学报, 2013, 39(5): 585 – 589.

[53] 杨小川, 王运涛, 王光学. 基于激励盘的螺旋桨飞机数值模拟[J]. 气体物理——理论与应用, 2012, 7(3): 40 – 47.

[54] 张刘, 白俊强. 螺旋桨滑流与机翼之间气动干扰影响研究[J]. 航空计算技术, 2012, 42(2): 87 – 91.

[55] 王博, 招启军, 徐广. 一种适合于旋翼前飞非定常流场计算的新型运动嵌套网格方法[J]. 空气动力学报, 2012, 30(1): 14 – 21.

[56] 王俊毅, 招启军, 肖宇. 基于 CFD/CSD 耦合方法的新型桨尖旋翼气动弹性载荷计算[J]. 航空学报, 2014, 32(5): 675 – 681.

[57] 肖中云, 牟斌, 江雄, 等. 悬停旋翼数值计算的收敛性问题研究[C]. 第十七届全国计算流会议, 2017.

[58] 宁方飞, 贾新亮, 鞠鹏飞. 一种叶轮机三维叶型黏性反问题方法[J]. 航空动力学报, 2016, 31(6): 1530 – 1536.

[59] 陈萍萍. 轴流压气机角区分离流动损失机理及流动控制策略研究[D]. 西北工业大学, 2015.

[60] 牟斌, 江雄, 王建涛. 空化流动隐式求解方法研究[J]. 空气动力学学报, 2017, 35(1): 27 – 32.

[61] 王建涛. 基于 ρ – VOF 方法的潜射导弹水下发射过程数值模拟研究[D]. 绵阳: 中国空气动力研究与发展中心研究生部, 2017.

[62] 许亮, 冯成亮, 刘铁钢. 虚拟流体方法的设计原则[J]. 计算物理, 2016, 33(6): 671 – 680.

[63] 张帝. 高精度有限体积格式及新型 VOF 自由界面捕捉法[D]. 北京: 清华大学, 2015.

[64] 逯博, 买买提明·艾尼, 金阿芳, 等. 基于 SPH 的风沙运动的数值模拟[J]. 力学学报, 2013, 45(2): 177 – 182.

[65] 沈雁鸣, 陈坚强. SPH 方法对气液两相流自由界面运动的追踪模拟[J]. 空气动力学报, 2012, 30(2): 157 – 168.

[66] 史冬岩, 王志凯, 张阿漫. 一种模拟气液两相流的格子玻耳兹曼改进模型[J]. 力学学报, 2014, 46(2): 224 – 233.

[67] 王芳. 非紧致结构气动噪声数值积分预测方法研究[D]. 西安: 西北工业大学, 2015.

[68] 桂业伟, 刘磊, 代光月, 等. 高超声速飞行器流 – 热 – 固耦合研究现状与软件开发[J]. 航空学报, 2017, 38(7): 020844.

[69] 桂业伟, 刘磊, 杜雁霞. 热防护系统耦合分析方法与应用[J]. 现代防御技术, 2014, 42(4): 9 – 14.

[70] 桂业伟, 刘磊, 耿湘人. 气动力/热与结构多场耦合计算策略与方法研究[J]. 工程热物理学报, 2015, 2015(5): 1047 – 1051.

[71] 刘传振, 段焰辉, 蔡晋生. 气动外形优化中的分块类别形状函数法研究[J]. 宇航学报, 2014, 35(2): 137 – 143.

[72] 孙俊峰, 刘刚, 江雄, 等. 基于 Kriging 模型的旋翼翼型优化设计研究[J]. 空气动力学学报, 2013, 31(4): 437 – 441.

[73] 黄江涛, 刘刚, 周铸. 基于离散伴随方程求解梯度信息的若干问题研究[J]. 空气动力学学报,

2017, 35(4): 539 – 547.

[74] 尚萌萌, 郑耀, 陈建军, 等. 一类多线程并行四面体网格优化算法 [J]. 计算力学学报, 2016, 33 (4): 613 – 620.

[75] 邓小刚, 宗文刚, 张来平, 等. 计算流体力学中的验证与确认 [J]. 力学进展, 2007, 37(2): 279 – 288.

[76] 沈泓萃, 姚震球, 吴宝山, 等. 船舶 CFD 模拟不确定度分析与评估新方法研究 [J]. 船舶力学, 2010, 14(10): 1071 – 1083.

[77] 张涵信, 查俊. 关于 CFD 验证确认中的不确定度和真值估算 [J]. 空气动力学学报, 2010, 28(1): 39 – 45.

[78] 陈坚强, 张益荣. 基于 Richardson 插值法的 CFD 验证和确认方法的研究 [J]. 空气动力学学报, 2012, 30(2): 176 – 183.

[79] 赵旸, 张淼, 刘铁军, 等. 一种考虑静气动弹性的气动特性修正方法 [J]. 航空计算技术, 2016, 46 (5): 89 – 91.

[80] 何磊, 赫新, 马戎, 等. 大型 CFD 软件自动化测试平台的初步设计与实现 [J]. 空气动力学学报, 2016, 34(4): 418 – 425.

[81] 陈树生, 刘丽媛, 阎超, 等. CFD 软件自动化验证确认云平台设计与实现 [J]. 航空学报, 2017, 38(3): 43 – 51.

[82] 陈迎春. C919 飞机空气动力设计 [J]. 航空科学技术, 中俄航空科技学术会专辑, 2012, 2012(5): 10 – 13.

[83] 张淼, 刘铁军, 马涂亮, 等. 基于 CFD 方法的大型客机高速气动设计 [J]. 航空学报, 2016, 37 (1): 244 – 254.

[84] Slotnik J, Khodadoust A, Alonso J, et al. CFD vision 2030 study: a path to revolutionary computational aeroscience [R]. NASA/CR – 2014 – 218178, 2014.

[85] Xu G L, Jiang X, Liu G. Delayed detached eddy simulations of fighter aircraft at high angle of attach [J]. Acta Mechanica Sinica, 2016, 32(4): 588 – 603.

[86] Li Z, Chen H X, Zhang Y F. U or V shape: dissipation effects on cylinder flow implicit large – eddy simulation [J]. AIAA Journal, 2016, 55(2): 459 – 473.

[87] Wang L, Fu S. A Modular RANS Approach for Modelling Laminar – Turbulent Transition in Turbomachinery Flows [J]. International Journal of Heat and Fluid Flow, 2012, 34(4):62 – 69.

[88] Fu S, Wang L. RANS Modeling of High – Speed Aerodynamic Flow Transition with Consideration of Stability Theory [J]. Progress In Aerospace Sciences, 2012, 58:36 – 59.

[89] Zhou L, Yan C, Hao Z H. Improved $k - \omega - \gamma$ Model for Hypersonic Boundary Layer Transition Prediction [J]. International Journal of Heat and Mass Transfer, 2016, 94:380 – 389.

[90] Ju Y. Recent progress and challenges in fundamental combustion research[J]. Advances in Mechanics, 2014, 44(1): 26 – 97.

[91] Zhang S H, Deng X G, Mao M L, et al. Improvement of convergence to steady state solutions of Euler equations with weighted compact nonlinear schemes [J]. Acta Mathematicae Applicatae sinica, 2013, 29 (3): 449 – 464.

[92] Deng X, Jiang Y, Mao M, etc. A family of hybrid cell – edge and cell – node dissipative compact schemes satisfying geometric conservation law [J]. Computer & Fluids, 2015, 116: 29 – 45.

[93] Fu L, Gao Z H, Zuo Y T. High order WENO scheme based on HLL – HLLC solver and its application [J].

Chinese journal of computational mechanics, 2014, 31(1): 128 – 134.

[94] Lim H, Chen X Y, Zha G. Detached – eddy simulation of rotating stall inception for a full – annulus tran-sonic rotor [J]. Journal of propulsion & power, 2013, 28(4): 782 – 798.

[95] Sun J, Liu G, Chen Z, et al. A Universal Multidisciplinary Design Optimization Platform for Aircraft – DIPasda[C]. 8th International Conference on Computational Fluid Dynamics, 2014.

[96] Han Z H. Hierarchical Kriging Model for Variable – Fidelity Surrogate Modeling[J]. AIAA Journal, 2012, 50(9): 1885 – 1896.

[97] Tinoco E N, Brodersen O P, Keye S, et al. Summary of data from the sixth AIAA CFD drag prediction workshop: CRM case 2 to 5[C]. 55th AIAA Aerospace Sciences Meeting, 2017.

第5章 风工程与工业空气动力学

风工程与工业空气动力学研究的是大气边界层内的风、人类在地球表面的活动及人所创造物体间的相互作用。风工程与工业空气动力学是经典的空气动力学与气象学、气候学、结构动力学、建筑工程、桥梁工程、车辆工程、能源工程和环境工程等相互渗透促进而形成的。其主要研究内容是:大气边界层内的风特性,风对建筑物和构筑物的作用,风引起的污染扩散和质量迁移,非飞行器空气动力特性。

1940 年,美国塔科马大桥风致动力灾变事故及其调查研究被视为风工程历史发展阶段的一个起点。长试验段大气边界层风洞的建立、钝体断面颤振理论的提出和随机振动、统计理论的引入奠定了结构风工程研究的基础。自 20 世纪 30 年代末以来,城市地区风环境和热环境的独特特征被科学家逐步认识,并形成了城市气候学。80 年代,城市冠层模型的提出,使得传统大气边界层气象理论在环境风工程领域有了应用的可行性。自 20 年代初,德国将流线型物体减小空气动力阻力的概念引入汽车设计中,到目前汽车已实现了整体最优化设计,其中汽车空气动力学研究起到了积极的作用。1964 年日本开通列车速度达210km/h 的第一条世界高速铁路之后,研究高速列车空气动力学特性、列车和周围环境相互影响的列车空气动力学得到快速发展。从 70 年代开始,风工程作为一门学科在我国得到了快速发展。表现在研究手段不断完善,全国建成了数十座大气边界层风洞,新的测试仪器和试验设备得到广泛应用;数值模拟在风工程研究中也得到了应用和发展。与此同时,风工程研究与国民经济建设密切结合,在推动经济发展和社会进步方面起到了积极作用。

近年来,结构风工程在热带气旋引起的强风预测中建立了基于强风实测总体统计的蒙特卡罗数值模拟方法;在空气动力作用方面,发现了来流湍流的空气动力效应并建立了线性准定常计算方法;在理论研究方法方面,基于流体控制方程的理论研究进展非常缓慢,而基于计算流体动力学的数值风洞方法在不久的将来取得更大突破值的期待。针对大气污染问题,近年来环境风工程在城市群大气环流、城市规划大气环境影响等方面中均有较大进展。大气边界层湍流中大尺度相干结构普遍存在于各种下垫面中,且对动量、热量和标量通量输送的贡献不可忽视,对城市建筑、污染物扩散、风力发电等有重要影响。针对相干结构来源、特征与各向同性湍流之间相互作用机制的研究已成为边界层湍流研究的一个重要方面。对城市群及其局部微环境大气的动力、热力和污染扩散特性采用了分区数学模型和多尺度耦合的方法。另外,伴随着我国高速铁路的快速发展,列车空气动力学涉及的基础理论、关键技术及试验方法不断发展和完善。建立了列车空气动力学、列车/线桥隧空气动力学、车/风/沙/雨/雪环境空气动力学、弓网空气动力学、人体空气动力学等综合研究体系,并完善了高速列车空气动力学专用实验平台。解决了空气动力学制约高速铁路发展、恶劣环境影响行车安全等关键科学技术问题。为了满足我国汽车工业快速发展的需要,汽车整车气动特性及气动噪声的试验和数值模拟技术得到了不断提升,为新型国产汽车的大量开发提供了有力的技术支撑。随着我国基础设施建设的快速发展,高耸、大跨等风振敏感结构不断涌现;研制更安全、更快速、更舒适和对环境影响更小的高速列车是我国高铁发展趋势;乘用车和货车的节能、舒适和安全是汽车空气动力学研究持续主题;人们对大气环境、污染防护等生活品质方面的追求不断提升。风工程与工业空气动力学将继续在民用建筑和工程结构抗风设计、大气污染预报与评估决策、复杂环境下高速列车和汽车气动性能提升研究方面发挥关键的作用。

5.1   基础理论与前沿技术研究

5.1.1   结构风工程

1. 城市建筑群风环境舒适度评估方法

自然风流经建筑物特别是建筑群时,会产生各种风效应,影响行人的舒适性。城市建筑群风环境舒适度评估根据行人高度风场的测量,结合当地气象资料,给出不同区域的风环境舒适度等级,为建筑功能设计提供针对性指导,并提升建筑品质。

中国建筑科学研究院在城市气象资料获取和评估准则确定方面开展了研究,提出了根据气象站自记数据进行地貌修正的计算方法,较好地解决了由于气象站地貌变迁造成气象资料非系统性偏移的难点问题;针对大量地区统计风速和风向联合概率分布所需气象资料较难获取的问题,提出了基于日最大风速记录的建筑群风环境舒适度评估方法,解决了困扰建筑群风环境评估的关键技术难题(图 5 - 1)。

2. 非平稳、非定常气动力数学模型与物理试验识别

实际大气边界层中的自然风具有非平稳特性,尤其是台风、龙卷风和雷暴风等对工程结构具有很大危害性的极端强风更具有强烈的非平稳数值突变特性,

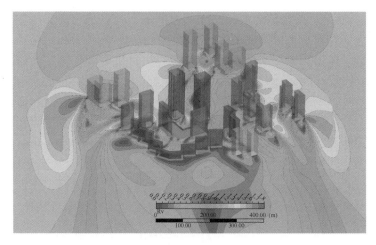

图 5 - 1　建筑群风环境评估(彩色版本见彩图)

由其产生的作用于钝体结构的气动力和气弹自激力也具有强烈的非平稳、非定常和非线性特性,需要建立对应的数学模型和物理试验识别机制,以准确反映及重构结构的气动特性,并精确计算结构风致响应。

同济大学研发了基于多风扇主动控制风洞的非平稳来流和大积分尺度来流模拟技术,研究了强/台风条件下强湍流、非稳态等多种特异性条件气动参数演变规律,研究内容涉及典型钝体桥梁断面非定常多分量气动导纳函数的统一识别理论和试验方法、抖振力跨向相关性和考虑特征湍流效应的相干函数数学模型、抖振力非定常特性数学模型等;建立了湍流积分尺度不相似时的风洞试验技术及修正方法。开发了基于弹簧悬挂节段模型涡振试验的高精度涡激力测量技术;研究了典型钝体桥梁断面非定常涡激力形成机理和非线性自激特性,确定了涡振力沿跨度方向的相关性,建立了相应的涡激力数学模型和涡激共振振幅预测理论和试验方法(图 5 - 2)。

西南交通大学提出了两波数抖振力谱以及三维气动导纳通用识别方法,建立了包含湍流积分尺度的箱形桥梁断面三维气动导纳经验数学模型,得到了矩形梁、扁平箱梁和桁架梁等断面气动导纳的三维表达式,证明了桥梁断面抖振力相关性大于脉动风速相关性是其固有特性,提出了综合考虑断面特征尺寸和湍流积分尺度抖振力跨向相干函数模型,以及桥梁断面在大振幅简谐运动下的非线性自激气动力表达式;通过大振幅自激气动力测量试验,界定了扁平箱梁需要考虑气动力高次谐波分量影响的振幅范围,提出了中等和大振幅耦合运动下其气动力的不可叠加非线性。提出了考虑跨向相关性的桥梁涡激气动力数学模型,揭示了二维与实桥三维涡振响应间的转换关系。

湖南大学开发了一种适合悬索桥高阶模态涡振研究的多点弹性支撑气弹模

图 5-2　测量桥梁断面非定常非线性涡振力的大比例节段模型内置天平同步测力测振

型风洞试验新技术,可模拟悬索桥的前 10 阶竖弯模态频率,直接测定气弹模型前 1~9 阶模态竖向涡激共振振幅,研究了各阶模态振幅演变特征,证实了节段模型试验由于忽视振型影响,可能导致偏于不安全的试验结果。

3. 典型桥梁断面气动力模型参数数值识别和超大跨桥梁风速全过程响应的数值模拟

土木结构风荷载和效应的数值模拟及数值风洞是结构风工程研究的重要发展方向。建立能再现超大跨桥梁风效应全过程的三维数值模拟平台,揭示风桥动力耦合作用机理,可以获得物理试验难以量测的相互作用机制。

同济大学开发了基于有限元方法、离散涡方法和格子-玻耳兹曼方法数值计算软件,提高了桥梁断面气动力参数的识别精度及流场分辨率,建立了典型桥梁断面气动参数数据库,实现了非典型桥梁断面全部气动参数的数值模拟;基于分区强耦合策略实现了结构非线性动力模型与桥梁构件非线性气动力数值模型数据交换,建立了能再现大跨桥梁风振全过程的准三维数值模拟平台,实现了各种风速过程下桥梁静力和动力响应分析,并模拟了桥梁在极限风速下的损毁过程(图 5-3)。

4. 灾变的结构气动控制措施与模拟

桥梁颤振和涡振等风致振动是在大跨度桥梁设计过程中需要面对的风致灾变问题,涡振在实际大跨度钢桥中时有发生,对行车安全和桥梁寿命产生不利影

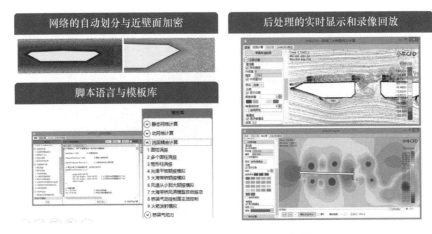

图 5-3　典型桥梁断面气动参数计算软件

响。其他重点工程结构也面临突发灾害时的安全性问题。

同济大学提出了适合主动控制面运动参数鲁棒性分析的理论模型,揭示了流场变化规律及其与控制参数之间的关系,建立了较完善的控制面颤振控制理论模型和方法,以及考虑涡激力自激自限特性的质量阻尼器多目标控制理论模型。

哈尔滨工业大学提出了针对钝体结构风效应流动控制的主/被动吸吹气流动控制方法和仿生流动控制方法,显著降低了作用于结构上的气动力脉动值,建立了被动吹气流动控制参数优化方法,发现了主/被动流动吸气控制效果由无因次动量吸/吹气系数决定,及该系数存在的饱和现象,发现了仿生行波壁流动控制效果取决于行波壁波速与来流风速的比值(图 5-4)。

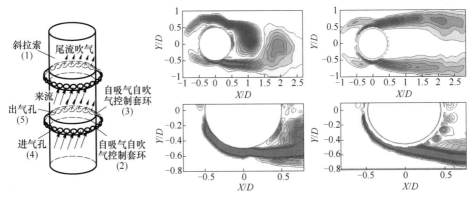

图 5-4　钝体结构主/被动流动吸气控制(彩色版本见彩图)

中国空气动力研究与发展中心为三门核电站主蒸汽隔离阀室卸压板承受龙卷风事故及高能管道破裂事故动作提供了 1:1 样品的试验模拟,验证了两种事故状态下压力阈值的选取以及卸压板正常动作机制；与上海交通大学合作，以典型抛射形高速滑坡体为研究对象，模拟了高速滑坡的气垫效应，获得了滑坡体在不同高度、风速、气垫强度、透孔率和地形情况下的受力变化规律，为地震多发区滑坡灾害预测提供科学依据。

5. 建筑风力、气动阻尼、风致响应及等效静力风荷载

随着建筑高度的不断增加，高层建筑的风荷载及风致响应问题越来越突出。当高度大于300m后，高层建筑的风荷载将渐渐超过地震荷载，成为控制性荷载。结构在风力作用下发生振动，改变了周边流场，形成流固耦合效应，可用气动阻尼来衡量。在结构设计时，往往需要将动力风荷载简化为等效静力风荷载，便于与其他荷载组合后进行静力分析。

同济大学研究了复杂超高层建筑的雷诺数效应、阻塞效应、风压分布特性、层风力分布特性和相关性；研究了尾流和湍流激励对顺风向、横风向和扭转风力的作用机制；通过典型超高层建筑气弹模型动态试验识别其三维气动阻尼，研究了复杂超高层建筑三维耦合风致响应的理论和方法。

中国建筑科学研究院研究了典型截面超高层建筑横风向和扭转风荷载基本规律，发现横扭相干性明显大于顺扭相干性；提出了基于时程的超高层建筑等效静力风荷载确定方法；提出了可考虑多阶振型贡献的横风荷载计算反应谱方法，直接对分析结果进行数据拟合，相比于传统方法减少了计算中间过程和计算误差（图5-5）。

图5-5　典型截面超高层建筑风荷载试验

中国空气动力研究与发展中心研究了大型建筑及其围护结构局部实物、实体天线等结构的抗风性能，得到了强风下风荷载、风致响应及内力的分布规律，为新体系建筑的结构设计提供了参考（图5-6）。

6. 斜拉桥拉索风致振动多尺度模拟及机理研究

随着斜拉桥跨度增加，斜拉索变得更柔更轻，易发生各种风致振动，如风雨

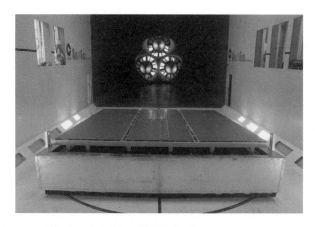

图 5 - 6　首都新机场屋盖局部实物模型风压及风致内力风洞试验

激振、多模态涡激振动等。基于风洞试验与多尺度数值模拟,揭示各种风致振动机理,对斜拉索风振控制具有重要意义。

哈尔滨工业大学发明了斜拉索风雨激振水膜/水线超声监测方法,实现了斜拉索雨振表面水线实时测量,首次定量测量了水线动力特征、几何特征及其在斜拉索上的空间位置特征,分析了表面水线特性与拉索振动特性之间的相关性;基于计算机视觉识别技术,通过三维气弹模型雨振试验,揭示了水线沿斜拉索表面轴向与周向的空间动力特性及频谱特征;基于体积分数法和拉格朗日粒子法,建立了斜拉索风雨激振多相多尺度数值算法;研究了斜拉索多模态涡激振动流场结构,揭示了旋涡脱落的空间分布特征与规律,提出了斜拉索多模态涡激振动涡脱频率的预测方法,可准确预测斜拉索发生涡激振动的参与模态及其数量;发现了斜拉索多模态涡激振动的行波和驻波效应及其与大气风速剖面特性间的关系(图 5 - 7)。

湖南大学依托西堠门大桥吊索的大幅振动病害治理,对悬索桥吊索风振振动问题开展了研究,提出在多索股之间设置刚性分隔器可有效抑制风致振动、显著提高大幅振动的起振风速。

石家庄铁道大学通过风洞试验,系统研究了斜拉桥斜拉索在各种表面状态下(不同粗糙度/螺旋线/表面损伤、非圆断面、附加抑制风雨振气动措施等)的气动力特性,提出了考虑雷诺数效应的最大风荷载、风致振动计算方法;研究了并列索结构、双幅桥的风荷载干扰问题、风致振动问题和气动控制措施。

7. 超大跨度桥梁风致振动多尺度模拟与验证

超大跨度桥梁结构断面复杂,其风致振动是典型的复杂流固耦合问题,一般采用风洞试验进行研究,通过结合多尺度数值模拟解决风洞试验较难完全满足雷诺数相似条件的局限性,利用原型监测方法对风洞试验与多尺度数值模拟结

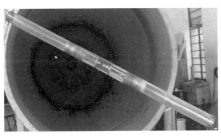
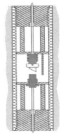
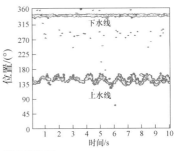

斜拉索雨振水膜/水线超声监测及二维水线特征

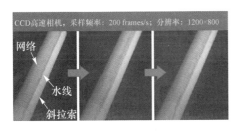
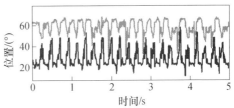

斜拉索雨振水线的计算机视觉识别及三维水线特征

图 5-7　斜拉桥拉索风雨激振机理研究(彩色版本见彩图)

果进行验证。

　　哈尔滨工业大学建立了风场、风荷载和风效应长期原型监测和验证系统,开展了超大跨度桥梁风致振动多尺度物理模拟与实测验证,发现雷诺数效应导致节段模型涡激振动试验数据与原型存在较大差别;研究了分离式双箱梁涡激振动及其绕流场旋涡空间分布规律,发现了多场异性旋涡共存现象及多体间旋涡与振动的强耦合作用特征,揭示了不同风速发生同一阶次涡激振动的机理;确定了箱梁间流态失稳突变的临界间隙比为 2.138,提出了分离式双箱梁涡激振动空隙绕流控制技术。

8. 屋盖结构风荷载、风致响应及其流固耦合模拟

　　屋盖结构建筑形式复杂,风荷载具有非高斯特性明显及时空相关性复杂等特点,结构自振频率分布密集,风致振动常常多模态参与,存在结构在较低风速下发生气弹失稳的可能性。

　　哈尔滨工业大学将典型屋盖形式的 110 余次风洞试验的数据整合,建立了风荷载数据库;结合多种大跨度屋盖风压谱曲线的几何特征,归纳出三参数风压谱模型和指数型互功率谱模型,提出了能够考虑模态耦合的风振响应快速算法,并应用于 600 余个算例中;在流固耦合的弱耦合算法基础上,提出了简化数值模拟方法,将流固耦合过程分为静态、拟静态和瞬态耦合,分别采用不同方法进行求解,建立了考虑气弹失稳的膜结构抗风设计方法(图 5-8)。

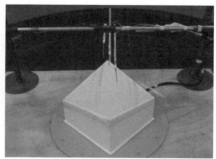

图 5 - 8　膜结构的气动弹性模型风洞试验

北京交通大学通过对 Hermite 矩模型的改进,提出了屋盖非高斯风压时程的概率密度表达式和基于样本前四阶矩的多样本风压极值概率分布模型,实现了样本信息的高效利用,在保证风压极值预测精度的前提下,显著降低了所需样本数量;提出将风荷载本征模态和主导模态惯性力作为基向量的多目标等效静风荷载计算理论,给出了典型大跨度屋盖的围护结构极值风压及其主体结构等效静风荷载的规范建议值。

9. 特高压输电线气动及覆冰性能、塔线体系风致机理

"十三五"期间,我国将开展大规模、高强度电网建设。输电线路具有塔体高、线路跨度大等特点,在强风作用下容易产生剧烈的风致振动,甚至造成严重的风灾事故。对输电塔线体系进行更精确的抗风设计以保证其安全运行具有重要意义。

重庆大学和浙江大学以规划中的苏通大跨越工程(跨越塔高 455m) 为背景,研究了巨型钢管桁架结构的绕流、相互干扰特性和雷诺数效应问题,以及风荷载调整系数的简化计算方法,建立了更合理的大跨越特高压输电塔线结构体系计算模型(图 5 - 9)。

图 5 - 9　苏通大跨越工程气弹模型试验

中国空气动力研究与发展中心、中国电力科学研究院和浙江大学开展了系列输电导线气动特性、结冰性能、新型导线选型、导线减阻防舞等研究,首次开展了较大的风速和温度条件范围下输电导线结冰试验,获得了温度、风速、结冰时间等因素对导线结冰的影响规律,基于气动和覆冰特性提出了全型号新型节能导线使用范围标准(图 5 – 10)。

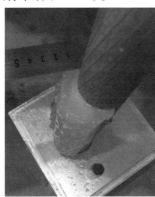

图 5 – 10　输电导线覆冰风洞试验

10. 低矮建筑物表面风荷载特性

台风、飓风和龙卷风等风灾带来的巨大损失中,大多是由于低矮建筑物破坏甚至倒塌引起的。低矮建筑物在极端气象条件下的风荷载特性及抗风性能备受关注。

湖南大学研究了山体坡度、间距、高度对低矮建筑物风荷载的影响,总结出低矮建筑物在山体地貌影响下的最不利风向角;与同济大学各自开展了大量台风等极端气候下低矮建筑物的实测研究,认为特定台风下风速基本时距取为5min 较为合理,迎风屋面屋脊角部边缘测点、屋檐角部区域具有较高的局部峰值负压和脉动风压,风压分布呈现明显的非高斯特性,在斜向强风作用下,现行建筑规范低估了屋檐角部区域的峰值负压。

中国空气动力研究与发展中心开展了 1∶3 的 TTU 标准模型风洞试验,通过与实测及小比例模型试验数据对比,分析了尺度效应、湍流度、测压孔径和采样样本长度等对风压系数分布的影响。

华南理工大学设计并制作了 11 种低矮双坡民居建筑模型,研究了不同构筑件组合对屋面结构风压分布的影响,结果表明:厝头的作用是消减屋面靠近山墙附近的极值负压,屋脊的作用是降低屋面中间部分的极值负压绝对值。

5.1.2　环境风工程

1. 真实下垫面及风沙环境条件下边界层特征分析

大气边界层是地面与大气间能量和物质交换的唯一通道,我国地形起伏,地表状态多样,构成了复杂的下垫面(沙漠、草原、湖泊、山地、城市等),研究真实下垫面上的大气边界层,是正确理解和预测天气、气候和环境过程的关键。由土地荒漠化引起的风沙灾害是影响我国经济可持续发展以及国民健康水平的一个重要环境问题。

中国科学院大气物理研究所在我国五种典型地表开展了有针对性的综合观测试验(图 5 – 11),包括半干旱区草原(通榆、锡林浩特)、高原草甸(丽江)、高原湖泊(洱海)、高大山地(青藏高原)以及超大城市群(京津冀),试验获得了区别于传统水平均匀下垫面边界层的新发现,并积累了大量宝贵的观测资料;通过北京 325m 气象塔、民勤治沙站监测塔等超声风速资料,分析了沙尘过程的大气边界层结构,发现由于气旋冷锋后部有较强的西北下沉气流,使得大风时不仅存在高频的随机性、准各向同性湍流脉动,还有较低频率的强相干、各向异性阵风结构;利用拉格朗日随机模型模拟了沙尘运动过程,发现在湍流作用下,粒子均在贴近地表的大气边界层内运动,形成厚度大约 1.5m 的风沙流边界层,沙尘必须藉阵风相干结构才能传入边界层上层。

(a)   (b)

图 5 – 11　真实下垫面条件下大气边界层特征综合观测

2. 碳专项工程

二氧化碳气体是人类活动向大气排放的主要温室气体之一。随着人口迅速膨胀和土地过度开发利用,原有的自然界碳循环体系平衡被打破,占整体陆地面积不足 2.4% 的城市区域排放了全球 80% 以上的二氧化碳。评估人为碳排放对碳收支的影响,平衡城市化发展与大气环境变化的关系,成为相关研究的主要关注点。

中国科学院碳专项工程旨在为国家应对气候变化提供基础数据、科学知识和技术支撑。中国科学院大气物理研究所基于全面调查、采样与分析,更新了能源利用和工业生产碳排放数据关键参数;建立了中国陆地生态系统碳收支的定量认证方法,准确计算了增汇潜力与速率,科学评估了增汇技术与措施;发展了均一化的百年气候观测数据集,揭示了 20 世纪中国气候环境变化的新事实;发展了先进的气候系统模式,揭示了气候变化机理,模拟了过去气候变化,预估了未来变化趋势,从气候敏感度不确定性的角度,分析了未来全球增暖与人为温室气体和气溶胶排放的关系。该工程形成了支撑我国应对气候变化的温室气体减排增汇、国家可持续发展战略决策的数据资源、科学知识和技术支持体系,全面提升了我国在生态系统与气候变化科学研究、陆地碳收支定量评估与认证、生态系统增汇技术与措施、区域碳收支调控管理政策等领域的整体科学研究水平(图 5-12)。

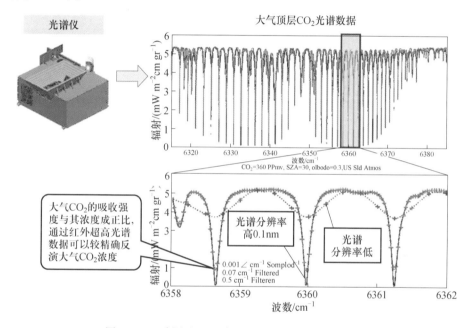

图 5-12　碳源/汇卫星探测原理(彩色版本见彩图)

3. 城市及城市群区域大气环境研究

　　城市下垫面与自然下垫面相比,密集的建筑物、街区道路和高架桥取代了自然地表,改变了地表的能量平衡过程和城市冠层内的动力气象条件,进而对城市大气污染物的迁移、转化、扩散等过程产生显著的影响。

　　北京大学构建了单层城市冠层模式,研究了城市化对局地气象条件的影响,并将其与中尺度大气模式在线耦合,相比于已有的城市冠层模式,该模式在能量平衡等方面进行了改进,显著提高了城市街谷内部多次反射/散射辐射量的计算精度,为城市冠层内边界层的准确模拟奠定了基础;为研究街区内的小尺度大气运动,开发了中尺度气象模式与微尺度 CFD 模型间的离线耦合模块,研究了大气边界层稳定度对城市冠层内污染扩散过程的影响(图 5-13)。

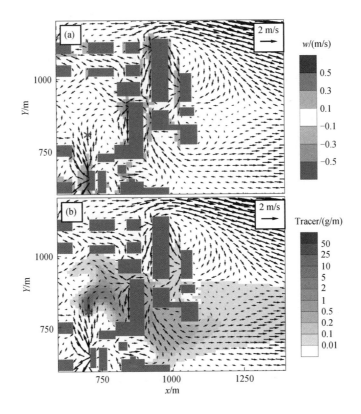

图 5 – 13　WRF – CFD 耦合模式模拟得到建筑物群内 10m 高度上的
风矢量和示踪剂浓度分布(彩色版本见彩图)

南京大学在东部沿海城市带的气候效应及对策研究中,开展了长江三角洲城市群区多过程协同强化观测试验,通过对城市近地层观测资料的分析,获得了城市地表－大气交换规律,研究分析了高大建筑物对城市地表动力学参数的影响,以及城市热岛环流之间的相互作用;通过分析飞机观测和风廓线雷达观测资料,获得了上海地区边界层风场垂直结构特征,并分析了边界层低空急流的季节变化特征,及其与大尺度背景环流和海陆风局地环流的关系。

西安交通大学通过外场观测对西安地区城市街谷内污染物的日变化规律进行了高时空分辨率观测研究,包括气溶胶浓度、车流量、温度、风速和风向等。研究发现,在微风条件下城市街谷内没有有效的典型环流涡旋,气溶胶主要受街谷内湍流运动的影响,在垂直方向上有明显的分层现象,且对机动车行驶所产生的扰动较为敏感。

4. 重污染气象条件的气候影响评估技术

造成城市大气污染的主要原因是大气污染物的过度排放和不利于污染物扩

散的气象条件。为了评估大气污染防控措施对空气质量改善的作用,需要扣除气象因素引起的污染物浓度波动。

国家气候中心建立了大气环境容量气候影响评估系统,基于大气平流扩散方程的大气环境容量计算方法,反映了大气自身对大气污染物的通风稀释和雨洗作用,揭示了我国当前重污染天气形成的物理机制,反映了气候背景条件对大气重污染的影响。该系统成功应用于北京 APEC 会议和北京阅兵纪念活动的大气污染防控措施效果评估(图 5 - 14)。

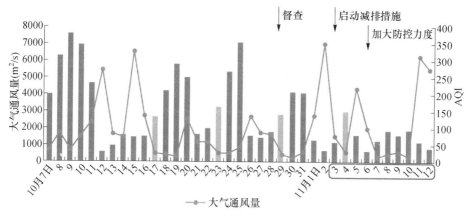

图 5 - 14　APEC 会议前和会议期间北京市大气通风量和空气质量指数日均值

5. 大气污染精准溯源与动态优化控制理论方法

中国人民解放军陆军防化学院牵头建立了全国空气质量高分辨率预报与污染控制决策支持系统,发展了 CAMx 伴随溯源模式,实现了排放源动态反演和网格化定量溯源,可快速定量追溯导致目标区域未来 1~7 天大气污染的排放源及其贡献率时空分布。将动态反演排放源方法与调查排放清单相结合,应用伴随溯源模式实现了对预报结果同步来源解析,为大气重污染应急控制找准控制对象,并进行损益评估,实现了基于自然控制论的大气污染应急优化控制,并已应用于京津冀地区和川渝黔地区。

6. 风电场短期风电功率预测技术

风电的波动性给电网带来不稳定,对电网调度造成压力。风电功率预测可帮助电网进行调峰,消除风电波动造成的电网不稳定。此外,风电功率预测还可指导风电场的检修计划,提高风能利用率。

国家气候中心研发建立了风电场短期风电功率动力降尺度预测系统,采用 CFD 技术预先模拟出各种天气背景条件下的风场分布,建立微尺度风场基础数据库,再根据中尺度数值天气预报,通过选择对应的风电场风场分布,给出每台风电机组的风电功率预测。该系统在华能公司阜新高山子风电场开展的试验中,满足了国家电网公司"月均方根误差应小于20%"的要求。该系统已被中国电力投资集团公司电力工程有限公司采用,安装在山西运城垣曲风电场、山西晋城陵川风电场和河南焦作博爱风电场,用于风电场风电机组的"一机一控"运维管理。

在中国－丹麦可再生能源发展项目的资助下,国家气候中心开展了卫星反演与数值模拟技术在近海风能资源评估中的综合应用研究,发展了综合应用卫星反演技术、中尺度数值模拟技术和CFD技术的近海区域和风电场风能资源评估方法,在海南岛和广东西部的近海海域进行了示范研究。

中国科学院大气物理研究所研制了大型风电场风电功率短期预报模式系统,集成了当今最先进的大气科学数值模拟和统计分析手段,充分考虑了我国风资源丰富区的气候特征和复杂地形条件下大气边界层风场结构特征,可实现大尺度和中尺度天气背景场数值天气预报,以及风电场精细风场预报,能够满足发电量短期(48h)和超短期(4h)业务预报需求(图5-15)。

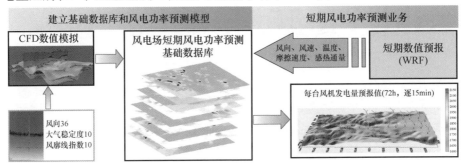

图5-15　风电场短期风电功率动力降尺度预测系统(彩色版本见彩图)

5.1.3　车辆空气动力学

1. 高速列车流线型头型气动优化设计

高速列车流线型头部形状对列车气动性能有着重要影响,通过优化列车头型可以使高速列车气动性能得到提高。2017年,我国自主设计和研制的中国标准动车组投入运营,其气动阻力远低于国际同类水平,噪声指标完全满足国际相关标准。

中国中东股份有限公司青岛四方机车车辆股份有限公司基于支持向量机响应面方法,发展了高速列车头型无约束及有约束的反设计方法,通过给定目标值反向得出设计外形。中国科学院力学研究所基于局部型函数参数化方法、改进的蚁群算法和改进的Kriging模型,对高速列车头型进行了三维气动减阻优化。西南交通大学、中南大学等采用遗传算法对高速列车气动头型进行了优化设计。中国中东股份有限公司唐山机车车辆有限公司和中国空气动力研究与发展中心开展了 10 余种新头型设计及气动阻力、噪声等性能试验工作,气动性能持续提升(图 5 – 16)。

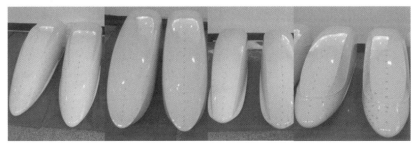

图 5 – 16　高速列车气动头型优化试验模型

2. 高速列车非光滑表面减阻技术

非光滑表面减阻技术是指在物体表面有规律地布置微细复杂结构的一种表面流态控制减阻技术,通过对高速列车表面附面层控制实现减阻已成为新的发展方向。

中国中东股份有限公司唐山机车车辆有限公司和中国空气动力研究与发展中心合作开展了高速动车组阻力测试与评估,重点进行了系统减阻技术研究。以头型、裙板、车间连接处、车顶设备导流等关键部位为突破点,开展了多部位多层级的减阻研究;针对空调导流罩、裙板形式、风挡区域等部位也进行了减阻优化,提出了包括内嵌式空调机组、受电弓双向导流罩、半封闭和全封闭风挡、转向架区域裙板封闭等系列优化减阻方案。

中国中东股份有限公司唐山机车车辆有限公司针对高速列车车头流线型区域、转向架区域隔墙部位、风挡区域端墙部位等部位布置了不同形状、尺寸及布置方式的随行波微细结构,通过仿真计算和风洞试验,获得了利用表面随行波微细结构进行减阻应用的可行方案。其中转向架区域隔墙和风挡区域端墙处添加微结构后减阻效果最佳,达到 4.35%。

西南交通大学开展了基于非光滑表面的高速列车转向架区域气动减阻研究,将仿生学中普遍应用的非光滑表面单元体布置于高速列车中间车的转向架区域端墙处。

3. 列车/隧道耦合空气动力学

随着列车穿越隧道速度的提高,隧道内的瞬变压力波动将会越来越明显,交变气动载荷可能造成列车及隧道衬砌结构的疲劳损伤;列车高速过隧道引起的车厢内空气压力变化率过大,且压力变化频繁,可能导致乘客耳鸣、眩晕,甚至击坏人体耳膜。

中南大学以乘客安全舒适、列车/隧道/弓网结构安全、隧道口环境降噪为目标,从抑制高速列车车厢内交变气压,以及降低隧道内瞬变气动冲击压力、减小气压爆波、控制隧道内火灾烟流扩散及引导乘客逃生的思路入手,提出人/车/隧/环境耦合空气动力理论模型与控制方法,建立了高速列车/隧道耦合气动效应协同控制体系,形成了列车/隧道耦合空气动力安全技术,完成了中国高速铁路重大工程中各类型隧道断面、缓冲结构、典型隧道和CRH系列高速列车/隧道耦合空气动力效应的分析、评估和优化,实现了气压爆波减小50%、瞬变压力降低10% ~35%(图5-17)。

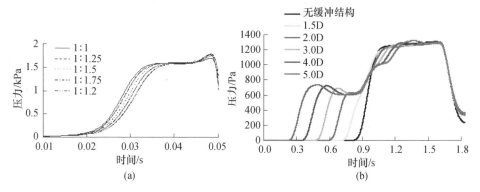

图5-17　隧道口缓冲结构形式对初始压缩波的影响规律(彩色版本见彩图)

(a)斜切式洞门斜率对初始压缩波的影响;(b)断面扩大缓冲结构长度对初始压缩波的影响。

4. 列车/风/沙/雨/雪环境空气动力学

风沙、大雨及暴雪等自然环境是导致列车事故的主要气象灾害,轻则路网中断,重则车毁人亡。动车组速度高、自重轻,抗倾覆能力低,安全问题更为突出。

中南大学针对风吹沙(尘)、雨、雪等对列车运行安全构成的影响,确定了起沙、扬尘、扬雪临界风速,探明了风沙尘流密度空间分布规律、沙(尘)粒粒径与环境风速关系、风沙沙(尘)粒跃移速度与环境风速关系,发现了车窗玻璃、设备舱、转向架空气弹簧等部件抗风沙、风雨、风雪性能规律;探明了风/车/路/网/墙/地形地貌耦合的列车周围流场流动及车辆倾覆机理,建立了风/车/路/网/墙/地形地貌耦合下车辆倾覆、车体升重比超限、网偏致弓网失效等多元要素下车辆气动载荷与姿态响应耦合模型,提出了实时限速行车阈值确定方法(图5-18)。

5. 轨道车辆转向架区域冰雪防治技术

环境风雪和线路积雪会使高铁动车组转向架区域出现大面积冰雪附着和车底结冰现象,影响转向架制动夹钳等关键部件的正常工作,导致无法有效制动,对列车运行安全造成较大的安全隐患。

中南大学、中国中东股份有限公司唐山机车车辆有限公司开展了防冰雪转

速度/(m/s)
80
60
40
20
0

图 5 - 18   大风环境下高速列车非定常流场结构图(彩色版本见彩图)

向架研究,得到了不同导流结构形状对转向架区域流场结构的影响,确定了车体底部导流结构形式,提出了高速高寒列车车体防积雪结冰流场"疏绕"技术,实现丰雪环境下高速列车转向架区域积雪减少 50% 的技术能力。具备交付运营 400km/h 及以上高速列车及相关系统,并满足泛欧亚铁路互联互通的要求。

6. 制定列车空气动力学标准

目前,我国高速铁路技术已经处于世界领先地位,国内外的相关技术标准已经不适用于当前的发展。国内多家单位正在制定列车空气动力学相关标准,包括明线、隧道空气动力学要求与试验方法,横风评估和试验方法等,对列车空气动力学的数值、试验和评估方法进行规范,为中国高速铁路走向世界奠定基础。

7. 汽车气动特性评估

中国第一汽车集团公司在国内首次完成了乘用车全细节油泥模型与商用车大比例油泥模型的风洞试验研究;发展了新的风噪计算方法,可在满足汽车工程开发精度的前提下,节省大量计算时间和计算成本,整车气动噪声计算可在 1 天内完成。吉林大学将基于格子 - 玻耳兹曼方法引入汽车气动特性数值模拟研究。国内各大汽车厂家已可应用数值风洞技术进行全细节模型仿真。

5.2   科研试验基础设备设施

5.2.1   结构风工程试验设备

同济大学于 2012 年研制了龙卷风模拟器,用于龙卷风风场结构和其作用下的结构风效应研究。模拟器最大风速 12m/s,导流板角度 0° ~60°,龙卷风直径 50 ~100mm,流路外径 1500mm,收束层高度 300 ~700mm,水平方向移动距离 2.8m,水平方向移动最大速度 0.4m/s(图 5 - 19)。

同济大学于 2015 年建造了 TJ - 5 多风扇主动控制风洞,试验段尺寸 1.5m

图 5 - 19　同济大学龙卷风模拟器

(宽)×1.8m(高)×10m(长),动力系统由 10 列 12 行风扇阵列组成,每套风扇的电机均为 550W,风洞最大风速 18m/s,可加载平均风速 12m/s、6Hz 脉动风速单峰值为 4m/s 的信号。通过控制系统控制 120 台风机转速实现对三维风速变化的半主动控制,也可通过增设振动偏向翼控制垂直和侧向风速变化,实现对复杂风速变化的主动模拟(图 5 - 20)。

图 5 - 20　同济大学 TJ - 5 多风扇主动控制风洞

　　哈尔滨工业大学新建了闭口回流式竖直放置风洞,试验段截面 0.5m×0.5m,风速 0.5~30m/s;新建了闭口回流式水平放置风洞,试验段截面 1.2m×0.8m,风速 2~35m/s(图 5 - 21)。

　　中国空气动力研究与发展中心于 2015 年建成下击暴流模拟装置,喷口直径 0.6m,喷口最高运动速度 1.6m/s,最大风速 27m/s,可模拟低频突风(图 5 - 22)。

　　北京交通大学于 2013 年建成 1.5m(1.2m 直流式风洞;2016 年新建了 1.0m 龙卷风模拟装置和 0.6m 下击暴流模拟装置。

图 5 - 21　哈尔滨工业大学研究型风洞

图 5 - 22　下击暴流模拟装置

5.2.2　环境风工程试验设备

中国建筑科学研究院于 2013 年建成大型拖曳式水槽,尺寸 21.6m(长)×1.5m(宽)×1.2m(高),拖车运动速度 3 ~ 60mm/s,沿水槽长度方向钢柱最大跨度 14.4m,是目前国内最大的可模拟各种大气层结状态的拖曳式水槽,可研究各种大气状态对污染扩散的影响,并进行各种流动显示试验,揭示流动结构对质量迁移的影响(图 5 - 23)。

湖南大学在原 HD - 2 风洞试验段的基础上,改造完成了世界首座单风机双层三试验段风洞实验室。新增的第三试验段为直流试验段,尾部有降雨模拟装置,可进行超长大跨度以及大范围建筑群模型风洞试验、污染扩散模拟以及风雨共同作用试验。

中国科学院大气物理研究所改建完成了大气本底监测网兴隆观测站,在已有观测设备的基础上,增加及更新了太阳跟踪辐射表、全天空成像仪、能见度仪等仪器,具备空气质量监测和气候观测等能力,并研究了华北地区的气溶胶垂直

图 5 - 23 大型拖曳式水槽

分布特征。

中国科学院大气物理研究所、中国科学院计算技术研究所、中国科学院网络信息中心、曙光信息产业股份有限公司共同发布了中国科学院地球系统模式1.0版本。地球系统模式是理解过去气候与环境演变机理、预估未来潜在全球变化情景的重要工具,使得解决涉及多个不同圈层的地球系统环境问题成为可能。系统峰值计算能力达1500万亿次/s,存储空间达到5PB,系统可对大气、洋流、地壳、生态等进行仿真,进而理解认识影响地球各圈层及其相互作用的因子和规律。

南京大学依托地球系统区域过程综合观测试验基地 SORPES 站开展大气边界层过程观测,在南京大学仙林校区建有 75m 边界层高塔,开展大气平均风、温、湿度场观测以及湍流特征观测。

5.2.3 车辆空气动力学试验设备

同济大学地面交通工具风洞中心的多功能风洞可进行 1∶8 缩比、3 车编组的高速列车模型的整车及头型、转向架、受电弓、受电弓导流罩、转向架裙板、风挡等部件的气动声学试验,已为国内高速列车研制单位开展了多期高速列车模型整车及部件的气动噪声测量试验。

中南大学研发了适用于高速列车非接触式动模型空气阻力、列车运行姿态、风沙和风雪等异物入侵、风致接触网偏移量等机器视觉检测系统;开发了涵盖高速列车稳态运行、交会运行、穿越隧道、通过强风沙区四大类在线实车空气动力试验系统,开展了行车安全评估、列车表面压力分布、列车/隧道耦合空气动力学、列车周围环境、部件风量及空气流向流速、车窗玻璃承受风载荷、大风环境下列车动态偏移量和倾覆稳定性等研究(图 5 - 24)。

中南大学针对高速列车穿越长大隧道引起的空气动力学问题,建立了

图 5 – 24　列车气动特性的实车测试

500km/h 高速列车/长大隧道耦合空气动力学动模型模拟试验系统,首次实现了超过 10km 的隧道空气动力效应模拟,揭示了高速列车穿越长大隧道空气压力波系产生及演化规律,提出了长大隧道空气动力效应缓解措施(图 5 – 25)。

图 5 – 25　高速列车/长大隧道耦合空气动力学试验系统

　　中南大学研建了交变冲击气动压力下的人体舒适性/车体刚度/气密性综合试验装置,用于研究列车高速穿越隧道时产生的交变气动载荷导致车体瞬态气动冲击疲劳问题,包括乘员人耳舒适性及安全性、车体及其部件气动载荷疲劳强度、过隧道时车内压力波、车内流场品质、车体气密性以及交变气动载荷作用下车体车窗与车体结构刚度匹配等(图 5 – 26)。

　　中南大学研建了风沙、风雨、风雪气动试验平台群,可开展起沙、扬雪、扬尘试验;风沙尘流密度、空间分布及其与风速关系试验;沙尘粒径、跃移速度与环境风速关系试验;列车部件及空调机组、通风系统等抗风沙、风雨性能及环境适应性、动态冲击疲劳试验;高寒动车组转向架抗积雪试验(图 5 – 27)。

　　中国科学院力学研究所研制了完全自主知识产权的动模型试验装置,全长270m,试验段长度 100m,列车模型比例 1∶8,采用空气炮控制压缩空气的加速驱

图 5 - 26　列车/隧道耦合交变气动载荷试验装置

图 5 - 27　列车风沙试验装置

动方式,模型速度可达 500km/h。

　　吉林大学建成模拟风雨耦合作用的直流式风洞,淋雨面积 5m×6m,最大风速 30m/s,最大降雨强度 9m³/h,能真实模拟汽车在降雨环境中的行驶状态,判断降雨环境对驾驶员视野造成的影响、验证汽车的密闭性,并为整车开发提供参考数据,提高试验测量的准确性和可信度(图 5 - 28)。

图 5 - 28　汽车风雨耦合作用试验装置

中国汽车工程研究院正在重庆建设全尺寸汽车空气动力学 – 声学风洞和环境风洞，预计 2018 年建成。气动 – 声学风洞喷口面积 28m², 最高风速 250km/h, 背景噪声 58dB；环境风洞最高风速 200km/h, 具有多变喷口和全光谱阳光模拟系统，模拟温度 – 4～60℃, 可控湿度 5%～95%, 可模拟雨雪等环境。

5.3　试验技术

西南交通大学在 XNJD – 3 风洞中研制了风 – 车 – 桥耦合振动气动力测试系统。该系统由动力牵引机构及刹车装置、列车和桥梁模型、测力天平、无线传输设备等组成，最大试验车速 15m/s, 最大平稳运行距离 12m, 风向角范围 0°～45°, 风迎角范围 0°～3°, 可用于不同型号的高速动车编组在不同桥梁上通行时的气动力测试；研发了大振幅、高信噪比桥梁模型强迫振动试验系统，实现了任意竖向、扭转及耦合运动下非定常气动力的高精度识别。

中南大学研发了多种列车实车测量技术，包括对列车气动阻力、车身表面脉动压力、车厢内部压力测量，列车空调、冷却风和进排气口的气流流速与流量测量，以及列车运行过程对周围环境和结构物产生的气动噪声、微气压波以及列车风的测量等；研发了新型测试系统，包括红外光电测速、超声波测距等系统，成功解决了列车交会状态下的实车压力测量问题(图 5 – 29)。

图 5 – 29　列车实车测量系统

5.4 在国防与经济社会发展中的应用和贡献

中国建筑科学研究院会同有关单位共同制订了行业标准《建筑工程风洞试验方法标准》。该标准已经住房和城乡建设部批准,自 2015 年 8 月 1 日起实施。标准的发布实施,对规范建筑工程风洞试验方法、指导结构设计产生了重要作用,取得了良好的经济和社会效益。

同济大学研发的桥梁抗风安全气动控制技术成功应用于我国跨径最大、世界跨径第二的舟山西堠门大桥等 5 座大跨度桥梁,仅在西堠门大桥上的应用就取得直接经济效益 2.6 亿元。研究成果为建设 2000m 以上跨度的分体箱梁悬索桥奠定了坚实的基础,具有广泛的推广应用价值和国际竞争优势。

哈尔滨工业大学将长斜拉索多模态涡激振动预测方法成功应用于我国舟山连岛工程金塘大桥斜拉索涡激振动的预测和预报,为斜拉索多模态涡激振动控制提供了科学依据,保障了桥梁安全和交通顺畅。

西南交通大学桥梁研究成果应用于数十项重大桥梁工程,包括世界跨度排名前 10 位悬索桥中的 5 座和世界跨度排名前 10 位斜拉桥中的 4 座,以及欧美、非洲、东南亚等地多座大跨度桥梁,代表性工程有苏通长江大桥、港珠澳大桥、大渡河特大桥、美国加拉戴斯蒙大桥复线桥、挪威哈龙格兰德大桥等,累计经济效益达 2.82 亿元。

北京交通大学、哈尔滨工业大学等发展的大跨空间结构抗风设计理论已成功应用于国内外 30 余项重大工程中,成果已经写入国家行业标准《屋盖结构抗风设计规范》,作为风荷载取值依据指导结构设计。西南交通大学、中国空气动力研究与发展中心针对首都新机场屋盖局部实物的抗风试验研究为该项目顺利推进提供了重要的依据。

中国科学院大气物理研究所牵头实施的"一带一路"国际合作专项《气候变化研究及观测计划》项目,联合中亚 5 国、泰国、蒙古、印度、斯里兰卡等,组建了"一带一路"气候变化协同研究网络,为相关国家应对和适应气候变化的战略计划实施提供科技支撑和保障。

国家气候中心将中尺度模式与 CFD 相结合的数值模拟技术应用于北京冬奥会赛场风环境气候评估,评估报告已于 2017 年提交奥组委。

国家气候中心开展了我国低风速风能资源评估,得到中、东、南部 19 个省共有 7 亿 kW 低风速风能资源技术开发量,为国家 2017 年风电发展重点转移到中、东、南部低风速区的决策提供了科学支撑。

国内各有关单位针对高速列车系统开展了一系列空气动力学研究,其成果已在"和谐号""复兴号"等高速列车的研制和运营中得到持续应用,大幅提升了高速列车的安全运行能力,取得了显著的经济和社会效益,促进了我国轨道交通事业的高速健康发展。

参 考 文 献

[1] 陈凯,金新阳,钱基宏. 考虑地貌修正的基本风压计算方法研究[J]. 北京大学学报(自然科学版),2012,48(1):13-19.

[2] 陈凯,何连华,武林. 基于日最大风速记录的建筑群风环境评估方法[J]. 实验流体力学,2012,26(5):47-51.

[3] 唐意,金新阳,杨立国. 错列布置超高层建筑群的干扰效应研究[J]. 土木工程学报,2012(8):97-103.

[4] 严亚林,唐意,金新阳. 气动外形对高层建筑风荷载的影响研究[J]. 建筑结构学报,2014,35(4):297-303.

[5] 陈凯,肖从真,金新阳,等. 超高层建筑三维风振的时域分析方法研究[J]. 土木工程学报,2012,45(7):1-9.

[6] 陈凯,符龙彪,钱基宏,等. 基于响应时程的大跨度空间结构等效静风荷载分析方法[J]. 建筑结构学报,2012,33(1):35-42.

[7] 刘庆宽,李聪辉,郑云飞,等. 缠绕螺旋线的斜拉桥斜拉索平均气动阻力特性的试验研究[J]. 土木工程学报,2017,50(5):97-104.

[8] 刘庆宽,郑云飞,赵善博,等. 螺旋线参数对斜拉索风雨振抑振效果的试验研究[J]. 工程力学,2016,33(10):138-144.

[9] 孙晓颖,陈昭庆,武岳. 单向张拉膜结构气弹模型试验研究[J]. 建筑结构学报,2013,34(11):63-69.

[10] 沈国辉,项ПР通,邢月龙,等. 基于EEMD分解的输电塔阻尼特性识别[J]. 振动与冲击,2014,33(21):38-43.

[11] 楼文娟,林巍,黄铭枫,等. 不同厚度新月形覆冰对导线气动力特性的影响[J]. 空气动力学学报,2013,31(5):616-622.

[12] 王旭,黄鹏,刘海明,等. 超强台风作用下低矮建筑屋盖风压非高斯特性研究[J]. 建筑结构学报,2016,37(10):132-139.

[13] 黄汉杰,王卫华,蒋科林. 大比例TTU模型表面风压分布试验研究[J]. 建筑结构学报,2016,37(12):58-64.

[14] 杨易,谢壮宁,石碧青. 屋顶构造形式对传统民居风荷载特性的影响[J]. 建筑结构学报,2017,38(2):143-150.

[15] 马文通,朱蓉,李泽椿,等. 基于CFD动力降尺度的复杂地形风电场风电功率短期预测方法研究[J]. 气象学报,2016,74(1):89-102.

[16] 陈大伟,姚拴宝,刘韶庆,等. 高速列车头型气动反设计方法[J]. 浙江大学学报(工学版),2016,50(4):631-640.

[17] 陈大伟,姚拴宝,郭迪龙,等. 高速列车头型拓扑结构对气动力的作用规律研究[J]. 铁道学报,2015,37(2):18-26.

[18] 倪天晓. 高速铁路隧道列车火灾烟气蔓延规律及控制特性研究[D]. 长沙:中南大学,2013.

[19] 杨伟芳. 列车隧道压力波模拟迭代控制算法仿真研究[D]. 成都:西南交通大学,2013.

[20] 田红旗. 中国恶劣风环境下铁路安全行车研究进展[J]. 中南大学学报(自然科学版),2010,41(6):2345-2442.

[21] 丁叁叁, 田爱琴, 董天韵, 等. 端面下斜导流板对高速列车转向架防积雪性能的影响[J]. 中南大学学报(自然科学版), 2016, 47(4):1400 – 1405.

[22] Zhu L D, Meng X L, Guo Z S. Nonlinear Mathematical Model of Vortex – Induced Vertical Force on a Flat Closed – Box Bridge Deck[J]. Journal of Wind Engineering and Industrial Aerodynamics, 2013, 122 (11): 69 – 82.

[23] Li S P, Li M S, Liao H L. The lift on an aerofoil in grid – generated turbulence[J]. Journal of fluid mechanics, 2015, 771: 1635 – 1667.

[24] Xu K, Zhao L, Ge Y J. Reduced – order modeling and calculation of vortex – induced vibration for large – span bridges [J]. Journal of Wind Engineering and Industrial Aerodynamics. 2017, 167, 228 – 241.

[25] Lik, Zhao L, Ge Y J, et al. Flutter suppression of a suspension bridge sectional model by the feedback controlled twin – winglet system [J]. Journal of Wind Engineering and Industrial Aerodynamics, 2017, 139: 101 – 109.

[26] Chen W L, Xin D B, Xu F, et al. Suppression of vortex – induced vibration of a circular cylinder using suction – based flow control[J]. Journal of Fluids and Structures, 2013, 42: 25 – 39.

[27] Xu F, Chen W L, Bai W F, et al. Flow control of the wake vortex street of a circular cylinder by using a traveling wave wall at low Reynolds number[J]. Computers and Fluids, 2017, 145: 52 – 67.

[28] Chen W L, Li H, Ou J P, et al. Numerical simulation of vortex – induced vibrations of inclined cables under different wind profiles[J]. Journal of Bridge Engineering, 2013, 18(1): 42 – 53.

[29] Chen W L, Zhang Q Q, Li H, et al. An experimental investigation on vortex induced vibration of a flexible inclined cable under a shear flow[J]. Journal of Fluid and Structures, 2015, 54: 297 – 311.

[30] Li H, L S, Zhang Q Q, et al. Field monitoring and validation of vortex – induced vibrations of a long – span suspension bridge [J]. Journal of Wind Engineering and Industrial Aerodynamics, 2014, 124: 54 – 67.

[31] Su N, Sun Y, Wu Y, et al. Three – parameter Auto – spectral Model of Wind Pressure on Large – span Roofs[J]. Journal of Wind Engineering and Industrial Aerodynamics, 2016, 158: 139 – 153.

[32] Spanos P D, Sun Y, Su N. Advantages of Filter Approaches for the Determination of Wind – induced Response of Large – span Roof Structures[J]. Journal of Engineering Mechanics(ASCE), 2017, 143(9): 1 – 12.

[33] Huang H J, Huang Z X, Li X M. Experimental Research on Ice Accretion Characteristic of Energy – Saving Conductor[J]. Advanced Materials Research, 2014, 986 – 987:919 – 922.

[34] Cheng X L, Zeng Q C, Hu F. Characteristics of gusty wind disturbances and turbulent fluctuations in windy atmospheric boundary layer behind cold fronts [J]. Journal of Geophysical Research, 2011, 116 (D6):101.

[35] Yang, D X, Zhang H F, Liu Y, et al. Monitoring carbon dioxide from space: Retrieval algorithm and Flux inversion based on GOSAT data and using CarbonTracker – China[J]. Advances in Atmospheric Sciences, 2017, 34(8): 965 – 976.

[36] Miao Y, Liu S, Zheng Y, et al. Numerical study of the effects of Planetary Boundary Layer structure on the pollutant dispersion within built – up areas[J]. Journal of Environmental Sciences, 2015, 32: 168 – 179.

[37] Yao S B, Guo D L, Sun Z X, et al. A modified multi – objective sorting particle swarm optimization and its application to the design of the nose shape of a high – speed train[J]. Engineering Applications of Computational Fluid Mechanics, 2015, 9(1): 513 – 527.

第6章 风能空气动力学

风能是可再生能源中经济性最好和发展最快的清洁能源之一,作为未来能源供应重要组成部分的战略地位受到世界各国广泛认可。风力机是风能提取的主要工具,空气动力学作为风力机研究的首要问题已得到公认。

风能是一种可再生的清洁能源,风能利用对改善能源结构、减轻环境污染、保障能源安全和建设生态文明起到重要作用。风能作为未来能源供应重要组成部分的战略地位受到世界各国的重视。风能的主要利用方式是发电,风力机是基本的风能转换系统。风能利用是一项系统工程,涉及很多学科和专业领域,其中空气动力学是风能技术重要的理论基础。风能空气动力学包括风力机空气动力学和风电场空气动力学两部分。

19世纪60年代到80年代,Rankine和Froude等人建立了一维轴动量理论,阐述了风力机能量转化关系。1919年德国物理学家Albert Betz给出了风能利用效率的Betz极限,1935年Glauert提出了经典的动量叶素理论,首次实现了对风力机空气动力性能和特性的分析,其基本思路沿用至今。随着风力机功率的增加,特别是70年代后,风力机市场逐渐形成,风力机产业和技术的发展,推动了风能空气动力学走向一个新的阶段,特别是从21世纪初开始,兆瓦级风电机组进入市场和风电场的规模化建设,进一步提升了风能空气动力学技术的进步,主要有以下四个方面:

(1)大型风电叶片空气动力学问题。近年来,全球投入商业运营的主流风电机组功率为1.5~6MW、7~10MW的超大型风电机组正在竞相研发。随着功率增加,风电叶片长度也不断加长,最长的已到达88.4m,是为一台8MW海上风电机组配套的叶片。叶片大型化给设计、制造和运维都提出了新的挑战。

在叶片专用翼型方面,近年来,针对超大型叶片,国际上新开发了ECN系列厚翼型和AA系列翼型等,高雷诺数大迎角下的翼型气动特性备受关注。

在叶片设计方面,发展高精度高效的气动分析方法,用于求解大型叶片非定常空气动力特性和结构响应,解决大型叶片的二维/三维气弹大变形和流固耦合、叶片气动噪对环境的影响、叶片结冰造成的气动效率降低和结构安全问题。另外,为了改善叶片气动性能,涡流发生器、格尼襟翼和铌等气动调节装置被应用。叶片设计技术已逐渐朝气动、结构、控制和环境等一体化最优设计方向发展。

（2）风电场微观选址和布局优化问题。随着风轮尺寸的越来越大和分散式风电场的发展，一方面风电场的规划空间越来越受到限制，另一方面风电场复杂地形增加了对大气边界层风特性的影响。为此，为了保证风电效率，风电机组的尾流特性和风电场内的尾流干扰对发电效率的影响成为十分关注的问题。

（3）海上风电机组气、液、固耦合问题。海上风电是风电发展的一个趋势。海上风电场所处的风、浪、流环境十分复杂，海上风电机组支撑结构和基础形式多样，特别是在深海和远海地区发展海上风电时，风电机组支撑结构正向着漂浮式发展。这时风电机组除了要经受台风的严峻考验外，还要受到风、浪、流相互耦合作用，以及上部高耸结构的荷载对浮式支撑结构及水下系泊系统的影响，呈现强非线性力学特性，需要进行深入研究。

（4）风能空气动力学研究手段。近年来，风能空气动力学的研究手段得到了很大提升。针对风力机三维旋转非定常空气动力学问题除进行风洞试验外，数值分析方法已被广泛应用。另外，还在自然风场条件下进行整机测试。三种研究手段的结合使风力机空气动力学仿真和机理研究达到了新的高度。

我国风电行业的发展举世瞩目，装机总量连续多年居于世界首位，风电成为继煤电、水电之后的第三大电力能源。目前，风电行业正在大力发展自主知识产权的技术体系，由"风电大国"向"风电强国"迈进，与空气动力相关的设计、分析及评估技术是其关键组成部分，迫切需要风能空气动力学研究支撑。要跟进国际风能前沿技术发展，结合中国的实际，在研究中实现突破，进而带动自主知识产权技术的发展。

6.1 基础理论与前沿技术研究

6.1.1 非定常风力机空气动力学

风力机空气动力学的复杂性表现在高度的非定常和非线性特征，现代风力机的非定常空气动力问题更为突出：受大气湍流和风剪切等影响，来流风向和大小会随时间变化；风力机本身的强烈干扰，如塔架干扰、风场中风力机之间的相互干扰等也会引起非定常的气动特性；风力机叶片剖面在大迎角下的非线性静态失速和非定常动态失速之间存在相互作用。因而，动态载荷难以准确预测已成为阻碍风力机有效设计的重要原因，其相关研究已成为该领域关注的焦点。

南京航空航天大学采用带转捩的剪切应力输送($k-\omega$ SST)湍流模型求解RANS 方程获取风力机叶片周围的流场；建立了三维旋转失速延迟模型，进行风力机三维边界层分析;分析了 Ω 形胶体涡结构的产生与发展过程,建立了此类流动的三维动态失速模型,在与相关试验结果的比较中获得了良好的一致性;在迎角和升力系数的表达形式中引入叶片旋转的影响,建立了非定常气动力载荷预测的三维旋转效应和动态失速耦合模型;通过求解 URANS 方程获得叶片表面极限流线,捕捉到了大型风力机区别于小型风力机的叶片流态特性和升阻特性,揭示了风力机尾涡的非平衡诱导作用是产生法向力非三角函数变化的原因;提出了两种新的修正工程尾流模型(Park – Polynomial 模型和 Park – Gauss 模型),相比于原 Park 模型,不仅使尾流风速精度得到了很大提高,而且径向风速分布更加接近真实风场信息;建立了引入叶尖涡尾迹扩张与畸变影响的自由涡尾迹模型,能够成功捕捉下游叶尖涡和叶根涡的卷起特征以及准确模拟尾迹的扩张特性(图6-1)。

兰州理工大学对比分析了外场试验、三维和二维数值计算所得的压力分布曲线及升、阻力系数,表明风力机叶片表面的三维流动对气动性能影响较大,在叶尖和叶根部分尤为突出。

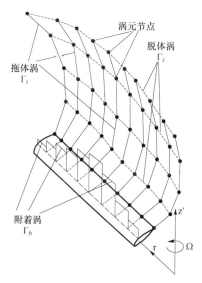

图6-1　初始涡尾迹示意图

中国空气动力研究与发展中心利用 PIV 试验技术开展了风力机流场结构和流动机理研究,发现了气流翻越叶尖是低叶尖速比下叶尖涡产生的主要原因,其涡强度低、存在时间较短;定量描述了较高叶尖速比下叶尖涡的产生、发展和耗散过程,发现了涡卷起的径向位置不在叶尖而在约 $0.985R$ 处,验证了 Miller 的分析结果;获得了典型工况下尾迹流场三维速度数据,清晰描述了其流场结构和发展过程,为尾迹模型的建模和验证提供了重要依据(图6-2)。

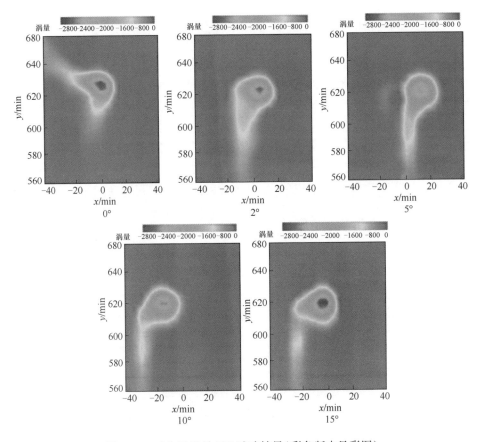

图 6-2　叶尖涡涡量 PIV 试验结果(彩色版本见彩图)

　　汕头大学基于叶素动量理论(BEM)修正模型和 Pitt - Peter 模型,考虑柔性风轮结构变形反馈,改进了动态入流模型,研究了风力机在风剪切、风湍流、偏航、叶片桨距角和风轮转速变化过程中的诱导速度流场渐变机理,结果表明随着风力机尺寸增加风剪切的影响增大,在变桨距和变转速的情况下诱导因子均表现出了明显滞后,经过一个过渡过程才可达到阶跃突变后所对应的状态。

　　中国科学院工程热物理研究所对近尾迹流场进行了深入研究,提出了新的改进致动面模型,并研究了不同布局的多台风力机尾流场干涉效应影响、流场耗散和掺混现象,该模型具有较高的三维计算精度,适用于多台风力机尾流研究,能有效模拟尾流掺混和能量耗散等现象(图 6-3);结合边界层模型发展了黏性无粘耦合模型,获取叶片表面的压力及黏性力分布,最大程度提高了三维流场的分析能力;将三维面元模型与致动面模型结合,充分发挥各自优势,在保证计算精度的同时,提升了计算效率。

　　华北电力大学在改进的 Jensen 模型基础上,引入尾流横截面速度亏损服从

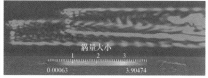

(a)　　　　　　　　　　　　　　(b)

图 6－3　改进致动面模型纵排(a)及错排(b)排布下轴向
切面涡量云图分布及等值面(彩色版本见彩图)

高斯分布这一条件,建立了新尾流模型,与风洞试验数据、实测数据的吻合程度
进一步提高。

6.1.2　风力机复杂旋转流场的建模与仿真技术

风力机在高湍流度、风速和风向频繁变化的复杂大气来流条件下,旋转叶片
出现大分离流动、强径向流、叶尖涡等复杂的非定常流动现象,同时,依据 IEC 和
GL 等标准,大型风力机的设计和性能分析要在数千个复杂载荷工况下开展,可
靠和高精度的数值方法决定着风力机设计的成败。

1. 高效动态网格处理技术

风力机旋转流场的涡结构位置具有不确定和非定常动态变化特性,高效动
态网格处理技术是准确捕捉多尺度涡结构及运动特性的重要手段。

南京航空航天大学发展了一种区别于结构和非结构网格的叉树数据结构,
与动态自适应混合笛卡儿网格(AHCG)生成技术配合,大幅降低了所需的网格
数量和计算量;发展了一种基于 AHCG 生成技术的混合自适应笛卡儿网格/欧
拉网格技术,通过新的网格交接面处理方法,大大减少了网格生成时间,显著提
高了计算效率(图 6－4)。

2. 高精度数值计算方法

针对风力机三维旋转非定常气动载荷计算难题,南京航空航天大学提出了
采用隐式求解体积力的浸入边界法,构建了高精度强鲁棒性的 WENO/DG 数值
格式,发展了适用于大规模并行计算的网格处理技术;针对高精度的正龙格－库
塔间断有限元(RKDG)算法限制器进行了研究,发展了适用于 RKDG 的 Hermite

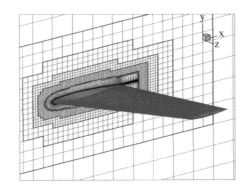

图 6 - 4　三维自适应混合笛卡儿网格的典型应用

WENO 限制器,空间模板更加紧凑。

3. 基于 AL/LES 方法的风力机尾流仿真技术

南京航空航天大学利用致动线和 LES 结合的方法,对挪威科技大学 Blind Test 系列试验的风力机模型,开展了不同布局形式(串列和错列)下的气动性能数值模拟研究,大大降低了网格生成难度和计算耗时,同时能够更精确地捕捉大型风力机流场中存在的风轮尾涡、叶片脱体涡、胶体涡等多尺度涡结构,数值模拟结果与试验数据吻合较好。

4. 涡尾迹方法

中国空气动力研究与发展中心通过试验研究获取了涡核模型指数以及有效黏性扩散因子随叶尖涡迁移的变化规律,首次完成了风力机叶尖涡拉伸效应试验研究,提高了参数选取的准确性,为涡尾迹方法中的风力机涡核修正计算提供了重要依据,能够更加合理地描述尾迹流场;定量表达了叶尖涡的快速卷起和近尾迹内涡的线性流向移动,对风力机涡尾迹模型的建立和简化具有重要意义。

南京航空航天大学针对 NREL Phase Ⅵ 叶片的气动性能和尾迹结构进行了数值模拟,结果表明,自由涡尾迹方法计算出的叶尖涡位置与 CFD 模拟结果在轴向发展上较为一致,且与试验数据吻合较好,提高了低速轴扭矩的计算准确性。

6.1.3　风力机专用翼型族及叶片设计

风力发电机组的大型化趋势对风力机翼型和风轮叶片的设计提出了新的要求,导致翼型和叶片的设计思路发生了显著变化,需要发展适应高雷诺数条件、动态特性优良的翼型族以及多目标、多约束的叶片优化设计技术。

西北工业大学在风力机翼型静态、动态气动特性准确预测研究方面,发展了基于 e^N 转捩判断方法以及 $\gamma - Re_\theta$ 转捩模型的风力机翼型黏性绕流 RANS 方程数值求解方法,提升了翼型阻力特性预测精度,通过考虑非定常转捩判定,提高了基于 RANS 方法的风力机翼型动态气动特性预测精度;发展了适用于风力机翼型气动噪声预测的非线性声学求解方法,通过定常 RANS 计算、湍流人工重构和非线性扰动方程三者的结合,将 RANS 和 LES 方法组合到同一个计算框架,可准确预测湍流引起的非线性气动噪声;开发了基于代理模型的风力机翼型多目标多约束优化工具箱;通过"综合设计—气动性能评估—风洞试验验证—综合设计—气动性能评估—风洞试验验证"反复迭代的技术路线,研发了兆瓦级风力机的 NPU – WA(2)系列翼型 10 个,以及 5～10MW 风力机的 NPU – MWA 翼型 8 个。

汕头大学基于 Beddoes – Leishman 动态失速模型,从附着流、分离流和动态涡三个方面阐述了翼型动态失速气动特性数值计算的理论基础,并根据风力机翼型工作时的实际特点进行了修正和扩充,使模型适用于全范围迎角下的动态气动力计算,验证了雷诺应力模型(RSM)与 S – A 和 $k – \omega$ SST 模型有相似的效果,明确了轻失速与深失速在流动特性上的区别,获得了翼型在俯仰水平耦合运动下与单纯俯仰运动下的气动性能差异;开展了应用涡流发生器改进翼型气动特性的研究,获得了涡流发生器工作位置变化对翼型升阻比的影响规律,以及最佳控制效果对应的安装位置;分析了涡流发生器诱导涡上洗和下洗对速度型线和流场的影响,发现下洗区控制分离效果优于上洗区。

中国科学院工程热物理研究所创新地提出以运行迎角范围内升力系数水平为大厚度翼型的设计指标,以该迎角内升力系数的平缓特征和升力曲线的变工况稳定性为主要约束,并开发了新型 45%～60% 大厚度、钝尾缘翼型 6 个,经风洞试验验证,翼型具有优良的气动性能和优秀的气动兼容性和几何兼容性。

中国空气动力研究与发展中心、西北工业大学、中国航空工业空气动力研究院等单位联合开展了风力机翼型常规迎角及极大迎角静态气动性能、动态气动性能风洞试验技术研究和翼型表面边界层转捩判断方法研究,改进了翼型阻力测量技术和壁压信息洞壁干扰修正方法,在各自风洞中进行了同一翼型的相关性试验研究,并在此基础上提出了翼型风洞试验规范(图 6 – 5)。

6.1.4 风力机气动弹性及耦合的动态响应特征

风力机的气动弹性稳定性和动态响应研究是设计高稳定性、长寿命风力机的关键,其首要任务是准确预报风力机系统的荷载及相应的动力学行为。

北京大学、中国航天空气动力技术研究院和南京航空航天大学联合发展了大型风力机的 CFD/CSD 时域紧耦合气动弹性计算方法,采用一维梁模型分析获得风力机叶片结构模态,采用非定常 N – S 方程模拟风力机流动,实现了气动和结构的紧耦合计算;发展了适合大型风力机的动态响应分析方法,不仅能够改善标准摄动法的计算精度,还可以捕捉到静力等效方法无法捕捉的共振点;发展

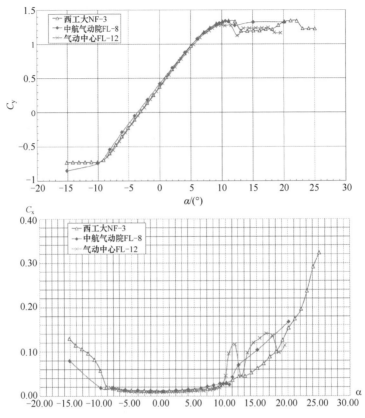

图6-5 风力机翼型各风洞试验结果比较(彩色版本见彩图)

了三维壳模型的快速参数化建模技术;从时域和频域两个角度分析了叶片在阵风激励下的随机振动和极限位移(图6-6)。

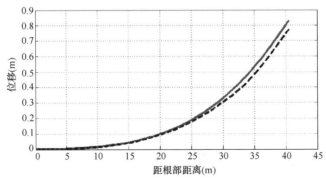

图6-6 时域分析与频域分析结果对比

北京大学运用全模态复特征值方法分析了水平轴风力机旋转叶片的颤振过程,设计了可在多种迎角下做沉浮/俯仰运动的翼段振动装置,通过风洞试验获得了迎角和风速对气动弹性响应的影响,设计了次最优控制律和 H_∞ 控制律,使颤振临界速度提高了 16%。

汕头大学研究了翼型柔性变形对气动性能的影响,发现翼型弦向弯曲变形增加了摆振方向的负气动阻尼以及挥舞方向的气动阻尼;建立了考虑柔性结构反馈的叶片机构动力学模型,进一步提高了动态响应分析的准确性。

中国科学院工程热物理研究所对多种典型的漂浮式风力机在风和波浪条件下的动态响应进行了研究,发现纵荡运动是最主要的运动形式,纵荡平均值主要受风速影响,纵荡振幅主要受浪高影响,叶片厚翼型的升力系数基本没有动态失速效应,而阻力系数和俯仰力矩系数的动态失速效应很强;研制了在风洞中模拟漂浮式风力机振荡运动的摆动试验台,并通过试验得到了摆动条件下风力机的功率和载荷波动特性。

6.1.5 风力机气动噪声的产生机理与降噪策略

风力机气动噪声对环境的影响是风电场项目的重要评估内容,相关研究备受关注。

北京航空航天大学发展了具有高可靠性的非线性完美匹配层(PML)边界条件以及两种适用于任意比率网格和多时间步积分策略的高精度数值方法;发展了基于线化欧拉方程的风力机气动噪声远声场 CAA 数值模拟方法;发展了基于 N-S 方程的高精度风力机气动噪声近声场 CAA 数值模拟方法;建立了来流湍流干扰的圆柱/翼型干涉基本模型;针对风力机叶尖噪声和远场噪声开展了数值模拟和外场测量试验,得到了叶尖噪声的产生机理和传播机制;与南京航空航天大学合作发展了锯齿形尾缘和刷毛型尾缘噪声控制技术;将声衬技术应用于风力机前缘噪声抑制;提出了一种流动分离控制的偏转器技术,降低了边界层分离产生的脱落涡带来的辐射噪声。

6.1.6 风力机结冰问题

风力机结冰会降低风能利用效率,并可能造成风力机非正常停机,甚至发生倒塌事故,相关研究日益受到重视。典型研究方向包括风场结冰评估、风力机结冰机理与分布、结冰危害评估及控制策略以及防/除冰技术等。

长沙理工大学采用四阶龙格-库塔法对水滴运动轨迹进行求解,利用 Fluent 软件对风力机叶片翼型结冰后周围的流场变化进行模拟。

东北农业大学基于二维定常不可压缩流 N-S 方程,引入离散相模型(DPM),计算了垂直轴风力机叶片典型迎角下的结冰分布(图 6-7);研究了小型垂直轴风力机叶片在旋转状态下的结冰特性及结冰后风力机气动特性变化,并通过风洞试验,获得了绕轴旋转的圆柱、叶片段的结冰分布规律。

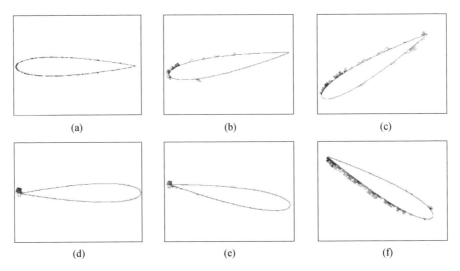

图 6-7　各迎角下叶片翼型表面结冰分布情况

(a)α=0°；(b)α=10°；(c)α=30°；(d)α=180°；(e)α=170°；(f)α=150°。

　　中国空气动力研究与发展中心利用坐标变换原理,对大型水平轴风力机结冰过程水滴收集率进行了三维计算,获得了风力机叶片表面的水滴收集率分布;针对弦长 800mm 的翼型进行了结冰特性研究,获得了在各种工况下的冰形(图 6-8);针对典型工况下的风力机结冰分布及其气动特性变化展开了数值模拟研究。

图 6-8　不同工况结冰

　　重庆大学在大型多功能人工气候室内模拟不同结冰环境,获得了小型水平轴风力机叶片结冰特性与输出特性的影响规律。

6.1.7　垂直轴风力机技术

　　针对中小容量离网型和分布式风能利用的新型垂直轴风力机的研发也是当

前国际风能领域的研究热点问题。

为兼顾低速起动性能和高速运转效率,华北电力大学在直线翼垂直轴风力机与 Savonius 风轮之间安装了一个超越离合器,东北农业大学也设计了一种双层柔性可伸缩式直线翼垂直轴风力机(图 6–9)。东北农业大学提出了安装导流和聚风装置的升阻复合型垂直轴风力机;提出了一种圆台型聚风装置改善了风力机的起动力矩和低风速下的功率特性;在叶片后部加设了辅助小翼用来改善叶片尾流流场,研究了小翼对风力机起动性和输出功率特性的影响。昆明理工大学提出了一种分层错开布局、采用新型叶片的风力机。河海大学采用扰流方法解决因局部方位角的叶片迎角极小而导致整体风轮性能较低的问题;提出了一种导叶式直线翼垂直轴风力机,改善了起动性能(图 6–10)。

图 6–9 带有超越离合器和带有柔性辅助叶片的风力机

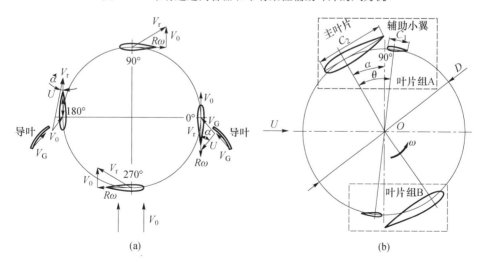

图 6–10 附加导叶和小翼的风力机

6.2 科研试验基础设备设施

6.2.1 结冰风洞

1. 3m×2m 结冰风洞

中国空气动力研究与发展中心 3m×2m 结冰风洞可用于风力机的结冰试验和防除冰系统验证试验。

2. 自然结冰风洞

东北农业大学于 2013 年在哈尔滨建成了自然低温结冰风洞,试验段风速范围 1~15m/s,动压稳定性 $\eta \leq 1\%$,压力场系数 $\leq 1\%$,试验段截面尺寸 0.6m×0.6m,长度 2m,温度范围 −20℃到常温,液态水含量范围 0.5~2g/m³,水滴粒子平均直径 40μm,可满足常规的结冰试验要求(图 6−11)。

图 6−11 自然结冰风洞系统

6.2.2 试验风场

汕头大学 2015 年建成新能源技术南澳临海试验站,安装有 50kW 变速恒频风电机组一台,600W、1.5kW、3kW 小型风力发电机组各一台,高 30m 测风塔及成套设备一套,具备充分的现场试验条件,便于开展包括风力机气动性能在内的各项科学研究(图 6−12)。

6.2.3 3m×1.6m 二元翼型风洞

2015 年,西北工业大学对 3m×1.6m 二元翼型风洞进行了提升改造,购置了静态压力传感器,扩充了压力测量系统,增加了风力机翼动态特性试验的测量数据通道和动态压力传感器;改造了原有翼型动态实验系统,具备了小平均迎角

图 6 - 12　新能源技术南澳临海试验站

的翼型动态试验能力。

6.2.4　风力机气－液－固综合试验研究平台

2015 年,上海交通大学对海洋深水试验池进行了改造,建成了风力机气－液－固综合试验研究平台。该平台的水池主体长 50m、宽 40m、深 10m,深井最大工作水深 40m,直径 5m。水池具备再现三维不规则波、各种奇异波浪、典型垂向流速剖面深水流等深海复杂环境,模拟船舶及海洋工程结构物在深海环境中出现的各种力学特性和工程现象,以及测量分析试验对象在海洋环境下载荷、运动、结构动力响应等方面的能力。通过改造,可模拟各种风速剖面和大气湍流分布,具备了模拟包括大范围飓风在内的多种海洋风环境的能力(图 6 - 13)。

风轮扭矩采集　　机舱加速度采集

塔筒顶端载荷采集

6DOF 运动采集　　平台甲板加速度采集

顶端张力采集　　气隙采集

图 6 - 13　风力机气－液－固综合试验研究平台

6.2.5　风力机自动测试控制平台

南京航空航天大学风力机自动测试控制平台于 2016 年完成建设,包括转矩转速传感器、永磁电机、电机伺服控制器、自动数据采集处理计算机等主要部件。平台长度 640mm,质量约 52kg,工作转速范围 100 ~ 1000r/min,最大测试扭矩 98N·m,最大测试推力 980N,最大测试功率 2kW。

6.3 试验技术

6.3.1 整机风洞试验技术

1. 流场测量技术

中国空气动力研究与发展中心对比研究了多种插值算法的效果,认定在不严重影响插值计算效率的前提下,Kriging 算法一般具备最优的插值效果,突破了 PIV 设备的视场限制(图6-14);在试验数据后处理过程中,从每一个原始数据中单独提取涡结构信息,通过平均处理消除了涡心漂动的影响,大幅提高了数据可信度;利用在叶片遮挡区域反射补光的方法,消除了照明盲区,同步获得了完整的叶片截面绕流场信息(图6-15)。

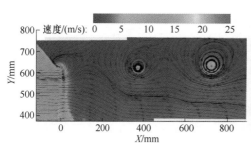  

图6-14 拼接的尾迹流场
(彩色版本见彩图)

图6-15 叶片截面绕流场
补光前后(彩色版本见彩图)

2. 叶片压力分布测量技术

中国空气动力研究与发展中心、中国科学院工程热物理研究所、兰州理工大学等单位开展了基于绝对压力传感器和差压式传感器的两种叶片压力分布测量技术研究。前者优点是传感器动态特性好,直接输出电信号而不需参考压和压力传递管路,数据修正相对简单;缺点是传感器量程大、精度相对较低,叶片上径向站位50%以内的测点数据精准度较差。后者为了减少动态信号的传递失真必须将总的管路长度控制在0.5m以下,为了给传感器提供稳定的、已知的参考压力,需要包含通气旋转接口的多级压力传递管路;数据需要进行复杂的流体静力学压力修正和离心力修正,方法相对复杂但靠近叶根的压力更准确。

3. 测力试验技术

中国空气动力研究与发展中心在8m×6m低速风洞中建立了测试平台,采用5个测力单元测量风力机载荷。在传动轴上的弹性联轴节只传递扭矩,在轴向有一定自由度,保证了顺轴向推力测量的准确性。该平台采用的测力试验技术无需对塔柱干扰进行修正(图 6 – 16)。

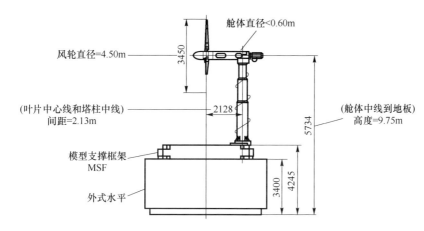

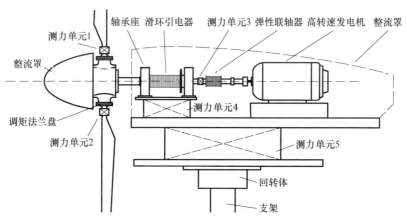

图 6 – 16　MEXICO 塔座天平测力方案和中国空气动力
研究与发展中心多天平测力方案

6.3.2　翼型风洞试验技术

中国空气动力研究与发展中心研究了尾流积分范围和总压损失修正对阻力测量的影响,得到了四种组合积分效果,结论是"尾流区积分 + 总压损失修正"的组合积分形式更为合理。

中国空气动力研究与发展中心、西北工业大学正在分别开展尾流耙移测技术研究,通过尾流耙三维移测大大增加有效总压测点数量,提高阻力积分的准确性。

6.3.3　外场实测技术

风力机外场试验一般在风力机实物的自然工作条件下采集分析自然风、风力机姿态、压力及载荷等参数,目前主要发展了埋入式测量和附加式测量两种叶片压力分布测量技术。

中国空气动力研究与发展中心提出了一种薄罩式测压方案,不需破坏原叶片结构,且满足传感器和系统的安装空间需求。通过 CFD 模拟和旋转叶片风洞对比试验验证,表明该方案的整体误差效果最高可控制在 5% 左右。

兰州理工大学开展了风力机的外场综合试验研究,提出了一套针对自然来流风、风力机工况、叶片表面压力、载荷及尾流速度场的测量方法,并已在甘肃景泰风场针对 33kW 机组开展了系列外场试验研究,建立了试验数据库,获得了风力机在真实风场中工作时的空气动力学特性。

6.4　在国防与经济社会发展中的应用和贡献

6.4.1　自主研发的软件应用于整机设计、分析与评估

国内研究机构基于风能空气动力学研究成果,集成结构设计、分析评估等功能自主开发了用于风力机设计及评估软件。汕头大学开发了自主知识产权的大型风力机全系统载荷分析与优化设计软件,完成了具有完全自主知识产权的兆瓦级风电机组叶片的设计,成功应用于国内 10 多家风电设备企业的风力机气动及结构设计、载荷分析、总体设计方案等。南京航空航天大学开发了 HawtCad 软件平台(图 6 - 17),包括翼型设计、叶片设计校核及评估、工况建模等 10 多个主要功能模块,是目前国际上唯一针对风力机设计全流程的仿真和分析平台,已成功应用于近 40 家国内风电企业的风力机机型,采用的计算方法和分析结果得到了德国 TÜV 认证机构和美国 Intertek 认证机构的确认。

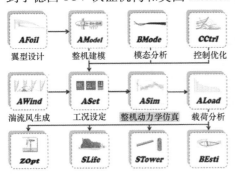

图 6 - 17　HawtCad 平台架构和 ASim 界面

HawtCad 等自主知识产权的风力机设计和评估软件的成功应用,突破了国外专业软件垄断,为我国风能空气动力研究成果走向国际市场奠定了坚实的基础。

6.4.2 自主研发的大型风力机专用翼型应用于兆瓦级及多兆瓦级叶片的设计

西北工业大学、中国科学院工程热物理研究所、南京航空航天大学自主研发的大型风力机专用翼型已开始应用于我国兆瓦级及多兆瓦级叶片的设计,不仅节约了购买国外翼型数据的成本,而且应用自主开发的先进翼型族,可以设计性能更优的叶片,提高整机发电效率。具有自主知识产权的兆瓦级与多兆瓦级风力机翼型族,对我国从"风电大国"走向"风电强国"具有重要推动作用,经济和社会效益显著。

6.4.3 风力机防除冰研究成果用于机组设计和风电场运营

近年来,国内"产学研"结合开展风力机防除冰研究,并迅速将成果应用于机组设计和运营。中国空气动力研究与发展中心等研究机构和东北农业大学、南京航空航天大学等院校发展了基于叶片流场求解、水滴运动的结冰预测方法,研发了结冰探测系统,并应用于风电场结冰预警。新疆金风科技股份有限公司、成都阜特科技股份有限公司等企业与研究机构和院校合作开展气动现象对结冰过程的影响研究及热载荷分析,研发了叶片的腔体热风系统、碳膜加热系统,应用于海上风场,同时还研制了石墨烯加热除冰系统。相关技术的突破、应用和推广,大大提高了机组在寒冷气象条件下的发电效能和安全性,有助于推进我国寒冷地区风能的规模化开发利用。

6.4.4 试验技术进步助力学科发展和风力机产品研发

风力机空气动力学研究面临着复杂的三维旋转流场和非定常空气动力学现象,试验研究的重要性尤为突出。近年来,中国空气动力研究与发展中心、南京航空航天大学等实现了多项技术突破,建成了由整机和部件测力测压试验平台、流动机理研究平台、静动态翼型试验平台构成的系统化风力机风洞试验平台,并开展了系列风力机空气动力学基础研究以及多期风力机产品性能评估。中国科学院、中国空气动力研究与发展中心、兰州理工大学等分别建立了风力机外场试验技术,新疆金风科技股份有限公司、中材科技股份有限公司等企业在外场测试了叶片压力分布特性,获得了真实运行条件下的机组性能。

测试技术的进步和试验平台的建成具有重要的意义,进一步完善了我国风力机空气动力学研究手段,为风电行业设计、投产、优化提供了直接的依据,为建设风力机技术标准体系和全国性的风力机性能鉴定评估体系提供了有力支撑。

参 考 文 献

[1] 杨祥生,赵宁,田琳琳. 基于 Park – Gauss 模型的风场尾流数值模拟研究[J]. 太阳能学报, 2016, 37 (9):2224 – 2229.

[2] 钱耀如, 王同光, 张震宇. 基于大涡模拟方法的风力机气动性能和尾流干扰研究[J]. 中国科学:物理学 力学 天文学, 2016, 46(12):124704.

[3] 胡偶,赵宁,刘剑明,等. 基于有限体积格式的自适应笛卡尔网格虚拟单元方法及其应用[J]. 空气动力学学报, 2011, 29(4):491 – 495.

[4] 肖京平,武杰,陈立,等. 风力机叶尖涡尾迹结构 PIV 测量研究[J]. 应用数学和力学, 2011, 32(6): 683 – 692.

[5] 王健. 风力机叶片气动载荷分析[D]. 南京:南京航空航天大学, 2012.

[6] 刘伟,尹家聪,陈璞,等. 大型风力机复合材料叶片动态特性及气弹稳定性分析[J]. 空气动力学学报, 2011, 29(4):391 – 395.

[7] 唐迪,陆志良,郭同庆. 大型水平轴风力机叶片气动弹性计算[J]. 应用数学和力学, 2013, 34(10): 1091 – 1097.

[8] 陈严,方郁锋,刘雄,等. 考虑风力机叶片截面扭转运动及外形变化的气动弹性分析[J]. 太阳能学报, 2014, 35(4):553 – 561.

[9] 张再明, 吴双群, 赵丹平, 等. 1.5MW 风力机叶片变形的分析[J]. 能源与环境, 2012(2):55 – 57.

[10] 黄景宽. 水平轴风电机组叶片载荷分析及结构动力特性分析[D]. 北京:华北电力大学, 2012.

[11] 李晓东,许影博,江曼. 风力机气动噪声研究现状与发展趋势[J]. 应用数学和力学, 2013, 34 (10):1083 – 1090.

[12] 余雷,宋文萍. 风力机翼型气动噪声非线性声学计算[J]. 空气动力学学报, 2013, 31(2): 266 – 272.

[13] 柏宝红,李晓东. 翼型湍流尾缘噪声半经验预测公式改进[J]. 北京航空航天大学学报, 2017, 43 (1):86 – 92.

[14] 许影博, 李晓东. 锯齿型翼型尾缘噪声控制实验研究[J]. 空气动力学报, 2012, 30(1): 120 – 124.

[15] 姜海波, 赵云鹏. 基于中弧线 – 厚度函数的翼型形状解析构造法[J]. 图学学报, 2013, 34(1): 50 – 54.

[16] 徐国武, 白鹏. 翼型连续变形过程中非定常气动特性研究[J]. 力学季刊, 2012, 33(2): 165 – 173.

[17] 王绍楠,韩忠华,宋文萍. 一种数据驱动的翼型流动转捩预测方法[J]. 气体物理, 2017, 2(3): 5 – 16.

[18] 周正,李春,叶舟,等. 风力机翼型动态气动特性粗糙度敏感性研究[J]. 热能动力工程, 2014, 29 (3):333 – 337.

[19] 宋超, 杨旭东, 宋文萍. 耦合梯度与分级 Kriging 模型的高效气动优化方法[J]. 航空学报, 2016, 37(7):2144 – 2155.

[20] 延小超,韩忠华,宋文萍,等. 风力机叶片粘性绕流的数值模拟方法研究[C]. 全国流体力学学术会议, 2016.

[21] 黄意坚,宋文萍,韩忠华,等.平底后缘风力机翼型的优化设计[J].太阳能学报,2015,36(10):2442-2447.

[22] 张同鑫,宋文萍,邓磊,等.风力机叶片高升力系数法的气动设计研究[J].太阳能学报,2015,36(2):349-354.

[23] 刘俊,宋文萍,韩忠华,等.Kriging模型在翼型反设计中的应用研究[J].空气动力学学报,2014,32(4):518-526.

[24] 韩忠华,宋文萍,高永卫.大型风力机翼型族的设计与实验[J].应用数学和力学,2013,34(10):1012-1027.

[25] 战培国.国外寒冷地区风力机结冰问题研究[J].航空科学技术,2016(2):1-6.

[26] 易贤,王开春,马洪林,等.水平轴风力机结冰及其影响分析[J].太阳能学报,2014,35(6):1052-1058.

[27] 东乔天,金哲刚,杨志刚.风力机结冰问题研究综述[J].机械设计与制造,2014(10):268-272.

[28] 任鹏飞,徐宇,宋娟娟,等.结冰对风力机叶片影响的数值研究[J].工程热物理学报,2015(2):313-317.

[29] 朱程香,王珑,孙志国,等.风力机叶片翼型的结冰数值模拟研究[J].空气动力学学报,2011(4):522-528.

[30] 蒋传鸿.风力机结冰翼型的气动性能分析及优化设计[D].重庆:重庆大学,2014.

[31] 蒋维,李亚冬,李海波,等.水平轴风力机桨叶覆冰数值模拟[J].太阳能学报,2014(1):83-88.

[32] 易贤,王开春,马洪林,等.大型风力机结冰过程水滴收集率三维计算[J].空气动力学学报,2013,31(6):743-751.

[33] 李岩,王绍龙,郑玉芳,等.利用自然低温的风力机结冰风洞实验系统设计[J].实验流体力学,2016,30(2):54-58,66.

[34] 刘钦东,李岩,王绍龙,等.攻角对NACA0018翼型明冰分布影响的风洞结冰试验研究[J].中国科技论文,2015(23):2716-2719.

[35] 杨秋萍,席德科.叶片安装角对H型垂直轴风力机气动性能的影响研究[J].太阳能学报,2017,38(9):2544-2551.

[36] 梁昌平,席德科,张森,等.垂直轴风力机翼型气动优化设计[J].航空计算技术,2016,46(5):17-20.

[37] Wu J, Chen Y, Zhao N, et al. Influence of stroke deviation on the power extraction performance of a fully-active flapping foil[J]. Renewable Energy, 2016, 94:440-451.

[38] Wu J, Zhan J, Zhao N, et al. A Robust Immersed Boundary-Lattice Boltzmann Method for Simulation of Fluid-Structure Interaction Problems[J]. Communications in Computational Physics, 2016, 20(1):156-178.

[39] Qian Y, Wang T. Large-Eddy Simulation of Wind Turbine Wake and Aerodynamic Performance with Actuator Line Method[J]. Transactions of Nanjing University of Aeronautics and Astronautics, 2016, 33(1):26-36.

[40] Xiao J P, Chen L, Wang Q, et al. Progress in wind tunnel experimental techniques for wind turbine[J]. Applied Mathematics and Mechanics (English Edition), 2016, 37(S1):51-66.

[41] Xiao J P, Wu J, Chen L, et al. Particle image velocimetry (PIV) measurements of tip vortex wake structure of wind turbine[J]. Applied Mathematics and Mechanics (English Edition), 2011, 32(6):729-738.

[42] Ning S A. A simple solution method for the blade element momentum equations with guaranteed conver-gence[J]. Wind Energy, 2014, 17(9): 1327 – 1345.

[43] Bhatia D, Yang G, Sun J, et al. Effects of Different Geometries of leading edge on Boundary Layer Transi-tion[C]. 54th AIAA Aerospace Sciences Meeting, 2016.

[44] Han Z, Zhang K, Song W, et al. Surrogate – based Aerodynamic Shape Optimization with Application to Wind Turbine Airfoils[C]. 51st AIAA Aerospace Sciences Meeting Including the New Horizons Forum and Aerospace Exposition, 2015.

[45] Chen L, Song B, Song W, et al. Numerical aerodynamic – structural coupling research for flexible flapping wing[C]. International Conference on Machine Learning, 2015:125 – 133.

第 7 章　气动弹性力学

经典意义上，气动弹性现象是由系统内惯性力、弹性力和气动力之间相互作用引起的。气动弹性力学是一门典型交叉学科，注重研究和解决工程研制中的关键技术问题并提供数据支撑。随着科技发展，现代气动弹性问题包含的领域更广泛，气动伺服弹性、主动气动弹性控制、热气动弹性等也成为重要的研究方向。

气动弹性学科的发展伴随飞行器的研制，一直紧密围绕工程中出现的各类问题，至今已有 100 多年的历史。1903 年，莱特兄弟驾驶双翼飞机首次成功飞行的 9 天之前，塞缪尔·兰利教授进行的单翼机动力飞行试验由于刚度不足而发生静气弹发散导致机翼断裂。第一次世界大战初期，Handley Page 双引擎轰炸机平尾发生颤振导致飞机坠毁。Lanchester、Bairstow 和 Fage 成为第一批开展颤振研究的学者。19 世纪 20 年代末，Küssner、Duncan 和 Frazer 发展了机翼颤振理论。1934 年，Theodorsen 建立的翼型在谐和振动下非定常气动力的精确解成为气动弹性力学发展的里程碑。1940 年，Tacoma 大桥发生颤振而坍塌使得气动弹性问题的重要性在航空界以外领域首次引起关注。

随着飞行器的发展，飞行速度由低速向亚跨超过渡，新的气动弹性问题不断出现。1951 年至 1956 年间，飞机发生的颤振事故使得小展弦比后掠机翼和三角翼成为气弹问题研究的主要对象。20 世纪 50 年代，Watkins 提出的三维谐和振荡非定常空气动力的核函数法使得亚声速非定常空气动力计算进入工程应用阶段。60 年代，Albano 又提出了偶极子格网法用于工程计算亚声速谐振荡非定常气动力。90 年代以后，基于欧拉方程和 N-S 方程的气动弹性计算技术趋于成熟和完善，逐渐用于工程实践。当飞行器进入超声速/高超声速速域，气动热作用下的各类气动弹性问题更加突出。经过 50 年代的 X-15 技术验证机、80 年代的 NASP 计划、90 年代的 Hyper-X、FALCON 和"黑雨燕"等项目的发展，工程适用的高超声速非定常气动力计算方法、热环境下的气动弹性工程分析和理论研究均取得了显著进展。

先进飞行器追求在极端条件下安全飞行，在飞行包线内不出现任何不稳定现象，使得主动气动弹性控制在近几十年迅速发展，将成为未来气动弹性研究的主要方向。1973 年，采用颤振主动抑制系统的 B-52 飞机第一次以超过无控颤振速度的速度飞行。20 世纪 80 年代,NASA 开展的 BACT 项目在跨声速颤振抑制方面取得了重要研究成果。2002 年,NASA 和 Rockwell 公司发起的 AAW 项目将 F/A - 18 战机改造成主动气动弹性机翼并初步试飞。2013 年,随着美国空军 X - 56A 多用途技术试验平台在 NASA 德莱顿飞行研究中心成功完成首次飞行,主动气动弹性研究达到全新的高度。

气动弹性研究采用的风洞试验、计算仿真以及飞行试验三大手段经过多年发展,在理论和方法上都获得了很大提升。近年来,国内气动弹性研究围绕共用技术和新型飞行器专用技术两方面发展迅速,尤其在仿真和试验能力方面获得了显著提升,关于低雷诺数大展弦比飞行器气动弹性问题和高超声速多场耦合机理和现象获得了新的认识。

共用技术方面,针对各飞行速域通用的数值分析方法、仿真技术和试验技术进展显著。非定常气动力计算方法方面,基于 CFD 和 CSD 耦合的时域计算方法仍为目前主流发展方向。发展的代理模型方法具有兼顾计算效率和计算精度的特点,在一定程度上弥补了时域计算方法效率低的问题,但是,代理模型方法仍无法处理三维复杂流动问题,在未来仍需要继续发展。伺服气动弹性分析方法和仿真技术是另一重要的共用技术研究领域。目前,此类研究在方法和技术层面上有所突破,已经建立了相对完善的仿真系统,但是缺乏和具体飞行器控制律的有效结合。此外,多数方法没有考虑飞行器动力学刚体模态与弹性模态之间的动态耦合,对大柔性飞行器,仍需要针对此类耦合效应建立高置信度的伺服气动弹性分析模型。风洞试验技术方面,围绕现有风洞试验能力和条件,满足相似准则的模型设计技术仍为重要研究问题。未来仍需要发展和应用高精度的测试技术,为获得更多物理量信息、揭示复杂气动弹性现象、验证与确认数值计算方法和模型提供保障。

气动弹性问题突出的代表性新型飞行器主要有低速大展弦比类飞行器和高超声速飞行器。低速大展弦比类飞行器的突出特点是大量采用轻质材料,几何非线性效应明显。围绕该特点,目前国内外学术界主要在几何非线性气动弹性建模技术、几何非线性颤振分析技术、气动弹性与飞行力学耦合分析技术、阵风减缓技术等关键专用技术方面开展研究。研究的核心目的是获得高精度气动/结构分析模型,修正传统分析方法的不足,为仿真提供有效输入,并提出有效的阵风减缓方案,揭示新出现的气动弹性现象。高超声速飞行器的突出特点是气动布局复杂、气动加热导致结构动力学特性发生变化。目前,研究聚焦在高超声速非定常气动力计算方法、热环境下气动弹性研究方法等专用方法技术方面,并围绕壁板颤振、气动推进/气动弹性耦合问题等该飞行速域下特殊的现象开展建模方法和仿真技术研究。研究的核心目的是给高超声速飞行器总体设计提供准确有效的分析模型和仿真工具,根据国内地面试验条件和能力建立工程实用的试验平台,为高超声速多场耦合机理和特殊现象提供定性结论,规避工程设计风险。

我国对飞行器创新设计的需求持续增强,研制进入了自主创新发展阶段。飞行器设计、改型和创新发展中,大量的气动弹性仿真和风洞试验对加强认识气动弹性现象发生的机理、提高预示精准度、协助设计人员提高飞行器设计水平及总体性能等起到了重要作用。

7.1 基础理论与前沿技术研究进展

气动弹性力学具有多学科相互交融的特点,是一门具有广泛应用背景的学科。气动弹性涉及领域很广,本节内容主要围绕与飞行器密切相关的领域展开。飞行器弹性结构在气流中的稳定性问题、弹性变形引起的载荷重新分布、弹性变形引发的操纵效率降低、飞行器的外载荷动力响应等问题都属于气动弹性力学研究的对象,工程上关心的主要问题是颤振、静气弹、阵风载荷及响应等。随着科技发展,气动弹性力学发展了众多分支,如热气动弹性力学、复合材料气动弹性剪裁、气动伺服弹性等成为新的研究热点。由于气动特性是气动弹性问题的主要影响因素,结合目前常见飞行器的特点,本节按照低速、亚跨超声速、高超声速气动弹性问题介绍近年来国内的主要研究进展。

7.1.1 低速气动弹性问题

低速领域是传统飞行器线性气动弹性研究最为深入的领域。近年来,超高空超长航时无人机大量采用轻质材料,飞机机翼变形显著,需要考虑几何非线性效应。相应研究对非线性结构、空气动力学计算、气动弹性分析方法等方面提出了新的需求,使得飞机设计人员不得不突破传统线性系统的研究框架,逐步重视大变形几何非线性气动弹性问题。

1. 几何非线性气动弹性建模技术

建模技术方面,如何建立和有效描述飞机大变形下的动力学模型及气动弹性行为成为近年来的研究热点。尽可能高精度、高效率地预测大柔性和大变形结构的非线性气动弹性特征,是低速柔性飞行器气动弹性分析技术的主要研究方向。几何非线性气动弹性问题研究包括结构非线性建模和非线性气动力建模。

在结构非线性建模方面,北京航空航天大学通过修改控制面方程,研究了大柔性飞机多控制面操纵下的飞行载荷;采用非线性本征梁(Hodges 梁)模型,得到了颤振临界速度和失稳后的极限环运动;基于有限元软件线性化的有限元理论和偶极子格网法对复杂结构机翼的非线性颤振问题开展了研究,利用三维曲面气动力模型进行了大变形机翼的静变形分析及试验验证。成都飞机设计研究所采用商业软件的非线性欧拉梁模型，通过在非线性瞬态响应求解模块中引入气动力计算模块，实现了非线性气动弹性响应分析功能。中国航天空气动力学技术研究院利用 Hodges 梁和 ONERA 气动模型，开展了大柔性飞机的飞行动力学时域仿真研究，详细地分析了柔性飞机在阵风扰动下的载荷特性。西北工业大学采用 Hodges 梁通用模型，提出了一种快速分析处理方法并开展了大柔性飞机飞行动力学仿真研究；采用基于共旋理论结构模型对大柔性机翼开展静/动气动弹性分析。

在非线性气动力建模方面，国防科技大学采用 CFD 方法开展了大展弦比机翼的气动弹性研究。北京航空航天大学发展了一种曲面气动力模型，用于大柔性飞机的静气弹分析。中国科学院力学研究所基于 CFD/CSD 方法研究了结构几何非线性对柔性飞行器静气动弹性变形及气动力的影响，与线性结果相比，由于结构几何非线性的影响，在展向和垂向变形上存在显著差异。中国航空工业集团第一飞机设计研究院通过求解雷诺平均 N－S 方程和结构动力学方程，对微型柔性扑翼飞行器的气动结构耦合特性进行了数值模拟研究。

2. 几何非线性颤振分析

低速柔性飞行器气动弹性稳定性的研究主要聚焦于非线性颤振分析技术及机理，涵盖结构几何非线性效应和气动非线性效应两方面内容。

南京航空航天大学、北京航空航天大学、西北工业大学、中国航天空气动力技术研究院等单位采用多种结构和气动力模型方法，对非线性颤振和响应问题进行了研究，初步掌握了大展弦比柔性结构机翼非线性颤振的基本特性以及主要影响因素，揭示了不同于经典颤振模式的颤振形式。

3. 气动弹性与飞行力学耦合问题

低速柔性飞行器弹性基频低而飞行力学模态频率较高，必须建立非线性刚－弹耦合模型来开展飞行静/动力学响应和稳定性分析。

北京航空航天大学研究发现，机翼变形增大可导致全机运动趋于不稳定。清华大学利用多体动力学和 ONERA 气动模型预示了超过颤振临界速度后，翼尖出现的极限环振荡。西北工业大学研究发现，静弹性变形改变了俯仰转动惯量，使得纵向短周期频率减小，阻尼增大，机翼柔性使得纵向长周期运动与结构弯曲变形耦合；某些情况下，长周期运动与结构变形发生耦合，使长周期运动特性恶化，弹性变形使得机翼上弯而增加了俯仰转动惯量，短周期运动阻尼比随之增加，改善了短周期运动特性。南京航空航天大学采用三段式刚体假设，以变上反角的方式描述机翼展向变形，对飞翼式柔性飞行器进行了纵向动力学建模与分析，发现在保持速度和高度不变的情况下，稳定性受上反角的影响比较明显。中国航天空气动力技术研究院采用几何非线性本征梁模型和 ONERA 气动力模型耦合六自由度方程，对典型的 HALE 模型开展了飞行力学与气动弹性耦合分析,结果表明建立的分析模型可以用于大变形飞行器的飞行力学非线性响应分析(图7-1)。

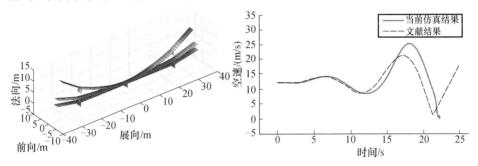

图7-1 气动弹性与飞行动力学耦合仿真(彩色版本见彩图)

4. 阵风响应与减缓

低速柔性飞行器的翼载低、结构变形大、固有频率低且与飞行模态频率相近等特性,使其阵风响应和载荷特性与常规飞行器明显不同。阵风载荷与飞行器设计极限载荷密切相关,阵风响应对飞行器的总体性能、结构和飞控设计等存在重大影响。

中国航天空气动力技术研究院利用 Hodges 梁和 ONERA 气动模型,对典型无人机飞翼模型开展了大柔性飞机的阵风响应仿真研究,详细地分析了柔性飞机在 1-cos 离散阵风和 DARPA 阵风扰动下的载荷特性,对比分析了非线性模型和冻结模型的载荷;采用 Palacios 梁、Theodorsen 理论气动模型和 Küssner 模型开展了大展弦比柔性飞机的阵风响应研究;利用多控制面开展了大展弦比机翼/飞机的阵风减缓研究,以翼尖加速度为反馈信号,采用经典比例、积分、微分(PID)控制律设计阵风减缓系统,通过时域仿真验证了方案的有效性(图7-2)。北京航空航天大学提出一种基于模糊-神经控制方法的大展弦比机翼阵风响应减缓控制方案,可以实现 PID 控制参数的在线调节,并初步开展了风洞试

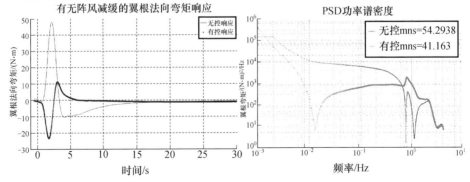

图7-2 多控制面阵风减缓仿真(彩色版本见彩图)

验研究。

由于 CFD 降阶模型(ROM)方法高效的特点,也应用于阵风减缓仿真分析。中国科学院力学研究所利用 CFD 结合降阶模型对阵风响应开展了研究,计算速度和效率较 CFD 方法大幅提高。南京航空航天大学基于线性结构动力学和非定常气动力模型,建立了弹性飞机的阵风减缓时域分析模型;采用俯仰角速率、翼尖加速度和质心加速度作为反馈信号,设计了相应的 PID 控制律。

7.1.2 亚跨超声速气动弹性问题

飞行器在亚跨超声速飞行过程中表现的气动弹性问题不同于低速阶段,其难题主要包括跨声速颤振、抖振,亚声速大迎角状态下的失速颤振、抖振以及涡致振动等,长期困扰飞行器的设计。

1. 理论研究

跨声速气动弹性问题的特殊性主要是由跨声速流动的复杂非线性和非定常特征所引起的,但对其机理的研究深入程度远不及其他经典气动弹性问题,仍有很多机理尚不清晰。

西北工业大学通过对跨声速气动弹性问题机理的深入研究,发现跨声速状态下的结构大幅振动主要源于流动模态的稳定性降低和失稳,流动模态和结构模态之间的耦合导致了特殊的气动弹性现象;在压缩性导致跨声速区颤振边界降低这一经典观点的基础上,揭示了颤振边界随着马赫数和迎角变化的敏感性以及单自由度颤振和跨声速抖振锁频等现象的根源;大迎角气动弹性和涡致振动等问题主要与分离流动相关,其根源仍可归结为流动模态的(近)失稳;通过数值模拟、理论建模以及特征分析,发现锁频现象可分为共振型锁频和耦合颤振型锁频两种模式,而结构模态和流动模态耦合导致的结构模态失稳(颤振)是促发锁频的根本原因,也是锁频在共振区之外出现的主要原因。

2. 数值分析方法

在亚跨超声速气动弹性的数值模拟和分析方法上,一方面通过基于 CFD 数值方法结合结构有限元模型(考虑非线性)来提高流固耦合数值模拟精度和对复杂现象的刻画能力,主流方法是 CFD/CSD 耦合数值计算方法或者 CFD 结合结构模态的数值分析方法;另一方面,通过发展基于高精度数值结果的降阶模型,提高复杂气动弹性系统的计算效率、可分析性和可设计性。

在基于 CFD 的数值模拟方法方面,中国航空工业集团公司沈阳飞机设计研究所、成都飞机设计研究所、第一飞机设计研究院等单位均完成了飞机静气弹特性、颤振边界评估等研究工作。沈阳飞机设计研究所基于 CFD/CSD 方法完成了气动弹性分析及优化设计工作,提出了针对弦向多个自由度具有结构非线性刚度的颤振分析方法,并对典型折叠翼面进行了非线性颤振分析。

在高精度降阶模型研究方面,南京航空航天大学发展了跨声速变马赫数的低阶非线性气动力模型。西北工业大学基于回归神经网络发展了跨声速的多种分层气动力模型,提高了不同振幅下非线性特征和强时滞特性的表征能力,实现了跨声速极限环颤振的高效模拟。此外,西北工业大学、南京航空航天大学、西安交通大学、北京航空航天大学大学、中国航天空气动力技术研究院、中国科学院力学研究所等单位在本征正交分解(POD)、Volterra 级数、ARX/ARMA 等模型在气动弹性以及非定常气动力建模的应用上也开展了系列化研究工作,有效提高了跨声速气动弹性问题的计算效率。

7.1.3　高超声速气动弹性问题

高超声速飞行器中轻质材料的广泛应用、特殊材料的选择和气动布局的复杂性,带来了一系列气动弹性新问题。近年来,国内学者围绕高超声速多场耦合机理、耦合数值计算方法和壁板颤振等问题开展了大量研究工作。

1. 数值计算方法

西北工业大学研究了高超声速条件下考虑舵轴与机身间隙影响下的高超声速飞行器全动舵翼面的气动弹性问题,研究了气动加热不确定性对热气动弹性的影响,并采用蒙特卡罗模拟方法和稀疏网格数值积分方法分别分析了参数的敏感性;对二维超燃冲压发动机进气道的气动弹性问题开展了研究;以舱段为研究对象,建立了噪声环境下气动/结构/声学(CFD/CSD/CAA)耦合建模及仿真方法,获得了舱段的时域结构响应;建立并发展了基于 CFD/CSD 方法的一体化参数化建模技术和基于网格单元修正的常体积四面体数据交换技术,应用于高超声速飞行器的结构优化设计中(图 7-3)。

北京航空航天大学采用 CFD 方法和活塞理论研究了吸气式高超声速飞行器气动/结构/推进耦合效应;对于高超声速静气动弹性问题,建立了考虑热效应影响的快速分析方法,以高超声速飞行器小展弦比翼面为研究对象,验证了热静气动弹性快速分析方法的可行性和适用性;以简化的飞行器纵向模型为研究对象,考虑结构弹性、非定常气动力、冲压发动机以及控制系统之间的相互耦合作用,建立了适用于高超声速飞行器气动伺服弹性问题的一般建模框架和分析流程。

中国航天空气动力技术研究院采用 CFD/CSD 耦合数值计算方法对高超声速翼面气动弹性颤振边界进行了预测,通过与活塞理论和风洞试验数据比对,讨论了松耦合策略等对数值计算结果的影响(图 7-3);分析了复合材料机翼在高超声速温度场下的固有振动特性。

中国运载火箭技术研究院研究发展中心采用松耦合方法,基于商用软件开

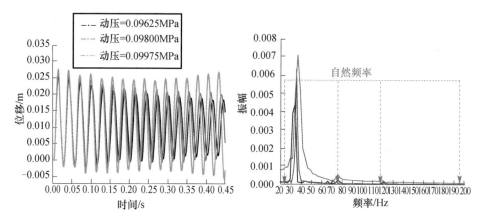

图 7 – 3　基于 CFD/CSD 方法的高超声速翼面颤振边界计算(彩色版本见彩图)

发接口进行了温度场对高超声速飞行器舵面结构特性影响的研究,并分析了舵面的颤振稳定性。

南京航空航天大学采用 CFD/CSD/CTD 方法研究了气动热配平状态下,高超声速气动热环境对气动弹性计算的影响。

中国科学院力学研究所发展了考虑黏性边界层效应的当地活塞流理论,解决了传统的活塞理论和当地流活塞理论不能用于高空高马赫数强黏性效应情况的问题。

成都飞机设计研究所采用解耦计算方法,研究了不同边界条件下气动热对全动平尾的结构动力学特性及颤振特性的影响;在考虑热效应的飞行器动力学特性分析的基础上,结合非定常气动力分析,提出了一种考虑气动加热效应的飞行器 ASE 分析方法。

中国空气动力研究与发展中心采用气动力/气动热/热结构相耦合的方法,对高超声速飞行器机翼结构热静气动弹性问题进行了研究,并对热气动弹性变形影响飞行器结构温度场开展研究。研究结果表明,对于热防护结构重点关注且精度要求较高的前缘驻点附近区域,热气动弹性变形对飞行器结构温度场的影响明显。

2. 高效非定常气动力降阶模型

高效降阶模型可以有效提高数值计算效率,是高超声速计算方法的另一重要研究领域。

西北工业大学和西安交通大学较早开展了高效降阶模型研究,经过验证的模型已应用于伺服气动弹性研究中。

南京航空航天大学研究了气动力、热及结构的降阶模型对气动弹性预测的作用,研究结果表明,ARMA/ROM 模型能高效、高精度地辨识气动力,同时修正后的参考焓理论能较好地拟合气动热环境。

北京理工大学采用降阶代理模型考察了三维翼面的气动弹性载荷,并对比了 Kriging 和 RBF 两种代理模型;采用 POD 与代理模型技术结合的模型降阶方法,建立了快速高效的高超声速气动热降阶模型框架,并将该模型与 CFD 结果进行了比较。

3. 超声速壁板颤振

北京航空航天大学建立了高超声速气动热、气动弹性双向耦合的二维曲面壁板颤振分析方法,考虑了温度随飞行时间的积累、温度场的非均匀变化等效应,与单向耦合模型相比,该模型更能准确预测颤振边界。

西安交通大学建立了功能梯度材料的有限元模型,并分析了在气动热环境下壁板的热屈曲和结构振动。

国防科技大学采用微分求积方法,分析了壁板颤振的气动弹性问题。

西北工业大学研究了受热壁板在温度场与噪声场作用下结构的屈曲现象。

7.2　科研试验基础设备设施

中国航空工业空气动力研究院在建的 2.4 m×2.4 m 连续式亚跨超声速风洞是一座非常适合开展气动弹性的可负压运行连续式大型跨声速风洞。该风洞将于 2020 年前后具备开展气动弹性风洞试验的能力。

该风洞是当今世界最先进的大型跨声速试验设施,规划了 6 个能够满足不同试验需求的试验段,包括气动弹性专用试验段,应用了半柔壁喷管、开槽壁试验段、可调开闭比试验段、可调型面二喉道、8 万 kW 驱动电机、大型轴流压缩机等多项先进技术,填补了多项国内空白(图 7-4 和图 7-5)。

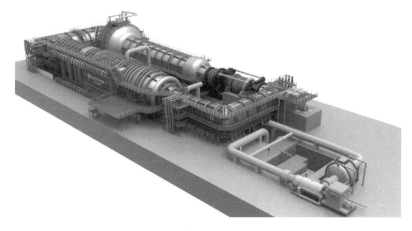

图 7-4　连续式亚跨超声速风洞示意图

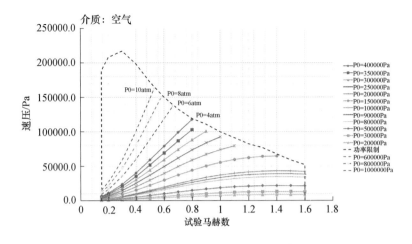

图 7-5 风洞速压运行包线(彩色版本见彩图)

7.3 试验技术

7.3.1 低速气动弹性试验技术

低速柔性飞行器气动弹性试验技术涵盖了地面部件/整机试验、部件/整机风洞试验、干风洞和飞行试验等试验内容,主要用于计算方法校验、模型验证等。

北京航空航天大学开展了大变形下的结构静、动力学特性测量;对非定常气动力加载点进行减缩等效,以便进行激振器加载,建立了地面干风洞试验装置;在其 D4 风洞中,对带翼尖配重的金属单梁直机翼开展了气动弹性风洞试验,在中国航天空气动力技术研究院低速风洞中,对大展弦比机翼开展了颤振试验和阵风响应试验;设计了一种支撑机构使得模型具有沉浮和俯仰的刚体运动自由度,可模拟半模纵向运动与结构弹性耦合效应。

中国航天空气动力技术研究院针对大展弦比机翼结构开展了地面振动试验,设计了柔性机翼和弹性机翼两种大展弦比机翼结构模型,通过在翼尖、翼中等位置施加砝码配重,研究了变形对结构动力学特性的影响(图 7-6);利用地面和车载方式施加自然激励,实现了无人机全机的结构动态试验,采用主翼前后梁上的加速度计/光纤布拉格光栅(FBG)测量结构响应,通过辨识方法得到了结构动力学特性,进而对前期有限元模型进行了修正(图 7-7);提出应用电磁力对非定常气动进行模拟的方法,建立了干风洞装置;为了弥补试验手段的不足,开发了用于验证大柔性飞行器气动弹性相关技术的试验平台,并已完成首飞(图 7-8)。

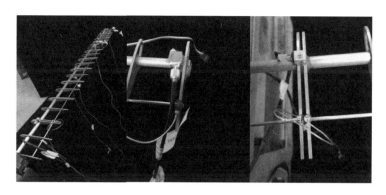

图 7 - 6　大展弦比机翼结构模型地面振动试验

图 7 - 7　无人机全机车载试验

图 7 - 8　中国航天空气动力技术研究院 24m 柔性结构无人机测试平台

　　西北工业大学利用普通汽车装载的方式实现了机翼模型颤振试验;通过降阶模型研究,有效减少了地面干风洞试验装置激振点个数,降低了激振器控制系统的设计难度。

7.3.2　亚跨超声速气动弹性试验技术

中国空气动力研究与发展中心研制了一套 128 通道的抖振动态数据采集与处理系统,在 2.4m×2.4m 跨声速风洞中建成了基于动力相似模型测量的抖振响应试验技术和基于脉动压力测量的抖振载荷试验技术,试验马赫数 0.3~1.4、迎角范围 -10°~+34°;在 2m×2m 超声速风洞中建成了适用于马赫数 1.5~4.25 的抖振载荷试验技术,形成了完整的 2m 量级高速风洞抖振试验能力;发展了颤振模型设计技术,在 2.4m×2.4m 跨声速风洞全面改造了全模颤振悬浮支撑系统(FSS),适用马赫数 0.3~1.2,速压可达 70kPa;在 2m×2m 超声速风洞和 0.6m×0.6m 直流式跨超声速风洞中研制了超声速颤振模型插入系统,适用马赫数 1.5~4.0,插入速度大于 10m/s,使风洞具备了飞行器翼面、舵面超声速颤振模型试验能力(图 7-9);在 2.4m×2.4m 跨声速风洞半模试验段采用光学测量技术对高速飞机 T 型尾翼颤振模型的变形进行了测量,并依据测量结果解算了尾翼模型的弯扭特性;与西安交通大学联合,基于快速成型技术,发展了金属 - 树脂复合风洞测力模型的快速制造方法,提高了模型的强度和刚度,克服了传统加工的局限,提出了轻质风洞模型制造的高精度、短周期、低成本整体解决方案。

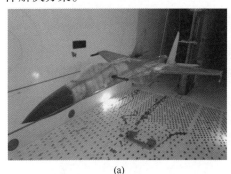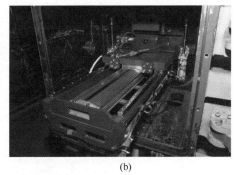

(a)　　　　　　　　　　　(b)

图 7-9　颤振试验支撑系统及插入机构

(a)2.4m×2.4m 跨声速风洞悬浮支撑机构;(b)0.6m×0.6m 跨超声速风洞颤振插入机构。

中国航空工业空气动力研究院在高速进气道试验台、1.2m 亚跨超风洞中建立了跨声速颤振试验技术,为飞行器的颤振校核及颤振特性评估提供了研究手段;在高速进气道试验台发展了跨声速突发型颤振试验技术;联合沈阳飞机设计所设计加工了跨声速风洞的颤振试验标模,包括 AGARD 机翼模型和全动平尾模型,试验马赫数范围 0.75~1.1;研制了一套最多 48 通道,能同时采集处理应变和加速度信号的颤振试验测量处理系统,实现了跨声速突发型颤振的试验控制、动态数据采集处理和实时显示、全通道数据实时谱分析及实时监测颤振发散的功能(图 7 – 10);开展了螺旋颤振风洞试验测试,设计了模型的支撑装置,开展了支撑装置振动频率的有限元计算,进行了支撑装置的 CFD 流场模拟研究,研究了不同发动机挂架刚度、螺旋桨轴不同的偏航/俯仰刚度、螺旋桨枢轴点不同位置及螺旋桨前进比变化等参数对螺旋颤振的影响。

图 7 – 10　风洞颤振标模

中国航天空气动力技术研究院在 1.2m 亚跨超风洞中开展了基于脉动压力测量的抖阵载荷风洞试验;发展了运载火箭跨声速气动阻尼试验技术,采用基于数值仿真的弹性模型设计方法,提高了对于捆绑式运载火箭模型高阶模态的模拟精度,改进了模型制造工艺,提高了试验精度;对于减阻杆的气动阻尼问题,建立了减阻盘 – 杆 – 后体结构的气动阻尼分析方法,并通过刚性模型的动导数风洞试验方法实现了减阻杆的气动阻尼试验测量(图 7 – 11);在 0.6m 亚跨超风洞中开展了翼面静气弹风洞试验,并对模型变形等物理量进行了全面测量。

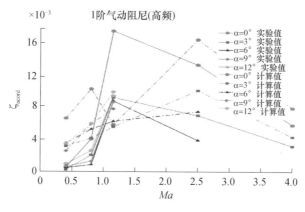

图 7 – 11　高频气动阻尼 – 马赫数曲线(彩色版本见彩图)

7.3.3 高超声速气弹试验技术

北京机电工程研究所在高超声速气动力、热、结构多物理场耦合的试验验证方面,利用发动机试车台模拟高超声速飞行条件下的总温,获得了复杂外形飞行器热弹性变形和变形对气动特性的影响数据。

中国航天空气动力技术研究院建立了基于常规高超声速风洞的颤振试验系统和高超声速试验、保护及配套测试装置(图7-12),通过保护罩设计,解决了风洞启动冲击问题;基于随机子空间模态参数辨识技术和 Zimmerman-Weissenburg 方法实现了亚临界颤振边界的预测;通过数值计算精确预估颤振边界的方法,在风洞变动压能力范围内,成功开展了缩比舵翼面高超声速颤振风洞试验;采用非接触双目视觉技术,获得了颤振试验模型的变形量;采用红外热像仪测量得到模型温度信息(图7-13)。

图7-12　高超声速颤振试验装置

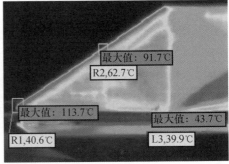

图7-13　高超声速颤振试验模型变形和温度测试(彩色版本见彩图)

7.4 在国防与经济社会发展中的应用和贡献

气动弹性技术与飞行器设计紧密结合,高精准度、置信度的数值分析方法与风洞试验、飞行试验技术的发展为避免飞行器出现气动弹性问题,有效提高飞行器性能提供了坚实的技术保障。通过基础研究成果转化,气动弹性学科发展的分析、试验技术已应用于我国新型飞机、运载火箭、大柔性飞行器等众多领域。

新型飞机设计基于数值模拟与风洞试验相结合的技术,有效提高了飞机颤振边界的预测精度,并在静气弹效应对气动特性影响、抖振载荷机理及预防措施等方面取得了深入认识。通过发展风洞试验结合数值计算的手段,实现了对运载火箭气动非阻尼现象发生的有效预示,避免了由于气动弹性不稳定引发飞行危险的可能性。通过对飞行器舵翼面颤振、非线性及伺服弹性问题的深入研究,提高了飞行器的安全性。通过对大柔性飞行器结构及气动非线性问题的深入研究,建立的数值分析方法及平台为大柔性长航时飞行器的成功试飞提供了重要的技术保障。

参 考 文 献

[1] 虞志浩,杨卫东.一种复合材料旋翼桨叶结构大变形分析方法的改进及验证[J].应用力学学报,2014,31(5):752-757.

[2] 潘登,吴志刚,杨超,等.大柔性飞机非线性飞行载荷分析及优化[J].航空学报,2010,31(11):2146-2151.

[3] 王睿,周洲,祝小平,等.几何非线性机翼本征梁元素模型的高效化改进[J].航空学报,2013,34(6):1309-1318.

[4] 肖伟,周洲,祝小平,等.柔性太阳能无人机飞行动力学与控制仿真研究[J].系统仿真学报,2014,26(3):704-709.

[5] 王伟,周洲,祝小平,等.考虑几何非线性效应的大柔性太阳能无人机静气动弹性分析[J].西北工业大学学报,2014,32(4):499-504.

[6] 王伟,周洲,祝小平,等.一种基于CR理论的大柔性机翼非线性气动弹性求解方法[J].振动与冲击,2015,34(9):62-70.

[7] 柳兆伟.大展弦比挠性机翼流固耦合数值分析研究[D].长沙:国防科学技术大学,2012.

[8] 聂雪媛,黄程德,杨国伟.基于CFD/CSD耦合的结构几何非线性静气动弹性数值方法研究[J].振动与冲击,2016,35(8):48-53.

[9] 陈利丽,宋笔锋,宋文萍,等.柔性扑翼气动结构耦合特性数值研究[J].空气动力学学报,2015,33(1):125-133.

[10] 任智毅,金海波,丁云亮.大展弦比机翼非线性颤振特性研究[J].应用力学学报,2014,31(2):206-211.

[11] 谢长川,胡锐,王斐,等.大展弦比柔性机翼气动弹性风洞模型设计与试验研制[J].工程力学,

2016, 33(11): 249 – 256.

[12] 杨智春, 张惠, 谷迎松, 等. 考虑几何非线性效应的大展弦比机翼气动弹性分析[J]. 振动与冲击, 2014, 33(16): 72 – 75.

[13] 付志超, 陈占军, 刘子强. 大展弦比机翼气动弹性的几何非线性效应[J]. 工程力学, 2017, 34 (4): 231 – 240.

[14] 李满, 宋笔锋, 焦景山, 等. 基于柔性梁模型的大展弦比无人机动力学建模与分析[J]. 西北工业 大学学报, 2013, 31(6): 858 – 864.

[15] 沈华勋, 徐亮, 陆宇平, 等. 飞翼式柔性飞机纵向动力学建模与稳定性分析[J]. 动力学与控制学 报, 2016, 14(3): 241 – 246.

[16] 冯扬帆, 周洲, 肖伟. 高空太阳能弹性无人机纵向动力学特性研究[J]. 飞行力学, 2014, 32(1): 1 – 4.

[17] 陈占军, 付志超, 吕计男, 等. 大柔性飞机非线性气动弹性与飞行力学耦合建模及阵风响应分析 [C]. 首届全国流固耦合力学前沿技术研讨会, 2014.

[18] 张慰, 张伟伟, 全景阁, 等. 跨音速机翼阵风减缓研究[J]. 力学学报, 2012, 44(6): 962 – 969.

[19] 聂雪媛, 杨国伟. 基于 CFD 降阶模型的阵风减缓主动控制研究[J]. 航空学报, 2015, 36(4): 1102 – 1111.

[20] 刘澄澄, 赵永辉. 弹性飞机阵风减缓研究[J]. 航空计算技术, 2014, 44(1): 78 – 82.

[21] 付志超, 康传明, 吕计男, 等. 大展弦比机翼的阵风载荷减缓研究[C]. 第五届全国飞行器载荷技 术学术研讨会, 2013.

[22] 芮伟, 易凡, 杜宁, 等. 2.4m 跨声速风洞颤振试验流场控制技术研究[J]. 实验流体力学, 2012, 26 (6): 83 – 86.

[23] 路波, 吕彬彬, 罗建国, 等. 跨声速风洞全模颤振试验技术[J]. 航空学报, 2015, 36(4): 1086 – 1092.

[24] 郭洪涛, 路波, 余立, 等. 某战斗机高速全模颤振风洞试验研究[J]. 航空学报, 2012, 33(10): 1765 – 1771.

[25] 郭洪涛, 闫昱, 余立, 等. 高速风洞连续变速压颤振试验技术研究[J]. 实验流体力学, 2015, 29 (5): 72 – 77.

[26] 闫昱, 余立, 吕彬彬, 等. 超声速颤振风洞试验技术研究[J]. 实验流体力学, 2016, 30(6): 76 – 80.

[27] 孙岩, 张征宇, 吕彬彬, 等. T 型尾翼颤振模型光学测量实验与弯扭特性解算[J]. 实验流体力学, 2012, 26(1): 100 – 104.

[28] 杨贤文, 余立, 吕彬彬, 等. 静气动弹性模型高速风洞试验研究[J]. 空气动力学学报, 2015, 33 (5): 667 – 672.

[29] 冉景洪, 刘子强, 胡静, 等. 减阻杆气动阻尼研究[J]. 力学学报, 2014, 46(4): 636 – 641.

[30] 叶坤, 叶正寅, 屈展. 高超声速热气动弹性中结构热边界影响研究[J]. 西北工业大学学报, 2016 (1): 1 – 10.

[31] 杨享文, 武洁, 叶坤, 等. 高超声速全动舵面的热气动弹性研究[J]. 力学学报, 2014(4): 626 – 630.

[32] 叶坤, 叶正寅, 屈展. 高超声速进气道气动弹性的影响研究[J]. 推进技术, 2016(12): 2270 – 2277.

[33] 徐敏, 张宁川. 基于气动(气动噪声)/结构耦合仿真研究[J]. 强度与环境, 2012(1): 12 – 17.

[34] 粟华, 谷良贤, 龚春林. 基于高拟真度模型的高超声速飞行器静气动弹性优化[J]. 航空动力学报, 2013(8): 1836 – 1842.

[35] 郁嘉,杨鹏飞,严德. 高超声速飞行器模型不确定性影响分析[J]. 航空学报,2015(1):192 - 200.

[36] 李国曙,万志强,杨超. 高超声速翼面气动热与静气动弹性综合分析[J]. 北京航空航天大学学报,2012(1):53 - 58.

[37] 吴志刚,楚龙飞,杨超,等. 推力耦合的高超声速飞行器气动伺服弹性研究[J]. 航空学报,2012(8):1355 - 1363.

[38] 张旭,王鹏,王斌. 高超声速复合材料翼面的结构动力学特性研究[J]. 弹箭与制导学报,2017(1):95 - 98,102.

[39] 张华山,张家雄,何咏梅. 高超声速飞行器舵面热颤振数值方法研究[J]. 导弹与航天运载技术,2015(5):59 - 62.

[40] 徐飞,韩景龙. 多场耦合的机翼热气动弹性问题研究[J]. 盐城工学院学报(自然科学版),2015(1):34 - 38.

[41] 韩汉桥,张陈安,王发民. 一种高空高超声速非定常气动力近似模型[J]. 力学学报,2013(5):690 - 698.

[42] 徐钦炜,李秋彦. 不同热环境下的颤振问题初探[J]. 应用数学和力学,2014,35(S):37 - 41.

[43] 谭光辉,李秋彦. 考虑热效应的气动伺服弹性分析方法研究[J]. 应用数学和力学,2014,35(S):60 - 64.

[44] 刘磊,桂业伟,耿湘人,等. 高超声速飞行器热气弹静态问题研究[J]. 空气动力学学报,2013,31(5):559 - 571.

[45] 刘磊,桂业伟,耿湘人,等. 热气动弹性变形对飞行器结构温度场的影响究[J]. 空气动力学学报,2015,33(1):31 - 35.

[46] 季雨,韩景龙. 基于气动力降阶模型的高超声速舵面颤振分析[J]. 盐城工学院学报(自然科学版),2016(1):39 - 43.

[47] 陈鑫,刘莉,岳振江. 基于代理模型的高超声速气动热模型降阶研究[J]. 北京理工大学学报,2016(4):340 - 347.

[48] 陈鑫,刘莉,岳振江. 基于本征正交分解和代理模型的高超声速气动热模型降阶研究[J]. 航空学报,2015(2):462 - 472.

[49] 杨智春,刘丽媛,王晓晨. 高超声速飞行器受热壁板的气动弹性声振分析[J]. 航空学报,2016(12):3578 - 3587.

[50] 杨超,李国曙,万志强. 气动热 - 气动弹性双向耦合的高超声速曲面壁板颤振分析方法[J]. 中国科学:技术科学,2012(4):369 - 377.

[51] 李凯伦,张家忠. 功能梯度材料薄板的热气动弹性数值分析方法及特性研究[J]. 宇航学报,2013(9):1177 - 1186.

[52] 钮耀斌,王中伟,毛佳,等. 基于微分求积法的高超声速机翼蒙皮颤振研究[J]. 国防科学技术大学学报,2012(2):141 - 144.

[53] 季辰,李锋,刘子强. 高超声速风洞颤振试验技术研究[J]. 实验流体力学,2015,29(4):75 - 80.

[54] 季辰. 舵翼面高超声速气动弹性特性试验研究[D]. 北京:中国航天空气动力技术研究院,2015.

[55] 付志超,仲维国,陈志平,等. 大展弦比柔性机翼的结构动力学特性试验研究[J]. 航空学报,2013,34(9):2177 - 2184.

[56] 许云涛,吴志刚,杨超. 地面颤振模拟试验中的非定常气动力模拟[J]. 航空学报,2012,33(11):1947 - 1957.

[57] 胡巍,杨智春,谷迎松. 带操纵面机翼气动弹性地面试验仿真系统中的气动力降阶方法[J]. 西北

工业大学学报，2013，31(5):810-815.

[58] 谢长川，张赫，杨超．HHT 结合颤振余量法在颤振边界预测中的应用[J]．中国科技论文在线，2013．

[59] Chen Z J, Fu Z C, Lv J N, et al. Gust response analysis of high altitude, long endurance aircraft[C]. International Forum on Aeroelasticity and Structural Dynamics - 2015, 2015.

[60] Xie C C, Yang C. Linearization methods of nonlinear aeroelastic stability for complete aircraft with high - aspect - ratio wings[J]. Science China Technology Science, 2011, 54: 403 - 411.

[61] Xie C C, Liu Y, Yang C. Static aeroelastic analysis of very flexible wing based on the 3 - D lifting - line theory[C]. 53rd AIAA Structures, Strustural Dynamics and Materials Conference, 2012.

[62] Xie C C, Wang L B, Yang C. Static aeroelastic analysis of very flexible wings based on non - planar vortex lattice method[J]. Chinese Journal of Aeronautics, 2013, 26(3):514 - 521.

[63] Yan Y J, Xiang J W, Li D C, et al. Parametric studies on nonlinear flutter of high - aspect - ratio flexible wings[C]. The 6th International Conference of Nonlinear Mechanics, 2013.

[64] Zhao Z J, Ren G X. Multibody dynamic approach of flight dynamics and nonlinear aeroelasticity of flexible aircraft[J]. AIAA Journal, 2011, 49(1):41 - 54.

[65] Chen Z J, Fu Z C, Lv J N, et al. Flight Dynamic Analysis of Very Flexible Aircraft[C]. 7th Asia - Pacific International Symposium on Aerospace Technology, 2015.

[66] Chen Z J, Fu Z C, Lv J N, et al. Nonlinear Structure and Flight Dynamics Analysis of Very Flexible Aircraft[C]. The 6th International Symposium on Physics of Fluids, 2015.

[67] Chen G, Wang X, Li Y M. A reduced - order - model - based multiple - in - multiple - out gust alleviation control law design method in transonic flow[J]. Science China Technological Sciences, 2014, 57(2): 368 - 378.

[68] Wang Y, Li F, Ronch A D. Adaptive feedback control for gust loads alleviation of a flexible flight test aircraft [C]. AIAA Atmospheric Flight Mechanics Conference, 2016.

[69] Gao C Q, Zhang W W, Ye Z Y. A new viewpoint on the mechanism of transonic single - degree - of - freedom flutter[J]. Aerospace Science and Technology, 2016, 52: 144 - 156.

[70] Gao C, Zhang W, Li X, et al. Mechanism of frequency lock - in in transonic buffeting flow[J]. Journal of Fluid Mechanics, 2017, 818: 528 - 561.

[71] Quan J G., Zhang W W, Gao C Q, et al. Characteristic analysis of lock - in for an elastically suspended airfoil in transonic buffet flow[J]. Chinese Journal of Aeronautics, 2016, 29(1): 129 - 143.

[72] Zhang W W, Li X T, Ye Z Y, et al. Mechanism of frequency lock - in in vortex - induced vibrations at low Reynolds numbers[J]. Journal of Fluid Mechanics, 2015, 783: 72 - 102.

[73] Ji C, Li F, Liu Z Q, et al. The aerodynamic damping test of elastic launch vehicle model in transonic flow [C]. Proceedings of the 64th International Astronautical Congress, 2013.

[74] Ji C, Bai K, Liu Z Q, et al. Experimental study of aerodynamic damping of an elastic launch vehicle in the first free - free bending mode[C]. Proceedings of the 14th Asian Congress of Fluid Mechanics, 2013.

[75] Lv J N. CFD/CSD approach to evaluate the aeroelastic respoN - Se of a hypersonic vehicle wing[C]. International Forum on Aeroelasticity and Structural Dynamics (IFASD 2015), 2015.

[76] Guo L, Lv J N. Identification of flutter boundary for a hypersonic vehicle wing as X - 15 by experiment and numerical simulation[C]. 21st AIAA International Space Planes and Hypersonics Technologies Conference, 2017.

[77] Ji C, Cheung C W, Liu Z Q, et al. Design, build and test of a wind tunnel rig for hypersonic flutter research[C]. Proceedings of 5th Aircraft Structural Design Conference, 2016.

[78] Ji C, Zhu J, Chen N, et al. Development of a hypersonic flutter test capability[C]. 32nd AIAA Aerodynamic Measurement Technology and Ground Testing Conference, 2016.

[79] Ji C, Liu Z Q, Ai B C, et al. Research on hypersonic flutter test technique for hypersonic vehicles[C]. Proceedings of 67th International Astronautical Congress, 2016.

[80] Ji C, Jiang W, Zhu J, et al. Experimental study of hypersonic flutter of a blunt – leading – edge trapezoidal wing[C]. 21st AIAA International Space Planes and Hypersonics Technologies Conference, 2017.

[81] Wu Z G, Chu L F, Yuan R Z, et al. Studies on aeroservoelasticity semi – physical simulation test for missiles[J]. Science China Technological Sciences, 2012, 55(9): 2482 – 2488.

[82] Hou Y Y, Fu Z C, Zhu J, et al. An unsteady aerodynamic simulation test based on ground electromagnetic dry tunnel[C]. The 6th International Symposium on Physics of Fluids, 2015.

[83] Liu Y, Xie C C, Yang C, et al. Gust response analysis and wind tunnel test for a high – aspect ratio wing [J]. Chinese Journal of Aeronautics, 2016, 29(1): 91 – 103.

[84] Wang L B, Shen L, Chen L, et al. Design and analysis of a wind tunnel test model system for gust alleviation of aeroelastic aircraft [C]. 53rd AIAA Structures, Strustural Dynamics and Materials Conference, 2012.

第8章　空气动力学测控技术

测控技术是空气动力学研究的重要环节,测控技术的发展有力地推动了空气动力学的发展,促进了飞行器的研究,提升了风洞试验能力水平,具有重要军事、经济、科学等价值。

空气动力学测控技术是研究空气与物体相互作用的信息控制、获取和处理,以及对相关要素进行控制的理论与技术。研究对象为空气与物体相互作用涉及的流动测量、流动控制、测控设备。研究范围包括低速、亚跨超声速和高超声速的流动测量控制,同时涵盖相关交叉学科,如气动物理测控、气动光学测控、气动声学测控、测控设备研制等。具体技术构成以空气动力学领域中的测试测量与控制技术为核心,包括计算机技术、电子技术、自动控制技术、传感器及仪表技术、网络与通信技术、自动测试技术和虚拟与仿真技术、数据库技术、计量与校准等。

测控技术是空气动力学研究的重要环节,从 2012 年至 2017 年的 5 年中,我国风洞测控技术发展达到了国际先进水平。其中近 5 年来发展具有代表性的技术有如下 6 个方面:

(1)基于 MEMS 技术的传感器。传感器是风洞测试系统的关键设备,目前,风洞测试使用传感器已由传统形式传感器向 MEMS 技术传感器微型化传感器转变。基于 MEMS 技术的传感器,特点是体积小、微重化、高频响、宽温度范围、小量程、高精度,并具有高数字化和高抗干扰能力。

(2)无线传感器网络技术。无线传感器网络技术在风洞中应用,在不便于安装有线传感器的情况下,均考虑将无线传感器网络作为风洞测控系统的组成部分,如对旋转机械的监测、气源系统的监测。风洞运行监测和对于没有网络设施和不安全环境均可以用无线传感器网络,集成了嵌入式计算机、网络通信、分布式信息处理等多项技术,能够实时监测各种环境下信息并进行处理,传递信息到需要的部门。

(3)高性能数据采集技术。数据采集技术向高速高精度发展,许多风洞采用了国产 DH5900、DH8300、DH3800 系列的高频响高精度、高抗干扰的数据采集系统,实现了高速风洞数据实时测量。

(4)电子扫描阀测压系统国产化。电子扫描阀测压系统开始使用新一代

DTCInitiom 系列产品。它具有数字温度补偿精度高(0.05%)的特点,而且具有数字温度补偿能力。目前,国产电子扫描阀也已问世,打破了美国的垄断。

(5)云计算技术。基于云计算技术的分布式远程测试系统是分布式的采集、集中化的分析管理。云端共享的数据资源实现了计算机技术、传感器技术、网络技术、无线数据传输技术、数据库技术与测控技术有机结合,组建网络化、信息化、集成化分布式风洞测试系统,以实现测试数据共享目的。

(6)风洞状态监测及管理技术。近年来多个风洞实现了自主式维修保障系统建设和研制,使风洞形成基于网络化存储的数据中心,形成了风洞技术状态管理系统,构建了完善的人、物动态管理的系统和高效的装备管理信息化平台,从而提高了风洞装备能力和信息化水平

近年来,测控技术的发展有力地推动了空气动力学的发展,促进飞行器的研究,提升风洞试验能力水平,具有重要军事、经济、科学等价值。

随着微电子技术、光电子技术、计算机技术、软件技术等的发展,及其在电子测量技术和仪器中的应用,新的测试理论、测试方法、测试领域和测试仪器不断涌现。测控技术的发展可归纳为四个方面:一是朝着模块化、系统化方向发展。20世纪80年代末期 VXI 总线技术的出现,使电子测量仪器以极高的速度朝模块化、系统化方向发展。以 VXI 模块化仪器为例,从1989年以来,每年以200个品种的速度在增长。二是朝着智能化、集成化方向发展。传感器与微处理器紧密结合,具有自动检测、判断和信息处理等多种功能,单功能仪器日益减少;敏感元件、信号调理电路以及电源等高度集成,实现检测及信号处理一体化。三是朝着微型化、便携化、量子化、网络化发展。微型传感器是以 MEMS 技术为基础,目前比较成熟的微型传感器有压力传感器、加速度传感器等。由于表面贴装技术的应用和仪器专用集成电路的使用,测控技术便携化成为今后发展的主流。四是朝着虚拟化方向发展。虚拟仪器的发展,使仪器操作变得易学易用,人机交互界面更加友好,软面板越来越多地代替仪器硬面板,使人为引入的测量误差降到最低。

8.1 气动力测试技术

气动力测试技术是测量气流作用在模型上的空气动力的试验技术。测力试验是风洞试验中最基本的试验项目,风洞天平是测力试验中最重要的测量装置,用于测量作用在模型上的空气动力载荷(力与力矩)的大小、方向与作用点。风洞天平按测力的性质分为静态测力天平和动态测力天平两类,分别测量定常飞行和非定常飞行时模型所受到的空气动力。静态测力天平有内式和外式等多种形式,按结构和测量原理分为机械式、应变式、压电式和磁悬挂等形式。

中国空气动力研究与发展中心在常规高超声速风洞中,完善了六分量天平测力技术,对于简单结构模型重复性精度达到 1%,对于带舵等部件的组合模型重复性精度达到 2%;发展了高精度阻力、动导数、铰链力矩等测量技术,重复性精度获得较大提升;开展了多天平测力试验技术研究,主要分量的静校准度均在0.7% 以内,零点漂移明显减小,有效地提高了定位和安装精度;发展了多喷管、多种不同喷流压力同时工作的冷喷流测力试验技术;发展了模型自由飞试验技术,解决了六自由度姿态判读、模型发射和回收等技术难题。在低密度风洞中,针对小气动载荷大模型重量矛盾和天平温度效应的问题,分别开展了天平结构优化设计分析以及模型、隔热部件和天平整体装配结构传热分析,有效提高了高温稀薄流场测力试验精准度;利用半导体应变计响应时间快、灵敏度高的优点,开展了半导体应变计结构和测量桥路设计研究,减小了天平温度输出影响;利用光纤应变计耐高温、无电磁干扰等优点,开展了应变计结构、安装、温补及信号解调等研究,攻克了光纤应变计制作封装工艺优化、安装工艺优化和温度补偿等多项关键技术,完成了光纤天平的集成检测、静态校准和验证试验,以及集成检测仪器设备研发。在脉冲燃烧风洞中,开展了测力天平研究,天平输出信号与燃烧室压力的跟随性良好,轴向力、法向力和俯仰力矩分量上输出信号的主频均满足脉冲风洞的测力要求,轴向力系数的重复性精度达到 1.6%。同时,还开展了推力矢量天平和低温天平的研究,完成了常规高精度应变天平研发平台、7t 全自动天平校准系统和矢量天平校准系统的建设。

中国科学院力学研究所开展了 JF12 风洞应变天平测力技术研究,优化设计了应变天平的测力单元结构,加工制造了大刚度、低干扰、高灵敏度的系列脉冲型应变天平,法向力范围 1 ~ 30kN,应用不同模型对天平测力准度进行评估;完成了脉冲风洞天平校准系统的研制,法向力额定载荷 1.5t,精度指标小于0.05% F. S.。

中国航天空气动力技术研究院研发了多种类型的特种天平,如用于发动机试车台的具有原位校准功能的大载荷测力天平、用于横向喷流控制方法研究的通气天平、用于摩阻测量的高超声速摩阻天平、用于飞行器再入时的小滚转力矩天平、用于飞艇螺旋桨飞行测力试验的管式天平等;开展了天平温度效应机理研究,基本掌握了天平温度场的分布规律;开展了天平校准试验优化设计,对校准结果提出了评价指标。

西北工业大学针对非六分量天平由于设计和安装偏差影响主测气动力结果的问题,将有限元仿真与试验校准相结合,充分考虑非测量对主测量的干扰修正,对非六分量天平的工作公式进行补充和改进,有效地提高了六分量力和力矩工况下的测量精准度。

8.2　气动载荷测试技术

8.2.1　脉动压力试验测试技术

脉动压力试验测试技术主要研究飞行器/模型内流或外流的脉动压力测量方法,用于分析进气道模型通流状况与气动特性、弹翼声载荷、液体火箭发动机不稳定燃烧现象等问题。

中国空气动力研究与发展中心在 2.4m × 2.4m 跨声速风洞和 2m × 2m 超声速风洞中建立了压力高速采集技术,提出了不同风洞总静压的同步采集方式,采用"阶梯 - 连续"一体化的采集策略,对测压连续采集数据处理进行了研究。

中国航天空气动力技术研究院针对高超声速飞行器声载荷试验存在模型头部气动加热较强、舱内走线空间有限、弹翼声载荷测量难度较大等问题,通过合理的传感器选型和结构布局,获得了飞行器表面脉动压力系数分布、频谱特性函数等重要衡量非定常载荷特性的参数。

西安航天动力试验技术研究所开展了液体火箭发动机的脉动压力测量特点、测量系统组成与测量方式以及发动机不稳定燃烧的关系和数据分析方法研究。

8.2.2　压力敏感涂料测压技术

压力敏感涂料(PSP)测压技术是基于压力敏感涂料的模型表面连续压力分布非接触光学压力测量技术,利用涂在被测模型表面上对气流压力敏感的涂料发光强度的变化,用光学方法测量出被测区域的表面压力及其分布。根据测量发光强度和发光寿命,分别发展了光强法 PSP 测量系统和寿命法 PSP 测量系统。

中国航空工业空气动力研究院基于高速进气道试验台建设了 360° 全表面测量的稳态压力测量系统,应用风洞参数条件为压力 10 ~ 400kPa,温度 - 20 ~ 60℃,系统采样率 15Hz,测量数据标准偏差小于 500Pa,可与风洞主控相连进行触发;开发了图像处理、数据投影、涂料校准软件,实现了对飞行器整个外表面的 360°压力测量。同时,研究了涂层表面粗糙度、形态对于测量数据一致性的影响,发展了涂层喷涂、打磨和粗糙度控制方法,开展了多轮对比研究,发展了测力测压一体化技术(图 8 - 1)。

中国航天空气动力技术研究院研制了光学系统减振机构、喷涂压敏涂料,布设了压力、温度传感器,自主研制的 PSP 试验系统和数据处理软件具备完成曲面模型表面压力测量的能力。

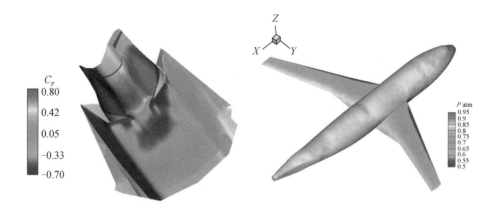

图 8 - 1 稳态 PSP 测量结果(彩色版本见彩图)

中国空气动力研究与发展中心在 2.4m × 2.4m 跨声速风洞建立了双组分、多光源和多 CCD 的 PSP 测量系统,完成了模型表面压力测量、模型表面流动显示与 CFD 结果验证,解决了诸多影响 PSP 测量结果精准度与可靠性的问题,并成功应用于大飞机测压模型和三角翼测压模型压力分布测量试验(图 8 -2);建成了基于光强法的 PSP 测量系统,适用于试验马赫数 0.3 ~ 1.2 的流动条件,压力测量范围 0.01 ~ 0.2MPa,测量响应时间小于 0.5s,测量灵敏度 ±150Pa,压力测量不确定度 2% ;开展了压缩拐角模型马赫数 5.0 的高超声速 PSP 技术验证性风洞试验研究,验证了甲基丙烯酸三氟乙酯/甲基丙烯酸异丁酯共聚物(FIB)和纤维素两种压敏涂料在高超声速条件下的适用性,测试精度达到 5% (图 8 -3)。

图 8 -2 民机模型压力测量结果(彩色版本见彩图)

中国航空工业空气动力研究院与北京大学合作开发了两类快速响应涂料,响应时间分别为 50μs 和 500μs,满足了高频率连续测量和旋转部件测量的要求,在激波管中采用连续测量系统进行了激波撞击圆柱的动态压力场测

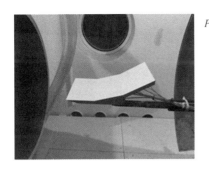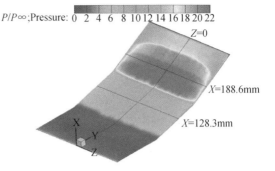

图 8 - 3　高超声速风洞压缩拐角测量(彩色版本见彩图)

试,测量频率达到 100kHz(图 8 - 4);与中国航空发动机集团有限公司燃气涡轮研究院合作,开发了具有高附着力的快速响应涂料、荧光寿命脉动压力测量系统和旋转模糊修正装置,可获得 9000 ~ 22000r/min 转速下表面压力全局分布的情况(图 8 - 5)。

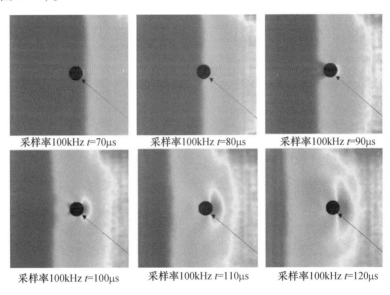

图 8 - 4　100kHz 激波撞击圆柱动态 PSP 测量(彩色版本见彩图)

中国航天空气动力技术研究院与中国科学院化学研究所合作,研制了响应时间达到 200μs 的压敏漆涂料和快响应标定装置,掌握了多种快速响应 PSP 涂料配方及制作工艺,并先后研制了 14 批 70 多种涂料。

南京航空航天大学与上海交通大学等合作开展了 AGARD 标模高超声速(马赫数 5.0)快响应 PSP/温敏漆(TSP)表面压力场、温度场及速度场同步测量研究,取得了理想的试验结果。

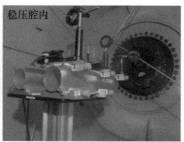

稳压腔外　　　　　　　　　稳压腔内

转子转速:18000r/min　　　　22000r/min

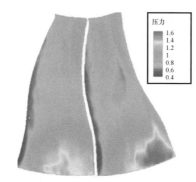
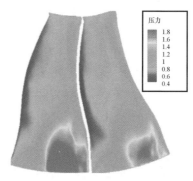

表面动态压力分布

图8-5　高速风扇PSP表面压力测量(彩色版本见彩图)

8.3　气动热测试技术

8.3.1　磷光热图技术

磷光热图技术是一种将具有温敏性质的发光材料以涂层形式置于模型表面,通过记录涂层光强的变化完成模型表面的热流测量的新型风洞测热技术。相比于传统的单点式热流传感器,磷光热图技术的非接触、面测量优势极大地丰富了所获取到的飞行器表面热流信息,具有较高的空间分辨率、测热范围以及测量精度。

中国空气动力研究与发展中心发展了单色和双色磷光热图大面积测热技术,突破了快响应温敏发光材料开发、压模成型、陶瓷喷涂、标定腔温度精确控制、快速热图数据处理等关键技术,实现了模型表面全场热流分布测量,磷光热图热流测量精度优于15%。

中国航天空气动力技术研究院解决了陶瓷材料加工过程中易崩落、开裂等技术难题,形成了独有的陶瓷模型成型技术,可完成各种复杂外形飞行器及局部复杂结构的陶瓷模型加工;针对图像处理技术、热流数据处理技术完成了一系列优化,开发了图像采集、配准软件,热流测量精度小于 10%(图 8－6)。

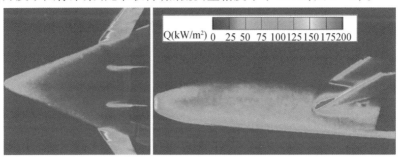

图 8－6　复杂外形飞行器热流云图(彩色版本见彩图)

8.3.2　温度敏感涂料测试技术

温度敏感涂料(TSP)技术与 PSP 技术类似,通过激发荧光光强变化来获得温度的变化,主要研究高超声速条件下的高空间分辨率气动热测量,能够以高空间分辨率得到较大面积区域的详细热流分布信息,可更加全面地测量模型外表面的热环境,并可据此进一步分析和辨别边界层流态以及确定边界层转捩位置。

中国空气动力研究与发展中心为满足激波风洞高瞬态试验条件需求,突破了快响应温敏发光材料开发、压模成型、陶瓷喷涂、标定腔温度精确控制、快速热图数据处理等关键技术,开发了响应时间快、空间分辨率高、适用模型尺度范围宽、重复性好的温敏发光热图测试技术,有效测量数据提高了 3~4 个数量级,实现了模型表面全场热流分布测量。

中国航天空气动力技术研究院建立了适用于激波风洞试验的图像采集系统、光学系统及标定系统,可获取模型被测面温敏涂层的发光图像,直接观察模型表面热流分布和捕捉峰值热流的准确位置,实现对模型表面热流的定量测量。

中国航空工业空气动力研究院开发了 EuTTA、RuBpy 等常温环境下的 TSP涂料,以及聚乙炔类适用于 300℃ 以上环境的中高温 TSP 涂料,搭建了适用于风洞和发动机转子的测量系统,大范围测量分辨率 0.1℃,精度 1℃;在北京大学高超声速静风洞完成了基于 TSP 的转捩测量试验,在马赫数 6.0 条件下对平板、尖锥和高超声速飞行器前体模型进行了气动热测量,获得了清晰的转捩条带结构(图 8－7)。

8.3.3　红外热图测试技术

红外热图测试技术是使用红外热像仪对模型表面的温度变化进行测量,并对模型表面各点热流值进行处理的技术,重点解决大迎角情况下模型表面温度

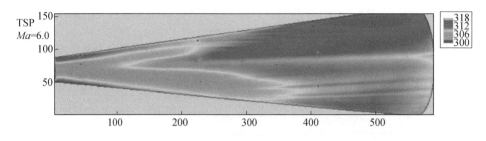

图 8 - 7　高超声速静风洞的 TSP 转捩测量(彩色版本见彩图)

测量、高精度红外热图图像处理、模型物面坐标与红外热图像素位置定位、红外
热图标定等问题。

　　中国航空工业空气动力研究院开展了模型表面处理方法、红外相机黑体标
定与表面发射率测试方法、红外相机标定靶设计方法以及三维热图重构等研究,
形成了一套完整的全表面测温技术,测量温度范围 - 40 ~ 1500℃ ,温度测量精度
可达量程的 ±1% ;利用红外测温形成了边界层转捩探测能力,实现了高低速风
洞常规试验模型的转捩探测(图 8 - 8);在高焓高马赫数地面试车台完成了全尺
寸吸气式高超声速飞行器局部表面温度测量,来流马赫数 5.5,来流总温
1200K;将红外测温技术推广至防除冰系统表面温度测量中,获得了较理想效果
(图 8 - 9)。

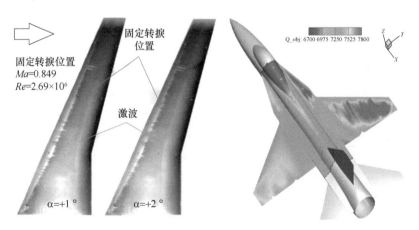

图 8 - 8　边界层转捩探测与三维热图重建结果(彩色版本见彩图)

　　中国空气动力研究与发展中心在高超声速低密度风洞中,通过对比多视角
观察窗口、红外相机保护壳、多次反射测量光路等试验方法,尝试解决由模型大
迎角导致的观察角过大影响表面发射率问题;分析了模型表面温度与热流测量
误差的关系,发现了合理选择模型绝热材料可以提高红外测热精度;发展了高空

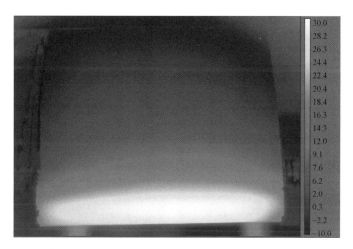

图 8 - 9 结冰试验模型防除冰表面测温(彩色版本见彩图)

稀薄气动热红外热图测热试验技术,解决了大迎角情况下模型表面发射率的修正问题,试验数据与传统热电偶测热数据最大相差 9%。在常规高超声速风洞中系统开展了单点和大面积红外测热试验技术研究,测热重复性精度优于 15%。

8.3.4 热流传感器测热技术

热流传感器测热技术是基于热流传感器测量热流密度的测试技术,根据传热方式不同,可以分为导热热流测试技术、对流热流测试技术和辐射热流测试技术。

中国空气动力研究与发展中心完善了耐冲刷微型柱状薄膜传感器热流测量技术和局部干扰区热环境试验技术,提高了流场均匀性和薄膜传感器的耐冲刷性能,实现了激波风洞在稳态流场下热流测量精度优于 8% 的指标。开展了同轴热电偶制作与标定研究,研制了直径 1mm 柱状同轴热电偶和模型与传感器一体化的集成式同轴热电偶,并应用于试验。建成国内首个高精度可溯源热流传感器标定实验室并投入使用。

中国航天空气动力技术研究院针对机体缝隙、前缘、进气道唇口以及舵与机体间内流场等局部复杂区域存在的空间尺度小、型面复杂等特点,发展了小型化、型面化和柔性基底传感器等技术,传感器最小直径达到 1.5mm(图 8 - 10)。

中国科学院力学研究所研制了直径 1.4mm 小型同轴热电偶热流计、长时间使用同轴热电偶热流计、高空间分辨率一体化热电偶热流计和高精度串联式同轴热电偶热流计。

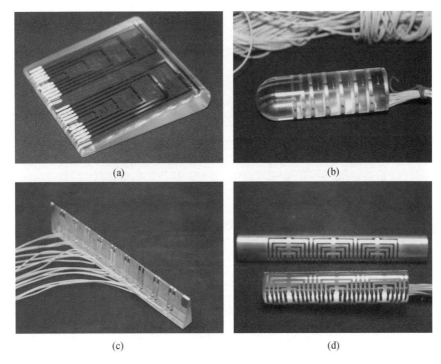

图 8 - 10　整体式热流传感器

(a)整体舵面集成式传感器；(b)钝头三维曲面传感器；

(c)尖化前缘传感器；(d)二维曲面翼前缘传感器。

8.4　防热试验测试技术

　　防热试验测试技术是在地面试验考核飞行器结构于气动热环境中的适应性过程中,对结构热梯度产生的附加热应力和载荷作用力产生机械应力的测试技术。对于考核高超声速飞行器的热结构设计、验证结构设计方法、评估试验结果的合理性,以及提高防热试验的精确度具有重要意义。

　　中国空气动力研究与发展中心开展了电弧风洞稳态水冷焓探针测焓技术研究,建立了一套焓探针测量系统,可以用于 1～2.5MJ/kg 的气流总焓测量,与基于驻点热流、压力测量所得的气流总焓对比,偏差在 10% 以内;完善了电弧风洞热流、总焓及模型表面温度测试技术,研制的台阶形塞式量热计解决了电弧风洞中半径 1～3mm 尖化前缘驻点热流测量难题。开展了非接触高温形变/温度同步测量技术研究,建立了多镜头形变/温度同步测量系统,集成了表面三维形貌测量和温度分布测量功能,在 20MW 电弧风洞上开展了原理样机验证试验。开展了利用高温电阻应变计测量应变的技术研究,测量最高温度达到 860℃;建立了高温部件光纤应变测试方法,在 20 MW 电弧风洞上对前缘模型进行了光纤应变测量,证明了测试方法的可行性。

中国航天空气动力技术研究院针对金属材料模型,采用焊接工艺安装 FBG 应变传感器,针对非金属材料模型,采用等离子喷涂工艺安装 FBG 应变传感器,得到了 FBG 应变传感器的应变响应曲线,结果表明,FBG 传感器响应与温度和应变均具有良好的线性关系;开发了一种烧蚀位置投影测量的方法,通过标定相机与模型间的比例系数、采集模型的烧蚀视频以及图像处理等手段获取准确、动态的烧蚀后退量(图 8 – 11)。

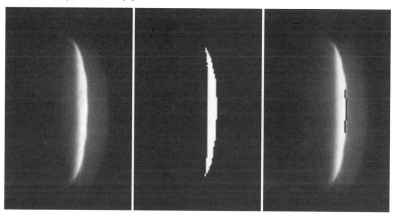

图 8 – 11　烧蚀线提取

8.5　目标特性测试技术

中国空气动力研究与发展中心发展了瞬态(响应时间 1 μs)辐射光谱测量技术、瞬态辐射成像测量技术,探索了采用瞬态辐射成像技术开展真实气体效应作用下的高超声速模型气动热试验测量技术和边界层转捩试验测量技术;研制了工作频段 2 ~ 18 GHz、多种模拟和数字调制方式,可用于等离子体对常用测控通信频段电磁波传播特性影响研究;研制了用于等离子体环境下多体制通信研究的双通道宽频带瞬态电磁特性测量系统,可测量等离子体电子密度范围 10^{10} ~ 10^{13} e/cm³;研制了工作频段 90 ~ 110 GHz、电子密度测量范围 10^{12} ~ 10^{14} e/cm³ 量级、碰撞频率范围 10^{9} ~ 10^{11} Hz 的等离子体毫米波测量系统,可实现 W 波段电磁信号在等离子体中透射信号特性或反射信号特性的测量;完善了微波传输和测量技术,建立了完善的等离子体产生、诊断手段,可以分析等离子体对实际通信信号的影响;研发了特性预测与分析软件,提升了遥测数据的模拟与分析能力,实现了定量预测。

8.6　气动噪声测试技术

气动噪声测试技术包含指向性测试技术、基于传声器阵列的噪声源测试和识别技术,以及基于 PIV 结果的气动噪声预测技术。主要方法有:传声器阵列优化设计方法、波束成形算法、声源成像反卷积法(DAMAS)等数据处理算法,风洞剪切层修正、大气吸声效应修正等数据修正方法,以及远场噪声预测、噪声源和远场噪声的空间相关性分析等方法。

中国空气动力研究与发展中心在 5.5m×4m 航空声学风洞中,发展了适用于声学风洞试验的传声器阵列波束成形算法、CLEAN - SC 算法和 DAMAS 算法,形成了静态气动噪声源测量和识别能力;发展了高速运动声源时域重构方法、运动声源识别的高分辨率 DAMAS 算法,建立了运动声源识别技术;建立了风洞剪切层折射效应修正、背景噪声修正、传声器自身对声场影响的修正、对流影响修正等气动噪声试验数据修正方法,完善了气动噪声数据修正体系;发展了基于 PIV 测量结果的远场噪声预测方法(图 8 - 12)。

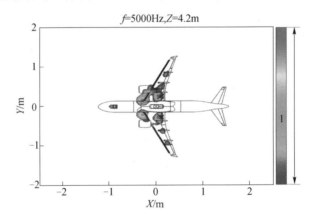

图 8 - 12　客机模型气动噪声试验($V=60m/s$,1/3 倍频程分析)(彩色版本见彩图)

中国航天空气动力技术研究院在低速闭口风洞中发展了传声器阵列气动噪声测量技术,实现了频率 1~40kHz 的噪声源识别与定位,成功应用于 C919 飞机机体、起落架等噪声测量研究工作。在此基础上,突破了飞行试验中噪声源识别与定位技术,已基本具备外场噪声测量能力(图 8 - 13)。

中国航空工业空气动力研究院在低速增压风洞中建立了声衬试验段,开发了 110 通道麦克风相位阵列,形成了马赫数 0.15~0.3 下的机体噪声源定位试验技术;建立了螺旋桨气动噪声试验装置,最大转速 5500r/min,驱动功率 180kW。在低速增压风洞和高速进气道试验台发展了机体表面声载荷测试技

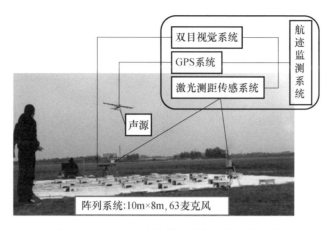

图 8 – 13　飞行试验的外场噪声测量试验系统

术,试验马赫数 0.2 ~ 0.8(图 8 – 14)。

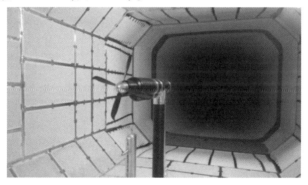

图 8 – 14　低速增压风洞螺旋桨气动噪声试验

8.7　风洞控制技术

8.7.1　风洞流场参数控制及仿真技术

目前,流场参数控制对象为单变量系统的风洞,主要采用经典的 PID 控制策略,在设计中常选用较大的幅频裕度和相位裕度,使系统在多种试验运行模式下收敛稳定。将模糊推理和神经网络用于 PID 控制器参数自动整定,在一定程度上可提高 PID 控制器的适应能力。由于风洞气流流动的复杂性,需要从空气动力学理论出发对风洞流场进行数学建模,控制系统仿真是在数学建模基础上,开展半实物仿真。

中国空气动力研究与发展中心在 2.4m×2.4m 跨声速风洞中开展了大型暂冲式风洞控制系统仿真及控制策略优化技术研究工作,构建了基于反射内存技术和宿主机/目标机结构的控制系统仿真模拟平台,实现了过程建模、系统辨识、在线仿真、策略优化及实时控制等功能,以及亚声速流场的精确仿真和控制,仿真平台对总压的预测精度达到 0.1%,对马赫数的预测精度达到 ±0.001,亚声速范围马赫数控制精度达到 ±0.0015。

8.7.2 风洞电液伺服控制及仿真技术

风洞在运行中需要调节的大负载、大惯量或者需要快速运动的机构,普遍采用电液伺服驱动控制技术。

中国空气动力研究与发展中心在伺服油缸宽调速范围下的定位控制方面,通过采用零遮盖小流量伺服阀和正遮盖大流量伺服阀并联供油的控制方案,实现了伺服油缸在宽调速范围下的高精度定位控制,同时增加了电液伺服阀控制的裕度;在伺服油缸位置和速度控制方面,应用了速度前馈和位置反馈复合控制方法,实现了风洞电液伺服执行机构位置和速度的同时精确控制;在伺服油缸设计与控制方面,设计了一种新型两级伺服油缸,实现了伺服油缸在安装空间受限时的精确定位;在电液伺服执行机构的机电液联合仿真分析方面,利用系统仿真软件 AMESIM 和多体动力学仿真软件 MOTION 搭建了机电液联合建模与分析平台,考虑结构、液压和控制间的耦合影响,使仿真结果更加合理。

8.8 其他测控技术

8.8.1 超高速碰撞与动能毁伤测试技术

超高速碰撞与动能毁伤测试技术是具有超高速动能弹体和目标碰撞后产生毁伤效应所涉及相应的测试技术。对于弹体材料、弹体结构以及超高速发射技术的研究均具有重要意义。

中国空气动力研究与发展中心发展了多波段辐射计测量技术,实现了超高速火球色温的测量;发展了紫外—可见波段的瞬态光谱测量技术和特征辐射分析技术,实现了超高速撞击火球的离子温度测量;发展了 0.5mm 粒子直接探测与成像技术,成功应用于微小粒子的超高速撞击试验研究;发展了基于应力/应变的测量技术,实现了混凝土靶、球形压力容器等在超高速撞击下结构内部冲击应力的测量;建立了杆径为 20mm 的霍普金森杆系统,应变率范围为 $10^2 \sim 10^4/\mathrm{s}$。

8.8.2 表面摩擦阻力测试技术

表面摩擦阻力由于绝对量值较小,其精确测量是空气动力学长期的试验技术难题之一。传统的测量方式是通过摩阻天平、Preston 管、MEMS 传感器、热线等实现,但测量不确定度一般在 20% 以上。目前,广泛采用基于涂层或油膜的光学测量方法对表面摩擦阻力进行测量,取得了显著进展。

1. 液晶测量技术

中国航天空气动力技术研究院开展了基于液晶涂层的摩阻测量技术研究,搭建了多角度图像采集系统,在风洞试验中对液晶涂层进行多角度拍摄,在马赫数 5.0 条件下对尖前缘平板模型以及钝前缘三角翼模型表面摩阻分布进行了试验研究,给出了模型表面剪切应力分布的特性及模型表面剪切应力分布,同时捕捉到了高速射流与周围流体间断面上的旋涡结构,液晶涂层摩阻测量与摩阻天平测量试验结果相符,重复性误差在 20% 以内(图 8 - 15)。

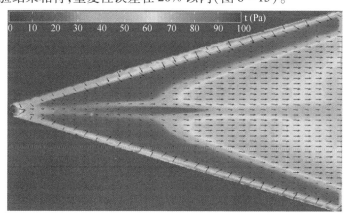

图 8 - 15　马赫数 5.0 条件下三角翼模型表面摩阻分布(彩色版本见彩图)

2. 油膜干涉测量技术

中国空气动力研究与发展中心在直径 0.5m 高超声速风洞中解决了测量系统布局、模型表面材料选取、干涉图像实时采集和图像处理等问题,摩擦应力系数误差小于 15% ,测量重复性精度优于 10% ,并将该技术拓展到 0.6m × 0.6m 回流式跨超声速风洞中,跨声速范围的测量结果与 Preston 管的测量结果一致性较好,相对误差以及重复性精度优于高超声速范围;开展了马赫数为 5.0、8.0 等条件下平板表面的摩擦应力油膜干涉测量工作,通过地面校准的黏度—温度曲线对油膜的实际黏度系数进行了修正,采用不同黏性硅油获得的相对偏差不超过 10% ,与层流边界层理论估计值一致。

中国航空工业空气动力研究院与西密歇根大学合作,开展了三维型面的荧光油膜测量技术研究,针对 Rood 机翼角区模型开展了测量,获得了机身、翼面和端根部的摩擦力分布情况(图 8 - 16)。

中国航天空气动力技术研究院将金属铕的三价有机配合物作为一种高效荧

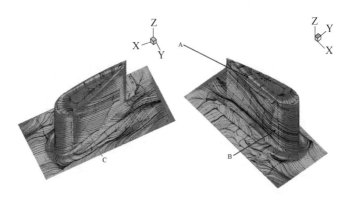

图 8-16 角区三维表面油流摩擦阻力测量(彩色版本见彩图)

光指示剂与硅油混合制成了荧光油膜,用于对三角翼表面摩擦力的测量,结果与文献对比偏差在 1% 以内;提出了一种采用薄玻璃片对油膜厚度进行标定的方法,可用于摩擦力的绝对值计算。

南京航空航天大学搭建了喷流试验装置对壁面撞击射流的摩擦力场,采用图像的金字塔分解方法对于荧光油膜光流数据处理进行了改进,提高了强摩擦力下油膜运动位移较大情况下的计算精度。

8.8.3 视频形变测量技术

视频测量技术是指利用光学成像技术对试验模型在气动载荷下的姿态和变形量进行非接触测量的技术。

中国空气动力研究与发展中心研制了高速风洞的视频测量系统,开发了采集控制系统,编制了三维坐标解算程序,可对试验模型在气动载荷下的姿态、变形和光偏折角进行计算,并采用非线性畸变修正的针孔相机模型对测量系统进行修正,迎角视频测量数据标准差小于 $0.0075°$,动态变形实测数据标准差小于 $0.082mm$。

中国航空工业空气动力研究院在低速风洞中研发了视频变形测量(VMD)测量系统,采用自研软件进行数据处理,在低速增压风洞和 $8m \times 6m$ 大型低速风洞中完成多个模型姿态测量和机翼弹性形变测量技术试验,采用 C919 模型获得了 $70m/s$ 风速下 $-8 \sim 18°$ 迎角下多个弦长位置的形变位移量,与法国 F1 风洞数据进行了对比,平均偏差小于 $0.1mm$;结合 PSP 试验,发展了载荷形变的同步测量技术,在高速进气道试验台中对大型运输机的弹性机翼开展了试验,同时得到了表面载荷和变形量,并完成了天平测力(图 8-17)。

8.8.4 翼型风洞试验测试技术

翼型风洞试验测试技术是针对翼型进行风洞试验所涉及的测试技术。

西北工业大学在翼型俯仰振动非定常边界层转捩测量与判定方面,提出了

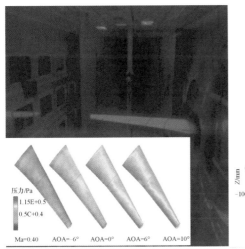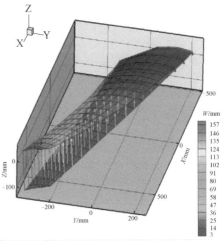

图 8 - 17　运输机弹性机翼 PSP 形变同步测量(彩色版本见彩图)

独特的数据归一化方法、频谱分析中的频带划分方法,以及时间窗口法与相位平均法有机结合的数据处理方法,能在翼型俯仰振动过程中确定翼型表面边界层流动的转捩点和层流再附点,为高性能动态翼型的设计和试验结果分析提供转捩判断依据;在等离子体气动激励微小压力场测量方面,建立了微压测量系统,实现了精确测量,可完全覆盖等离子体诱导区的高度范围;在三自由度测量方面,研制了高精度、可大范围移测的三自由度移测系统,大幅提高了移动测量精度;在螺旋桨动态压力信号采集方面,建立了动态数据无线采集系统,提升了动态试验能力。

8.8.5　冰形测量技术

冰形测量技术是针对物体在不同环境中结冰外形的测量技术,包括接触式测量技术和非接触式测量技术。冰形测量技术实质上是对结冰几何外形的量化描述,根据冰形用途不同,可以采用精度和效率不同的测量方法。获取不同条件下的结冰冰形,对于飞机设计具有重要意义。

中国空气动力研究与发展中心采用非接触测量技术,开发了适用于结冰风洞试验环境条件下的三维扫描系统,对测量头的设计采用了四目测量方案,可以实现设备在不移动的前提下,完成不同幅面的测量,避免了测量方法对冰形信息的影响,提高了测量精准度和试验效率。

参 考 文 献

[1] 袁松,阚瑞峰,何亚柏,等. 可调谐半导体激光吸收光谱中激光器温度补偿[J]. 中国激光,2013,40

(5):0515002.

[2] 孙鹏帅,张志荣,夏滑,等.基于波长调制技术的温度实时测量方法研究[J].光学学报,2015,35(2):0230001.

[3] 姚路,刘文清,阚瑞峰,等.小型化 TDLAS 发动机测温系统的研究及进展[J].实验流体力学,2015,29(1):71-76.

[4] 陶波,王晟,胡志云,等.TDLAS 与 CARS 共线测量发动机温度[J].工程热物理学报,2015,36(10):2281-2286.

[5] 宋俊玲,洪延姬,王广宇,等.基于最小二乘法的激光吸收光谱非均匀温度/浓度分布研究[J].光谱学与光谱分析,2013,33(8):2047-2050.

[6] 宋俊玲,洪延姬,王广宇,等.光线分布对基于 TDLAS 温度场二维重建的影响[J].红外与激光工程,2014,43(8):2460-2465.

[7] 洪延姬,宋俊玲,王广宇,等.激光吸收光谱技术测量非均匀燃烧流场研究进展[J].航空学报,2015,36(3):724-736.

[8] 陈帆,陶波,黄斌,等.基于 TDLAS 的脉冲爆震火箭发动机尾焰参数测量[J].燃烧科学与技术,2013,19(6):501-506.

[9] 杨斌,黄斌,刘佩进,等.利用 TDLAS 技术评估火箭基组合循环发动机试验性能[J].宇航学报,2015,36(7):840-848.

[10] 易仕和,何霖,田立丰,等.纳米示踪平面激光散射技术在激波复杂流场测量中的应用[J].推进技术,2012,42(2):197-205.

[11] 荣臻,陈方,刘洪,等.超声速 PIV 示踪粒子布撒技术研究[J].实验流体力学,2012,26(2):64-67.

[12] 王新元.高速 PIV 布撒技术的改进研究[J].长春理工大学学报(自然科学版),2014,37(5):104-108.

[13] 高琪,王洪平.PIV 速度场坏矢量的本征正交分解处理技术[J].实验力学,2013,28(2):199-206.

[14] 刘顺,徐惊雷,俞凯凯.基于 PIV 技术的压力场重构算法实现与研究[J].实验流体力学,2016,30(4):56-65.

[15] 高琪,王洪平.层析 PIV 技术及其合成射流测量[J].中国科学:技术科学,2013,43(7):828-835.

[16] 高琪,王洪平,王晋军.一种单相机三维体视 PIV 技术及其应用[J].中国科学:技术科学,2012,42(9):985-996.

[17] 丁俊飞,许晟明,施圣贤.光场单相机三维流场测试技术.实验流体力学[J],2016,30(6):51-58.

[18] 张钟秀.基于 PLIF-Mie 煤油超雾化粒径二维分布测量研究[D].合肥:中国科学技术大学,2014.

[19] 张天天,易仕和,朱杨柱,等.基于背景纹影波前传感技术的气动光学波前重构与校正[J].物理学报,2015,64(8):084201.

[20] 张俊,胥顿,张龙.基于 BOS 技术的密度场测量研究[J].实验流体力学,2015,29(1):77-82.

[21] 俞凯凯,徐惊雷,唐兰,等.基于 BOS 的过膨胀喷管出口密度测量[J].推进技术,2015,36(6):832-838.

[22] 王根娟,杨臧健,孟晟,等.背景纹影定量化在层流轴对称火焰温度场测量中的应用研究[J].实验流体力学,2016,30(2):103-110.

[23] 赵克功,张宝武.当代计量科学发展的新趋势[J],中国计量学院学报,2010,21(3):187-191,221.

[24] 张钟华.计量领域近年来的主要技术发展趋势[J],电子产品世界,2008(1):70.

[25] 张钟华. 国际计量单位制的重大技术变革[J],计测技术,2016(6):68.

[26] 韩文君,钱九娟. 计量技术的发展及影响探究[J],装备制造,2014(9):14,19.

[27] 赵瑞贤,孟晓风,王国华. 计量保障现状及发展趋势[J],测控技术,2006(4):1-3,10.

[28] 蒋甲利,张孝棣,刘捷,等. 提高大飞机风洞试验数据精准度的关键技术[C]. 中国航空学会 2007 年学术年会,2007.

[29] 张冬雨,顾蕴松,程克明,等. 八字形出口合成射流激励器机翼分离流控制[J]. 实验流体力学,2014,28(3):32-38.

[30] 叶楠,程克明,顾蕴松,等. 微吹气前体非对称涡控制[J]. 航空学报,2016,37(6):1763-1770.

[31] 孙之骏. S形进气道内流主动流动控制研究[D]. 南京:南京航空航天大学,2015.

[32] 曹永飞,顾蕴松,程克明,等. 基于被动二次流的射流偏转比例控制[J]. 航空学报,2015,36(3):757-763.

[33] 顾蕴松,曹永飞,程克明,等. 二元流体式推力矢量动力装置. CN104295404A[P],2015-01-21.

[34] Zhu Y D, Yuan H J, Zhang C H, et al. Image preprocessing method for near-wall particle imagevelocimetry(PIV) image interrogation with very large in-plane displacement[J]. Measurement Science and Technology, 2013, 24 (12):5302.

[35] Wang Z Y, Gao Q, Wang J J. A triple-exposure color PIV technique for pressure reconstruction[J]. Science China. Technological Sciences, 2017,60(1):1-15.

[36] Liu T, Burner A W, Pappa R. Photogrammetric techniques for aerospace applications[J]. Progress in Aerospace Sciences, 2012, 54:1-58.

第9章 流动显示技术

流动显示使得流体运动演化的过程可视化,是流体力学的重要组成部分。流动现象的观察总是先于流动理论的产生,通过流动显示技术,可直观地观测流动现象并分析流动结构,获得整体流场而不是单点流动特性,进一步从中得到定量的流动数据。通过各种流动显示试验,可以了解复杂流动现象、探索其物理机制,为创建新的流动概念和物理模型提供依据。同时,流动显示技术也是解决实际工程问题的重要手段。

100 多年来,流体力学发展过程中任何一次学术与工程上的重大突破,几乎都是从对流动现象的观测开始的。例如:1883 年雷诺通过染色实验发现了圆管中的转捩现象;1888 年马赫发展了纹影技术观测到了超声速的复杂激波现象;20 世纪初期普朗特用金属粉末作示踪粒子,获得了沿平板的流谱图,从而提出了边界层的概念;1919 年冯·卡门通过对水槽中圆柱体绕流的观察提出了卡门涡街;20 世纪 60 年代以来,湍流逆序结构的发现、对脱体涡流型的研究以及分离流型的提出等均是以流动显示结果为基础。

流动显示与测量技术手段多样,通常分为定性流动显示和定量光学测量。定性流动显示通过一定的手段使得流场可视化,获得流动的整体图像,包括油流、升华、丝线、氢气泡、烟线、片光、纹影、干涉等方法。定量光学测量通过流动图像的数值化,进一步获得速度、压力、温度等参数的定量信息,如 PIV、激光诱导荧光(LIF)、激光多普勒测速(LDV)、多普勒全场测速(DGV)、PSP、TSP、红外成像等。

20 世纪 80 年代以来,随着激光、数字相机、计算机等技术的发展与应用,新型的流场显示与测量技术逐步发展成熟。一方面成为流体力学机理性试验研究的革新性手段,可全局定量地获得复杂流动现象中的精细流动结构。以 PIV 为代表的流场非接触测量技术,实现了速度场测量从单点到全局的跨越,近年来发展的时间解析层析 PIV 技术,4D – PTV 技术等更是能够深入揭示湍流流动中时空结构的演化过程。另一方面,流动显示技术已经发展成生产型风洞的新型试验手段,也在航空、航天、地面交通等应用中发挥了重要作用。典型的如 PSP 载荷测量技术,从 80 年代初在苏联中央空气流体力学研究院最早开始研究,到 21 世纪初在美欧大型风洞开始作为生产型航空型号载荷测量手段,目前 AEDC 的一些高速风洞中 PSP 已经取代测压孔成为主要的载荷测量技术。

近年来,我国在流动显示技术在试验方法、基础研究及工程应用中都获得了快速的发展。在试验方法上,提出了单相机体视 PIV、光场 PIV、CT 密度场测量等新型体视流场测量技术,发展了测量装置和三维重建方法,为空间三维流动结构的测量提供了新手段。在高超声速流动中,我国学者发展了基于纳米粒子的高速流场显示与测量技术,获得了高分辨率、高清晰度的流场图像。利用这些技术,观测了高马赫数混合层中的相干结构。在高超声速边界层中,获得了转捩完整过程的边界层内流动结构的演化图谱。在工程应用中,"十二五"期间,我国主要大型跨声速风洞中都安装了大规模粒子播散装置,实现了 PIV 试验能力;双份量 PSP 技术在高速风洞中也进入实用阶段,完成了大型客机、运输机、战斗机等多类飞行器的载荷测量试验,动态 PSP 技术用于航空发动机转子表面载荷测量。红外与 TSP 测量技术在高、低速风洞和高超风洞中广泛的使用,获得模型表面转捩位置的全局分布。这些流动显示手段的应用,使得空气动力学试验中的数据类型、精度、分辨率都获得了极大提升。

流动显示所揭示的流动现象和流动机理为飞行器发展、更新换代以及新概念、新布局的产生提供了依据和创新动力。流动显示大多在风洞、水洞等地面试验设施及飞行试验中开展,在飞行器研制过程中已成为重要的测试手段。

9.1 科研试验基础设备设施

1. 10ns 级超高速序列激光阴影成像仪

中国空气动力研究与发展中心发展了基于多光源空间分离及平行光透射成像技术的超高速多序列激光阴影成像技术,并首次在超高速碰撞试验中清晰获得了最高 8 幅的碎片云序列阴影图像。在此基础上,2012 年 10 月,国家科技部批准了国家重大科学仪器设备"10ns 级超高速序列激光阴影成像仪"项目,该项目于 2015 年 9 月完成。按照仪器的稳定性、可靠性等要求,研制了多种类型的 10ns 级超高速序列激光阴影成像仪,主要指标为序列间隔最短时间 10ns,图像曝光时间小于 10ns,图像像素大于 1000 万,图像幅数 1 ~ 8 幅,测试视场直径 100 ~ 800mm。该仪器先后在北京理工大学(图 9 - 1)、中国空间技术研究院总装与环境工程部、空气动力学国家重点实验室、重庆第三军医大学等单位进行了应用。

2. 1.6m × 1.5m 直流暂冲下吹式三声速风洞光学试验段

中国航空工业空气动力研究院于 2013 年在 1.6m × 1.5m 直流暂冲下吹式三声速风洞中完成了 PSP 专用光学试验段的建设,极大地提升了该风洞的光学试验能力,为先进的非接触光学试验技术研究及应用提供了基础(图 9 - 2)。

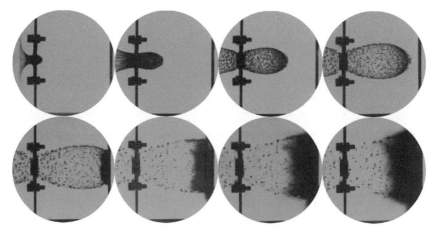

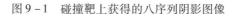

图像间隔8μs,直径4mm铝球以7.19km/s速度撞击Whipple防护构型

图 9 - 1　碰撞靶上获得的八序列阴影图像

图 9 - 2　1.6m×1.5m 直流暂冲下吹式三声速风洞光学试验段

　　该风洞 PSP 专用光学试验段上下壁板为开槽壁,左右侧壁为实壁,试验段尺寸 1.5m(宽)×1.6m(高)×4.2m(长),试验段上下开槽壁采用非线性槽,单块槽壁壁板最大宽度为 218mm,共有 5 个槽道,上下壁板布局结构一致。

　　试验段共安装了 37 个光学窗口,其中上壁板 16 个、下壁板 5 个、北侧壁 16 个,南侧壁设有半模转窗,可用于 PSP/TSP、PIV、背景导向纹影(BOS)、红外及形变测量等光学试验。

3. 0.6m×0.6m 连续式跨声速风洞红外模拟试验段

　　中国航空工业空气动力研究院 0.6m×0.6m 连续式跨声速风洞于 2013 年 3 月在沈阳开工建设,2015 年底完成风洞主体和常规试验段建设,并初步完成流场调试和校测,计划于 2018 年 6 月完成正式验收。该风洞截面尺寸 0.6m × 0.6m,马赫数范围 0.15 ~ 1.6,总温范围 233 ~ 333K,总压范围 0.02 ~ 0.4MPa,可模拟高度范围 0 ~ 15km 的大气飞行环境。专用试验段配有变温背景系统以及太阳辐射模拟器,可模拟复杂高空和地面背景辐射环境,并配套专用的飞行器红外辐射特征动态测试设备,是世界首个基于风洞的飞行器动态红外辐射特征模拟与测试设施。

9.2 测试技术

流动显示技术既包括空间流场的显示与测量,也包含模型壁面的压力、温度、位移等参数测量。第六章对已 PSP、TSP、形变、摩擦阻力等壁面参数的光学测试技术进行了描述,本节重点介绍空间流场以及表面油流等技术。

9.2.1 PIV 技术

PIV 是一种先进的定量流场测量技术,可以快速准确地一次测量出某一瞬间模型周围某个截面的空间流场中几千甚至上万个点的速度,得到该截面流场的空间结构和速度矢量场,既可测量定常流场又可测量非定常流场。PIV 系统主要由双脉冲激光器、片光形成装置、光导臂、图像采集器(CCD 或 CMOS 相机)、示踪粒子发生器、同步控制器、计算机和三维标定组件等设备以及采集与分析软件组成。

1. 测量方法研究

北京大学围绕发动机、高超声速流动近壁测量,发明了静态粒子加权法和基于窗口变形的多尺度迭代查询算法等数据处理技术,减小了边界层壁面图像特征对于流场测量的干扰,提高了边界层内速度场测量的分辨率。

北京航空航天大学提出了一种基于本征正交分解的 PIV 速度场后处理方法,与传统方法中将速度场坏矢量识别和修正分开实现的技术不同,该方法通过迭代有效地实现了速度场坏点统一的识别和修复;发展了一种三彩色曝光的 PIV 技术,可获得三幅不同时刻粒子图像,并通过经典粒子互相关算法得到两幅速度场数据;研发了层析 PIV 体视测量技术,开发了相应的体处理算法,该系统由 4 台相机和激光器系统组成,完成了合成射流三维测量,此外还提出了一种单相机三维体视 PIV 技术,并进行了原理性验证。

上海交通大通过微透镜阵列与 CCD 密封装的方式记录四维光场信息,实现了单相机对空间三维瞬态流场的精确测量(图 9 - 3)。光场 PIV 技术能获得与 Tomo - PIV 接近的测量精度,适合光学空间受限条件下的复杂三维流场测量。

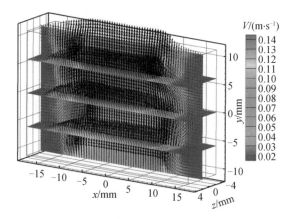

图 9-3 光场 PIV 测量结果(彩色版本见彩图)

2. 高低速风洞研究

中国空气动力研究与发展中心、中国航天空气动力技术研究院、中国航空工业空气动力研究院等单位都研制了大规模油雾粒子发生系统(图 9-4),喷口数量均在 200 个以上,满足了大型跨声速风洞中 PIV 试验粒子大流量播撒的需求,并开展了多项试验研究。中国航天空气动力技术研究院在亚跨超三声速风洞中对民机机头流场进行了 PIV 测量,并与 PSP 结果开展了一致性对比。中国航空工业空气动力研究院对超临界机翼的激波边界层干扰开展了流场研究。

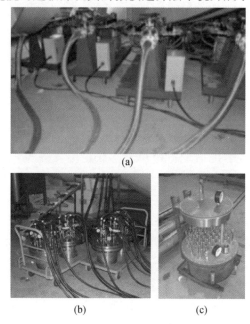

图 9-4 国内大型高速风洞的 PIV 粒子播撒装置

(a)2.4m×2.4m 跨声速风洞;(b)1.2m 亚跨超风洞;(c)1.6m×1.5m 三声速风洞。

中国空气动力研究与发展中心在 2.4m×2.4m 跨声速风洞中开展了 PIV 试验,对空风洞进行了测速校核,并对小展弦比飞翼标模开展了二维、三维涡迹 PIV 测试,试验马赫数为 0.4~0.9。测试结果表明,马赫数小于 0.8 时,空风洞测速结果与理论值相差不超过 1%;马赫数为 0.9 时,相差不超过 2%。并通过小展弦比飞翼标模的 PIV 试验(图 9−5),获得了不同迎角条件下,上翼面流动分离情况及前缘涡特征。

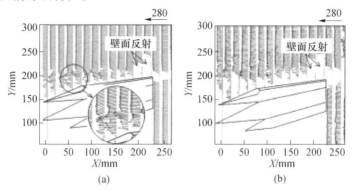

图 9−5 2.4m×2.4m 跨声速风洞小展弦比飞翼标模 PIV 测量
(a) $Ma = 0.8, \alpha = 12°$;(b) $Ma = 0.8, \alpha = 12°$。

中国航天空气动力技术研究院开展了高超声速平板边界层转捩的 PIV 测量试验;在低速风洞中应用新式大流量雾化粒子播撒系统对飞翼标模进行了 PIV 观测试验(图 9−6)以及小肋薄膜减阻 PIV 测量试验;开展了超声速可视化内流场显示与测量技术研究及应用,研发了高压流化床式固体粉末纳米粒子发生与播撒系统、CCD 相机风洞内置与远程控制系统,在亚跨超三声速风洞进行了飞行器导焰槽内流场显示与测量试验,突破了可视化进气道内流场实验技术,获得了导焰槽内流场流动结构(图 9−7)。

中国航空工业空气动力研究院开展了近壁面漫反射减弱荧光涂层技术研究,通过在模型表面喷涂含有荧光物质的混合涂层并进行一系列精细化打磨,形成光洁表面,在图像采集时过滤掉其激光波长外的其他杂散光,能较为有效地降低近边界区域的散射噪声;通过图像拼接的方式,形成了 4m 低速增压风洞、8m 量级低速风洞大视场 PIV 试验能力,已用于 ARJ、C919 等型号的空间流场测量;研发了时间解析 PIV 试验系统,测量了结冰翼型近壁面流动速度场,研究了重构角冰冰形对流动结构和翼型气动力的影响(图 9−8);在直径 1.5m 单回流式开口低速风洞中开展了技术的应用研究,获得了圆柱绕流、三角翼尾流等空间速度场结果,准确反映了复杂的三维旋涡分布(图 9−9)。

3. 高马赫数风洞研究

在高马赫数条件下常规粒子难以进入边界层内,跟随性也无法满足流场测

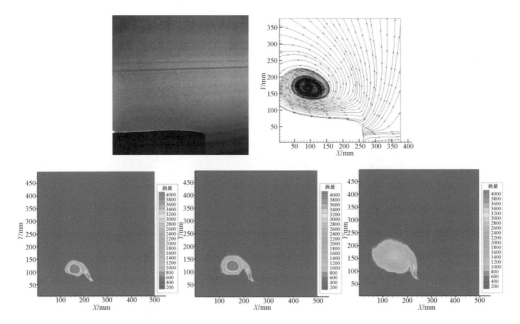

图 9 - 6　全流场粒子播撒图像和翼尖涡流场速度场、涡量场分布(彩色版本见彩图)

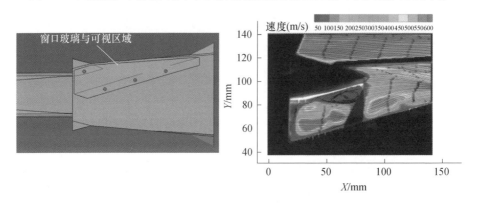

图 9 - 7　可视化超声速内流场 PIV 测量(彩色版本见彩图)

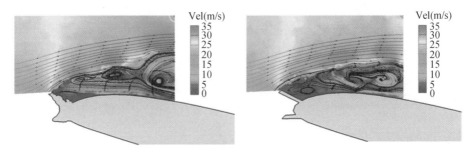

图 9 - 8　自然冰型与重构冰型的 PIV 流场测量

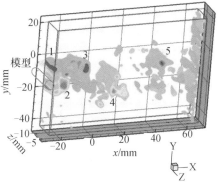

图 9-9　直径 1.5m 单回流式开口低速风洞 Tomo-PIV 绕流测量

量的要求。近年来,国内多家单位开展了基于 TiO_2 与 CO_2 纳米粒径颗粒的高超声速风洞流场显示技术研究,在高超声速条件下的复杂流场机理研究方面取得了多项重要的进展。

上海交通大学针对马赫数 4.0 高速流场设计了吸入式填充粒子的粒子发生装置,对管路设计、喷嘴设计、驱动气源等进行了优化设计及试验验证,提升了粒子注入效率,提高了示踪粒子的跟随性和均匀性。

国防科技大学研制了纳米固体粒子发生器,播撒的示踪粒子最大直径约 42.5nm,改善了粒子跟随特性,有利于获得更精确精细的超声速流场结构。针对圆柱获得了马赫数 3.8 时高时空分辨率的超声速圆柱绕流复杂波系结构,研究了超声速圆柱绕流流场拟序结构的大小和角度变化趋势;针对二维后台阶流动获得了马赫数 3.4 时后台阶高时空分辨率的瞬态流场精细结构图像及时间演化图像,分析了流场的瞬态结构、时间平均结构及其时间演化规律。

北京大学发展了可以应用于高超声速实验研究的流动显示技术,解决了高超声速静风洞中 TiO_2 及 CO_2 多种纳米示踪粒子播撒技术及成像技术,可以清晰地观察到高超声速边界层转捩的整个过程,刻画了二次模态波的发展消失,一次模态波的发展和湍流产生的全过程(图 9-10)。

图 9-10　高超转捩过程干冰粒子显示

中国空气动力研究与发展中心通过采用 CO_2 冷凝粒子与 TiO_2 纳米粒子共同作为流场示踪粒子的途径,解决了高超声速试验流场中散射光信号微弱的问题;通过加长管路、加大管径、多孔注入等方式,解决了流场示踪粒子与试验主气流均匀混合等问题。在马赫数 5.0 试验条件下,获得了入射斜激波与平板激波/

边界层干扰边界层内湍流的演变过程(图 9 – 11)。

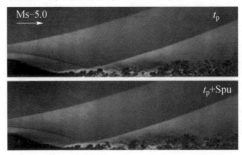

图 9 – 11   低密度风洞上获得的纳米粒子散射图像

4. 内流 PIV 测量

航空发动机转子内流道中存在复杂的流动结构,包括叶尖泄漏涡、通道涡、上下游干扰、激波边界层干扰等,受到封闭空间和高速转动等因素的影响,内流测量一直较为困难,近年来,国内在内流 PIV 测量技术发展上取得了较大进步。

中国航空发动机集团四川燃气涡轮研究院基于 SB – 301 暂冲式平面叶栅风洞,利用二维 PIV 系统对亚声速扩压叶栅流场进行了测量,解决了示踪粒子播撒、PIV 光路布局及标定等技术问题,对零迎角不同进口马赫数状态下的叶栅中截面槽道及尾迹速度场分布进行了分析研究,并与三孔尾迹探针测试结果和数值计算结果进行了对比验证,具有良好的一致性(图 9 – 12)。

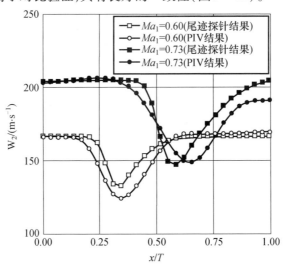

图 9 – 12   高速叶栅 PIV 与探针测量比较

中国航空发动机集团四川燃气涡轮研究院与中国航空工业空气动力研究院合作在单多级压气机试验器中,对中小推力发动机跨声速风扇开展了三维 PIV

测量,试验最高转速 21500r/min,采用内窥片光装置实现了通道内激光片光照明,对 S1 流面的三维速度场进行了测量,结果显示了入口流场以及多个叶高下的激波强度和结构变化(图9-13)。

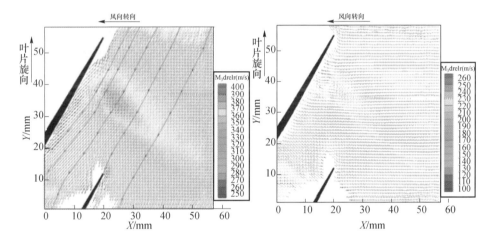

图 9-13　高速风扇 PIV 测量(彩色版本见彩图)

南京航空航天大学与中国航空工业空气动力研究院合作,在低速多级压气机试验台上开展了 PIV 试验研究,测试对象为四级压气机第三级转子通道流场,试验件直径 1.5m,工作转速 900r/min,分别进行了二维 PIV 与三维 PIV 测试。通过 PIV 的测量结果能够清晰地显示叶片端壁泄漏涡的位置,以及在不同流量系数下叶片吸力面的分离位置和尾流区的大小,为评估叶片设计提供了重要参考数据(图9-14)。

9.2.2　密度显示与测量技术

1. 纹影显示技术

常规纹影用于观测高速流场中的激波形态和波系分布情况,是高速风洞试

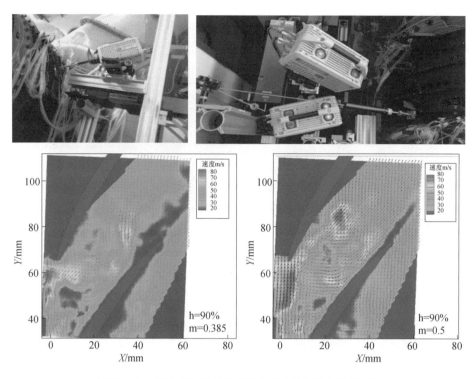

图 9 – 14　低速多级压气机 PIV 测量(彩色版本见彩图)

验不可缺少的测试技术。近年来,通过技术改进和创新,在常规纹影技术的基础上先后发展了双光程纹影、高分辨率成像、聚焦纹影、彩色高速纹影等技术,在成像口径、系统灵敏度、时间/空间分辨率以及定量测量方面,技术指标都有大幅提升。纹影技术已由传统的定性观测,逐渐发展成为密度场定量测量手段。

中国空气动力研究与发展中心研制了国内首套最大口径 900mm 的双光程纹影系统,解决了高超声速低密度风洞中常规纹影系统灵敏度低的问题。该系统使用 LED 四色光源,通过优化成像物镜和光源精细化调节,较好地消除了流场重影现象。通过增加入射光阑,有效减弱了视场中的光源光斑。在马赫数 7.0、静压 179Pa 条件下,成功显示了飞行器模型近壁区的低密度流场(图 9 – 15)。

中国空气动力研究与发展中心利用高分辨率 CCD 相机阵列进行阴影图像采集,实现了图像像素超亿的高分辨率阴影成像技术,最小图像曝光时间小于 10ns,所得到的高分辨率的阴影图像数据可清晰反映层流边界层、转捩和湍流边界层发展过程(图 9 – 16);为解决常规纹影仅能获得密度梯度积分结果的不足,发展了聚焦纹影技术,可获得单个截面当地的密度梯度场,利用聚焦特性,在一次试验中可同时获得流场多个截面图像。

中国航空工业空气动力研究院在 1.2m × 1.2m 直流暂冲吹引式三声速风洞

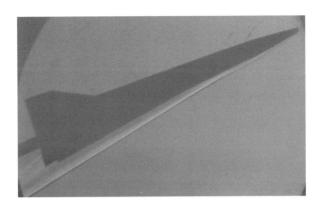

图 9 – 15　双光程纹影图

图 9 – 16　尖锥模型阴影图像

建成了口径 500mm 的彩色纹影系统,结合高速成像采集设备,实现了全画幅最高 12500Hz 的采样率,测量空间分辨率 0.5mm。该系统可实时显示高速风洞流场信息,具有灵敏度高、时间解析度高等特点,在高马赫数鼻锥、高速进气道流场等测量中发挥着重要作用。

中国航天空气动力技术研究院发展了脉冲激光干涉波前观测系统,可实现对光束穿过试验流场后的视线误差、波前畸变和能量衰减等气动光学特征量测量,研究复杂流场对光传输的影响,为气动光学校正提供依据(图 9 – 17)。

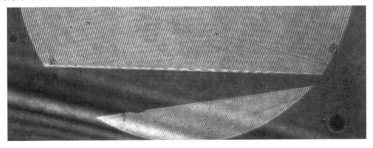

图 9 – 17　高超声速平板边界层波前图像

2. BOS 技术

BOS 技术是在 PIV 的基础上,基于光线在介质中传播时向高密度区偏折的现象发展起来的一种空间密度场测量技术,极大程度地简化了常规纹影的复杂光路系统,可在大视场、外场试验等常规纹影难以应用的测试环境下使用。近年来,在 PIV 和 CT 方法的基础上,国内发展了基于 BOS 的二维、三维密度场测量技术。典型的 BOS 试验系统主要由科研级相机、照明光源、背景图像、试验控制系统及数据处理软件构成。

中国空气动力研究与发展中心对 BOS 测量系统灵敏度以及空间分辨率进行了理论分析,给出了 BOS 背景图案选取准则和方法,建立了空间折射率场及密度场积分算法,实现了密度场测量,发展了基于规则圆形点阵的二维 BOS 测量方法,对加热喷流、甲烷预混平面火焰炉火焰开展了测量研究(图 9 - 18),实现了较高的空间分辨率,并发展了点阵位移矢量计算方法;将高速复杂流动结构的视频测量技术与 BOS 技术结合,对 0.6m × 0.6m 跨超声速风洞的空腔模型进行了测量,清晰地分辨出亚微米量级的光程差和微弧度量级的偏折角差异,定量显示了空腔高速流动产生的波/涡/剪切层位置、强弱及其相互关系(图 9 - 19)。

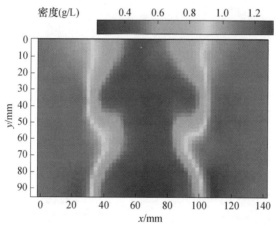

图 9 - 18　平面火焰上方流场 BOS 测量结果(彩色版本见彩图)

中国航空工业空气动力研究院发展了基于 PIV 模式的二维 BOS 技术,针对高速风洞使用环境,为提高测量空间分辨率,对比了随机示踪粒子、半随机圆形点阵等多种背景图案形式,并提出后处理方法,完善了 BOS 测量技术。同时,结合高速图像采集系统,实现了高速 BOS 测量能力(图 9 - 20)。

国防科技大学提出了背景纹影波前传感技术,发展了利用已知光学光程差还原畸变位移场及用其校正畸变图像的方法,利用纹影光路模式的二维 BOS 技术实现了高超声速条件下气动光学波前的测量,通过数值仿真进行 BOS 测量和

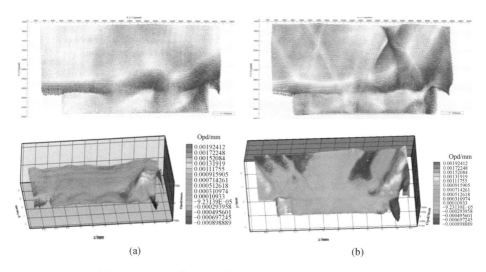

(a)　　　　　　　　　　　　　　　(b)

图 9 - 19　空腔模型高速复杂流动结构(彩色版本见彩图)

(a)马赫数 0.75；(b)马赫数 1.2。

图 9 - 20　高速喷管尾流结构 BOS 测量结果

波前重构的误差分析,并利用 Southwell 积分方法提高波前重构的精度和可靠性(图 9 - 21),提出了波前光学畸变位移场预测方法。

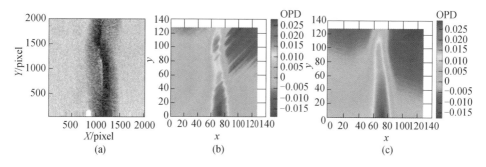

图 9 - 21　不同积分方法得到的光程差结果(彩色版本见彩图)

　　南京理工大学针对复杂流场的三维测量问题,开展多方向光学 CT 技术研究,突破了多方向仿射投影标定、CT 投影自适应提取和三维体积 CT 重建等关键技术,并研制了六方向莫尔 CT 装置和十二方向发射 CT 流场测量装置,实现了三维流场密度、温度以及燃烧场结构、组分的瞬态重构(图 9 - 22)。

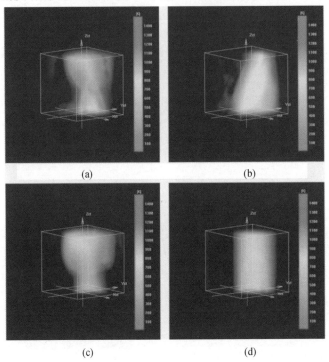

图 9 - 22　通过多方向莫尔 CT 实现三维温度分布重建(彩色版本见彩图)
(a)$t=0$s;(b)$t=0.6$s;(c)$t=3.8$s;(d)$t=19.6$s。

　　南京航空航天大学设计了 BOS 测试平台,并对设计出口马赫数 1.9 处于严重过膨胀下的喷管出口密度场进行了测量,与 CFD 计算结果相比,波系结构及激波强度都能够很好地吻合,射流边界外的密度误差在 1% 以内。

　　浙江工业大学以本生型甲烷/空气层流预混火焰为对象,研究了背景纹影技术在层流轴对称火焰温度场测量中的应用。采用多尺度小波噪点背景,选用变分光流法获取光线穿过火焰后的偏转角。试验表明,测量噪声优于互相关算法,并获得了温度场。

9.2.3　超声速与燃烧流场测量技术

1. LIF 测量技术

　　LIF 是物质分子吸收激光能量,并以荧光发射的形式释放能量的过程。LIF

技术是检测特定量子态下原子与分子密度分布的一种光谱诊断技术,可用于测量组分浓度,并通过玻耳兹曼分布分析实现温度测量。

中国空气动力研究与发展中心开展了平面激光诱导荧光(PLIF)技术研究,激光光源系统实现了紫外激光的输出,且波长能够精密调谐,具备了 NO 荧光激发能力,激光波长的调谐精度达到了 0.6pm,可用于激波风洞流场显示和速度测量;开展了双光子吸收激光诱导荧光(TALIF)技术研究,在高频等离子体风洞上对流场中氧原子粒子进行测量,获得了氧原子浓度及其在流场中的空间分布,将其应用于高焓化学非平衡流数值模拟方法的修正中,提高了程序准确性;开发了 OH – PLIF 测量系统,实现了平面火焰炉二维瞬态温度场测量,以及在航空发动机燃烧室(降压模拟试验条件下)和超燃发动机模型燃烧内流场的 OH 浓度场测量。

西北核技术研究所发展了基于 OH – PLIF 技术的速度场诊断技术。国防科技大学在超燃地面试验中获得了 OH 组分燃烧场显示结果。中国科学院力学研究所、中国科学技术大学、中国科学院福建物质结构研究所在小型激波风洞设备上开展了 NO – PLIF 技术实验研究。

2. TDLAS 技术

TDLAS 技术利用窄线宽激光器扫描谱线的精细结构,提高了测量信噪比,具备环境适用性强、响应速度快、可靠性高等优点。在数据提取中,利用吸收谱强度随温度变化特性实现温度测量,利用吸收率的绝对强度获取气体浓度信息。

中国航天空气动力技术研究院利用 TDLAS 技术,选择氧原子 777.19nm 吸收线对电弧风洞水冷平头圆柱体模型脱体激波后气体温度和氧原子浓度进行测量并取得初步试验结果,验证了吸收光谱方法应用于电弧风洞的可行性。

9.2.4　干涉瑞利散射

干涉瑞利散射(IRS)技术利用 Fabry – Pérot 干涉仪作为光谱分析设备,在不需要外加示踪粒子的条件下,依靠流场气体分子本身的瑞利散射,实现流场速度的非接触测量。

中国空气动力研究与发展中心将具有高帧频的电子倍增 CCD(EMCCD)应用到干涉瑞利散射速度测量系统中,直接采集流场气体分子瑞利散射形成的干涉条纹,在保证了高空间采样率的条件下,时间采样率可达到 10kHz,实现了超声速流场速度和湍流度的高时间分辨非接触测量(图 9 – 23),在跨超声速风洞、高超声速风洞以及高超声速低密度风洞上开展试验,获得了多个马赫数流场的速度和湍流度测量结果。

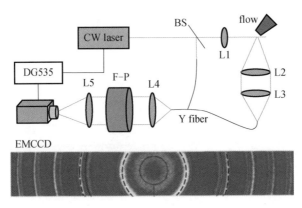

图 9-23　IRS 测量系统以及获得的干涉环图像结果

9.2.5　相干反斯托克斯拉曼散射测量技术

相干反射托克斯拉曼散射(CARS)技术是一种基于非线性四波混频的激光光谱诊断技术。CARS 光谱的形状特征(信号强度随频率的变化)反映了不同振动－转动能态的玻耳兹曼分布,CARS 光谱的特征形状反映了温度,CARS 信号的辐射强度反映了浓度。

中国科学院力学研究所以 N_2 为探针分子测量了乙炔/空气预混火焰、甲烷/空气扩散火焰、氢/空气预混平面火焰等燃烧条件下的温度,在超燃平台上测量了 N_2、O_2 和 H_2O 的 Q 支 CARS 光谱以及 H_2 的 S(5)和 S(6)纯转动 CARS 光谱,用来确定超声速燃烧火焰中的温度及 H_2 和 O_2 的浓度,并用 H_2O 的 Q 支 CARS 光谱得到共振与非共振谱积分面积比随浓度的变化曲线。国防科技大学将单脉冲 CARS 测量技术应用于超声速燃烧流场诊断中。西北核技术研究所提出了甲烷/空气预混稳态燃烧流场一维 CARS 测温技术,测量横向分辨率约 $100\mu m$,纵向分辨率约 20mm。中国空气动力研究与发展中心提出改进非稳腔空间增强探测(USED)相位匹配方式以及偏振探测 CARS 技术,提高了测量精度,同时在平面火焰炉、双模态超燃冲压发动机燃烧室开展了测温试验。

9.2.6　超声速流场/燃烧场诊断与测量系统

中国空气动力研究与发展中心发展了超声速流场/燃烧流程诊断与测量系统,用于超声速燃烧场的高空间和高时间分辨率多参数定量化测量及成像,可解析火焰结构中激波、膨胀波、气液两相等复杂三维湍流场,为带反应的气体动力学和燃烧学等基础研究提供可靠分析数据。系统集成了瑞利测温、激光诱导荧光、粒子成像技术、粒子直径分布测量、可调谐半导体激光吸收光谱(TDLAS)、光谱仪等软硬件系统,可在一次试验中获得发动机的宏观和微观细节参数。注重传统光学显示方法和光谱方法相结合,将新型消相干技术应用到激光纹影技术上,得到了无散斑和衍射噪点的激光纹影图,该光源同样可以用于差分干涉技术的光源,这两种方法都可以实现对燃烧场的显示(图9-24),将激光纹影和PLIF光谱方法相结合,通过二向色镜分光,实现对燃烧场激波波系和温度场的同步诊断,同时得到温度场和波系结构,并进行结果合成(图9-25)。

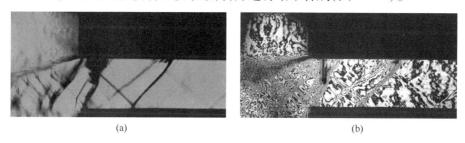

(a)　　　　　　　　　　　　　　　　(b)

图9-24　激光纹影和差分干涉显示燃烧场结果(曝光时间0.366us)

(a)新型消相干激光纹影显示结果; (b)差分干涉显示结果。

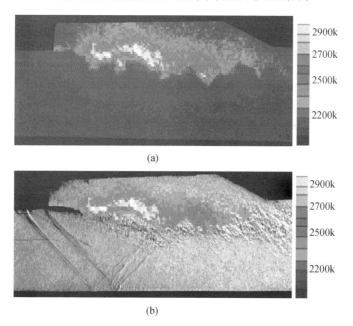

(a)

(b)

图9-25　燃烧场 PLIF 和激光纹影同步诊断及合成结果(彩色版本见彩图)

(a)燃烧场 PLIF 结果; (b)纹影和 PLIF 同步诊断合成结果。

9.2.7　相位多普勒测量仪测量技术

中国空气动力研究与发展中心在喷雾实验台上,使用相位多普勒测量仪(PDPA)及高精度微流量计对结冰风洞小粒径雾化喷嘴的性能进行测试,研究了水、气压力配比及水路节流管直径对喷嘴雾化性能的影响,并对雾化喷嘴参数实现了优化。

9.2.8 油流显示与测量技术

油流试验技术是通过模型表面示踪粒子在风洞气流作用下形成流动轨迹来可视化显示表面流态的技术,模拟参数主要有来流马赫数、雷诺数、迎角、侧滑角,测量对象为油流方向、油膜厚度和表面油迹特征,主要由油流试验模型、参试混合油剂调制装置、激发/照明光源系统、摄录像系统、图像监控及后处理系统构成。

中国空气动力研究与发展中心在跨超声速风洞中建立了常规油流、彩色油流和荧光油流等构成的技术体系(图 9-26),形成了瞬态与静态相结合的高速风洞综合油流试验能力;在油流试验中引进黏度技术指标,确定了油粉质量比黏度关系,完善了常规油流、荧光油流试验方法,发展了适用于马赫数 0.4~4.0 的油流法流动显示技术;建立了适用于马赫数 0.4~4.0、4 种以上颜色的彩色油流以及动态油流试验方法,形成了全过程、多色彩、可视化显示油迹发展矢量特征的试验能力。

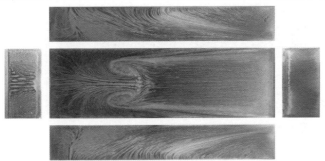

图 9-26　彩色荧光油流(彩色版本见彩图)

中国航空工业空气动力研究院完成了二维数字化油流测试试验,并引入视频测量技术发展了三维数字化油流技术,应用于标模模型,在低速风洞中获得了模型表面三维摩擦力矢量场(图 9-27)。

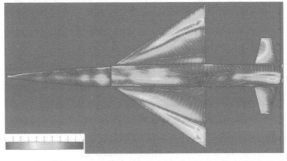

图 9-27　标模模型三维数字化油流试验结果(彩色版本见彩图)

9.2.9　全息干涉技术

全息干涉是一种共光路干涉技术,通过两次曝光全息干板并再现后,可以得到两次曝光之间光路中流体密度变化产生的干涉条纹,单色光再现得到单色条纹,复色光再现则可得到彩虹条纹。和其他干涉方法一样,全息干涉技术适用于密度变化较小的流场显示,全息干涉显示的是密度场的绝对变化量,但是全息干涉的共光路特点,可以消除光路中光学器件带来的系统误差,因此该技术常用于CFI 仿真验证,也用于表面形变,液体扩散和其他工程应用。

中国空气动力研究与发展中心自20 世纪90 年代初,一直致力于全息干涉技术的研究和应用,在高速流态实验装置上得到了诸多模型的绕流结果,用于CFI 验证(图9-28),并在200m 自由飞弹道靶中得到了自由飞模型的全息干涉结果(图9-29),同时将全息干涉技术应用于超燃冲压发动机机理研究和气动光学效应研究中。西北核技术研究所采用全息干涉技术对粒子场进行粒径和粒子分布测量,一些科研院校将全息干涉技术应用于模型表面形变等其他研究。

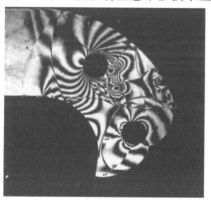

图 9-28　高速流态实验装置弯道模型绕流全息干涉图片

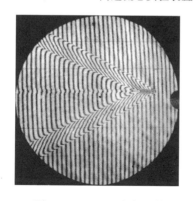
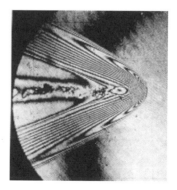

图 9-29　200m 自由飞弹道靶中子弹和球标模全息干涉图片

参 考 文 献

［1］谢爱民,黄洁,宋强,等. 多序列激光阴影成像技术研究及应用［J］. 实验流体力学,2014,28(4):84-88.

［2］高琪,王洪平,王晋军. 一种单相机三维体视 PIV 技术及其应用［J］. 中国科学:技术科学, 2012, 42(9): 985-996.

［3］杨可,蒋卫民,熊健,等. 飞翼模型高速风洞 PIV 试验研究［J］. 空气动力学学报,2015, 33(3): 313-318.

［4］丁俊飞,许晟明,施圣贤. 光场单相机三维流场测试技术［J］. 实验流体力学,2016,30(6):51-58.

［5］许相辉,蒋甲利,牛中国,等. 圆柱尾流场的 Tomo-PIV 测量［J］. 实验流体力学, 2015, 29(5): 60-64.

［6］李玉军,衷洪杰,张付坤,等. 时间解析 PIV 在结冰翼型气动力实验中的应用［C］. 第十届全国流体力学学术会议, 2016.

［7］马昌友,侯敏杰,凌代军,等. 平面扩压叶栅流场 PIV 与三孔尾迹探针对比测试研究［J］. 实验流体力学,2014, 28(2):45-50.

［8］田立丰,易仕和,赵玉新,等. 基于 BOS 的气动光学波前测量技术研究及其应用［J］. 科学通报, 2011, 56(19):1515-1521.

［9］Zhu Y, Yuan H, Zhang C, et al. Image-preprocessing method for near-wall particle image velocimetry (PIV) image interrogation with very large in-plane displacement［J］. Measurement Science and Technology, 2013, 24(12):5302.

［10］Chen X, Zhang C, Wu J, et al. Transition in hypersonic boundary layers［J］. AIP Advances, 2015, 5(10):79-147.

［11］Song Y, Wang J, Jin Y, et al. Implementation of multidirectional moiré computerized tomography: multidirectional affine calibration［J］. Journal of the Optical Society of America, 2016, 33(12): 2385-2395.

［12］Chen L, Yang F R, Su T, et al. High sampling-rate measurement of turbulence velocity fluctuations in Mach 1.8 Laval jet using interferometric Rayleigh scattering［J］. Chinese Physics B, 2017, 26(2): 025205.

［13］Zhong H, Woodiga S, Wang P, et al. Skin-friction topology of wing-body junction flows［J］. European Journal of Mechanics-B/Fluids, 2015, 53: 55-67.

第10章 空气动力学科研和教育机构

我国空气动力学经过多年的发展,在科研创新上取得了长足的进步,建成了一批专门从事空气动力学试验研究和相关技术发展的科研机构,形成了一批具有国际竞争力的科研团队。同时,多所高等院校设立了空气动力学相关专业,持续为我国空气动力学学科发展培养高素质人才。

10.1 主要科研机构

10.1.1 中国空气动力研究与发展中心

中国空气动力研究与发展中心(以下简称中心)成立于1968年,是亚洲规模最大、国内唯一的大、中、小设备配套,风洞试验、数值计算、模型飞行试验"三种手段"齐备,低速、高速、超高速衔接,气动力、气动热、气动物理等研究领域宽广的国家级空气动力试验研究中心。主要承担国防和国民经济领域与空气动力相关的试验、研究和评估工作,提供气动数据、气动技术、气动问题解决方案和评估意见建议,发展空气动力学及其交叉学科的理论、方法、设备、技术等。

中心拥有从事气动试验与研究的科研人员1600余人,硕士以上学历936人,其中院士2人,"863"专家17人,"973"技术首席10人,享受政府特殊津贴108人;国家"百千万人才工程"7人、全国优秀科技工作者6人;全国专业技术人才先进集体1个,国家自然科学基金创新研究群体1个,获军队科技创新群体奖2个。

中心建有空气动力学国家重点实验室、高超声速冲压发动机技术国防科技重点实验室、气动噪声与控制重点实验室。拥有1个一级学科博士学位授权点、2个一级学科硕士学位授权点、1个博士后科研流动站。中心是中国空气动力学会及其下属5个专业委员会的挂靠单位,出版包括核心期刊《空气动力学学报》《实验流体力学》等在内的17种刊物。与20个国家和地区的60个科研机构保持合作交流关系。

中心拥有60余座风洞设备,模拟速度0~24倍声速,模拟高度从水下到100km高空;拥有1690万亿次/s高性能计算机,以及完全自主知识产权的数值模拟软件体系,常规气动力/热计算精度达到世界先进水平;形成了包括外场航空航天模型飞行试验、风洞自由飞试验在内的试验能力。中心开展了我国几乎所有的飞机、导弹、火箭、鱼雷等装备的试验研究,还开展了 10 余种民用飞机、高速列车以及 50 多座大型建筑和桥梁的试验研究,为国防建设和国民经济发展做出了突出贡献。

中心承担了国家“973”“863”、重大研发计划、自然科学基金重大研究计划、杰出青年基金、重大科学仪器开发专项等 3000 余项国家重点项目,获科技成果奖 1500 余项,其中国家级奖 53 项,军队部委级一、二等奖 316 项。中心在我国几乎所有涉及空气动力学的重大研究计划和专项中都发挥了国家队作用,解决了大量基础前沿问题和气动关键技术问题,有力地推动了技术进步和学科的发展。

2016 年 3 月,习近平主席亲自批准中心科研创新群体作为“攻坚克难融通军民的排头兵”,列入全国重大典型宣传。

10.1.2 中国航天空气动力技术研究院

中国航天空气动力技术研究院(以下简称研究院)源于 1956 年成立的国防部五院空气动力研究室,经历北京空气动力研究所、航天空气动力技术研究院等历史沿革,于 2007 年正式成立,是中国第一个大型空气动力研究与试验基地,也是我国航天系统中唯一的气动专业研究院,隶属于中国航天科技集团公司。研究院是集空气动力学理论、计算、试验和技术开发于一体的专业研究机构和特种飞行器总体设计单位,承担了全部航天型号和大部分航空飞行器型号的气动分析、设计和试验工作。

研究院现有在职员工 2000 余人,其中各类专业技术干部占比 60%,具有高级职称的工程技术人员 200 人,国家级和部级突出贡献的专家 10 人,享受政府特殊津贴科技人员 40 人。

研究院拥有从低速、高速到高超声速配套较为完整的风洞群,可对空天往返飞行器、大型运载器、再入飞行器、滑翔飞行器、吸气式发动机飞行器等一系列稀薄气体环境下的动力学问题进行试验研究;形成了滑翔式高超飞行器、吸气式高超飞行器、再入返回器、无人机等先进气动布局设计能力;开发了多喷流/舵面耦合高精度数值预测平台和高超声速热环境预测与热防护机理/评估技术体系;具备了全速域气动弹性耦合数值模拟、气动光学脉动流场预测计算、辐射热噪声分析技术等气动交叉领域关键能力;并在气动飞行试验总体设计、超燃冲压发动机研制等方面取得了重要突破。

研究院服务于航天、航空、兵器和其他工业部门,为国防事业的发展做出了重要贡献。共获省部级以上科技类奖项 300 余项,国家发明奖 4 项、国家科技进步奖 6 项、国防科技进步一等奖 13 项,获得国家专利授权 300 余项,是国家多项重大工程突出贡献单位,被评为"首次中国载人航天工程功勋单位"。

10.1.3　中国航空工业空气动力研究院

中国航空工业空气动力研究院(以下简称气动院)起源于 1955 年成立的哈尔滨军事工程学院空气动力实验室和 1958 年成立的沈阳飞机制造厂空气动力研究室,1970 年两个单位划归国防部第六研究院第七研究所,1982 年转隶航空工业部并分别命名为哈尔滨空气动力研究所(627 所)和沈阳空气动力研究所(626 所),2000 年 7 月两个单位合并组建气动院,现隶属于中国航空工业集团公司。主要从事航空气动力基础研究、飞行器气动布局设计技术研究、空气动力应用技术研究、风洞试验技术研究以及专用试验设备、设施的研制与建设,承担各类航空、航天飞行器型号的高低速风洞试验任务,为型号研制提供风洞试验数据和气动力特性分析服务。

气动院现有职工 744 人,专业技术人员 586 人,其中,高级技术职务 224 人,研究生 254 人,享受国家政府特贴专家 6 人。1982 年获得了空气动力学专业硕士招收培养权,2002 年获国家批准设立博士后科研工作站。

气动院在高、低速空气动力风洞试验和飞行器先进气动布局等研究方面,享有较高的声誉,是国内空气动力学研究领域的一支重要力量。经过几十年的建设,在航空气动试验能力、试验技术等方面形成了独特的优势。目前拥有 11 座高/低速风洞,可以为航空飞机型号进行常规测力、测压试验,流动显示与测量试验,以及飞行器进排气动力模拟、进气道、推力矢量、螺旋桨滑流、动导数、旋转天平等在内的 10 余种国内领先的风洞特种试验。在 CFD 方面,气动院主要侧重于与气动力风洞试验及技术相结合的应用研究工作,开发了先进的计算软件平台,配置了每秒 330×10^{12} 浮点运算能力的计算条件,培养锻炼了一批从事 CFD 研究的技术骨干队伍。

气动院先后承担了国家多项重点课题研究与任务。多年来获得部级、国家科技进步奖等 100 多项,并多次在航空科学技术研究计划、多型飞机的技术验证研制、设计定型及首飞中做出突出贡献。为我国飞行器研制进行了数百万次的高、低速风洞试验,被评为"中国航空工业重大贡献单位"。

10.1.4　中国科学院力学研究所

中国科学院力学研究所(以下简称力学所)创建于 1956 年,是以钱学森工程科学思想建所的综合性国家级力学研究基地,为我国"两弹一星"、载人航天事业及国家经济社会发展做出了重要贡献。主要研究方向是微尺度力学与跨尺度关联、高温气体动力学与跨大气层飞行、微重力科学与应用、海洋/工程/环境/

能源与交通中的重大力学问题、先进制造工艺力学、生物力学与生物工程等。

力学所共有职工 450 余人,其中科技人员 380 余人。包括中国科学院院士 7 人,中国工程院院士 1 人,研究员 70 余人,副研究员、高级工程师和高级实验师 150 余人,国家杰出青年科学基金获得者 8 人,国家"千人计划"青年项目入选者 1 人,中国科学院"百人计划"入选者 17 人,国家优秀青年科学基金获得者 2 人。力学所是我国最早招收研究生、首批具有博士学位授予权和建立博士后科研流动站的单位之一,也是中国科学院博士生重点培养基地之一。现有博士生导师 50 余人,硕士生导师 100 余人。在读博士研究生 100 余人,在读硕士 200 余人。

力学所设有 5 个实体实验室,拥有复现高超声速飞行条件激波风洞、氢氧爆轰高焓激波风洞、高速列车动模型试验平台、大规模数值模拟平台、应用流体力学试验装置、高速 PIV 系统等特色科研装备。开展了高温反应气体流动、超声速燃烧与推进技术、气动构型理论与优化设计、稀薄气体与非平衡流动等高温气体动力学研究,以及流体运动非线性、多尺度复杂流动、转捩与湍流和流动结构等研究,解决了大量海洋工程、环境工程、交通工程中的空气动力学问题,为我国重大工程项目的关键技术攻关提供了支撑。

建所以来,力学所承担并完成了一批重要的国家科研任务,并取得有影响的科技成果,先后获国家、中国科学院和各部委各种科技奖 230 余项,其中国家最高科学技术奖 1 项、特等奖 3 项、一等奖 4 项、二等奖 13 项、三等奖 10 项,中国科学院和部委级一等奖 24 项。

10.1.5 北京应用物理与计算数学研究所

北京应用物理与计算数学研究所创建于 1958 年,以承担国家重大科研任务为主,同时开展基础和应用理论研究。研究所在与空气动力学特别是物理气体动力学领域相关的主要研究方向是粒子物理与原子核物理、等离子体物理、流体力学、计算数学等。

研究所现有专业技术人员 400 余人,研究员 100 余人,其中包括科学院和工程院院士 12 人,国家杰出青年科学基金获得者 10 名。在流体力学、计算数学等学科具有博士学位授予权。

研究所围绕国家重大任务,开展了工程数值模拟、反应区动力学模型研究、爆轰动力学和多相介质中的复杂流体等方面的研究,相关的研究方向是高能量密度、多介质、多尺度、多物理、复杂剧烈变形等流动现象数值模拟,以及反应流体力学精密建模与数值模拟研究。

研究所主办有全国性学术刊物《计算物理》《计算数学通讯》,是中国原子分子数据研究联合体的主持单位,是国际性刊物 *Communications in Computational*

Physics、全国性学术刊物《偏微分方程》和《中国图像图形学报》的主办单位之一，是全国计算物理学会、北京国际计算物理中心、中国物理学会咨询委员会和原子分子物理专业委员会、中国空气动力学会物理气体动力学专业委员会的挂靠单位。获得了包括国家自然科学奖、国家科技进步奖、军队科技进步奖以及求是奖、何梁何利奖等在内的众多奖项。

10.1.6　其他

除上述专业研究机构以外，航空航天飞行器研制和设计单位也拥有一批从事空气动力学研究与应用的科研队伍。这些单位主要包括中国运载火箭技术研究院、中国空间技术研究院、上海航天技术研究院、中国航天科工集团第二研究院、中国航天科工集团第三研究院、中国航空研究院、沈阳飞机设计研究所、成都飞机设计研究所、中国航空工业第一飞机设计研究院、中国直升机设计研究所、中国商用飞机有限责任公司等。

10.2　主要教育机构

10.2.1　北京航空航天大学

北京航空航天大学航空科学与工程学院成立于 1952 年，主要从事各类航空器、临近空间飞行器、微小型飞行器等总体设计、气动、结构、强度、飞行力学、人机环境控制等方面的研究与教育工作。学院下设飞机系、空气动力学系（流体力学研究所）、飞行器结构强度系（固体力学研究所）、人机与环境工程系、飞行力学与飞行安全系、动力学与控制系，涉及 3 个一级学科、10 个二级学科。

空气动力学系现有固定人员 46 人，70% 具有高级职称，其中院士 2 人，国家有突出贡献专家 1 人，长江学者特聘教授 3 人，国家千人计划特聘教授 1 人，国家杰出青年基金获得者 2 人，近 5 年来培养博士 100 人，硕士 155 人，以及本科生 215 人。主要研究方向包括湍流与转捩及其控制、分离流与旋涡运动的机理与控制、计算流体力学、仿生流体力学、设计空气动力学及应用空气动力学等，拥有多个教学和科研实验室，其中包括航空科学与技术国家实验室（筹）的功能实验室、流体力学教育部重点实验室、国家计算流体动力学实验室等，承担了国家自然基金重点项目、仪器专项、国家杰出青年基金、"973""863"、教育部重大项目等科研任务。

国家计算流体力学实验室于 1995 年由原国防科学技术工业委员会批准，与中国空气动力研究与发展中心联合建立。现有固定研究人员 15 人，其中科学院院士 1 人、工程院院士 1 人，长江学者 1 人，博士生导师 6 人。主要从事航天相关的空气动力学、飞行器气动布局设计、CFD 算法研究与工程软件平台、工业空气动力学等研究。

10.2.2　南京航空航天大学

南京航空航天大学航空宇航学院于 2000 年 10 月由飞行器系、空气动力学系以及智能材料与结构研究所、材料力学和理论力学教研室组建成立,下设直升机系、飞行器系、结构工程与力学系、空气动力学系等 7 个系,涉及 2 个一级学科,6 个二级学科,具有硕士和博士学位授予权。拥有直升机旋翼动力学国家重点实验室等多个教学和科研实验室。

空气动力学系目前有教授 15 人,副教授 12 人。其中,"973"首席科学家 1 人,国家优秀青年基金获得者 1 人。研究方向包括计算流体力学、流体力学实验技术、非定常空气动力学、高超声速空气动力学、飞行器空气动力学、风力机空气动力学、飞行力学、流动控制与噪声、气动弹性力学等。研究设备主要有多个 PC－Cluster 数值模拟系统、大型低速和亚/跨/超/高超声速风洞、非定常风洞、声学风洞及配套设备。目前承担国家自然科学基金、"973""863"、航空基金等 100 多项科研任务。曾获国家奖 6 项,部、省级奖 40 余项。此外,具有国内先进的流体力学、飞行力学等教学实验设备,是国家工科基础课程(力学)教学基地流体力学实验中心和航空气动国家级工程实践教育中心。

直升机旋翼动力学国家级重点实验室于 1995 年建成,主要从事直升机领域的前沿基础理论研究。现有各类研究人员 52 人,其中高级技术职称 31 人。拥有旋翼模型试验系统、旋臂式模型旋翼机动飞行试验机、动态旋翼试验台(六自由度)、风洞、立式水洞等先进仪器设备。

10.2.3　西北工业大学

西北工业大学航空学院流体力学系成立于 2003 年 7 月,研究方向主要是理论与计算流体力学、实验空气动力学、非定常空气动力学与流固耦合、飞行器布局设计、复杂流动机理与控制、高超声速空气动力学、流/固/声多场耦合流体力学等。目前设有力学博士后流动站,流体力学博士点和硕士点。

流体力学系拥有教职工 58 人,双聘院士 1 人,教育部长江学者特聘教授 1 人,长江学者特聘讲座教授 2 人,青年千人计划资助者 1 人,优秀青年基金获得者 1 人,高校青年教师奖获得者 1 人,教育部新世纪优秀人才 2 人,教授 17 人,副教授 16 人。

流体力学系具有全面的风洞试验与测试能力,拥有低速气动声学试验系统和流动控制研究平台,拥有翼型叶栅空气动力学国家级科技重点实验室和航空气动力数值模拟重点实验室,先后承担了国家自然科学基金、"973""863"、民机预研等项目。

翼型叶栅空气动力学国家级重点实验室主要研究方向是翼型基础理论和设计方法、翼型风洞实验方法和实验技术、叶栅理论、计算空气动力学等。实验室主要设备有 NF-3 风洞及其配套设备。实验室现有固定工作人员 45 人,其中教授 13 人,副教授和高级工程师 17 人。

10.2.4　国防科技大学

国防科技大学空天科学学院是国内最早设立航天类专业的单位之一,前身是创建于 20 世纪 50 年代的中国人民解放军哈尔滨军事工程学院导弹工程系。学院以军事航天和新材料技术为特色,主要从事临近空间高超声速飞行器、导弹、微小卫星、无人机等各种飞行器的总体设计技术、推进技术、控制和测试发射技术,以及军用新材料技术等方面的高素质人才培养和科学研究工作,共涉及力学、材料科学与工程、航空宇航科学与技术等 3 个一级学科。

空天科学学院力学学科由周明瓅、曹鹤荪等新中国力学先驱所创建,是全国首批博士学位授权点,全军首批一级学科博士学位授权点、博士后流动站,作为主要依托学科之一支撑学院先后建成高超声速冲压发动机技术国防科技重点实验室、力学与航天工程虚拟仿真实验教学示范中心、高超声速推进技术实验教学中心等一批高水平试验和教学条件,并始终聚焦国家航天重大项目与武器装备研制中的关键力学问题开展研究工作,先后在第一代核武器、"东风"导弹、"长征"火箭、"神舟"飞船、高超声速飞行器等研制中发挥了重要作用。

空天科学学院在空气动力学方向目前拥有一支高水平研究队伍,其中中科院院士 1 人,教授(研究员)16 人,副教授(副研究员)23 人。学院围绕计算流体力学、试验空气动力学、高超声速空气动力学等特色方向,近三年来共承担国家自然科学基金,"973""863"等国家重大计划,"921"、××××国家重大科技专项等项目 80 余项,取得了以"(高)超声速流场可视化与精细测量的 NPLS 试验系统""高超声速静风洞核心技术突破""空气动力学高精度大规模并行计算软件"等为代表的一批重大成果,为国防科技做出突出贡献。

10.2.5　北京大学

北京大学工学院力学与工程科学系创立于 1952 年,是国家第一批一级学科博士学位授予单位,现拥有 1 个国家基础科学人才培养基地、1 个教育部一级重点学科、3 个二级重点学科,下设 8 个博士点,还拥有 2 个国家自然科学基金委员会创新群体,以及 2 个国家教育部创新团队,并与湍流与复杂系统研究国家重点实验室实施共建,促进学科交叉前沿研究。其中流体力学学科的主要研究方向包括湍流与多尺度复杂系统、转捩、湍流的精细实验测量、湍流数值模拟等。

力学与工程科学系拥有中国科学院院士 6 人,国家千人计划学者 5 人,长江学者特聘教授 8 人,长江学者讲座教授 4 人,国家杰出青年科学基金获得者 12 人,教育部跨世纪、新世纪人才 7 人,青年长江学者 1 人,青年千人学者 4 人,优秀青年科学基金获得者 4 人。

北京大学湍流研究国家重点实验室于 1995 年成立,2001 年更名为湍流与复杂系统国家重点实验室。实验室研究方向是可压缩湍流的多过程分析和大涡模拟模型、高超声速边界层流动稳定性、线性稳定平行流的转捩、流 - 固耦合动力学问题、超滑移表面功能材料研制、跨尺度动力学行为、高超声速建模控制方法研究与实时仿真等。主要仪器设备包括 120mm 高超声速静风洞、相位多普勒粒子分析仪、立体 PIV 测量系统、三维激光测速系统以及三维 TR - PIV 系统等。目前,重点实验室拥有千人计划国家特聘专家 2 人,国家杰出青年科学基金获得者 13 人,教育部跨世纪、新世纪人才 5 人,教授 27 人,副教授 8 人。

10.2.6　清华大学

清华大学航天航空学院下设工程力学系、航空宇航工程系和航空技术研究中心。其中,工程力学系下设包括流体力学研究所在内的 4 个研究所,航天航空系下设 5 个研究所。学院现有 2 个博士后科研流动站,2 个一级学科博士学位授予点,3 个一级学科硕士学位授予点。

流体力学研究所主要研究方向是:湍流、计算流体力学、航空航天流体力学、非牛顿及生物流体力学、工业及环境流体力学、微尺度流体力学、实验流体力学等。航空技术研究中心的主要研究工作涵盖亚声速、跨声速、超声速和高超声速各类飞行器、航空发动机相关的结构、材料、强度、空气动力学、飞行控制等方向。

航天航空学院共有在职教师 80 人,其中教授(研究员)35 人,副教授(副研究员)35 人,讲师(工程师)10 人。中科院院士 2 人,中国工程院院士 1 人,现有约 360 名本科生,180 名博士生和 200 名硕士生。

10.2.7　中国科学技术大学

中国科学技术大学近代力学系于 1958 年创建,目前已发展成为国家重点一级学科、基础科学研究和教学人才培养基地,是国家 211 工程重点建设学科、国家 985 工程重点建设学科和中国科学院博士生重点培养基地,拥有固体力学和流体力学两个国家重点学科,设有流体力学博士、硕士点。

近代力学系有教授 30 人,长江特聘教授 1 人,国家杰出青年基金获得者 6 人,国家优秀青年基金获得者 3 人,百人计划资助 9 人,青年千人计划 4 人。

近代力学系与空气动力学相关的研究方向是 LES 和 DNS、生物运动力学、非定常旋涡分离流及涡控制、微尺度流动和传热、流动稳定性与流动控制、微尺度流体力学、计算流体力学、气动声学、电流体力学、高超声速空气动力学、非平衡相变、激波动力学、可变形飞行器等。拥有激波风洞、方截面激波管、低速风洞、油水两相流管道系统、仿生 UUV 及配套平台、低速风洞、水洞等设备。

10.2.8　复旦大学

复旦大学航空航天系于 2015 年建立,现拥有 1 个国家一级学科,以及 6 个二级学科,拥有流体力学博士学位授予点。现有教职工 29 人,其中教授 10 人,长江学者 1 人,博士生导师 9 人,此外还聘请了 4 名院士任兼职教授。

航空航天系与空气动力学相关的研究方向是计算流体力学、湍流理论与实验、环境力学、风工程等。拥有各类风洞 8 座,其中低速回流式风洞 2 座、大气边界层风洞 1 座、超声速风洞 1 座、教学型小风洞 4 座,能够开展风速的测量、机翼绕流、圆柱绕流、圆球绕流、平板绕流、拉瓦尔喷管压力和马赫数分布、激波的观测与测量等教学实验。

10.2.9　天津大学

天津大学流体力学实验室成立于 1956 年,拥有流体力学博士学位授予权,2001 年流体力学被评为国家重点学科。现有院士 2 人,国家千人计划学者 2 人,长江学者 1 人。

流体力学实验室研究方向集中在湍流与流动稳定性的实验与工程应用,拥有低速回流式风洞 1 座,直流式低湍流度风洞 1 座、小型风洞多座。实验室先后承担有关湍流实验研究的国家自然科学基金项目 20 项,国家教育部高等学校博士学科点专项科研基金 3 项。

流体力学实验室承担了国家"973""863"、重大科技专项、国家自然科学基金重点和省市部委重点等科研项目 110 项,获得国家自然科学和国家科技进步二等奖各 1 项,省部级科技奖励一等奖 7 项,中国专利优秀奖 1 项。

10.2.10　上海交通大学

上海交通大学航空航天学院成立于 2008 年 9 月,下设飞行器设计系、航空宇航信息与控制系、航空宇航推进系、临近空间研究中心、吴镇远空气动力学中心。其中与空气动力学相关的研究方向是飞行器设计、涡量空气动力学、非定常空气动力学、高超声速空气动力学等。现拥有多个一级学科硕士点、博士点。

学院现有科研人员 54 人,其中中国工程院院士 2 人,千人计划专家 2 人,讲席教授 2 人,长江学者 2 人,国家特支计划专家 1 人,百千万人才工程国家级人选 2 人,教授(研究员)15 人,副教授(副研究员)27 人。此外,学院还聘请了 14

位航空航天领域内的专家、学者担任兼职教授/研究员。学院在读博士生 70 余人,硕士生 100 余人,本科生 110 余人,工程硕士 20 余人。

学院拥有大跨度、内外流一体化风洞实验室和高超声速地面试验装置及配套设施,具备气动力、气动热、表面压力分布测量和流场显示等气动试验能力。与行业内多个科研单位和企业建立了合作关系,组建了多个联合实验室和产学研基地,还建设有高超声速风洞平台、飞机结构强度试验平台等多个创新平台。与美国密歇根大学共同建立了交大密歇根学院,拥有流体传感与诊断实验室、湍流实验室、气热实验室等,在流体力学和传热现象方面,开展了包括气动与传热、湍流及相关现象、CFD、光学测试与新型流场分析技术等研究。近年来,学院承担了国家"973""863"和大飞机重大专项等多项重大项目。

10.2.11　西安交通大学

西安交通大学航天航空学院于 2005 年 4 月成立,下设空天工程系和工程力学系。拥有机械结构强度与振动国家重点实验室、力学国家级实验教学示范中心、教育部多功能材料与结构重点实验室,建有国际工程教育中心、国际应用力学中心。学院设有力学博士后流动站,拥有力学一级学科、航空宇航科学一级学科硕士、博士点。主办 *International Journal of Applied Mechanics*、*International Journal of Aerospace and Lightweight Structures* 和 *International Journal of Computational Materials Science and Engineering* 3 个国际学术期刊。

学院与空气动力学相关的研究方向是:飞行器设计、结构振动、结构强度、转子动力学、叶片安全可靠性、航空发动机先进冷却及燃烧、多场环境下大规模结构耦合响应数值模拟、计算流体力学及超大规模计算等。

学院现有教职员工 118 人,其中千人计划学者 4 人、长江学者 6 人、国家杰出青年基金获得者 5 人、万人计划科技创新领军人才 1 人,国家"973"项目首席科学家 5 人次,拥有国家自然科学创新研究群体、教育部创新研究团队和"111引智"团队。

学院承担国家"973""863"、国家重大专项、国家自然科学基金重点项目等国家级科研项目 200 余项。获国家自然科学二等奖 5 项、国家科技进步奖和国家科技发明奖 6 项、省部级科研成果奖 50 余项。

10.2.12　中南大学

中南大学交通运输工程学院于 2002 年由原长沙铁道学院的交通运输、机车车辆工程、轨道工程机械等学科专业和高速列车研究中心组建而成,拥有交通运输工程一级学科国家重点学科,轨道交通安全教育部重点实验室。学院下设 3个系、1 个研究中心、1 个实验中心和 7 个研究所,主要研究方向是列车多体耦合撞击安全保护技术、列车空气动力学理论与技术、轨道交通建造及养护技术与装备、轨道车辆结构轻量化与 CAD 集成技术等。

学院现有教职工 104 人,其中教授 29 人,副教授 39 人,博士生导师 29 人,中国工程院院士 1 人,长江学者特聘教授 1 人,国家高端外国专家 3 人,教育部新世纪优秀人才支持计划 6 人,教育部轨道交通安全关键技术长江学者创新团队 1 个。

学院承担了国家自然科学基金重大项目、"973""863""985"科技创新平台建设项目等国家和省部级重大课题。获国家科技进步特等奖,国家科技进步一、二等奖,国家技术发明二等奖,国家教学成果奖,共 7 项。

学院拥有隶属于高速铁路建造技术国家工程实验室的风洞实验室,研究方向包括桥梁风工程、结构风工程、车辆空气动力学、风环境以及钝体空气动力学。拥有 1 座闭口回流低速风洞及配套设备,能够开展桥梁风工程、列车空气动力学、结构风工程、风环境等问题的研究。

10.2.13 同济大学

同济大学航空航天与力学学院于 2004 年成立,拥有力学一级学科博士点和航空宇航科学与技术一级学科硕士点,以及力学一级学科博士后流动站。学院设有国家级力学实验教学示范中心、国家级力学虚拟仿真实验教学中心和复合材料工程实验中心,主要研究方向是先进材料与结构的力学行为、流体力学、动力学与控制、现代力学测试技术,先进复合材料与结构、飞行器设计与制造等。

学院现有在职教师 90 人,其中高级职称 56 人,长江学者特聘教授 1 人,国家杰出青年基金获得者 3 人,教育部新世纪优秀人才计划入选者 2 人、新世纪百千万人才工程国家级人选 1 人。

同济大学风洞实验室拥有 4 座大、中、小配套的边界层风洞,配有先进的测力、测压、测速、测振仪器及数据采集系统和计算机工作站,主要研究方向是:近地风特性及大气边界层模拟、建筑钝体空气动力学的理论和实验研究、结构风致振动机理和破坏模式、典型桥梁截面的气动参数识别方法、计算机仿真分析和数值风洞、结构的抗风性能和风载识别、结构抗风防灾和可靠度分析、抗风减灾和振动控制原理与技术等。承担了包括国家自然科学基金重大项目在内的数十项国家级、省部级和国际合作科研项目,完成了国内外百余座大跨度桥梁和百余个高层、高耸、大跨结构的抗风研究项目。

10.2.14 中国科学院大学

中国科学院大学工程科学学院成立于 2015 年,由中国科学院力学研究所为主承办,涵盖力学、动力工程及工程热物理、土木工程 3 个一级学科,由 7 个系、

15 个教研室组成。学院拥有两院院士 16 人、国家杰出青年基金获得者 32 人。

学院拥有非线性力学国家重点实验室和高温气体动力学国家重点实验室,拥有一批国际一流的科研设备,主要有激波风洞、高速列车动模型、微重力落塔、大型循环流化床燃烧技术系列化综合实验平台、大型循环流化床燃烧技术系列化综合实验平台等。

非线性力学国家重点实验室的主要研究方向是流体运动的非线性规律、转捩与湍流的大规模科学计算、微尺度和多尺度复杂流动、多相流、湍流统计理论和数值模拟。实验室现有固定人员 41 人,其中中国科学院院士 2 人,国家杰出青年科学基金获得者 5 人,海外青年学者合作研究基金获得者 3 人,新世纪百千万人才工程国家级人选 3 人。

高温气体动力学国家重点实验室成立于 1994 年,致力于高温高超声速极端条件下的空气动力学基础问题研究,建立了高温气体动力学理论体系,建设了具有国际水平和持续创新能力的高温气体动力学科研与人才培养基地,形成了高温反应气体流动、超声速燃烧与推进技术、气动构型理论与优化设计、稀薄气体与非平衡流动、等离子体流动与清洁燃烧等 5 个相互支撑的主要研究方向。

10. 2. 15 浙江大学

浙江大学航空航天学院成立于 2007 年,下设航空航天系和工程力学系,拥有国家重点学科 1 个、国家工科基础课程力学教学基地和国家级力学实验教学示范中心,设有应用力学研究所、流体工程研究所、飞行器设计与推进技术研究所、无人机系统与控制研究所、空天信息技术研究所、航天电子工程研究所和微小卫星研究中心。学院有力学一级学科博士点和博士后流动站。

学院现有教职员工 116 人,其中高级职称人员 85 人,中国科学院院士 2 人,中国工程院院士 2 人,长江学者奖励计划特聘教授 2 人,国家杰出青年基金获得者 7 人,中国青年科技奖获得者 1 人,百千万人才工程国家级人选 2 人,教育部新(跨)世纪优秀人才培养计划入选者 9 人。

学院流体工程研究所主要研究方向是多相流、湍流理论及其应用,叶轮机械流体力学,计算流体力学等。承担了包括国家自然科学基金重点项目、国家杰出青年基金、国家自然科学基金面上项目在内的科研项目 30 余项,获国家级奖励 4 项、省部级奖励近 20 项。

浙江大学流体动力与机电系统国家重点实验室研究方向包括电液控制、电子 - 气动控制、应用流体力学、机电系统及控制、航空航天与深海机电系统等。承担了国家自然基金、"973" "863" 等科研项目 100 余项,获得国家发明奖、国家科技进步奖及多项省部级奖励。

10.2.16　大连理工大学

大连理工大学航空航天学院成立于2008年,主要研究方向是先进飞行器气动布局、推进技术、计算空气动力学、热防护技术、复合材料性能分析及设计、特种材料与结构、结构设计与评估、结构安全与监测、飞行器动力学、飞行器系统仿真、无人飞行器技术等。

学院现有教职工38人,其中教授10人,副教授12人,副研究员1人,博士生导师8人,教育部新世纪优秀人才支持计划3人,双聘院士1人,兼职教授8人。

学院承担了国家自然科学基金、国家科技重大专项、"973""863"等项目,同时还与多家科研院所和企业建立了长期稳定的合作关系。

10.2.17　北京理工大学

北京理工大学宇航学院成立于2008年,下设飞行器工程系、飞行器控制系、发射与推进工程系和力学系,以及深空探测技术、分布式航天器系统技术、大型空间结构动力学与控制和无人飞行器自主控制4个研究所。学院拥有航空宇航科学与技术和力学2个一级学科博士点,并设有2个博士后流动站。

学院现有教职工137人,其中中国科学院院士1人,国家杰出青年基金获得者3人,教育部新世纪优秀人才支持计划6人,教授34人,博士生导师35人。学院拥有飞行器动力学与控制教育部重点实验室、1个国家自然科学基金委创新群体、2个国家级课外大学生实习基地、1个国家级虚拟仿真实验室、2个北京市实验示范教学中心、1个国家级教学团队。学院承担了国家自然科学基金重大项目1项、"973"项目2项,获得国家发明二等奖1项,国家科技进步一等奖2项、二等奖5项。

第 11 章 重要学术活动和重要事件

11.1 重要学术活动

11.1.1 低跨超声速空气动力学

2013 年 7 月,中国航天空气动力技术研究院承办的第四届近代实验空气动力学会议在长春召开。会议旨在发挥行业内各单位专家的群体作用,活跃学术气氛,加强我国低跨超领域的学术交流和人才培养,推动我国低跨超领域的研究工作。会议围绕近代实验空气动力学的新原理、新概念、新方法,交流研讨了基础研究、设备建设、试验技术和空气动力应用四个方面的发展近况。共有来自中国空气动力研究与发展中心、中国航空工业空气动力研究院、中国航大空气动力技术研究院等 14 个单位的代表参加,共收到论文 116 篇。

2013 年 9 月,中国空气动力研究与发展中心承办的国际超声速风洞协会第 120 届会议在成都召开。会议旨在交流跨超声速风洞新技术,共同推进风洞技术的国际化进程。会议围绕超声速试验能力发展主线,就风洞设备改造和应用、测试技术、数据处理技术研究等方面进行了交流,展示了世界上主要超声速风洞的能力水平和近期发展,研讨了超声速风洞运行经验教训,促进了相互了解。会议共有来自 11 个国家 18 家空气动力研究机构的 29 位代表参加,包括美国航空宇航系统工程公司、美国 ATK GASL 公司、德荷联合风洞(DNW)、法国国家航空航天研究院(ONERA)、比利时冯·卡门流体力学研究所(VKI)、俄罗斯中央流体动力研究院(TsAGI)、俄罗斯西伯利亚理论与应用物理研究所、罗马尼亚航空航天研究院、澳大利亚国防科技组织、南非科学工业研究中心、日本川崎重工、日本三菱重工、印度国家航天航空研究院等。

2014 年 8 月,中国空气动力研究与发展中心承办的六届五次全国空气动力测控技术学术交流会在阿尔山召开。会议旨在展示测控技术取得的新成就、研究动态与学术水平,促进广大测控技术领域的专家、学者、研究生及测控设计人员的学术交流,推动测控技术创新发展。会议共有来自中国空气动力研究与发展中心、中国航空工业空气动研究院、中国航天空气动力技术研究院、国防科技大学、中国科学技术大学、西北工业大学、南京航空航天大学、上海交通大学、同济大学、西安交通大学、湖南大学、东北大学、华南理工大学等 37 家单位的 135 名代表参加,共收到论文 138 篇。

2015 年 8 月,中国空气动力研究与发展中心承办的第五届近代实验空气动力学会议在大连召开。会议旨在交流近年来实验空气动力学领域的最新成果,研讨新需求,凝练新方向。会议从前沿探索研究、设备设计与建设、试验技术开发和应用等方面,研讨了近期研究成果和新型号发展需求,为相关技术的发展提供了指导。中国空气动力研究与发展中心、中国航空工业空气动力研究院、中国航天空气动力技术研究院、中国第一飞机设计研究院、中国航天科工集团第三研究院、西北工业大学、南京航空航天大学等 13 个单位参会,会议共收到论文 120 篇。

2016 年 5 月,中国空气动力研究与发展中心承办的第十届国际应变天平会议在成都召开。会议旨在交流风洞天平技术发展成果,推动风洞测力技术进步。会议围绕天平研发与应用,交流研讨了天平设计、天平校准、特种天平开发、天平质量控制等方面的新技术,研讨了天平不确定度改进的技术和方法。会议共有来自 8 个国家 22 个机构的 60 余位代表参加,包括美国 NASA 兰利研究中心、AEDC、波音公司、欧洲跨声速风洞(ETW)、德荷联合风洞、德国达姆斯塔特工业大学、法国国家航空航天研究院、俄罗斯中央流体动力研究院等。

2017 年 8 月,中国空气动力研究与发展中心承办的第六届近代实验空气动力学会议在张掖召开。会议主题为"低跨超声速空气动力技术新发展"。会议旨在交流近年来低跨超声速空气动力学领域的最新成果,发掘新需求,推动实验空气动力学发展和"产学研"深度融合发展。会议着眼航空航天及地面交通领域的重大发展,从基础研究、设备建设、试验技术和空气动力应用四个方面,研讨了低跨超声速空气动力学新成果和新增长点,为低跨超声速空气动力学发展提供了新思路。中国空气动力研究与发展中心、中国航空工业空气动力研究院、中国航天空气动力技术研究院、中国第一飞机设计研究院、中国航天科工集团第三研究院、西北工业大学、南京航空航天大学、国防科技大学等 27 个单位参会,会议共收到论文 127 篇。

11.1.2　高超声速空气动力学

2012 年 7 月,由中国空气动力学会流动显示专业委员会主办、中国空气动力研究与发展中心超高速所承办的第九届全国流动显示学术会议在昆明召开。会议共有来自国内 30 个单位的 104 位代表参加,共收到论文 91 篇,宣讲 58 篇。

2013 年 7 月,由中国空气动力研究与发展中心超高速所组织的第一届全国超高速碰撞会议在绵阳召开。会议共有来自中国空间技术研究院、中国运载火箭技术研究院、北京理工大学、南京理工大学、哈尔滨工业大学、国防科技大学等16 个科研单位的 82 位代表参加,共收到投稿论文 65 篇,交流论文 43 篇。

2014 年 5 月,由中国、俄罗斯及意大利等国家的 10 余个国内外空气动力学科研单位联合主办,中国航天空气动力技术研究院承办的第一届国际高速流体力学研讨会(The 1st International High－Speed Flow Conference,IHFC)在北京召开。会议主要就国际航天高速飞行器发展所关心的高速空气动力和气动加热热点问题进行了深入研讨,特别是就空天运输、返回飞船、火星探测等飞行器发展相关的气动布局设计、吸气式动力、材料热防护、流动控制等技术进行了学术交流,填补了我国在高速流体力学方面缺乏主导型国际会议的空白,扩大了国际影响力。会议共有来自中国空气动力研究与发展中心、中国科学院力学研究所、俄罗斯理论与应用力学研究所(ITAM)、俄罗斯中央机械制造科学研究院(TSNI-IMASH)、俄罗斯中央空气流体动力研究院、意大利宇航研究中心(CIRA)和罗马大学(Sapienza)等机构的 90 余名代表参加,共收到论文近 50 篇。

2014 年 12 月,由中国空气动力学会高超声速专业委员会主办,中国空气动力研究与发展中心超高速所及高超声速冲压发动机技术国防重点实验室、"973"计划 2014CB744100 项目组承办第七届全国高超声速前沿问题研讨班在北京召开。会议共有来自中国航天科技集团公司和中国航天科工集团公司下属科研院所、中国科学院力学研究所、国防科学技术大学、西北工业大学等 24 家单位的 148 名代表参加,中国科学院俞鸿儒院士、中国工程院杜善义院士亲临指导。

2015 年 7 月,由中国空气动力研究与发展中心超高速所组织的首届跨流域空气动力学国际研讨会在绵阳召开。会议充分展示了相关单位在跨流域空气动力学领域的研究进展,来自意大利那不勒斯大学、俄罗斯科学院新西伯利亚分院理论与应用力学研究所、日本京都大学、英国斯特拉斯克莱德大学、国立新加坡大学等单位的 7 名境外专家及民口"973"项目"航天飞行器跨流域空气动力学与飞行控制关键基础问题研究"课题组的 13 名专家分别作学术交流报告。会议共有来自中国空气动力研究与发展中心、中国航天空气动力技术研究院、清华大学、北京航空航天大学、大连理工大学、浙江大学等国内 9 个单位的 50 余名代表参加。

2016 年 10 月,由中国力学学会流体力学专业委员会主办,南京航空航天大学与江苏省力学学会共同承办,高速水动力航空科技重点实验室协办的第九届全国流体力学学术会议在南京召开。会议共有来自中国空气动力研究与发展中心、中国航天空气动力技术研究院、清华大学、北京大学、中国科学院、北京航空航天大学、南京航空航天大学、国防科学技术大学、北京理工大学、哈尔滨工业大学等 100 多所高校和科研院所的 700 余名代表参加。

2016 年 11 月,由中国空气动力学会高超声速专业委员会主办,高超声速冲压发动机技术重点实验室与浙江大学航空航天学院联合承办的第十八届全国高超声速气动力/热学术交流会在浙江杭州胜利召开。会议主题为"高超声速空气动力学及高超声速飞行器技术",旨在加强高超声速空气动力学领域的学术交流和人才培养,繁荣学术思想,加强技术交流与合作,共享技术进步成果,进一步推动学科发展。会议针对高超声速飞行器及空天往返飞行器技术发展的新趋势、新问题,研讨了高超声速空气动力学在理论、计算和试验方面的最新研究成果和发展需求。

2017 年 3 月,由美国航空航天学会和中国工程院主办,机械与运载工程学部和厦门大学承办的第 21 届 AIAA 国际航天飞机和高超声速系统与技术大会(21st International Space plane and Hypersonic Systems and Technologies Conference)在厦门召开。这是美国航空航天学会成立以来第一次在中国召开会议。会议共有来自美国、中国、英国、德国、俄罗斯、澳大利亚、日本、欧洲太空局等 18 个国家及国际组织的航空航天机构的 600 余名知名学者和科研人员参加,13 位中国工程院院士与会。

2017 年 5 月,由中国空气动力学会、中国力学学会、中国航空学会、中国宇航学会联合主办,中国空气动力学会计算空气动力学专业委员会、中国空气动力研究与发展中心计算空气动力研究所、空气动力国家重点实验室联合承办第十七届全国计算流体力学会议在杭州召开。会议共有来自全国航空、航天、兵器、船舶、高校的 70 多家相关单位的 330 余名代表参加,共收到交流报告 220 篇。

11.1.3　计算空气动力学

2012 年 8 月,由中国力学学会、中国空气动力学会、中国航空学会和中国宇航学会主办,北京航空航天大学承办的第十五届全国计算流体力学会议在烟台召开。会议围绕 CFD 理论和计算方法、复杂网格技术、流场数值模拟应用、优化设计与多学科耦合等展开了讨论。会议共有来自 33 家单位的 200 名代表参加,共收到论文 219 篇。

2012 年 10 月,由中国空气动力学会、南京航空航天大学及空气动力学国家重点实验室联合主办,南京航空航天大学承办的第九届亚洲计算流体力学会议在南京召开。会议围绕计算流体力学最新研究成果和未来发展方向进行了讨论,参会代表约 100 人。

2014 年 2 月,由中国航天空气动力技术研究院承办的第十六届全国计算流体力学会议在厦门召开。会议的主要议题是讨论交流计算流体力学理论方法和应用方向的最新进展和成果,参会代表约 200 人。

2014 年 7 月,由国际计算流体力学会议大会执行委员会主办,中国空气动力学会承办的第八届国际计算流体力学会议在成都召开。会议主要研讨了CFD新算法研究、流动机理和建模进展、CFD应用与CFD历史等重要内容。

2016年9月,第十一届亚洲计算流体力学会议在大连召开。会议主题涉及计算流体力学的前沿方向和课题,重点领域的研究进展以及在网格技术、计算格式、并行计算、复杂流动以及湍流等的新成果以及其他工业部门的应用研究,共收到论文117篇。

2017年5月,由中国空气动力研究与发展中心计算空气动力研究所承办第十七届全国计算流体力学会议在杭州召开。会议交流了近两年计算流体力学有关理论方法、高精度格式、湍流模型、复杂流动机理分析、气动布局与优化设计等方面的研究内容与成果。会议共有来自全国70多家单位的330余名代表参加,共收到论文346篇。

11.1.4　物理气体动力学

2013年11月,中国空气动力学学会物理气体动力学专业委员会和广州大学联合主办的第十六届中国空气动力学物理气体动力学学术交流会在广州举行。会议旨在交流物理气体动力学研究领域所取得的进展和成果,为今后的发展开拓思路。北京应用物理与计算数学研究所、中国科学院力学研究所、中国空气动力研究与发展中心、中国工程物理研究院、清华大学、北京大学、国防科技大学、北京航空航天大学、中国科学技术大学、北京理工大学、大连理工大学、航天空气动力技术研究院等20个单位参会,会议共收到论文76篇。

2015年8月,中国空气动力学学会物理气体动力学专业委员会、高超声速冲压发动机技术重点实验室联合主办的第十七届中国空气动力学物理气体动力学学术交流暨第三届高超声速冲压发动机内外流耦合流动研讨会在成都召开。会议旨在交流物理气体动力学研究领域所取得的进展和成果,为今后的发展开拓思路。北京应用物理与计算数学研究所、中国科学院力学研究所、中国空气动力研究与发展中心、中国工程物理研究院、清华大学、北京大学、国防科技大学、北京航空航天大学、中国科学技术大学、航天空气动力技术研究院等17个单位参会,会议共收到论文50篇。

2016年1月,由中国空气动力学物理气体动力学专业委员会、厦门大学数学科学学院、厦门大学福建省数学建模与高性能科学计算重点实验室联合主办的福建省数学建模与高性能科学计算重点实验室2015年暨中国空气动力学物理气体动力学专业委员会会议在厦门召开。会议旨在交流物理气体动力学研究领域所取得的进展和成果,为今后的发展开拓思路。北京应用物理与计算数学研究所、中国科学院力学研究所、中国空气动力研究与发展中心、中国工程物理研究院、厦门大学、清华大学、北京大学、北京理工大学、中国科学技术大学、航天空气动力技术研究院等 15 个单位参会,会议共收到论文 45 篇。

2016 年 10 月,由中国科学院高超声速科技中心、中国科学院力学研究所、中国力学学会主办的第九届全国高超声速科技学术会议在西安召开。会议主要围绕高超声速飞行器、推进、燃烧、耐高温材料、热结构和防护、等离子体流动与控制、稀薄气体流动、计算方法与验证等相关技术展开。中国空气动力学学会、中国科学院力学研究所、中国空气动力研究与发展中心、中国工程物理研究院、北京应用物理与计算数学研究所、清华大学、北京大学、航天空气动力技术研究院等 25 个单位参会,会议共收到论文 75 篇。

2016 年 11 月,中国空气动力学会高超声速专业委员会主办的第十八届全国高超声速气动力/热学术交流会在杭州召开,会议主要围绕高超声速飞行器及空天往返飞行器技术发展的新趋势、新问题,探讨高超声速空气动力学在理论、计算和试验方面的最新研究成果和发展需求。中国空气动力学学会、中国空气动力研究与发展中心、北京应用物理与计算数学研究所、清华大学、北京大学、大连理工大学等 20 个单位参会,会议共收到论文 65 篇。

11.1.5　空气动力学测控技术

2012 年 8 月,由中国航天空气动力技术研究院承办的六届三次全国空气动力测控技术交流会在乌鲁木齐召开。会议旨在交流空气动力测控技术及自动化技术的最新研究成果,研讨新的发展方向,以促进空气动力学及自动化学科的发展,促进空气动力测控技术及自动化技术在航空航天领域及其他工程中的应用。会议共有来自中国空气动力研究与发展中心、西北工业大学等 30 个单位的 110 名代表参加,共收到论文 147 篇。

2013 年 8 月,由中国航空工业航宇救生装备有限公司承办的六届四次全国空气动力测控技术交流会在襄阳召开。会议旨在交流空气动力测控技术及自动化技术的最新研究成果,研讨新的发展方向,以促进空气动力学及自动化学科的发展,促进空气动力测控技术及自动化技术在航空航天领域及其他工程中的应用。会议共有来自中国空气动力研究与发展中心、中国航空工业空气动力研究院、国防科技大学、西北工业大学等 20 个单位的 78 名代表参加,共收到论文 110 篇。

2014 年 8 月,由中国空气动力研究与发展中心承办的六届五次全国空气动力测控技术学术交流会在阿尔山召开。会议旨在展示测控技术取得的新成就、研究动态与学术水平,促进广大测控技术领域的专家、学者、研究生及测控设计人员的学术交流,推动测控技术创新发展。会议共有来自中国空气动力研究与发展中心、中国航空工业空气动力研究院、中国航天空气动力技术研究院、国防科技大学、中国科学技术大学、西北工业大学、南京航空航天大学、上海交通大学、同济大学、西安交通大学、湖南大学、东北大学、华南理工大学等 37 个单位的 135 名代表参加,共收到论文 138 篇。

2015 年 9 月,由中国空气动力研究与发展中心承办的六届六次全国空气动力测控技术学术交流会在惠州召开。会议旨在交流空气动力测控技术领域的最新研究成果,促进测控技术在航空航天研究和工程技术领域的应用与发展。会议共有来自中国空气动力研究与发展中心、航空工业空气动研究院、中国航天空气动力技术研究院、国防科技大学、西北工业大学等 25 个单位的 115 名代表参加,共收到论文 147 篇。

2016 年 9 月,由上海交通大学海洋工程国家重点实验室承办的七届一次全国空气动力测控技术学术交流会在萧山召开。会议旨在交流空气动力测控技术领域最新研究成果,促进测控技术在航空航天研究和工程技术领域的应用与发展。会议共有来自中国空气动力研究和发展中心、中国航空工业空气动力研究院、中国航天空气动力技术研究院、中国直升机设计研究所、华中科技大学、西北工业大学等 30 个单位的 102 名代表参加,共收到论文 104 篇。

2017 年 8 月,由西北工业大学翼型叶栅国家重点实验室承办的七届二次全国空气动力测控技术学术交流会在延安召开。会议旨在交流空气动力测控技术领域最新研究成果,促进测控技术在航空航天研究和工程技术领域的应用与发展。会议共有来自中国空气动力研究与发展中心、中国航空工业空气动研究院、中国航天空气动力技术研究院、东北大学、中国兵器工业集团、西安交通大学、西北工业大学、南京航空航天大学、湖南大学等 22 个单位的 101 名代表参加,共收到论文 139 篇。

11.1.6 风工程与工业空气动力学

2014 年 7 月,由中国空气动力学会风工程专业委员会主办,空气动力学国家重点实验室和吉林大学联合承办,中国空气动力研究与发展中心低速空气动力研究所和中国土木工程学会结构风工程专业委员会协办的第九届全国风工程和工业空气动力学学术会议在长春召开。会议围绕结构风工程、环境风工程和车辆空气动力学三大方向,介绍最新研究成果,交流经验,促进风工程学科领域的创新和发展。会议共有来自国内本学科方向研究的高等院校、科研院所和企业等 31 家单位的近 100 名代表参加,共收到论文 80 篇。

2017 年 8 月,由中国土木工程学会桥梁及结构工程分会风工程专业委员会、中国空气动力学会风工程专业委员会主办,中南大学和同济大学承办的第十八届全国结构风工程学术会议暨第四届全国风工程研究生论坛在长沙召开。会议围绕边界层风特性与风环境、钝体空气动力学、高层与高耸结构抗风、大跨度空间结构抗风、低矮房屋结构抗风、大跨度桥梁抗风、计算风工程等方面进行交流研讨。会议共有来自国内高等院校、科研院所和企业等共 89 家单位的 504 名代表参加,共收到论文 339 篇。

2017 年 10 月,由中国空气动力学会主办,中南大学、中国中车股份有限公司青岛四方机车车辆股份有限公司、中国中车股份有限公司研究院、空气动力学国家实验室和中国空气动力学会风工程与工业空气动力专业委员会联合承办的第二届国际工业空气动力学会议在青岛召开。会议集中展示了车辆空气动力学、结构风工程、风能开发与利用、环境风工程和气动噪声等领域最近研究成果,探讨了轨道交通、高速磁悬浮列车、真空管道列车、新概念汽车、结构风工程、大气污染控制、风能资源开发与利用等领域的发展前景。会议共有来自国内外本学科方向研究的高等院校、科研院所和企业等 40 家单位的近 200 名代表参加,共收到论文 140 篇。

11.1.7　风能空气动力学

2012 年 8 月,由中国空气动力学会风能空气动力学专业委员会和中国可再生能源学会风能专业委员会联合主办的全国风能应用技术年会在赤峰召开。会议主题是“十一五”本技术领域研究成果总结及“十二五”发展规划梳理,并针对海上风电应用、极端环境条件下的风力机设计技术进行了交流。会议共有来自国内外高校及研究机构等 24 家单位的 60 余名代表参加,共收到会议报告 3 篇,交流论文 33 篇。

2014 年 8 月,由中国空气动力学会风能空气动力学专业委员会主办的全国风能应用技术年会暨“十二五”风能“973”专题研讨会在林芝召开。会议围绕“十二五”风能“973”提出的关键科学问题、高寒海拔地区风能开发与利用、小型离网型风力机气动优化、分布式风能利用等问题进行了交流讨论。会议共有来自国内 11 家单位的 68 名代表参加,共收到会议报告 3 篇,交流论文 38 篇。

2016 年 5 月,由江苏省风力机设计高技术研究重点实验室主办的风电技术研讨会在无锡召开。会议围绕叶片气动设计理论、叶片维护技术、海上风力机设计技术、叶片失效分析等多项风电重点和难点技术展开技术交流,促进了本领域内的“产学研”深度结合。会议共有来自国内 60 余家院校和企业的 140 余名代表参加,共收到邀请报告 10 篇。

2016 年 8 月,由自然科学基金委员会和英国文化学会主办,中国空气动力研究与发展中心和英国金斯顿大学联合申办,中国空气动力学会风能空气动力学专业委员会和中国空气动力研究与发展中心低速所承办的中英双边研讨会在绵阳召开。会议主题为寒冷气候条件下风力机多学科问题综合研究,内容包括寒冷气候条件下风力机气动性能评估方法,覆冰风力机气动、结构力学特性及其耦合影响,风力机防除冰技术及复杂环境下的力学问题等。会议旨在推动寒冷气候条件下风能应用技术发展以及中英双方在该领域内的进一步深入合作。会议共有来自英方 9 所大学、国内 7 所高校和研究机构的 36 名代表参加,共收到大会报告 4 篇。

11.1.8　流动显示技术

2012 年 7 月,由中国空气动力学会流动显示专业委员会主办,中国空气动力研究与发展中心承办的第九届全国流动显示学术会议在昆明召开。会议围绕空间流场的显示与测量和飞行器表面流场的测量两个主题进行了交流。会议共有来自国内有关单位共计 104 名代表参加,共收到论文 91 篇,大会宣讲 58 篇。

2013 年 6 月,由中国空气动力学会流动显示专业委员会组织的 PIV 技术专题学术研讨会在青岛召开。会议交流主题包括 PIV 技术在湍流边界层减阻研究中的应用、PIV 技术在高超声速和跨声速研究中的初步应用和发展以及 PIV 在工程型风洞中的应用及若干技术问题。会议共收到论文(报告)16 篇。

2014 年 7 月,由中国空气动力研究与发展中心和中国空气动力学会流动显示专业委员会主办的第十届全国流动显示学术会议在贵阳召开。会议共有来自全国各有关单位的近 60 名代表参加,共收到论文(报告)50 篇。

2015 年 7 月,压敏涂料(PSP)光学测压技术学术专题研讨会在合肥召开。会议共有 6 位代表做了专题学术研讨,涉及快响应压敏漆技术及多参数同步测试应用的研究进展、快速响应 PSP 测压技术实验研究、大型跨声速风洞压敏涂料技术研究与应用、压敏涂料在内流研究中的应用进展、常规高超声速压敏漆试验技术以及国内压敏涂料研究进展。

2016 年 8 月,由中国空气动力学会流动显示专业委员会主办,中国航天空气动力技术研究院和大连理工大学航空航天学院联合承办的第十一届全国流动显示学术交流会议在大连召开。会议主题包括风洞试验模型表面流动参数的流动显示与测量技术和超高速弹道靶流动显示技术及应用等。会议共有来自国内研究院所、高校的近 70 名代表参加,共收到论文 31 篇。

11.1.9　气动弹性力学

2014 年 10 月,由中国空气动力学会空气弹性力学专业委员会、中国力学学会流固耦合力学专业委员会共同主办,中国航天空气动力学技术研究院承办的首届流固耦合力学前沿技术研讨会于北京召开。会议以邀请报告为主,围绕前沿的流固耦合问题开展研讨。北京航空航天大学、南京航空航天大学、西北工业大学等高校和研究机构参与了会议。

2015 年 8 月,由中国空气动力学会空气弹性力学专业委员会、中国力学学会流固耦合力学专业委员会共同主办,西北工业大学翼型叶栅空气动力学国家重点实验室承办的第十四届全国空气弹性学术交流会在西安召开。大会邀请中国航空工业集团第一飞机设计研究院总设计师唐长红院士、北京航空航天大学杨超教授、中国商用飞机有限责任公司北京民用飞机技术研究中心曾杰研究员、南京航空航天大学韩景龙教授、西北工业大学张伟伟教授作了大会邀请报告。会议共有来自国内 33 个单位的 134 名代表参加,共收到论文 132 篇。

2016 年 4 月,第三届全国非定常空气动力学学术会议在厦门召开。会议主要目的在于发挥各高等院校、科研院所的专家群体作用,加强非定常空气动力学领域内的学术交流和人才培养,进一步推动深化研究工作。本次大会共收到学术论文近 200 篇,包括大会特邀学术报告 4 篇,分会场研讨会报告 60 篇。论文内容涵盖非定常空气动力学的基础、前沿、热点问题的研究,以及与国民经济建设密切相关的应用研究。

2017 年 8 月,由中国空气动力学会空气弹性力学专业委员会、中国力学学会流固耦合力学专业委员会共同主办,北京机电工程研究所承办,大连理工大学协办的第十五届全国空气弹性学术交流会在大连召开。大会邀请了北京机电工程研究所全宗凯副总师、大连理工大学钱卫教授、北京航空航天大学杨超教授、成都飞机设计研究所金伟研究员、西北工业大学张伟伟教授和美国 Zona 公司技术总监 P. C. Chen 作了大会邀请报告。会议共有 207 名代表参加,共收到论文 152 篇。

11.2　重要事件

11.2.1　低跨超声速空气动力学

2014 年,中国空气动力研究与发展中心王勋年研究员牵头申请的"973"项目"直升机旋翼气动噪声测试与识别基础问题研究"获得国家部委批复。

2014 年,中国空气动力研究与发展中心路波高级工程师申请的自然科学基金国家重大科学仪器专项"基于超声速气流加速和碰撞技术的低热固相反应合成系统及诊断装置"获得国家自然科学基金委员会资助。

2015 年,中国空气动力研究与发展中心桂业伟研究员牵头申请的"973"项目"飞机结冰致灾与防护关键基础问题研究"获得科技部批复。

2016 年,中国空气动力研究与发展中心黄叙辉研究员申请的国家重点研发计划——重大科学仪器设备开发专项"复杂工况下运动姿态视频测量与动态特性分析仪"获得科技部批复。

11.2.2　高超声速空气动力学

2012 年,李志辉研究员荣获第九届光华工程科技奖青年奖,以表彰其在跨流域空气动力学领域做出的突出贡献。

2012 年,中国空气动力研究与发展中心申请的"新型光纤气动力测量天平"项目成功获得国家重大科学仪器设备开发专项项目批复。

2013 年,中国空气动力研究与发展中心与国内多家优势单位合作申请的"973"项目"航天飞行器跨流域空气动力学与飞行控制关键基础问题研究"获得科技部批复。

2013 年,中国空气动力研究与发展中心李志辉研究员申请的国家杰出青年科学基金"跨流域空气动力学研究"项目获得国家自然科学基金委员会资助。

2013 年,中国航天空气动力技术研究院"Φ1 米量级电弧风洞"项目获得国防科技进步一等奖。

2015 年,中国空气动力研究与发展中心"Φ1 米量级高超声速风洞研制"项目获得军队科技进步一等奖。

2015 年,俞鸿儒院士荣获中国力学学会首届"钱学森力学奖",以表彰其在激波与激波管技术领域做出的创新性贡献。

2016 年,由清华大学、中国航天空气动力技术研究院、中国空气动力研究与发展中心联合申报的"高温环境下热防护材料可视化在线测试技术与装置"项目获得中国机械工业科学技术奖一等奖。

2016 年,"复现高超声速飞行条件激波风洞"研究集体荣获中国科学院杰出科技成就奖。

2016 年,姜宗林研究员荣获美国航空航天学会颁发的地面试验奖(Ground Testing Award),以表彰其在创新构想、研发实践和成功运行世界最大的复现高超声速飞行条件激波风洞(JF12)的引领能力。这是该奖项创建 41 年的第一位亚洲获奖人。

2016 年,中国空气动力研究与发展中心与国内多家优势单位合作申请的国家重点研发计划项目"高超声速边界层转捩机理、预测及控制方法研究"获得科技部批复。

11.2.3 计算空气动力学

2013 年,中国空气动力研究与发展中心邓小刚研究员牵头的"973"项目"数值风洞软件系统若干基础问题研究"通过科技部验收。

2014 年,中国空气动力研究与发展中心李志辉研究员为首席的"973"项目"航天飞行器跨流域空气动力学与飞行控制关键基础问题研究"在四川绵阳召开工作部署会。

2016 年,由中国科学院软件研究所杨超研究员领衔的应用成果"千万核可扩展全球大气动力学隐式模拟"获得高性能计算应用领域最高奖——"戈登 -

贝尔"奖。

2016 年,中国空气动力研究与发展中心王运涛研究员牵头申请的国家重点研发计划"数值飞行器原型系统开发"获得科技部批复。

2016 年,中国空气动力研究与发展中心陈坚强研究员牵头申请的国家重点研发计划"高超声速边界层转捩机理、预测及控制方法研究"获得科技部批复。

2016 年,由中国空气动力研究与发展中心开发的流体动力学数值模拟软件"风雷"(PHengLEI),向全国行业内发布。

11.2.4　物理气体动力学

2016 年,厦门大学许传炬教授牵头申请的国家自然科学基金委员会与法国国家科研署重点合作研究项目"多项复杂材料的相场模型、算法和模拟"获得国家自然科学基金委员会资助。

11.2.5　风工程与工业空气动力学

2012 年,中国建筑科学研究院牵头申请的"十二五"国家科技支撑计划"超高层建筑结构抗风安全保障关键技术"获得科技部批复。

2013 年,同济大学牵头申请的国家重点基础研究计划"特大跨桥梁全寿命灾变控制与性能设计的基础研究"获得科技部批复。

2013 年,同济大学牵头申请的国家自然科学基金重大研究计划"重大建筑与桥梁强/台风灾变的集成研究"获得国家自然科学基金委员会资助。

2013 年,中南大学牵头申请的国家自然科学基金重大研究计划"高速铁路大风防灾行车指挥系统预警机理、报警控制及可靠性研究"获国家自然科学基金委员会资助。

2014 年,中国建筑科学研究院牵头申请的"十二五"国家科技支撑计划"城镇重要功能节点的抗风性能分析与处置技术"获得科技部批复。

2015 年,同济大学牵头申请的国家自然科学基金优秀国家重点实验室项目"缆索承重桥梁关键风效应的多尺度物理和数值模拟的基础研究"获得国家自然科学基金委员会资助。

2015 年,中南大学牵头申请的"十三五"国家科技支撑计划"下一代地铁列车低流阻低噪声外形优化研究"获得科技部批复。

2015 年,西南交通大学李永乐教授申请的国家杰出青年科学基金项目"桥梁风振与车振"获得国家自然科学基金委员会资助。

2016 年,同济大学"大跨度桥梁结构和行车抗风安全的气动控制技术"获国家科学技术发明奖二等奖。

2016 年,中国科学院大气物理研究所曾庆存院士获得第 61 届国际气象组织(IMO)奖,以表彰其在卫星气象遥感理论、数值天气气候预测理论、气象灾害预测防控以及地球系统模式方面做出的杰出贡献。国际气象组织奖是全球气象界的最高荣誉奖项。

2016年,在国际桥梁维护与安全协会(IABMAS)第八届会议上,同济大学葛耀君教授获T. Y. Lin奖,成为国内首位获奖人。

11.2.6 风能空气动力学

2012年,中国空气动力研究与发展中心牵头申请的"863"计划项目"先进风力机翼型族设计与应用技术"获得科技部批复。

2013年,英国Kingston大学牵头申请、西北工业大学承担气动试验任务的第七框架"Synthesis of Advance Top Nano – coatings with Improved Aerodynamic and De – icing Behavior"获得欧盟资助。

2014年,南京航空航天大学牵头申请的"973"计划项目"大型风力机的关键力学问题研究及设计实现"获得科技部批复。

2014年,南京航空航天大学"大型风力机关键力学问题基础研究"获得江苏省自然基金重点项目立项批复。

2015年,中国空气动力学会风能空气动力学专业委员会副主任委员、南京航空航天大学王同光教授因在风能领域的突出贡献获评"工信先锋"个人荣誉称号。

11.2.7 气动弹性力学

2013年,中国航天空气动力技术研究院牵头申请的自然基金"近空间飞行器的关键基础科学问题"重大研究计划重点课题"高超声速飞行器多场耦合机理及动力学基础问题研究"获得国家自然科学基金委批复。

2015年,深圳先进技术科学研究院牵头申请的"863"计划项目"高可扩展全耦合空气动力学数值模拟软件"获得科技部资助。

第 12 章　空气动力学展望

过去几十年,空气动力学的发展为我国航空、航天、航海、地面交通、风能、风工程等领域的研发和设计过程带来了革命性的改变。习近平总书记在党的十九大报告中明确指出,要加快建设创新型国家,要瞄准世界科技前沿,强化基础研究,实现前瞻性基础研究、引领性原创成果重大突破。进入新时代,我国的空气动力学工作者必须主动作为,积极深度融入国家科技创新体系,准确掌握空气动力学相关领域的发展趋势和前沿热点,发展一批精确、高效的新方法、新工具,取得一些学科基础问题上的重大进展,攻克一批瓶颈性的关键技术,提出一些有开创意义的新概念、新思想、新理论,推动我国空气动力学与相关学科深度融合发展,引领相关行业的自主创新发展,支撑相关产品的自主研发,助推相关产业的转型升级。

在这个关键的历史节点,我国空气动力学发展的机遇与挑战并存。

12.1　空气动力学相关领域的发展趋势

12.1.1　航空领域

近年来,新材料、新能源、先进制造、大数据、云计算、物联网、人工智能等前沿技术迅速发展,为航空飞行器的发展增添了新动能。与此同时,节能、环保、安全、舒适、便捷的要求不断提高,对航空飞行器的性能提出了新需求。在需求牵引和技术推动的共同作用下,未来航空飞行器的飞行性能将大幅提升,航空器的耗油率、污染排放、噪声、维护成本将显著降低,航空器的信息化、智能化和体系化程度也将越来越高。

在大型民用客机方面,我国自主研制的 150 座级窄体客机 C919 已经成功试飞,在 5 年内将投入市场运营。在此基础上,我国将进一步发展 300 座级的宽体客机。与窄体客机相比,宽体客机巡航马赫数更高,航程更远,更多用于国际飞行,起降国家和地区更多。因此,要增强宽体客机的竞争力,将其推广至国际市场,必然要求其具有较低的运营和维护成本,要求其耗油率低、易于维护、噪声低、安全性好、乘坐舒适,并可适应各种气候、环境条件,很好地满足世界各地的适航条例。宽体客机的任务特点和性能要求显著增大了其研发难度,增升减阻设计、降噪设计、气动/结构综合优化设计、起降性能优化、适航性能评估的难度都要远高于窄体客机。

在航空发动机方面,我国尚未实现大型客机的动力自给。为了让国产大飞机早日拥有"中国心",我国已经开始研制适用于窄体客机的涵道比 9 一级的涡轮风扇发动机 CJ1000A,未来将研制推力更大、涵道比达到 12 甚至更大的涡扇发动机。大涵道比涡扇发动机的性能目标主要包括:推力达标,耗油率低,污染物排放量低,噪声水平低于适航指标,可在雨、雪、沙尘等环境下工作,可适应各种环境,在吸入异物、风扇叶片断裂等情况下可满足安全性要求。这要求我们进一步要求提高部件效率,降低部件重量,减小部件噪声,实现低污染燃烧,提高发动机抵抗雨、雪、沙尘的侵蚀和异物撞击的能力等。随着涵道比的增大,部件设计、部件匹配设计、发动机/飞机集成设计的难度显著增大,必须克服更多的设计和技术困难。

在直升机方面,我国已经成功研制最大起飞重量达 13.8t 的大型直升机AC313,并将开展高速直升机的研制工作。未来的直升机最大起飞重量将超过20t,巡航速度可能达到 400km/h,载员数量将大幅增加,旋翼布局可能包含单旋翼、串列双旋翼、共轴双旋翼、倾转旋翼等多种方式,能适应高原、丘陵、沙漠、山地等多种复杂地形,并能在降雨、降雪、沙尘、高温等恶劣条件下工作。随着直升机的重型化和高速化,先进旋翼、机身减阻、旋翼和机身耦合设计等关键技术的难度显著增加,将会带来更多的挑战。

在民用无人机方面,未来的市场重点将由技术相对简单、成本较低的消费级无人机转向技术复杂、成本较高的工业级无人机。无人机的用途将覆盖航拍、电力、农林、石化、安防、气象、测绘、消防、警务、物流等领域,这需要无人机携带精密仪器设备在恶劣环境下长时间工作,进一步要求无人机提高航程航时、飞行速度、有效载荷、飞行操纵性、对恶劣天气(风、雨、雪、沙)的抵抗能力、抗电磁干扰能力。要满足这些要求,无人机的布局将采用固定翼、旋翼、扑翼、组合等多种形式,动力系统将采用电动、油电混动、活塞发动机、燃气涡轮发动机等多种方式。无人机的应用领域拓展、飞行环境扩大、使用性能提高,使其气动布局设计、动力方案选取、抗风/雨/雪性能评估、发射及回收的难度将大幅增加,成为关键技术难题。

12.1.2 航天领域

随着航天技术的飞速发展和空间利用问题的日渐突出,如何合理、安全、高效、可靠、低成本地使用航天飞行器并完成其预定任务,是未来航天领域重点关注的问题。航天飞行器高空高马赫数、长时间、长航程、跨空域、跨速域、跨流域飞行的特点,对其布局形式、弹道选择、气动力/热特性、热防护能力、动力配置以及控制方式等提出了更高的要求。

近年来,航天活动日益频繁,特别是商业航天快速兴起,可重复使用作为控制研发成本、提高飞行器利用率的有效手段,成为未来发展的趋势。可重复使用天地往返飞行器是其中一个主要发展方向,其在可重复使用、大范围机动、定点及水平着陆、跨大气层飞行等方面都存在着更高的需求;可重复使用运载火箭也是未来发展的主要方向,主要通过垂直降落或伞降等方案实现运载火箭全部或部分安全返回着陆,以大幅降低空间运输费用,这在飞行力学、飞行控制等方面存在许多急需解决的关键问题。

航天飞行器飞行速度范围的不断扩展,需要研发能够兼顾低速飞行和高速飞行的全速域先进动力系统,要求在动力配置、模态转换、燃烧组织、热力循环、再生冷却等方面取得技术突破。

人类对宇宙空间探索日趋深入,安全进入和离开地外行星是未来深空探测发展的关键。在非地球大气环境下安全、稳定地实现进入和返回,对高超声速气动特性、热防护特性、控制能力、复杂大气化学反应等提出了非常严峻的挑战,需要在未来重点关注和解决。

12.1.3　地面交通领域

我国对轨道交通的需求将大幅增长,"十三五"期间,高速铁路的里程将由1.1 万 km 增加到 3 万 km,速度达 600km/h 的新一代磁悬浮列车的研制工作也即将启动。与现有的速度 300~350km/h 的列车相比,速度提高导致阻力和噪声大幅增加、强风环境下列车气动性能恶化、通过隧道或错车时气动力耦合效应增强等,使得列车能耗急剧升高、安全性下降、舒适性变差。在研制过程中,要重点解决减小气动阻力、降低气动噪声、增强横向稳定性、加强车内外通风换热等问题。

到"十三五"末期,预计我国高速公路通车里程将超过 16 万 km,汽车年度市场规模将达 2800 万辆,将会有更多的汽车行驶在高速公路上。汽车节能、环保、安全性要求不断提高,需要降低气动阻力,降低噪声,解决漂移、侧滑、横摆等稳定性、安全性和舒适性问题。

12.1.4　其他领域

在风能利用方面,风电机组的大型化和海上风电发展是风能产业的重要发展趋势,大型细长叶片的结构刚度和海上恶劣环境下的极端载荷等是急需解决的关键问题;在有限的风场资源下,风电场的合理选址和风电机组排布的优化也是未来需要重点研究的方向。

在桥梁建筑方面,跨海连岛、跨海和跨江河入海口的长大桥梁建设需求十分旺盛,超 1500m 跨径斜拉桥和 1700m 跨径悬索桥方案已在规划中,超千米级特超高层建筑也将规划建设;随着人们对居住环境舒适性以及防灾环保要求的日益增加,超千米级超大跨穹顶的概念及计划越来越受到关注。如何减少超大跨度桥梁、特超高层建筑的风荷载,控制风对复杂形体建筑物的负面影响,高效利用风力资源等问题,是大家关注的研究方向。

在大气环境污染方面,由于我国频繁暴发大面积、长时间的雾霾天气以及大气环境风场的变化和自净能力的下降,需要开展更加系统的大气污染物防治研究工作,对污染物的组成、产生、扩散和治理等进行深入研究。

12.2 空气动力学面临的挑战性问题

为满足上述各领域未来的发展需求,空气动力学面临一系列极富有挑战性的重大科学问题,主要包括:

(1)湍流及转捩。湍流及转捩是航空航天领域的空气动力学重大基础问题,对飞行器的气动力特性、气动热特性、发动机工作状态有重要影响。在民用飞机领域,国外已在机身表面边界层转捩研究方面取得重要成果,在部分大型客机、小型公务机、无人机上实现了层流化机翼、尾翼、短舱的工程实用,有效降低了气动阻力,延长了续航时间;在高超声速飞行器领域,国外以 HIFiRE－5、X－43A 等飞行器为平台,开展了转捩控制实验研究,以掌握其流动机理,进一步提升飞行器性能。未来 5～10 年的研究重点包括:发展准确、高效的湍流及转捩预测方法,了解高可压缩性、高温、真实气体效应等复杂条件下剪切层中小扰动的产生和演化过程,发展有效的转捩判据并进一步发展有效的转捩控制方法,掌握旋涡主控流动的物理机制等。

(2)仿生空气动力学。仿生空气动力学主要研究昆虫、鸟类、蝙蝠飞行过程中扑翼空气绕流的流动规律及产生气动力的机制,是空气动力学的研究热点之一。准确掌握扑翼流动机理和气动规律可指导新型无人飞行器的研发,在军用和民用领域有重要应用前景。未来 5～10 年的研究重点包括:对扑翼运动参数和流场参数的精细化测量,发展运动学/空气动力学/结构力学耦合数值模拟方法,掌握非定常气动力产生的机理及流动控制方法等。

(3)叶轮机械空气动力学。航空发动机/燃气轮机中的风扇、压气机、涡轮,风力机的叶轮,直升机旋翼,涡桨飞机的螺旋桨推进器等均属于叶轮机械,叶轮机械流动中包含叶尖泄漏、角区分离、转静干涉、动态失速等多种复杂现象。准确掌握叶轮机械的空气动力学特性,进一步提升叶轮力学性能,对我国研制先进航空发动机、直升机和风力机具有重大意义。未来 5～10 年的研究重点包括:高速旋转下的湍流流动机理,转子/静子干扰机理,叶轮机械扩稳技术,高保真叶轮机械流动数值模拟方法等。

（4）多相流动。气液两相流问题是空气动力学和水动力学交叉衍生而来的重要基础问题,广泛存在于航空航天、水中兵器、能源、动力、核反应堆、石油化工和交通运输等众多领域,是国家海洋战略顺利实现所急需解决的一个关键技术问题。该问题的相关成果已成功应用在核电站蒸汽爆炸、水上飞机/消防飞机、溃坝模拟、海啸预测等方面的研究中。未来 5～10 年的研究重点包括深入理解跨自由界面运动、空化产生与溃灭以及自由界面与激波相互作用的物理机理,解决的核心是发展高效、高可信度的预测方法,准确模拟气液两相流问题中的自由界面、激波和组分转换三种强非线性物理现象及相互作用过程。

（5）燃烧空气动力学。燃烧组织是活塞发动机、燃气轮机、航空发动机、超燃冲压发动机等多种动力系统的关键技术,燃烧空气动力学是发展高效燃烧组织技术的基础,包含多相流、多组分混合、湍流、点火和火焰稳定等重大问题。未来 5～10 年的研究重点包括:发展低温高压条件下高精度大分子碳氢燃料反应动力学模型,建立耦合多种测量手段的高时空分辨率非接触测量技术,建立与流场局部特征相匹配的自适应燃烧模型,发展基于分子层面的燃烧高效模拟方法,高速、高压、高温、贫燃/富燃、微尺度、超临界、超低氧浓度和宽工况等极端条件下燃烧反应机理,针对预混燃烧的建模等。

（6）多物理过程。对高超声速飞行器、再入飞行器而言,飞行过程中存在高温气体效应、辐射与电磁效应、稀薄气体效应、化学非平衡等多种物理化学流动特征,带来了烧蚀、"热障""黑障"等问题,准确掌握这类流动的机理,对发展火星探测器、载人飞船、空天飞机有重要意义。未来 5～10 年的研究重点包括:高焓热化学反应作用下空天飞行器的气动力、气动热规律,高温气体效应与材料耦合响应的物理建模与模拟,发展有效的高温气体模型和化学反应流动计算方法,发展稀薄气体模拟方法中的粒子模型等。

（7）气动声学。气动噪声是大型民用客机面临的关键问题之一,飞机降噪研究和设计一直受到航空工业界的高度重视。我国要自主发展大型客机,就必须做好噪声预测和噪声抑制工作。未来 5～10 年的研究重点包括:发展适应于工程应用的复杂外形高精度、高效率气动噪声预测方法,研究风扇、增升装置等部件气动噪声产生及传播机理,通过实验与数值模拟建立工程实用的气动噪声的经验/半经验方法等。

12.3　空气动力研究手段的进一步发展

在基础理论和前沿技术研究方面,仅靠单一的研究手段已经难以取得重大突破。面向关键气动问题,大力发展和完善空气动力学研究的风洞试验、数值模拟、模型飞行试验三大手段,实现三大研究手段的综合运用,构建三大研究手段融合的闭环空气动力研究体系,提升综合研究能力与质量效能,是我国未来开展空气动力学研究的必由之路。

12.3.1 风洞试验

我国现有的风洞设备与试验技术体系仍处于快速发展阶段,与美、俄、欧风洞试验体系相比,在体系配套、能力覆盖、试验效率和测试水平等方面还存在一定差距。为满足空气动力学研究的需求,我国风洞试验体系应朝以下方向发展:

(1)设备体系更完善。要强化国家风洞等试验设备设施的总体布局优化,形成设备尺寸配套、试验参数衔接、试验技术完备的风洞试验体系,提升风洞试验综合效能。

(2)模拟能力更强大。重点建设大型低速风洞、低温高雷诺数跨声速风洞、连续式跨声速风洞、高超声速高温风洞、高焓设备、寂静风洞等大尺寸、高性能风洞设备,以提供宽范围雷诺数、马赫数、焓值等试验参数的模拟能力。

(3)试验技术更配套。建立和完善推进系统、气动弹性、大迎角/动态特性、尾旋、气动噪声、结冰与防/除冰、弹射投放、热防护/热考核、气动物理、喷流干扰、虚拟飞行等特种试验技术。

(4)试验测试更精细。发展更高精度的天平技术、动态分析技术、测控技术,实现对风洞流场、模型姿态的精确测量;大力发展非接触三维测量及显示技术,实现对流场的无干扰全流场测量和显示,增强对流动物理现象和机理的深入了解。

(5)试验效益更优化。提高风洞设备信息化水平,优化风洞试验流程,提升海量数据高速采集和处理能力,发展远程试验,开展平行试验,进一步提高风洞的试验效率和经济性,满足飞行器研制对缩短试验周期和降低试验成本的需求。

12.3.2 数值模拟

CFD 是计算科学的重要分支,在飞行器多学科优化设计、数值风洞、数值飞行等方面拥有巨大潜力。但要发挥更大作用,数值模拟需继续向更准确、更精确、更高效、更智能的目标迈进。

(1)物理化学模型。对于大范围湍流流动、边界层转捩、壁面湍流等问题,目前尚无可信度高、普适性好的湍流和转捩模型。高超声速涉及的化学反应模型、壁面催化/烧蚀模型,燃烧涉及的湍流燃烧模型、两相流雾化模型、火焰面模型等也亟待研究突破。

(2)CFD 计算方法。二阶精度算法在流动非定常与稳定性、气动声学等问题的计算上目前还存在较大误差;高阶精度算法工程实用性有待提高,尤其在对复杂几何外形计算稳定性、高保真物理模型适应性、大规模并行计算效率、高效隐式时间迭代等方面仍需加强研究。

（3）几何建模与网格生成技术。网格变形技术、网格重构技术、动态重叠网格技术和滑移网格技术目前已得到很好的应用,但在针对网格生成的几何建模、复杂外形网格自动化生成、并行化网格生成、网格自适应、动态混合网格生成、适用于高精度格式的网格生成等方面仍需开展大量研究。

（4）大数据知识提取。未来的超大规模 LES 和 DNS 非定常计算无疑会产生海量的流场数据,如何对这些海量数据进行实时分析、自动化的特征提取、动力学模态分解、合理的维度降阶是应该解决的一系列问题。机器学习、数据挖掘、人工智能等将在其中发挥重要的作用。

（5）CFD 软件研制和集成。目前我国 CFD 软件研制仍缺乏工程化思想,在软件集成中对并行能力、前后置、自动化等缺乏系统考虑,尚无通用性强、运行效率优、自动化水平高的国产 CFD 软件,一定程度影响了飞行器设计的创新。

（6）CFD 验证与确认方面。目前已开展了部分工作,但缺乏 CFD 验证与确认所需的开放共享专业数据库,在 CFD 不确定量化的理论和方法研究方面几乎处于空白,影响了数值模拟结果的可信度。

下一步,要大力推动国家数值风洞建设,实现计算数学、流体力学、航空航天工程以及计算机科学的高度结合,形成飞行器设计的"数字化"思维,利用数值风洞、数值设计、数值试飞、数值样机,推动我国航空航天飞行器创新发展。

12.3.3　模型飞行试验

模型飞行试验在一些气动问题研究方面具有无可替代的作用,已成为气动研究的重要手段。但模型飞行试验是我国空气动力学研究三大手段中的短板。近年来,中国空气动力研究与发展中心、中国航天空气动力技术研究院、中国飞行试验研究院、西北工业大学等单位开展了一些模型飞行试验工作,但在试验理论、试验方法、试验平台和数据获取等方面与国外先进水平还有一定的差距。根据国外发展经验,我国的模型飞行试验研究要重点加强以下三个方面工作:

（1）要侧重于真实气体效应、边界层转捩、激波/边界层干扰、防热结构及材料考核等空气动力学基础问题的研究和新气动技术的飞行试验验证。

（2）航空模型飞行试验要朝平台化和常态化方向发展,航天模型飞行试验要朝系列化和低廉化方向发展。

（3）发展和利用先进测量技术,以获取尽可能多的、准确的飞行试验数据,加强试验数据分析处理方法研究,提高试验效益。

12.3.4　三大手段研究融合

以建立的气动数据库为中心,通过 CFD 模拟仿真、风洞试验测量、模型飞行试验验证、性能分析评估的全过程,采用现代试验设计(MDOE)方法,综合应用三种手段开展平行试验,突破数据辨识、数据关联、融合研究及综合分析技术,发现、解决飞行器研制和研究中的空气动力学问题。

(1)气动数据库。一方面依托数据库将风洞试验数据、飞行试验数据和CFD计算数据有机结合起来;另一方面通过对试验数据的综合分析,发展大数据知识提取技术,分析气动布局、气动问题的机理,认识其中的规律,指导飞行器设计应用,降低飞行器研制风险。

(2)平行试验。将先进风洞与强大计算机的计算功能结合起来,在现实的物理风洞里进行飞行器特征点的试验,在高性能计算机构建的虚拟空间的数值风洞中进行飞行器全尺寸、全物理剖面的数值模拟试验,实现飞行器全飞行包线的气动性能预测与评估,同时,利用模型飞行试验或飞行试验手段,开展预测结果校核和新技术的验证。

(3)现代试验设计。现代试验设计方法是由NASA兰利研究中心于20世纪90年代提出,集试验设计、试验实施和试验分析全过程的一体化试验方法。采用MDOE方法,在相同试验要求下,可以减少需要的试验数据量和试验次数,使得试验周期更短、效率更高、费用更少、质量更高。

12.4 结束语

随着人类文明的不断发展进步,人类的航空航天活动将更加频繁、探索的空域将更加广阔,在地面交通、能源、环保等领域的需求将更多、更广、更迫切,这对空气动力学提出了新的挑战,也带来了新的机遇。另外,空气动力学和固体力学、热力学、声学、光学、电磁学等学科的交叉融合日益深入,新材料、先进制造、大数据、物联网、人工智能等前沿技术迅速发展并向传统学科渗透,为空气动力学注入了新的活力,提供了新的动力。在当今和可以预见的未来,空气动力学仍将是一门富有生命力、创造力和影响力的学科,开展空气动力学及其相关科学技术研究仍将是我国科技创新、建设创新型国家不可或缺的重要组成部分。

后　记

　　空气动力学是航空航天的基石,是事关国家安全和经济、社会发展的技术科学。自新中国成立以来,在党和国家领导人的亲切关怀下,我国空气动力学事业蓬勃发展,取得了一系列重大成就,有力支撑了我国国防和国民经济建设。

　　2017 年,党的十九大胜利召开,中国特色社会主义进入了新时代。在这一重要历史时刻,由中国空气动力学会(以下简称学会)牵头组织编写的首部《中国空气动力学发展蓝皮书》正式面世,该书从宏观视角回顾了我国空气动力学事业的发展历程,综述了我国空气动力学研究取得的重要成果,是我国第一部展现空气动力学学科发展的权威著作,也是我国空气动力学发展史上具有划时代意义的里程碑,对指导今后的学科发展和工程应用具有重大意义。

　　在为期近一年的编写过程中,学会下属 9 个专业委员会积极参与,组织精兵强将开展撰写工作,高质量地完成了相应的章节编写;学会各成员单位、科研院所、高等院校和工业部门积极参与、紧密配合,提供了大量重要素材,为顺利完成本书编写奠定了基础;空气动力学及相关领域的多位院士、专家悉心指导,提出了宝贵意见和建议,确保了本书编写的质量;中国空气动力研究与发展中心的领导和机关大力支持,配置了充足的人力、财力资源,为完成本书提供了有力保障。在此书顺利出版之际,谨对下列单位和个人表示衷心的感谢(排名不分先后):

低跨超声速空气动力学专业委员会

专业委员会主任:程松。

章节执笔人:中国空气动力研究与发展中心,钱丰学;

中国空气动力研究与发展中心,祝明红、刘志涛、陈正武、王梓旭、巫朝君、郭林亮、王万波、张卫国、章荣平、郭龙、徐来武、李建强、李耀华、赵忠良、李浩、陈健忠、杨党国、陶洋、刘志勇、杨海泳、贺中、王元靖、吴继飞、王志宾、杨可、周岭、杨兴华、余立、郭洪涛、樊建超、吴继飞、彭鑫、许新、刘大伟、何彬华、熊健、马护生、魏志、熊波、张征宇、程松、张伟、谢燕;中国航天空气动力技术研究院,秦永明、张江、董金刚、魏忠武、欧平、赵俊波、周家检、梁彬、张石玉、岳良明、郝璇、王斌、付增良、向星居、黄湛、于靖波、王宏伟、张永升、黄浩;中国航空工业空气动力研究院,卜忱、崔小春、杜羽、衷洪杰、陈宝、张连河、鲁文博、朱东宇、李庆利、杨庆华、潘金柱、尚金奎、李盛文、李玉侠、和润生、董国庆、赵效瞢、黄焱;中国商用飞机有限责任公司,赵克良;中航通用飞机有限责任公司,王秒香;航空工业航宇救生装备有限公司,蒋大鹏;西北工业大学,高超、李峰、惠增宏;南京航空航天大学,程克明、顾蕴松、孙圣舒、史志伟、王成鹏;厦门大学,林麒。

高超声速空气动力学专业委员会

专业委员会主任:艾邦成。

章节执笔人:中国航天空气动力技术研究院,杨云军;

中国空气动力研究与发展中心,陈坚强、杨彦广、罗义成、白菡尘、曾磊、张志刚、李治宇、毛雄兵、范周琴;中国航天空气动力技术研究院,陈连忠、俞继军、陈星、黄飞、刘传振;中国科学院力学研究所,赵伟、王春;北京机电工程研究所,罗金玲;中国运载火箭研究院,刘文玲、刘芙群、陈刚。

计算空气动力学专业委员会

专业委员会主任:马明生。

章节执笔人:中国空气动力研究与发展中心,肖中云;

中国空气动力研究与发展中心,张来平、庞宇飞、杜雁霞、李志辉、王运涛、江雄、王建涛、李沁、王昉、李树民、张树海、董维中、吴晓军、牟斌、郑忠华、易贤、张毅锋、孟德虹、唐静、徐国亮、陈江涛、李锦、龚小权、王子维、姜屹、高铁锁、许勇、孙俊峰;北京航空航天大学,阎超;清华大学,陈海昕;大连理工大学,刘君。

物理气体动力学专业委员会

专业委员会主任:李华。

章节执笔人:北京应用物理与计算数学研究所,于明;

中国空气动力研究与发展中心,谭宇、高铁锁、石安华、于哲峰;中国科学院力学研究所,李新亮、彭世镠、王苏;中国航天空气动力技术研究院,陈连忠;中国工程物理研究院,柏劲松、邹立勇、陈强洪、周林;北京应用物理与计算数学研究所,董航、魏素花、田保林、于明;北京宇航系统空气研究所,高波;清华大学,彭杰;北京大学,蔡庆东;厦门大学,许传炬;复旦大学,万婧;中国科学技术大学,罗喜胜。

空气动力学测控技术专业委员会

专业委员会主任:汤更生。

章节执笔人:中国空气动力研究与发展中心,杨兆欣;

中国空气动力研究与发展中心,施洪昌、盖文、郭守春、韩杰、宋巍巍、张双喜、张文清、顾光武、梁杰、王小蕾、刘念、吴世俊、吴运钢、鲍伟义、温渝昌、陈祖荣、顾艺、马军、熊建军、薛伟、彭先敏、章贵川、张逊、岳廷瑞、何清、卢强宇、聂博文、宋晋、尹熹伟、赵亮亮、熊健、易帆、邓晓曼、李平、杨海斌、阎成、谢斌、部绍清、孔容宗、罗锦阳、隆永胜、许晓斌、李绪国;西北工业大学,高超、竹朝霞;南京航空航天大学,张召明;中国航天空气动力技术研究院,毕志献、马洪;中国科学院力学研究所,陈宏;中国航空工业空气动力研究院,张然、张伟、王建峰;中国直升机设计研究所,黄建萍;航空工业宇航救生装备有限公司,马坤昌;上海大学,代钦。

风工程与工业空气动力学专业委员会

专业委员会主任:王勋年。

章节执笔人:中国空气动力研究与发展中心,黄汉杰;

中国科学院大气物理研究所,程雪玲;中国建筑科学研究院,陈凯;中国国家气候中心,朱蓉;中国气象科学研究院,缪育聪;中国中车青岛四方机车车辆股份有限公司,陈大伟;中国中车唐山机车车辆有限公司,李明;同济大学,赵林;中南大学,周丹;哈尔滨工业大学,陈文礼;西南交通大学,王骑;湖南大学,华旭刚;石家庄铁道大学,刘庆宽;北京交通大学,陈波;重庆大学,汪之松;浙江大学,沈国辉;南京大学,张宁;吉林大学,胡兴军、王靖宇;中国人民解放军陆军防化学院,黄顺祥。

风能空气动力学专业委员会

专家委员会主任:肖京平。

章节执笔人:中国空气动力研究与发展中心,陈立;

中国空气动力研究与发展中心,肖京平、陈立、武杰;中国科学院工程热物理研究所,张明明;成都卓特科技股份有限公司,张宇行、张怡;北京金风科创风电设备有限公司,汪仲夏;南京航空航天大学,王同光、王珑、朱呈勇;汕头大学,陈严、刘莽、邓勇;西北工业大学,宋文萍、杨广珺;东北农业大学,李岩、冯放、王绍龙;北京大学,苏先樾;兰州理工大学,李仁年、李德顺。

流动显示专业委员会

专业委员会主任:卜忱。

章节执笔人:中国航空工业空气动力研究院,衷洪杰;

中国空气动力研究与发展中心,谢爱民、姜裕标、吴运刚;中国航天空气动力技术研究院,毕志献、黄湛;中国航空工业空气动力研究院,牛中国、尚金奎;上海飞机设计研究院,周敏;中国船舶科学研究中心,刘建华、陈纪军;北京航空航天大学,潘翀;国防科技大学,易仕和;北京大学,朱一丁;南京理工大学,宋旸;海军航空大学,白晓瑞;天津大学,姜楠;上海交通大学,彭迪;河北工业大学,陈文义。

空气弹性力学专业委员会

专业委员会主任:白葵。

章节执笔人:中国航天空气动力技术研究院,吕计男;

中国空气动力研究与发展中心,王运涛、孙岩;中国航天空气动力技术研究院,刘子强、贾永清、付志超、季辰、郭力;中国航空工业空气动力研究院,郭承鹏、杨希明;北京机电工程研究所,苑凯华、何海波;北京航空航天大学,谢长川、杨超;西北工业大学,张伟伟。

在本书的编写过程中,中国科学院张涵信院士给予了细心的指导,并在百忙之中抽出时间为本书撰写序言,谨向他致以崇高的敬意。

衷心感谢中国航天空气动力技术研究院毛国良研究员,他在空气动力学上造诣深厚、知识渊博、经验丰富、文笔流畅,为本书撰写了精彩的引言。

在本书的初稿审查和展望章节撰写过程中,中国空气动力研究与发展中心的陈作斌、萧泰顺、李方洲、朱国林、栗根文、何开锋等专家提出了大量宝贵意见和建议,本书也凝聚了他们的经验和智慧,谨向他们表示衷心的感谢。

中国空气动力研究与发展中心、中国航天系统科学与工程研究院承担了本书的调研、提纲拟定、统稿、审查组织、编撰修改等工作,参与此项工作的人员付出了很大努力,洒下辛勤汗水,在此对他们表示由衷的感谢。

本书时间跨度大、涉及面广,内容丰富,具有较强的技术性和专业性,编写难度很大。由于是第一次编写该学科领域的蓝皮书,书中难免存在观点叙述和文字表达上的缺点和不足,恳请各位读者批评指正。

中国空气动力学会

2017 年 12 月 5 日于北京

附表 1 试 验 设 备

序号	设备名称	设备类型	建设单位	建成/改造时间	主要用途	主要技术指标
1	1.8m×1.4m 低速风洞	低速风洞	中国空气动力研究与发展中心	2014 年 12 月建成	气动力试验	$V_{闭口}$：<105m/s $V_{开口}$：<80m/s 闭口端湍流度<0.08%
2	4.5m×3.5m 动态试验风洞（FL‑51）	低速风洞	中国航空工业空气动力研究院	2009 年开工 2015 年投入使用	气动力试验	$V_{闭口}$：<100m/s $V_{开口}$：<85m/s Re：0~2.7×10^6
3	8m 量级低速风洞（FL‑10）	低速风洞	中国航空工业空气动力研究院	2008 年 9 月开工 2017 年 7 月投入使用	气动力试验	$V_{闭口}$：<110m/s $V_{开口}$：<85m/s Re：0~5.2×10^6
4	低速增压风洞	低速风洞	中国航空工业空气动力研究院	2009 年 12 月完成改造	气动力试验	V：<130m/s Re：<8.5×10^6 总压：<0.4MPa
5	0.6m×0.6m 连续式跨声速风洞	跨声速风洞	中国空气动力研究与发展中心	2011 年 6 月开工 2012 年 12 月建成	气动力试验	Ma：0.2~1.6 Re：(0.1~2.25)×10^6(0.06m) 总压：(0.15~2.5)×10^5Pa 总温：280~323K

（续）

序号	设备名称	设备类型	建设单位	建成/改造时间	主要用途	主要技术指标
6	2.4m 连续式跨声速风洞	跨声速风洞	中国航空工业空气动力研究院	2014 年 4 月开工 预计 2018 年开展设备联调	气动力试验	Ma:0.15~1.6 总压:0.02~0.4MPa
7	2.4m×2.4m 跨声速风洞	跨声速风洞	中国空气动力研究与发展中心	1997 年 12 月建成	气动力试验	Ma:0.3~1.25,1.4 Re:(1.76~17.0)×10^6 (0.24m)
8	0.6m×0.6m 暂冲式跨超声速风洞	跨超声速风洞	中国空气动力研究与发展中心	2015 年建成	气动力试验	Ma:0.3~4.5 Re:(0.33~8.9)×10^7 (1m)
9	1.2m 跨超声速风洞	跨超声速风洞	中国空气动力研究与发展中心	2015 年 8 月开工 预计 2018 年 8 月建成	气动力试验	Ma:0.3~4.25 Re:(0.47~9.57)×10^6 (0.12m)
10	1.2m 亚跨超风洞	三声速风洞	中国航空工业空气动力研究院	2014 年 3 月	气动力试验	Ma:0.4~4.0 Re:(0.88~7.65)×10^6 (1m)
11	高速进气道试验台	三声速试验设备	中国航空工业空气动力研究院	2007 年建成 2013 年、2015 年、2016 年完成三次改造	飞行器选型与布局方案优化，气动力验证与校核，气动载荷测量等	Ma:0.3~2.25 Re:2.6×10^6 (1m)
12	2.0m×1.5m 气动声学风洞	声学风洞	中国航空工业空气动力研究院	2015 年 12 月开工 预计 2018 年 12 月投入使用	气动噪声机理与抑制方法试验	低限频率:80Hz 背景噪声<80dB(80m/s) $V_{闭口}$:<110m/s;

（续）

序号	设备名称	设备类型	建设单位	建成/改造时间	主要用途	主要技术指标
13	5.5m×4m航空声学风洞	声学风洞	中国空气动力研究与发展中心	2010年10月开工 2013年10月建成	型号气动噪声工程试验评估	$V_{开口}$:8~100m/s $V_{闭口}$:8~130m/s 背景噪声<75.6dB 截止频率:100Hz
14	3m×2m结冰风洞	结冰风洞	中国空气动力研究与发展中心	2010年5月开工 2013年10月建成	飞行器结冰试验和防除冰系统验证	V:26~256m/s 最低温度:-40℃ 模拟最大高度:20000m 水滴粒径:10~300μm 液态水含量:0.2~3g/m³
15	自然结冰风洞	结冰风洞	东北农业大学	2013年建成	常规结冰试验	V:1~15m/s 温度:-20℃~常温 液态水含量:0.5~2g/m³ 水滴粒子平均直径:40μm
16	红外辐射测试风洞	红外辐射风洞	中国航空工业空气动力研究院	2013年3月开工 2015年2月完成	飞行器红外辐射测试试验	Ma:0.15~1.6 总压:0.02~0.4MPa 模拟高度:0~15km
17	GJHG-001高精度火箭橇试验滑轨	火箭橇试验滑轨	航空工业航宇救生装备有限公司	1987年开工 1993年建成	飞行器结构、发动机空气动力学研究、冲击侵彻性能研究等	Ma:<6.0
18	2m高能脉冲风洞	高超声速风洞	中国航天空气动力技术研究院	2013年10月开工 2016年12月形成试验能力	大尺度模型热环境测量试验、激波/边界层干扰、激波/激波干扰等研究	Ma:6,10,15,18 总温:2000~8500K 总压:6~24MPa 总焓:4~16MJ/kg

（续）

序号	设备名称	设备类型	建设单位	建成、改造时间	主要用途	主要技术指标
19	直径1.2m常规高超声速风洞	高超声速风洞	中国航天空气动力技术研究院	2012年2月开工 2017年10月形成试验能力	空天往返飞行器、再入飞行器等气动热、力试验研究	Ma:5、6、7、8 Re:4×10⁶~1.4×10⁸(1m) 总温:350~1068K 总压:0.001~2.0MPa
20	直径2m超高速风洞	高超声速风洞	中国空气动力研究与发展中心	2014年4月开工 2017年3月形成试验能力	高超声速飞行器气动力试验和级间分离试验等	Ma:4、5、6、7 总温:288~632K 总压:0.05~8MPa 试验时间:60s
21	直径1m高超声速低密度风洞	高超声速风洞	中国空气动力研究与发展中心	2011年8月开工 2015年1月形成试验能力	稀薄气动力操纵面气动特性试验、稀薄气动加热试验等	Ma:10、12、14、16、20 总温:1100~3100K 总压:0.1~10MPa 试验时间:30~120s
22	直径1.2m激波风洞	高超声速风洞	中国空气动力研究与发展中心	2012年9月开工 2014年12月建成	空天往返飞行器、再入飞行器气动热、气动力和气动光学效应试验研究等	Ma:5、6、7、8 总温:800~2500K 总压:2~20MPa 试验时间:5~30ms
23	直径2m激波风洞B	高超声速风洞	中国空气动力研究与发展中心	2012年9月开工 2014年12月建成	天往返飞行器、滑翔飞行器、再入飞行器、吸气式发动机气动力、气动热和气动光学效应研究等	Ma:8、10、12、14、16 总温:800~2500K 总压:5~30MPa 试验时间:5~30ms

（续）

序号	设备名称	设备类型	建设单位	建成/改造时间	主要用途	主要技术指标
24	高焓膨胀管风洞	高超声速风洞	中国空气动力研究与发展中心	2016年8月开工 预计2019年4月形成试验能力	探月返回器、火星探测器等高焓真实气体条件下的气动力热试验	V:2.8~11.2km/s 总焓:4~50MJ/kg 试验时间:0.1~1ms
25	直径0.5m高超声速风洞	高超声速风洞	中国空气动力研究与发展中心	2013年9月开始在绵阳开工建设,2015年6月建成	常规测力、测压，测热试验，以及铰链力矩、动导数、脉动压力等特种试验	Ma:5,6,7,8,9,10 总温:350~1100K 总压:0.15~12MPa 试验时间:<340s
26	1m高超声速脉冲风洞	高超声速风洞	中国航天空气动力技术研究院	2016年1月开工改造 2016年7月形成试验能力	热环境测量、激波/边界层干扰、火星大气进入环境模拟等试验	Ma:4,5,6,8,10,12 Re:$(3.3\sim40)\times10^6$(1m) 总压:1.0~30MPa 总温:400~1800K 试验时间:5~60s
27	0.5m常规高超声速风洞	高超声速风洞	中国航天空气动力技术研究院	2005年5月开工改造 2005年8月形成试验能力	操纵面铰链力矩特性、再入体回收气动特性、喷流干扰、模型自由飞等试验	Ma:4,4.5,5,6,7,8
28	直径1m高超声速风洞	高超声速风洞	中国空气动力研究与发展中心	2011年8月开工改造 2013年12月形成试验能力	连续变迎角、高精度测力、大面积表面压力及脉动压力测量等试验	Ma:4,5,6,7,8,9,10 Re:$(6.47\sim589)\times10^5$(1m), Ma:4~8(支路) Re:$(0.11\sim1.22)\times10^7$(1m) Ma:9~10(支路) 总温:762K 总压:0.02~12MPa 试验时间:30s

（续）

序号	设备名称	设备类型	建设单位	建成/改造时间	主要用途	主要技术指标
29	0.3m 高超声速低密度风洞	高超声速风洞	中国空气动力研究与发展中心	2011 年 8 月开工改造2014 年 1 月形成试验能力	气动力测量试验、表面压力/热流测量,大迎角气动力/热/压力测量等试验	$Ma:5 \sim 12,16,24$模拟高度:30 $\sim$ 94km真空度:1Pa
30	直径2m 激波风洞 A	高超声速风洞	中国空气动力研究与发展中心	2012 年 9 月开工改造	表面压力/热流测量,气动力测量,气动力热敏性效应影响试验等	$Ma:6,9,10,12,14,16,24$总温:800 $\sim$ 4000K总压:2 $\sim$ 40MPa试验时间:2 $\sim$ 18ms
31	JF12 激波风洞	高超声速风洞	中国科学院力学研究所	2008 年建设2012 年验收使用	高超声速飞行器气动热/力,高速气动分离,高温气体效应研究等	$Ma:5 \sim 9$试验时间 >100ms
32	直径2.4m 脉冲燃烧风洞	高超声速风洞	中国空气动力研究与发展中心	2007 年 10 月开工2013 年 10 月形成试验能力	超燃冲压发动机、高超声速一体化飞行器性能试验	$Ma:4 \sim 7$总温:850 $\sim$ 2100K总压:1 $\sim$ 10MPa试验时间:300 $\sim$ 550ms
33	直径 600mm 高超声速高温风洞	高超声速风洞	中国空气动力研究与发展中心	2005 年开工2006 年形成试验能力的2012 年 7 月完成性能拓展	高超声速飞行器,超燃冲压发动机的性能考核试验,部件级热结构和材料性能考核试验	总温:850 $\sim$ 1900K总压:1 $\sim$ 8.5MPa试验时间:60s

（续）

序号	设备名称	设备类型	建设单位	建成/改造时间	主要用途	主要技术指标
34	高超声速推进实验装置	高超声速推进试验台	中国科学院力学研究所	2017年1月开工改造 2019年12月形成试验能力	纯净空气气动试验,超燃冲压发动机工作机理研究等	Ma:3.5、4.5.6 湍流度:<1%
35	高超声速飞行器试验平台	半物理仿真实验平台	中国科学院力学研究所	2017年启动	验证高巡飞行力学理论研究	负载:≥20kg 空间尺寸: ≥300mm×300mm×300mm
36	50MW电弧风洞	防热试验设备	中国航天空气动力技术研究院	2011年6月开工 2013年12月形成试验能力	防热材料性能研究以及热结构部件/组件的可靠性考核	电弧功率:10~50MW 总焓:1.5~25MJ/kg 试验时间:3000s
37	1MW高频感应加热风洞	防热试验设备	中国航天空气动力技术研究院	2012年6月开工 2015年7月形成试验能力	防热材料表面催化效应,材料辐射特征等研究	高频发生器功率:1.2MW 焓值:30MJ/kg
38	50MW电弧风洞	防热试验设备	中国空气动力研究与发展中心	2010年10月开工 2012年9月建成	防热材料筛选,烧蚀/热防护性能研究等	总焓:13~30MJ/kg 总温:900~2300K
39	1MW高频等离子风洞	防热试验设备	中国空气动力研究与发展中心	2012年10月开工 2014年4月形成试验能力	防热材料表面催化特性,抗氧化特性,辐射特性研究等	最大电源功率:1.52MW 总焓:10~62MJ/kg
40	大尺度高超声速高温风洞	防热试验设备	中国空气动力研究与发展中心	2017年7月开工 计划2020年5月形成试验能力	高超声速飞行器全尺寸发动机试验,一体化飞行器/发动机推进一体化试验等	Ma:4、5.6.7 总温:2080K 总压:15.9MPa 试验时间:60s

（续）

序号	设备名称	设备类型	建设单位	建成/改造时间	主要用途	主要技术指标
41	30MW 电弧风洞	防热试验设备	中国航天空气动力技术研究院	2012 年底建成	试件热密封考核、异型复杂形式热结构、等离子体传输特性等试验	电弧功率:10～30MW 弧室压力:0.5～10MPa 总焓:2～15MJ/kg 试验时间:1～800s
42	20MW 电弧风洞	防热试验设备	中国空气动力研究与发展中心	2010 年 10 月开工 2013 年 12 月形成试验能力	端头材料烧蚀性能试验研究、翼前缘材料烧蚀性能试验研究、大面积防隔热组合试验等	电弧功率:20MW 弧室压力:0.1～10MPa 总焓:8～30MJ/kg 试验时间:3000s
43	电弧加热试验设备	防热试验设备	中国空气动力研究与发展中心	2010 年 10 月开工改造 2014 年 6 月形成试验能力	防热材料筛选和局部试件热结构考核、以及包罩、天线罩烧蚀等	气源压力:32MPa 电弧功率:50MW 总焓:4～30MJ/kg
44	空天等离子体反应地面模拟与检测系统	防热试验设备	中国科学院力学研究所	2017 年开工改造 2020 年具备试验能力	多组分时空分辨诊断,行星大气层再入典型热－化学环境模拟等	电源功率:50kW 量级 射频频率:13.56MHz
45	新概念高超声速巡航组合动力的关键技术试验台	火箭发动机实验台	中国科学院力学研究所	2016 年 11 月开工建设 2017 年 11 月一期工程建设完成	高超声速巡航飞行试验研究及验证	流量:3～6kg/s 总温:3000～3500K 总压:3～4MPa 比冲:250～300s 试验时间:2～200s

（续）

序号	设备名称	设备类型	建设单位	建成/改造时间	主要用途	主要技术指标
46	200m自由飞弹道靶	毁伤、侵蚀试验设备	中国空气动力研究与发展中心	2012年2月开工 2013年11月形成试验能力	飞行器气动力、材料抗粒子云侵蚀、超高速碰撞等试验	V：0.2～6.5km/s（37/50mm），0.2～5.0km/s（120mm），0.3～4.0km/s（203mm）发射质量：0.03～30kg模拟高度：0～80km
47	气动物理靶	毁伤、侵蚀试验设备	中国空气动力研究与发展中心	2012年2月开工改造 2013年11月形成试验能力	再入目标红外辐射图像特征试验研究、动能毁伤特性光谱辐射特性研究等	发射质量：0.03～0.65kg V：0.3～6.5km/s真空度：100Pa
48	超高速碰撞靶	毁伤、侵蚀试验设备	中国空气动力研究与发展中心	2012年2月开工改造 2013年11月形成试验能力	超高速撞击特性/撞击失效模式试验研究、破片冲击引爆试验研究等	发射质量：0.2mg～1g V：0.11～8.6km/s真空度：0.01Pa
49	龙卷风模拟器	结构风工程试验设备	同济大学	2012年建成	用于龙卷风风场结构和其作用下的结构风效应研究	V：<12m/s直径：50～100mm
50	TJ-5多风扇主动控制风洞	结构风工程试验设备	同济大学	2015年建成	风工程研究	V：<18m/s

（续）

序号	设备名称	设备类型	建设单位	建成/改造时间	主要用途	主要技术指标
51	闭口回流式竖直置风洞	结构风工程试验设备	哈尔滨工业大学	—	风工程研究	V:0.5～30m/s（垂直） V:2～35m/s（水平）
52	大型拖曳式水槽	环境风工程试验设备	中国建筑科学研究院	2013 年建成	大气污染扩散	V:3～60mm/s
53	风力机气－液－固综合试验研究平台	风力机试验研究平台	上海交通大学	2015 年完成改造	船舶及海洋工程结构载荷、运动、结构动力响应等	深井最大工作水深:40m 直径:5m
54	风力机自动测控制平台	风力机试验研究平台	南京航空航天大学	2016 年建成	风力机自动测试	工作转速:100～1000r/min 最大测试扭矩:98N·m 最大测试推力:980N 最大测试功率:2kW

附表 2　CFD 相关软件

序号	英文名称	中文名称	软件简介	面向领域及主要功能	软件特色	主要技术指标	开发单位	软件著作权登记号
1	RPDD_HBM	快速数值预测动导数计算软件	具有完全自主知识产权,实用性较强,适应性宽广的动导数计算软件 RP-DD_HBM,该软件针对当前数值预测动导数中存在的特点,采用谐波追振荡过程,进而预测与传统方法相当,但计算效率一般可提升一个量级甚至更高	面向领域:航空、航天飞行器。主要功能:动导数辨识;非定常计算;串行/并行;亚跨、高超声速	①基于谐波平衡算法的快速动导数预测;②任意复杂外形和任意固有频率;③飞行器的动导数快速预测问题	$Ma = 0.2 \sim 25$ $H = 0 \sim 70\text{km}$ $\alpha = -80° \sim 80°$	中国空气动力研究与发展中心	2016SR210502
2	NSVF	数值虚拟飞行模拟软件	针对当前工程仿真中存在的问题,采用实时模拟飞行器流场以获取工程气动力的方式来取得,大幅提升了气动非定常效应的模拟精度,可有效考虑由气动力非定常效应导致的控制系统迟滞问题	面向领域:航空、航天飞行器。主要功能:①气动/运动控制一体化耦合模拟;②飞行控制系统模拟与评估	①飞行控制系统的模拟与评估;②包含当前处理模块 CFD 模块、运动模块格、运动模块模块以及控制模块五大部分	$Ma = 0.2 \sim 25$ $H = 0 \sim 50\text{km}$ $\alpha = -40° \sim 40°$	中国空气动力研究与发展中心	2017SR210895

(续)

序号	英文名称	中文名称	软件简介	面向领域及主要功能	软件特色	主要技术指标	开发单位	软件著作权登记号
3	AEROHEATS	高超声速飞行器热环境及烧蚀/侵蚀综合分析软件系统V1.0版	完全自主知识产权,实用性较强,适应性宽广,可用于快速分析计算导弹及各类复杂外形飞行器在实飞行状态和地面试验条件下的气动热传特性、结构热传导特性、烧蚀特性,为飞行器防热系统设计提供依据。软件包括气动热和防热计算程序库、数据库系统,软件界面和管理系统、统及图形显示输出系统四个部分	面向领域:航天飞行器。主要功能:①气动热环境计算。②碳基、硅基、热解、粒子云侵蚀。③碳基、硅基等材料烧蚀。④热传导计算	①人机交互界面。②含120种防热材料,简单组合就能进行计算,不需画网格。③高效快速计算分析,立刻获得设计数据	①大面积热环境计算误差15%以内,局部30%以内。②烧蚀计算误差20%以内。③热传导计算误差10%以内	中国空气动力研究与发展中心	2013SR132872
4	PHengLEI	风雷——面向流体工程的混合计算平台	完全自主知识产权的结构/非结构通用CFD品牌软件,计算范围覆盖低速、亚跨声速和高超声速。软件提供常用前、后置处理接口,如Gridgen、ICEM-CFD、Tecplot、FieldView等。PHengLEI具有跨平台的人机交互界面,用户仅需操作同一个界面,就能实现本地和远程大型科学计算机集群并行群操户操作	面向领域:航空、航天,环境、交通。主要功能:①结构/非结构网格。②大规模并行。③化学非平衡。④网格自适应	①面向下一代的先进体系结构。②跨平台交互界面。③高效的超大规模并行计算	①33.2亿网格,10万核情况下,并行计算效率达90%以上。②升力系数误差2%以内,阻力系数误差20个count以内	中国空气动力研究与发展中心	2016SR361378

（续）

序号	英文名称	中文名称	软件简介	面向领域及主要功能	软件特色	主要技术指标	开发单位	软件著作权登记号
5	CAPTER	热环境/热响应耦合计算平台	完全自主知识产权的热环境热响应耦合计算平台。基于热环境、热防护、热管理、热布局研究基础上开发的涉及空气动力学、工程热物理、固体力学等多学科耦合的品牌软件。可以单独计算外形复杂飞行器气动弹道结构热环境和热响应温度分布，也可沿结构热耦合计算热环境和结构热响应，为高超声速飞行器防热设计提供可靠的数据支撑	①三维气动热计算。②三维传热计算。③气动热/传热耦合。④自适应耦合判别。⑤真实弹道/试验状态。⑥本机/集群。⑦串行/并行	①跨平台人机交互界面。②智能选择耦合锚点提升计算效率。③包含 20 余种常用防热材料，可快速设置并计算	①Ma = 3 ~ 30 $H = 0 \sim 90\mathrm{km}$。②适当网格下驻点热流预测精度 5%，大面积 10%，干扰区 20%。③简单金属温度预测精度 5%	中国空气动力研究与发展中心	2016SR327080
6	CHANT	结构网格高超声速流动数值模拟软件平台	完全自主知识产权的计算流体力学软件平台，不针对具体飞行器几何外形的通用型软件，完成了大量的我国航天高技术项目和工程型号的高超声速气动特性的预测和评估，展示了软件具有良好的通用性、鲁棒性、可靠性和精度	面向领域：航空、航天飞行器设计；主要功能：①流场结构。②气动力与气动载荷。③壁面热流与温度分布	①可以模拟真实气体效应、稀薄气体效应等多种物理现象。②计算效率高，鲁棒性好。③计算参数范围宽	①Ma = 3 ~ 30 $H = 0 \sim 80\mathrm{km}$。②升力系数误差 ≤ 5%。③俯仰力矩误差 ≤ 10%。④压心误差 ≤ 1%	中国空气动力研究与发展中心	2011SR09857

（续）

序号	英文名称	中文名称	软件简介	面向领域及主要功能	软件特色	主要技术指标	开发单位	软件著作权登记号
7	AEROPH	气动物理流场计算软件	自主知识产权的高超声速飞行器高温气体非平衡流场解算软件,主要针对高超声速气动的化学反应、组分各种内能激发效应以及湍流效应,表面材料的化学和热力学非平衡效应以及催化效应,数值模拟高超声速飞行器的气动加热现象,电子密度和高温气体物理化学参数,气动力和气动热	面向领域:高超声速飞行器。主要功能:①三维热化学非平衡流场计算。②气动力、气动热、表面温度、电子密度和流场物理化学参数等	①丰富的化学反应模型。②丰富的热化学非平衡模型。③丰富的壁面条件模型	①飞行高度 H $=0\sim100km$。②飞行马赫数 $Ma=4-35$。③迎角 $\pm50°$	中国空气动力研究与发展中心	2014SR198266
8	ASPAC	轴流压气机气动性能数值模拟软件	自主知识产权的轴流压气机流场解算软件,涵盖了混合平面法、相滞后法和多通道/全环非定常模拟方法,包括单通道非定常流动高效模拟的谐波非定常方法,适用于模拟全三维压气机、二维叶栅叶列/单排/多排、单通道/多通道/全环的定常/非定常流动,开展压气机和叶栅静子涉和旋转失速等问题研究	面向领域:轴流压气机内流。主要功能:①叶栅/叶片模拟。②多种模拟方式:混合平面法、谐波法、多通道/全环非定常方法	①方便的前处理,后处理接口。②与叶轮机械专业软件自动衔接,输出各类流场文件。③高效的超大规模并行计算	①叶片表面压力和等熵马赫数误差在3%以内。②流量差0.5%以内,压比/效率误差3%以内。③10万核,并行效率60%以上	中国空气动力研究与发展中心	2016SR405017

（续）

序号	英文名称	中文名称	软件简介	面向领域及主要功能	软件特色	主要技术指标	开发单位	软件著作权登记号
9	Trip	亚跨声速CFD软件平台	自行研发的CFD计算软件,历经"九五""十五""十一五"三个五年计划的不懈努力,在计算效率等方面获得长足发展。精度和效率等方面功能模块,"十二五"期间开发了气动弹性和气动噪声模块。先后通过DPW系列、高升力构型系列跨声速和低速到到跨声速验证,从泛速度段跨速的计算对比,计算精度和计算效率上已经完全达到国外一流CFD软件的先进水平	面向领域:航空、航天飞行器。主要功能:①对接、拼接和重叠等多种拓扑结构网格。②大规模并行计算。③气动弹性耦合求解。④气动噪声混合算法	①全机内内外流一体化模拟。②全机静/动气动弹性模拟。③气动噪声同的高精度模拟。④超大规模网格并行求解	①实现100亿网格规模并行核算计算。②大飞机机翼变形预测精度5%以内,颤振速度预测精度10%以内	中国空气动力研究与发展中心	2012SR032206
10	NSTPA	弹箭气动数值计算软件	自主开发的旋转弹箭气动力特性计算软件具有模拟定常转态气动流场、绕弹轴旋转的非定常气动流场的功能,可提供包括阻力系数、升力系数、马格努斯力/力矩、俯仰阻尼、滚转阻尼在内的气动力/力矩数据,可以满足刚体弹道仿真计算、稳定性分析以及气动外形优化等对气动参数的计算需求	面向领域:旋转弹箭。主要功能:①升阻力与力矩特性计算。②马格努斯力与力矩计算。③动导数预测	①惯性系非惯性系模拟。②全端流转换预测。③强迫振荡/锥运动动导数预测	①升力预测精度3%以内。②阻力和俯仰力矩预测精度5%以内。③马格努斯力和力矩预测精度15%以内	中国空气动力研究与发展中心	2017SR084828

（续）

序号	英文名称	中文名称	软件简介	面向领域及主要功能	软件特色	主要技术指标	开发单位	软件著作权登记号
11	PMB3D	飞行器亚跨超声速气动性能数值模拟软件	自主开发的基于结构化网格的通用流场计算软件,软件采用粗粒度区域分解重叠网格技术,集成网格重建、流场解算、飞行轨迹仿真于一体,为复杂飞行器气动性能分析提供高效通用可靠的数值模拟手段和分析工具。适用于工程复杂外形,大规模网格下的气动数值模拟,具有鲁棒性好、计算效率高的优点	面向领域:航空、航天飞行器。主要功能:①飞行器纵、横向动特性计算。②外挂物投放分离仿真分析。③直升机旋翼模拟	①并行的动态重叠网格技术。②预定轨迹运动问题的模拟。③大规模并行计算	①亿级网格规模万核级并行。②升力预测精度3%以内,阻力预测和俯仰力矩预测精度5%以内,横向力/力矩预测精度15%以内	中国空气动力研究与发展中心	2011SR098265
12	MFlow	混合网格流场数值模拟软件	具有完全自主知识产权的基于任意非结构网格和大规模并行计算的计算流体力学软件平台。适用于飞机、直升机、导弹、再入飞行器及其他飞行器低、亚、跨、超声速及高超声速气动力计算,武器投放以及非定常轨迹计算,进气道内流计算、喷流流场计算,以及非定常气动热特性计算等	面向领域:航空、航天飞行器。主要功能:①飞行器气动性能评估。②载荷设计。③武器投放。④内流模拟	①混合单元多面体非结构网格。②大规模模拟并行计算。③经过各类工程型号任务的验证考核,数据结果准确度高	①33.2亿网格,10万核情况下,并行计算效率达90%以上。②常规状态升力系数误差2%以内,阻力系数误差20个阻力单位以内	中国空气动力研究与发展中心	2012SR119083

（续）

序号	英文名称	中文名称	软件简介	面向领域及主要功能	软件特色	主要技术指标	开发单位	软件著作权登记号
13	ANSER	高精度气体动力学数值模拟软件	采用虚拟压缩方法对不可压缩流动进行模拟，并结合了脱体涡新型的湍流模拟方法，开发建立了一套有完全自主知识产权、实用性较强、适应性宽广的不可压缩流场解算软件。针对适用于并行计算、同时基于 C++ 面向对象思想设计模式，灵活运用了多种思想设计模式，具有较强的可扩展性和系统复用性	面向领域：低速飞行器交通、风能。 主要功能： ①低速流动飞行器设计。 ②流体力学气动机理研究	①采用高精度数值计算方法和 RANS/LES 方法研究不可压缩流动中气动力、流动机理问题。 ②分区并行计算	①三阶以上数值计算方法。 ②具备 RANS、RANS/LES 计算能力。 ③自动并行分区	中国空气动力研究与发展中心	2015SR226516
14	HATS	高精度端解算器流湍软件	是求解不可压缩湍流的高精度数值模拟软件。解算器主要实现不可压缩流的高精度模拟，但也可进行基于雷诺平均方法的不可压缩湍流模拟。HATS 解算器基于一般多块结构网格，并采用有限差分方法，实现对一般复杂外形问题的模拟，同时基于消息传递界面（MPI）实现大规模并行计算	面向领域：不可压缩流的模拟。 主要功能： ①串行/并行。 ②无黏、层流，RAN-S 方程，LES 方程	①基于优化的紧致中心型有限差分格式以及大涡模拟显式滤波方法。 ②集成了常用的亚格子滤波尺度模型	—	中国空气动力研究与发展中心	2017SR464548

（续）

序号	英文名称	中文名称	软件简介	面向领域及主要功能	软件特色	主要技术指标	开发单位	软件著作权登记号
15	AeroPid	飞行器气动参数辨识软件	由飞行器六自由度动态仿真程序、飞行试验数据预处理程序、飞行试验重建程序、飞行器气动参数辨识序四个计算程序及相应的管理界面和后置处理等构成。采用数值积分飞行器六自由度动力学方程的方法来进行飞行仿真；具有对飞行器六分量气动力/力矩系数、稳定性导数和操纵导数的辨识功能	面向领域：飞行器飞行试验数据分析处理。主要功能：①六自由度仿真。②数据检验与重建。③飞行器气动参数辨识	辨识飞行器试验中的气动特性数据，修正风洞试验和理论计算结果，为飞行器总体、飞控设计等提供可靠的气动力数据	对不含误差和噪声的仿真飞行数据，飞行器主要气动导数辨识误差不高于0.1%，其他气动参数辨识误差不高于1%	中国空气动力研究与发展中心	2012SR114085
16	HEATps	热防护与热结构性能计算软件系统	具有自主知识产权的高速飞行器气动热综合分析计算软件系统的初级版本，能够对参数化简单外形飞行器和复杂结构飞行器（无法参数化实现，需使用商业软件生成网格）进行沿物道热环境、烧蚀、温度场，热应力的独立计算，以及不同耦合策略的综合计算，能够进行专项研究	面向领域：航天气动热。主要功能：①防热层烧蚀计算。②复杂结构热应用。③热结构热应力。④气动热环境。⑤热/结构热力耦合	①几何外形参数化生成。②热防护相关计算的耦合集成。③规范化接口，可实现第三方模块接入	①热环境计算；马赫数2.0～25。②中等热流，长时间烧蚀计算。③正交各向异性材料的热应力计算	中国空气动力研究与发展中心	2012SR120616

序号	英文名称	中文名称	软件简介	面向领域及主要功能	软件特色	主要技术指标	开发单位	软件著作权登记号
								（续）
17	ThermAS	热管理系统热分析软件系统	该平台具有完全自主知识产权,实用性较强,适应性宽广,能够实现热网络模型的参数化生成(舱段结构:舱段上表面、前端面、后端面以及底面;舱内设备:长方体、梯形体、圆柱体、球体、尖锥头圆柱体以及双球头圆柱体等)的稳态及瞬态热分析,同时具备较好的可扩充性,为飞行器舱内温度场预测提供技术支撑	面向领域: ①航天飞行器热控制/热管理系统设计。 ②高超声速飞行器舱内热环境评估	①典型舱内热部件的参数化生成。 ②舱内热环境的快速评估	①计算热节点数不少于 1 万个。 ②舱内节点温度预测误差要求不超过 15K,60% 节点误差不大于5K,10% 节点误差为 5~15K	中国空气动力研究与发展中心	2013SR161164
18	AMDEsign	民用飞机多学科、多目标优化平台	该软件是基于 Linux 分布式计算环境搭建的民用飞机多学科、多目标设计平台。工程构成为优化决策模块、分布式管理模块、网格重构模块、参数化建模模块、代理模型模块、流场分析模块、静气动弹性分析模块以及重量估算模块	面向领域:航空、航天飞行器设计。 主要功能: ①网格重构。 ②参数化建模。 ③代理模型。 ④静气动弹性	面向航空航天飞行器,实现多学科、多目标设计,能够有效处理部件精细设计和整机设计	①能够同时兼容结构网格、非结构网格、结构/非结构混合网格。 ②一周之内能够实现整机的优化设计	中国空气动力研究与发展中心	2016SR344274

347

（续）

序号	英文名称	中文名称	软件简介	面向领域及主要功能	软件特色	主要技术指标	开发单位	软件著作权登记号
19	CartGrid	笛卡儿网格生成软件	CartGrid 软件是一个采用自适应笛卡儿网格空间对流场进行自动划分的网格生成软件。采用 C++Builder6.0 编写，可以在 Windows 系统上运行，内存随网格生成数量而定（建议 512Mbyte 以上），本软件输出文件可以直接供 Tecplot 读取，计算网格文件供流场计算软件 CartSolver 读取	面向领域：航空、航天飞行器等外形的笛卡儿网格生成。主要功能：①笛卡儿网格自动生成。②网格自适应	①网格自动生成。②网格生成速度快。③网格空间填充效率高。④输入对接 CAD 软件	①适用于复杂构型网格的自动生成。②可以进行网格自适应操作。③网格规模百万量级	中国空气动力研究与发展中心	2017SR159630
20	CartSolver	基于笛卡儿网格求解欧拉方程的流场计算软件	CartSolver 软件是一个基于自适应笛卡儿网格求解欧拉方程的流场计算软件。采用 C++Builder6.0 编写。本软件属于计算流体力学（CFD）中的流场计算软件，网格采用笛卡儿网格，流场计算采用求解欧拉方程，有限体积法中心差分、时间同步离散采用 RK4 方法，摩擦阻力采用工程计算方法	面向领域：飞行器方案筛选阶段气动性能快速计算。主要功能：①欧拉方程数值模拟。②时间显式推进	①快速、批量提供飞行器初期的气动数据。②稳定性、鲁棒性好，适应范围广，适用简便	①$Ma=0.2\sim12$；$\alpha=-40°\sim40°$，$\beta=-25°\sim25°$。②网格规模百万量级	中国空气动力研究与发展中心	2017SR162722

（续）

序号	英文名称	中文名称	软件简介	面向领域及主要功能	软件特色	主要技术指标	开发单位	软件著作权登记号
21	ARI_WIC	基于壁压信息的跨声速风洞非线性洞壁干扰修正软件	具有完全自主知识产权的跨声速洞壁干扰计算软件平台。利用风洞造孔壁面边界条件，模拟试验段开孔壁型在风洞中的绕流场，建立基于壁压信息的跨声速洞壁干扰的线性修正方法。不同于常规的亚、跨声速洞壁干扰修正的线性洞壁干扰修正方法，本软件可用于各种复杂外形飞行器的亚、跨声速风洞测压、测力试验的洞壁干扰修正	面向领域：飞行器跨声速洞壁干扰修正计算。主要功能：①串行并行。②无黏/层流/RANS。③跨声速风洞开孔壁边界条件	①可用于复杂外形飞行器测压试验的跨声速洞壁干扰修正。②具有良好的工程实用性	可评估试验模型的跨声速洞壁干扰影响，误差在5%以内	中国航空工业空气动力研究院	2017SR217122
22	Aerodynamic structure heat coupling transfer calculation v1.0	高马赫数流场气动加热/结构热传导耦合计算软件	基于高马赫数气动加热、结构热传导及热辐射多学科耦合，利用流场CFD气动热计算和结构热传导计算的高精度多物理场预测模拟软件，能模拟飞行器在受热状况以及飞行器内部受热环境复杂热环境的工程和热环境，以解决的工程热防护、内部热管理及红外隐身等飞行器研制阶段的温度场预测难题	面向领域：航空、航天飞行器设计。主要功能：①考虑结构热传导及表面热辐射的表面热流计算。②表面温度场数据	①高空间分辨率。②物理模型真实。③飞行环境受热以及结构热环境的多物理场模拟	①高度0～50km，马赫数1.2～8.0，飞行器气动力/气动热计算。②分区并行计算。③流场/结构耦合计算	中国航空工业空气动力研究院	2016SR375551

（续）

序号	英文名称	中文名称	软件简介	面向领域及主要功能	软件特色	主要技术指标	开发单位	软件著作权登记号
23	Database transition V1.0	e^N－数据库转捩判断软件	自主开发的适用于亚、跨声速流动条件下对三维飞行器进行转捩判断的软件。本软件是以满足飞行器气动力精确计算的需求为目的，通过将三维边界层求解程序和 e^N 转捩预测方法融合，完成对多种流场软件得到的结果进行转捩判断的 e^N 数据库转捩判断软件	面向领域：翼型和机翼在低、跨声速下的转捩预测。主要功能：①内置包络法、Nts/Ncf法两种转捩预测方法。②边界层求解程序	①易维护：采用模块化设计。②易扩展：输入、输出接口独立化，方便用户添加相应的数据接口	可以对流向 T－S 波和横流波进行转捩预测判断	中国航空工业空气动力研究院	2015SR185287
24	Two－dimensional water droplets collision characteristics calculation V1.0	基于欧拉方法的二维结构网格水滴撞击特性计算软件	把含有水滴的空气流动看作汽液两相流动建立控制方程，求解得到物体表面的水滴撞击极限。主要用于模拟航空工程中低、跨声速流动条件下、翼型和机翼表面的水滴撞击情况，以此为飞机防除冰系统的防护范围设计，结冰参数敏感性研究，临界冰形确定等提供依据，指导飞机防除冰系统设计和民机适航取证工作	面向领域：飞机水滴撞击特性分析与防冰和除冰。②民机适航取证。主要功能：二维水滴撞击特性计算	①易维护：采用模块化设计。②易扩展：输入、输出接口独立化，方便用户添加相应的数据接口	在常规水滴情况下，最大水滴撞击系数误差在10%以内	中国航空工业空气动力研究院	2016SR204092

（续）

序号	英文名称	中文名称	软件简介	面向领域及主要功能	软件特色	主要技术指标	开发单位	软件著作权登记号
25	Computing grid droplets collision characteristics V1.0	基于拉格朗日方法的二维多块结构网格水滴撞击特性计算软件	采用拉格朗日方法对单个水滴进行受力分析，求解物体表面的水滴撞击特性。该软件主要用于模拟航空工程中低、跨声速流动条件下，水滴运动轨迹和翼型表面的水滴撞击情况，以此为飞机防除冰系统的防护范围设计，结冰形态敏感性研究，临界水形等提供依据，指导民机防除冰系统设计和民机适航取证工作	面向领域：①飞机水滴撞击特性分析与防冰和除冰。②民机适航取证。主要功能：二维水滴撞击特性计算	①易维护：采用模块化设计。②易扩展：输入、输出接口独立化，方便用户添加相应的数据接口	在常规水滴情况下，最大水滴撞击系数误差在10%以内	中国航空工业空气动力研究院	2017SR349181
26	Water droplets collision characteristics calculation V1.0	三维多块结构网格水滴撞击特性计算软件	把含汽液两相流看作气体运动并建立控制方程，求解得到物体表面的水滴撞击特性。该软件主要用于模拟航空工程中低、跨声速流动条件下，水滴撞击特性的情况，以此为飞机防除冰系统的防护范围设计，结冰形态敏感性研究，临界水形等提供依据，指导民机防除冰系统设计和民机适航取证工作	面向领域：①飞机水滴撞击特性分析与防冰和除冰。②民机适航取证。主要功能：三维水滴撞击特性计算	①易维护：采用模块化设计。②易扩展：输入、输出接口独立化，方便用户添加相应的数据接口	—	中国航空工业空气动力研究院	2017SR348309

（续）

序号	英文名称	中文名称	软件简介	面向领域及主要功能	软件特色	主要技术指标	开发单位	软件著作权登记号
27	OpenCFD	开放的高精度计算流体力学求解器	自主开发的一套精度计算流体力学软件。该软件包括高精度结构网格体积求解器、多块结构网格有限体积求解器，化学反应流动求解器，主要用于工程问题的 RANS 计算方法，支持差分—有限体积混合方法，可实现局部高精度和直接数值模拟等高精度计算	面向领域：①可压缩复杂流场的精细模拟及机理研究。②飞行器气动力、热计算。③化学反应流场细模拟	高精度高分辨率格式，主要应用于精细复杂流动的精细模拟，如 DNS 及 LES 等	①差分求解器最高精度达到 8 阶，支持多种高精度激波捕捉格式，②具有强大的并行可扩展能力	中国科学院力学研究所	申报中
28	NSAWET	基于窗口嵌入方法的 N-S 方程流场计算程序	自主知识产权的计算流体力学软件平台。NSAWET 主要发展性能先进，适合解决复杂工程问题的计算流体力学方法、格式，模拟与计算。实现飞行器气动性能的准确、高效分析与评估，并研究流动现象、机理及其控制。发展了基于自主计算思想和高阶的窗口嵌入方法和高阶点对点搭接网格界面技术	面向领域：①航空、航天飞行器设计。②高速流动车、汽车等地面交通工具气动模拟。③非定常流动模拟。④气动噪声分析	①先进体系结构。②高效的超大规模并行计算。③基于窗口嵌入实现方法，便捷地实现结构网格局部加密	常规飞行器流场计算，升力系数误差 2% 以内，阻力系数误差 15 个 count 以内	清华大学	2016SR157899

（续）

序号	英文名称	中文名称	软件简介	面向领域及主要功能	软件特色	主要技术指标	开发单位	软件著作权登记号
29	Aero – Opt	基于混合优化算法的优化设计平台软件	本软件是一个基于实验设计方法、进化算法和代理模型方法黑箱复杂工程问题用于复杂计算优化的软件。本软件集成了差分进化算法(DE)、遗传算法(GA)、Kriging响应面、RBF响应面等优化方法,对气动约束问题的流程控制和改进处理进行了优化和改进,可以实现自动化任务调度和远程分布式目标评估,提升整体的优化效率	面向领域:航空、航天飞行器设计。主要功能:①通用优化平台。②PCA的相关性分析。③自动任务调度。④断点续算	①先进体系结构。②通用目标评估接口。③并行计算。④自由的算法组合,数设置和方法组合	同样的优化效果所需目标评估数减少30% 以上。	清华大学	2016SR158628
30	Zlow	高超声速气动飞行器特性计算程序 V5.0	针对复杂外形高超声速飞行器连续流与过渡流飞行条件,可准确求解及飞行器的气动力、气动热、动态稳定性参数,稀薄效应和考虑对常规气动力、热化学非平衡效应等对常规气动力、气动热、动导数的影响;运用本软件可以准确模拟、分析复杂外形高超声速飞行器的跨流域气动力、热特性	面向领域:临近空间高超声速飞行器。主要功能:①RANS/LES。②低速、亚跨、高超声速。③热化学非平衡	①先进体系结构。②跨平台的人机交互界面。③高效的超大规模并行计算	①常规状态升力系数误差 5% 以内,阻力系数误差 10% 以内。②常规状态气动热计算误差15% 以内	浙江大学	2013SR140340

（续）

序号	英文名称	中文名称	软件简介	面向领域及主要功能	软件特色	主要技术指标	开发单位	软件著作权登记号
31	HADO	飞行器气动设计与优化软件 V1.0	包含参数化建模、网格生成、CFD 数值计算和优化算法四个模块。其中参数化建模与网格生成程序基于二次曲线法/自由变形法和动网格技术；数值计算基于三维有限全 N-S 方程，过求解到飞行器的气动力/热、静/动导数和流场参数等特性；优化算法为基于进化算法的全局搜索方法	面向领域：高超声速飞行器。 主要功能： ①二次曲线法/自由变形法建模。 ②代理模型近似数值优化算法、探索优化算法	①具有健壮的核心框架、多种先进的优化算法和代理模型技术。 ②较高的自动化设计水平和并行计算能力	①正交设计、均匀设计以及全因子设计等试验设计方法。 ②可选择遗传算法、序列二次规划法等优化算法	浙江大学	2015SR025015
32	DSMC	稀薄气体计算动力学软件 V3.0	预测稀薄气体环境下高超声速飞行器的流场结构及气动特性。软件采用有限个模拟分子代替大量的真实气体分子，通过随机抽样模拟分子运动，软件考虑了多种壁面分子碰撞模型以及边界条件模型，可精确模拟、分析高超声速飞行器绕流的稀薄流动区域的高超声速气动力、气动热参数	面向领域：临近空间高超声速飞行器。 主要功能： ①二维/三维计算。 ②非结构计算。 ③串/并行。 ④化学非平衡	①软件基于粒子方法，采用分子搜索技术，搜索效率高。 ②软件基于 Fortran 平台开发，计算效率高、鲁棒性好	①兼容复杂非结构网格。 ②轴向力误差 10%，法向力误差 10%，俯仰力矩误差 10%。 ③气动热误差控制在 20% 以内	浙江大学	2015SR233151

（续）

序号	英文名称	中文名称	软件简介	面向领域及主要功能	软件特色	主要技术指标	开发单位	软件著作权登记号
33	GUO－CFD	混合网格非定常空气动力学计算软件 V1.0	基于非结构混合网格，用于求解可压缩/不可压缩流动、热传导等方面问题的 C＋语言，采用模板对象分析飞行器的定常/非定常气动特性。包括常规动力、气动导热计算。多体分离、变形飞行器等各类含有边界运动或者变形的问题	面向领域：临近空间高超声速飞行器。主要功能：①非结构混合网格。②网格自适应。③网格变形	①先进体系结构。②高效的超大规模并行计算。③在计算动网格问题时，可以使用 UDF 进行二次开发	①兼容非结构混合网格。②常规状态升力系数误差 10%以内，阻力系数误差 15%以内	浙江大学	2015SR005411
34	CACFD	大型航天 CFD 数值模拟软件	大型 CFD 数值模拟平台软件系统 CACFD 具备高效的网格生成能力，丰富的计算模型和可选参数，宽广的计算范围，稳定鲁棒的计算过程。这些鲜明的特点使得该软件系统能在这些航天新型号的研制过程中发挥重要的作用	主要应用领域是复杂飞行器外形 CFD 数值模拟，飞行器气动特性计算与动态外形评估与优化设计，数值流场诊断等	①支持非结构与笛卡儿网格。②理想气体、多组分化学非平衡气体模拟能力。③湍流、转捩。④动态特性模拟能力	①高度 0～70km，马赫数 0～20。②升力计算与实验偏差小于 2%。③压心系数与实验偏差小于 1%。④阻力计算与实验偏差小于 10%	中国航天空气动力技术研究院	2010SR000988

355

（续）

序号	英文名称	中文名称	软件简介	面向领域及主要功能	软件特色	主要技术指标	开发单位	软件著作权登记号
35	AeroData	高超声速翼面舵数据库软件	基于 XML 语言和代理模型技术的通用气动数据库软件。程序采用通用数据库格式进行数据存储，包含气动单元的几何数据，通过 CFD 方法获得的不同流动状态下各种气动数据；在实现数据存储功能的基础上，具备一定的数据查询和查询功能。此外采用代理模型技术，可实现气动数据快速检索和插值功能	面向领域：高超声速飞行器翼面/舵面。主要功能：①数据查询。②翼舵快速设计	①基于 XML／Java 语言的通用数据格式，跨平台交互界面。②结合代理模型的高效翼舵优化设计	①对大量气动数据的管理。②基于数据库的深度挖掘。③基于数据库的高速气动优化设计	西北工业大学	2016SR161170
36	PMNS3D	耦合边界层转捩自动预测 RANS 方法计算软件	完全自主知识产权的计算流体力学软件。软件是一个基于有限体积方法的结构化多块网格三维流动数值模拟程序，可用于计算三维几何外形的气动特性及流动细节分析。软件采用主流定常/非定常计算方法、通量格式和加速收敛算法，能够实现并行计算，计算范围包含低速、亚声速、计算速和高超声速	面向领域：飞行器、建筑物/桥梁、地面交通。主要功能：①定常/非定常。②激励盘模型。③固定/自由转捩	①高效的计算程序。②多种预处理和加速收敛技术。③复杂外形的转捩判断	①能够使用单块和多块网格。②转捩判断精度 5%参考长度。③常规状态误差数差 2%以内。④阻力系数误差 10 个阻力单位以内	西北工业大学	2017SR272784

（续）

序号	英文名称	中文名称	软件简介	面向领域及主要功能	软件特色	主要技术指标	开发单位	软件著作权登记号
37	ROTNS	旋转叶片气动分析软件	完全自主知识产权的旋转叶片气动分析软件。ROTNS 使用 Fortran 语言编写，可用于螺旋桨、直升机旋翼和风力机叶片等旋转叶片在无侧流状态下的绕流数值模拟，并输出叶片表面压力分布、拉力、功率、效率等气动性能	面向领域：①螺旋桨。②直升机旋翼。③风力机叶片。主要功能：①结构/非结构网格。②串行/并行。③加速收敛技术	①高效的计算程序。②多种预处理和加速收敛技术。③复杂外形的转捩判断	①能够使用单块和多块网格。②转捩判断精度 5% 参考长度。③常规状态升力系数误差 2% 以内。④阻力系数误差 10 个 count 以内	西北工业大学	2017SR29283
38	SurroOpt	基于代理模型的多目标多约束通用优化软件	SurroOpt 可以求解任意单目标、加权多目标、Pareto 多目标的无约束、多约束优化问题。该软件包括多种代理模型方法和多种成熟优化算法，可以运行于 Windows 及 Linux 操作系统，可以进行单核计算，也可以进行多核并行计算	面向领域：航空航天工程等。主要功能：①梯度/非梯度。②局部/全局。③单目标/多目标。④无约束/多约束	①高效的数据传递方式。②高精度的代理模型。③高质量优化方法。④通用规范的接口程序	①优化效率与梯度法相当。②对于全局优化问题，优化效率比其他全局算法高 1～2 个数量级	西北工业大学	2013SR029774

缩略语

ADT	Alternating Digit binary Tree	交替数字二叉树
AHCG	Adaptive Hybrid Cartesian Grid	自适应混合笛卡儿网格
ALE	Arbitrary Lagrange – Euler	任意拉格朗日 – 欧拉
ARMA	Auto – Regressive and Moving Average	自回归滑动平均
ARX	Auto – Regressive eXogenous	外因输入自回归
ATC	Analytical Target Cascading	解释目标级联
BEM	Blade Element Momentum	叶素动量理论
BLISS	Bi – Level Itegrated System Synthesis	二级系统一体化合成优化
BOS	Background Oriented Schlieren	背景导向纹影
CAA	Computational Aeroacoustics	计算气动声学
CARS	Coherent Anti – Stokes Raman Scattering	相干反斯托克斯拉曼散射
CFD	Computational Fluid Dynamics	计算流体力学
CFI	Computational Fluid Imaging	计算流体成像
CMC	Conditional Moment Closure	条件矩封闭
CO	Collaborative Optimization	协作优化
CSD	Computational Structural Dynamics	计算结构力学
CSSO	Concurrent Subspace Optimization	并行子空间优化
CTS	Captive Trajectory Simulation	捕获轨迹试验
DBD	Dielectric Barrier Discharge	介质阻拦放电
DDES	Delayed Detached – Eddy Simulation	延迟脱体涡模拟
DES	Detached – Eddy Simulation	脱体涡模拟
DG	Discontinuous Galerkin	间断伽辽金
DGV	Doppler Global Velocimery	多普勒全场测速
DAMAS	Deconvolution Approach for the Mapping of Acoustic Sources	声源成像反卷积法
DNS	Direct Numerical Simulation	直接数值模拟
DP – LUR	Data – Parallel Lower – Upper Relaxation	并行下上松弛
DPM	Discrete Phase Model	离散相模型

DSMC	Direct Simulation Monte Carlo	蒙特卡罗直接模拟
EKF	Extended Kalman Filter	扩展卡尔曼滤波
EMCCD	Electron – Multiplying CCD	电子倍增 CCD
ENO	Essentially Non – Oscillatory	本质无振荡
FBG	Fibber Bragg Gratting	光纤布拉格光栅
FFD	Free – Form Deformation	自由变形
FSS	Floating Suspension System	悬浮支撑系统
FV	Finite Volume	有限体积
FVTD	Finite Volume Time Domain	时域有限体积
GEK	Gradient – Enhancement Kriging	梯度增强 Kriging
GKUA	Gas Kinetic Unified Algorithm	气体运动论统一算法
GMRES	Generalized Minimal Residual method	广义最小剩余法
HDCS	High – order Dissipative Compact Scheme	高阶耗散紧致格式
HLL – HLLC	Harten, Lax and van Leer Contact	Harten、Lax 和 VanLeer 格式
IB	Immersed Boundary	边界嵌入
ICS	Imaging Camera system	图像拍摄系统
IDDES	Improved Delayed Detached – Eddy Simulation	改进延迟胶体涡模拟
ILU	Incomplete Lower – Upper	不完全上下三角
IRS	Interferometric Rayleigh Scattering	干涉瑞利散射
LEM	Linear Eddy Model	线性涡模型
LDV	Laser Doppler Velocimetry	激光多普勒测速
LES	Large Eddy Simulation	大涡模拟
LIF	Laser Induced Fluorescence	激光诱导荧光
LU – SGS	Lower – Upper Symmetric Gauss Seidel	下上对称高斯赛德尔
MCMC	Markov Chain Monte Carlo	马尔可夫链蒙特卡罗方法
MDF	Multidisciplinary Feasible	多学科可行
MEMS	Micro – Electro – Mechanical System	微机电系统
MHD	Magnetohydrodynamic	磁流体动力学
MRF	Multiple Reference Frame	多参考坐标系
NND	Nonoscillatory containing No free parameters and Dissipative scheme	无波动的耗散格式
NPLS	Nanoparticle – based Planar Laser Scattering	纳米粒子平面激光散射

NURBS	Non – Uniform Rational B – Splines	非统一均分有理性 B 样条
ODT	One Dimensional Turbulence	一维湍流
PANS	Partially Averaged Navier – Stokes	部分平均 N – S 方程
PDF	Probability Density Function	概率密度函数
PDPA	Phase Doppler Particle Analyzer	相位多普勒测量仪
PID	Proportional Integration Differentiation	比例积分微分
PIV	Particle Image Velocimetry	粒子图像测速法
PLIF	Planar Laser Induced Fluorescence	平面激光诱导荧光
PML	Perfect Matched Layers	完美匹配层
POD	Proper Orthogonal Decomposition	本征正交分解
PSE	Parabolized Stability Equations	抛物化稳定性方程
PSP	Pressure Sensitive Paint	压敏漆
RANS	Reynolds Average Navier – Stokes	雷诺平均
RBF	Radial Basis Function	径向基函数
RCS	Reaction Control System	反作用控制系统
RKDG	Runge – Kutta Discontinuous Galerkin	龙格 – 库塔间断有限元
ROM	Reduced Order Model	降阶模型
RSM	Reynolds Stress Model	雷诺应力模型
RST	Reynolds Stress Transport	雷诺应力输运
S – A	Spalart – Allmaras	一方程模型
SAB	Small – Aperture Beam	细光束
SAND	Simultaneous Analysis and Design	同时分析和设计
SAS	Scale – Adaptive Simulation	尺度自适应模拟
SCMM	Symmetrical Conservative Metric Method	对称守恒网格导数计算原则
SMA	Shape Memory Alloy	形状记忆合金
SPH	Smoothed Particle Hydrodynamics	光滑粒子流体动力学
SST	Shear Stress Transport	剪切应力输送
TALIF	Two – photon Absorption Laser Induced Fluorescence	双光子吸收激光诱导荧光
TEC	Total Collision Energy	化学反应能量
TDLAS	Tunable Diode Laser Absorption Spectroscopy	可调谐半导体激光吸收光谱
TPMC	Test Particle Monte Carlo	蒙特卡罗试验粒子

TPS	Turbofan Powered Simulator	涡扇动力模拟
TSP	Temperature Sensitive Paint	温敏漆
TVD	Total Variation Diminishing	总变量衰减
UGKS	Unified Gas Kinetic Scheme	气体动理学统一格式
UKF	Unscented Kalman Filter	无迹卡尔曼滤波
USED	Unstable – resonator Spatially Enhanced Detection	非稳腔空间增强探测
URANS	Unsteady Reynolds Average Navier – Stokes	非稳态雷诺平均
VMD	Video Measurement Deformation	视频变形测量
VOF	Volume Of Fluid	流体体积函数
WCNS	Weighted Compact Nonlinear Scheme	加权紧致非线性格式
WENO	Weighted Essentially Non – Oscillatory	加权本质无振荡

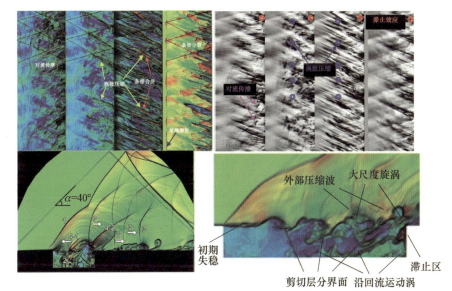

Ma=1.5空腹复杂流场与结构机理

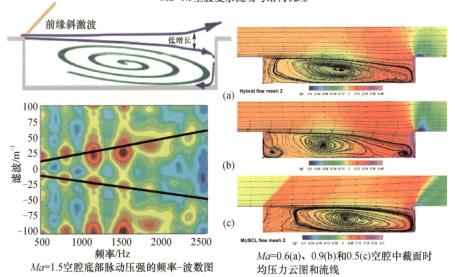

Ma=1.5空腔底部脉动压强的频率-波数图

Ma=0.6(a)、0.9(b)和0.5(c)空腔中截面时均压力云图和流线

图1-5 空腔复杂流动生成与演化机理、噪声产生机理分析

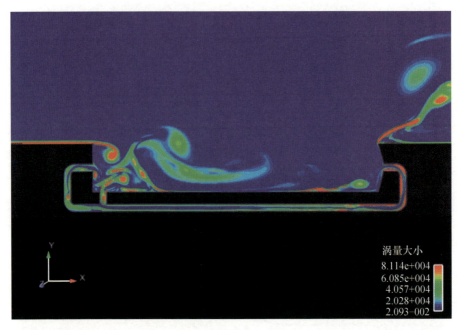

(a)

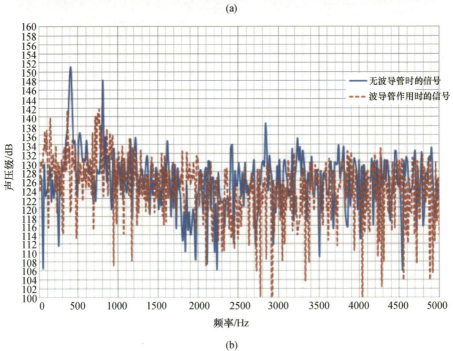

(b)

图1-6　典型结构波导管对空腔噪声控制效果分析

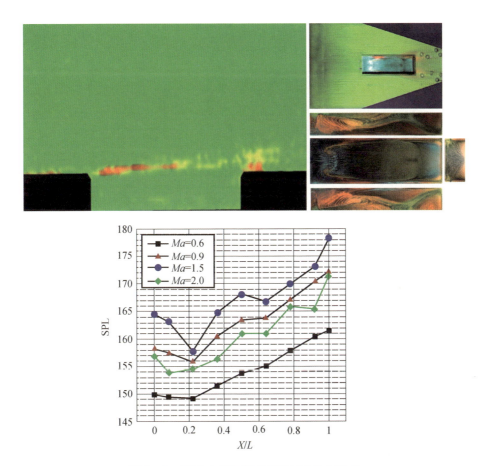

图 1 - 7　C201 空腔标模多场测试及分析技术

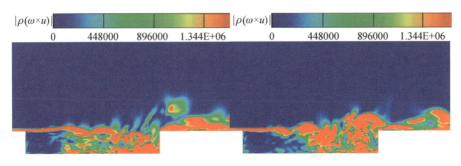

图 1 - 8　C201 空腔标模多尺度湍流结构图谱计算结果

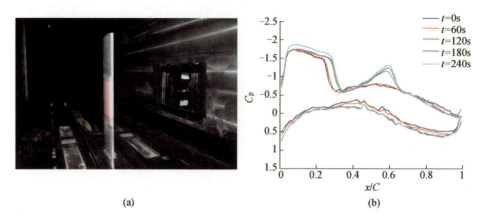

(a)   (b)

图 1-11　基于智能材料的变形体风洞试验模型及试验结果

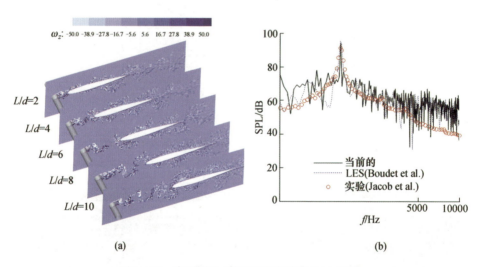

(a)   (b)

图 1-17　串列圆柱/翼型噪声高精度 CAA 结果

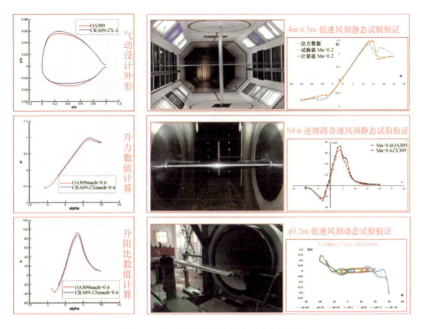

图 1 - 18　旋翼翼型的静、动态试验

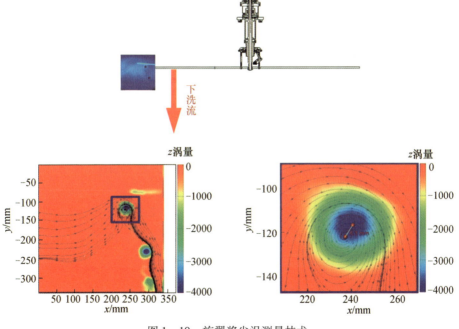

图 1 - 19　旋翼桨尖涡测量技术

图 1 – 21　TR – PIV 试验照片

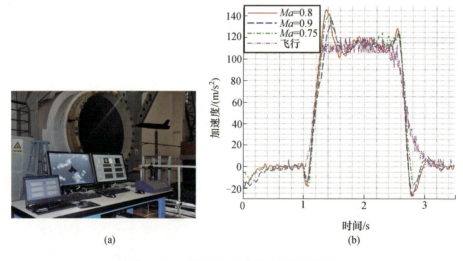

(a)　　　　　　　　　　　　(b)

图 1 – 54　虚拟飞行试验技术及典型结果

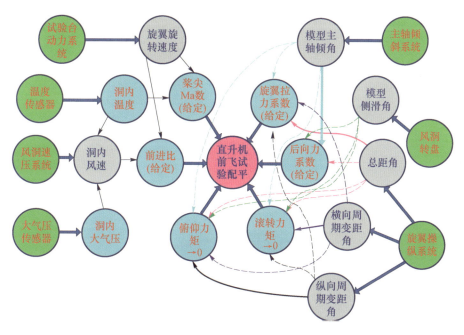

图 1 - 62　基于神经网络的自动配平技术

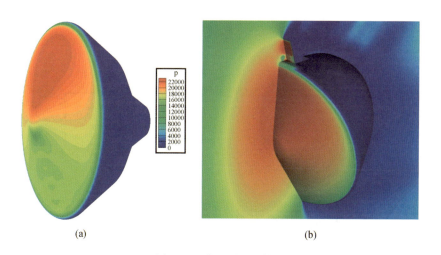

(a)　　　　　　　　　　　(b)

图 2 - 1　火星进入器外形

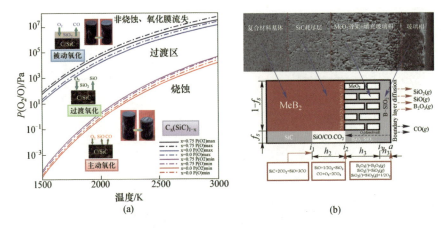

图 2-2　新型多组分耐烧蚀防热材料防热机理分析

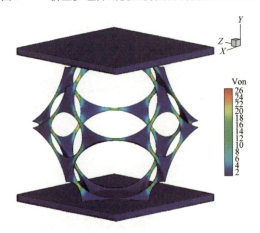

图 2-3　复合相变材料 RVE 等效应力云图

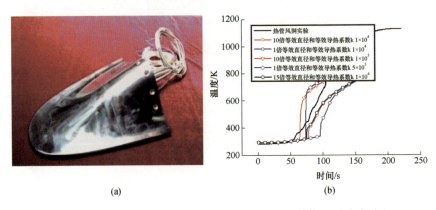

图 2-4　基于热管的疏导式热防护结构与非疏导结构风洞试验对比

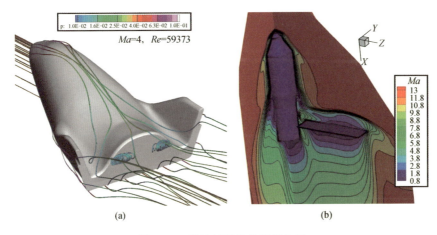

(a)   (b)

图 2 - 6　跨流域算法的模拟实例

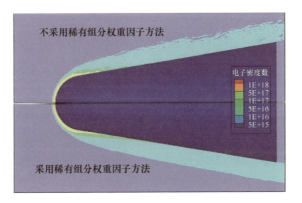

图 2 - 8　使用与不使用稀有组分权重因子方法得到
的 RAM - C Ⅱ 81km 电子数密度分布比较

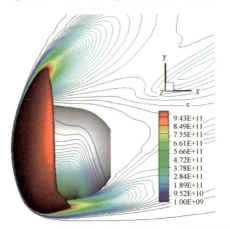

图 2 - 11　钝体外形电子密度等值线及等值面分布

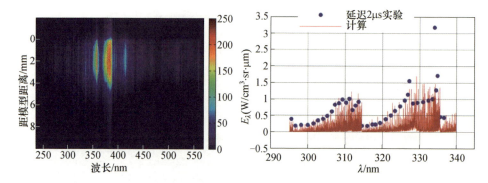

图 2 - 12　绝对辐射量的空间分布和随光谱变化

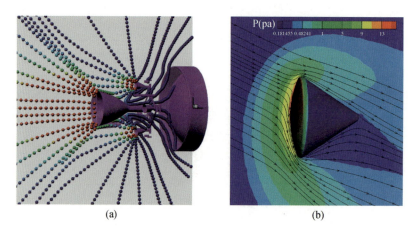

(a)　　　　　　　　　　　(b)

图 2 - 14　高空羽流流场结构以及"阿波罗"（Apollo）流场结构

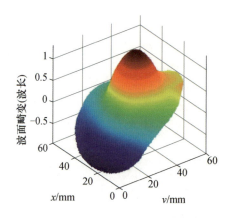

图 2 - 15　窗口介质引起的波面畸变

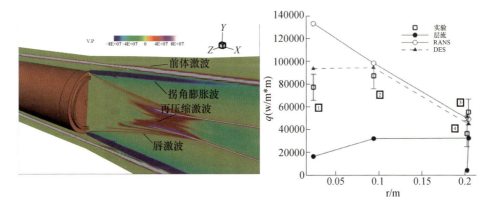

图 2 – 16　飞行器底部波系及底部热环境计算试验对比

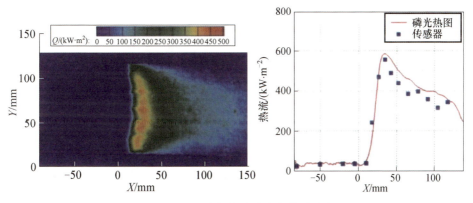

图 2 – 17　压缩拐角流动磷光热图试验

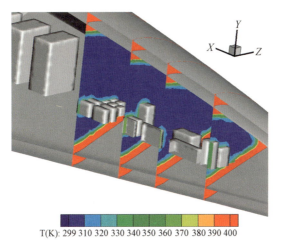

T(K): 299 310 320 330 340 350 360 370 380 390 400

图 2 – 19　舱段结构与舱内耦合热效应预测

d=7mm v=7km/s sata=30deg

图 2 - 20   铝的相图及超高速撞击碎片云相态模拟

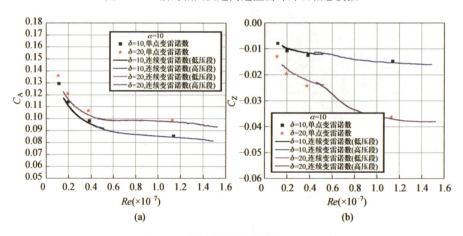

(a)   (b)

图 2 - 63   升力体模型变雷诺数试验结果曲线

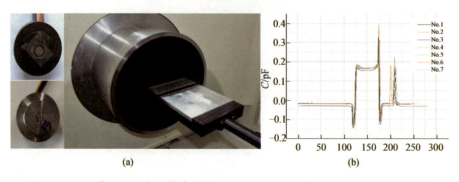

(a)   (b)

图 2 - 68   两代 MEMS 摩阻传感器样机、风洞验证试验装置和层流状态试验结果

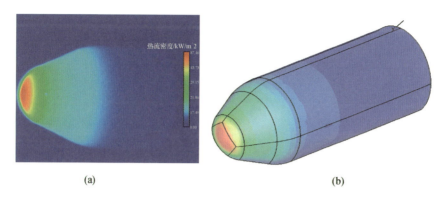

图 2 - 72　红外热流云图及三维重构后热流云图

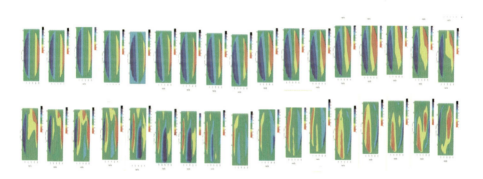

图 3 - 5　沿中轴线天顶角从 - 15°~18°气动光学效应导致的波面变化

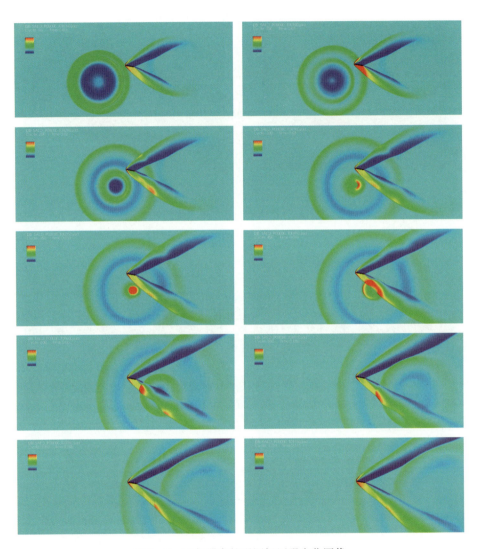

图 3 - 6　飞行器穿越强源场压强变化图像

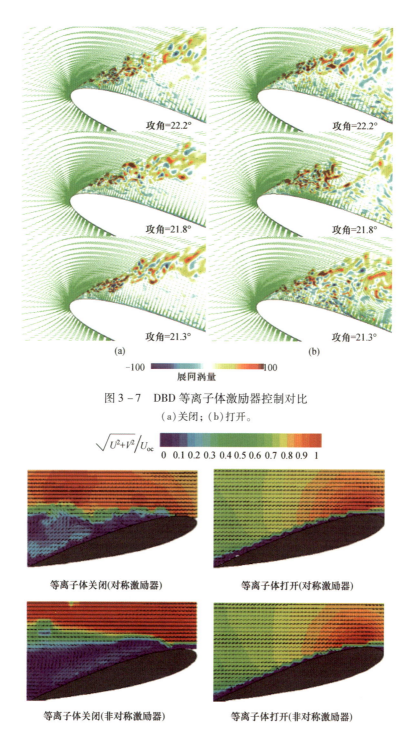

攻角=22.2° 攻角=22.2°

攻角=21.8° 攻角=21.8°

攻角=21.3° 攻角=21.3°

(a)   (b)

−100 ▮▮▮ 100
展向涡量

图 3 − 7   DBD 等离子体激励器控制对比

(a)关闭；(b)打开。

$\sqrt{U^2+V^2}/U_{oc}$ ▮▮▮▮▮▮▮▮▮▮▮
0 0.1 0.2 0.3 0.4 0.5 0.6 0.7 0.8 0.9 1

等离子体关闭(对称激励器)   等离子体打开(对称激励器)

等离子体关闭(非对称激励器)   等离子体打开(非对称激励器)

图 3 − 8   有无控制的机翼速度分布对比

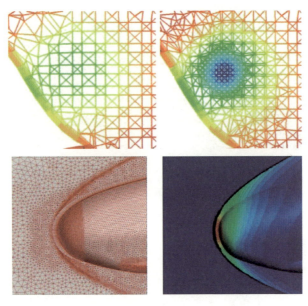

图 4-5　基于流场特征的自适应技术

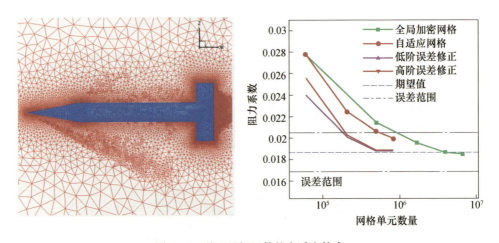

图 4-6　基于目标函数的自适应技术

下俯
攻角=12.5°

泡形模态

螺旋模态

图 4 - 8　DES 类方法在动边界问题上的应用

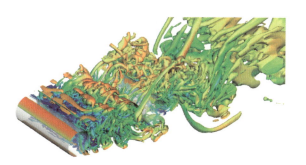

图 4 - 9　PANS 计算的双圆柱瞬时流场

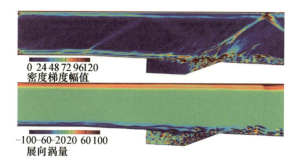

0 24 48 72 96 120
密度梯度幅值

-100 -60 -20 20 60 100
展向涡量

图 4 - 10　嵌入类方法模拟燃烧室流动

中国空气动力学发展蓝皮书（2017年）\彩插

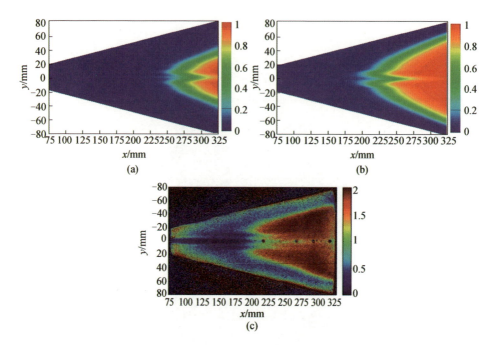

图 4 – 11　HIFiRE – 5 表面转捩区域分布（$Re_\infty = 6.1 \times 10^6/m$）

（a）不考虑横流；（b）考虑横流；（c）试验结果。

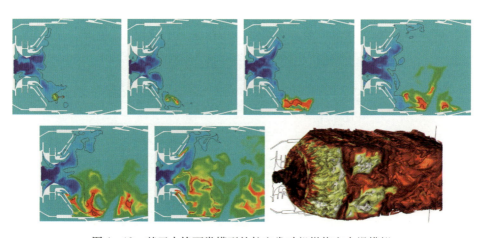

图 4 – 12　基于火焰面类模型的航空发动机燃烧室大涡模拟

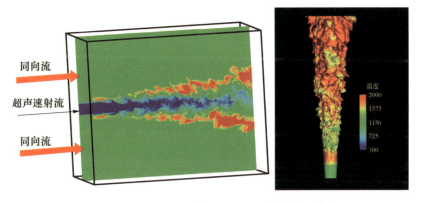

图 4-13　超声速气相射流抬升火焰直接数值模拟

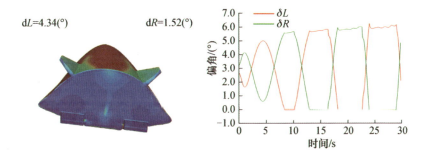

图 4-15　CRV 飞行器六自由度滚摆机动飞行

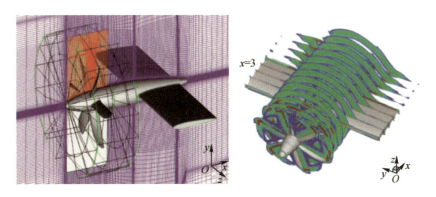

图 4-16　螺旋桨的流动模拟

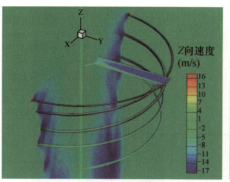
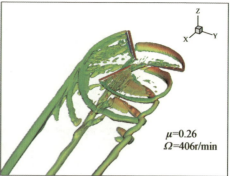

图 4 - 17　旋翼悬停与前飞状态模拟

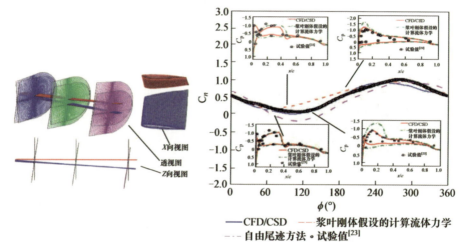

图 4 - 18　基于 CFD/CSD 耦合方法的旋翼气动载荷预测

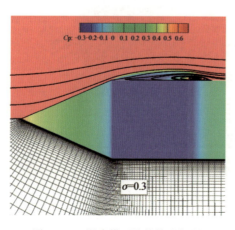
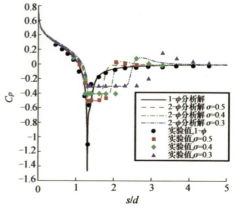

图 4 - 19　混合模型锥柱体流场图　　　　图 4 - 20　壁面压力系数比较曲线

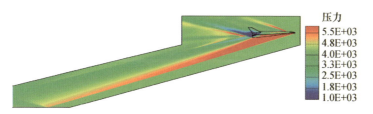

图 4 - 23　典型高超声速远程飞行器的声爆特性分析

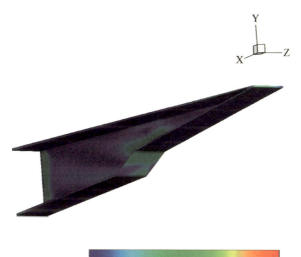

图 4 - 24　力/热/结构耦合分析

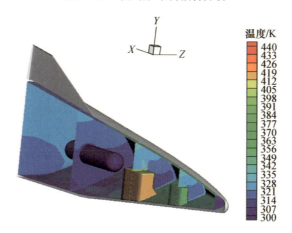

图 4 - 25　舱内热环境预测

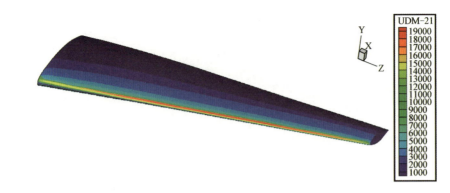

图 4-27 三维机翼表面防冰热载荷

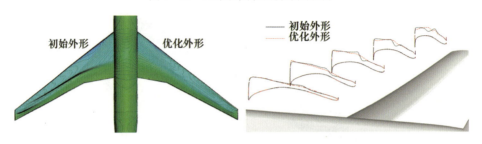

图 4-29 机翼优化设计前后对比图

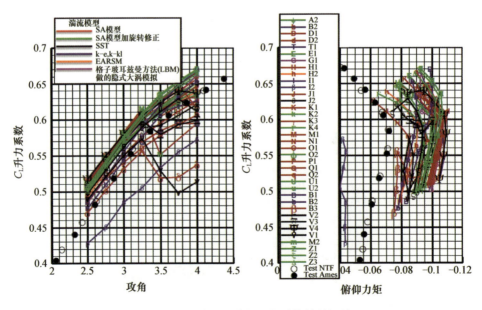

图 4-35 阻力预测会议上的计算结果汇总

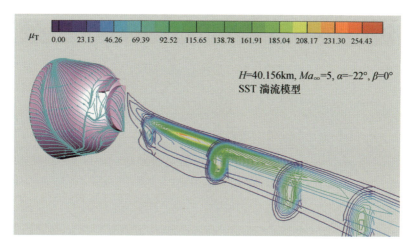

H=40.156km, Ma_∞=5, α=-22°, β=0°

SST 湍流模型

μ_T 0.00 23.13 46.26 69.39 92.52 115.65 138.78 161.91 185.04 208.17 231.30 254.43

图 4-39　探月返回器湍流效应影响

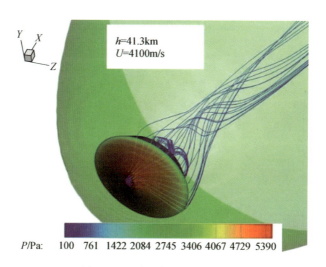

h=41.3km
U=4100m/s

P/Pa: 100 761 1422 2084 2745 3406 4067 4729 5390

图 4-40　火星探测器空间流线

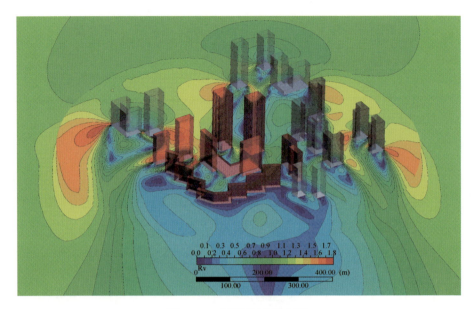

图 5 - 1　建筑群风环境评估

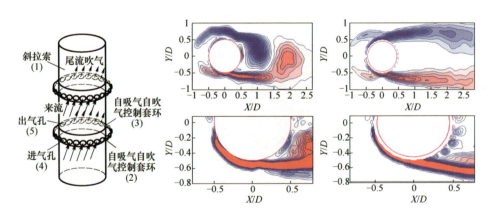

图 5 - 4　钝体结构主/被动流动吸气控制

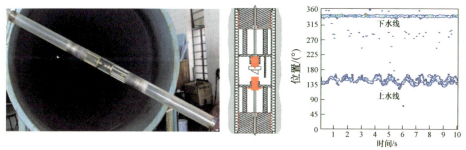

斜拉索雨振水膜/水线超声监测及二维水线特征

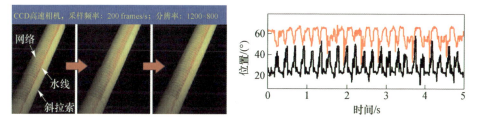

斜拉索雨振水线的计算机视觉识别及三维水线特征

图 5-7   斜拉桥拉索风雨激振机理研究

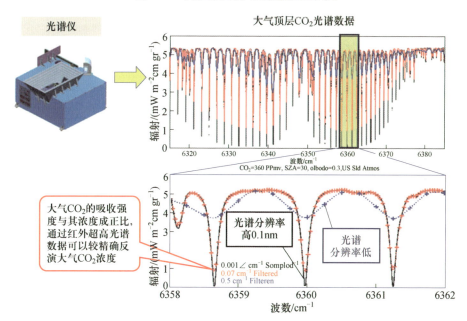

图 5-12   碳源/汇卫星探测原理

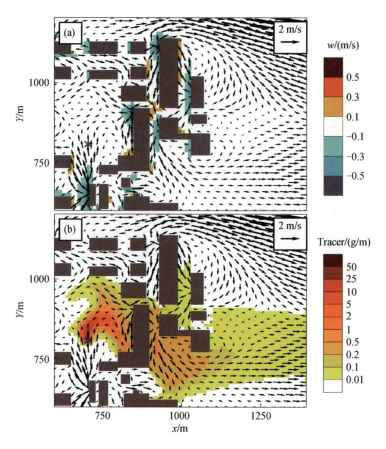

图 5 – 13　WRF – CFD 耦合模式模拟得到建筑物群内
10m 高度上的风矢量和示踪剂浓度分布

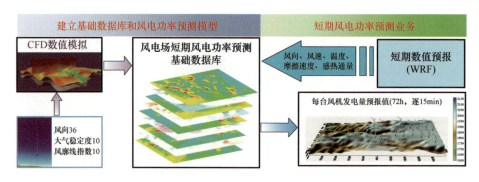

图 5 – 15　风电场短期风电功率动力降尺度预测系统

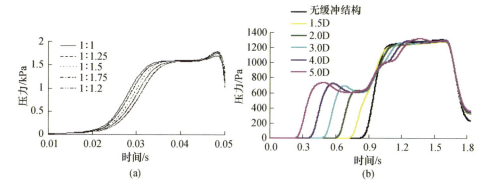

图 5 – 17 隧道口缓冲结构形式对初始压缩波的影响规律

（a）斜切式洞门斜率对初始压缩波的影响；（b）断面扩大缓冲结构长度对初始压缩波的影响。

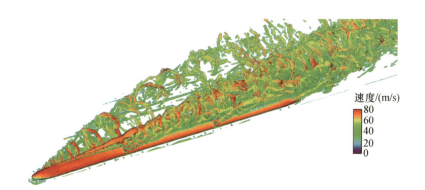

图 5 – 18 大风环境下高速列车非定常流场结构图

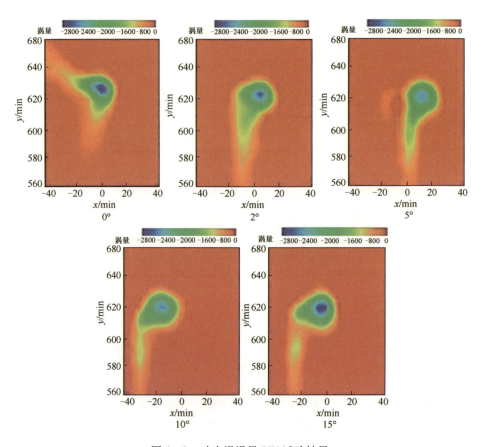

图 6-2　叶尖涡涡量 PIV 试验结果

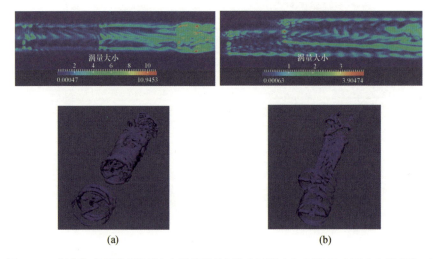

图 6-3　改进致动面模型纵排(a)及错排(b)排布下轴向切面涡量云图分布及等值面

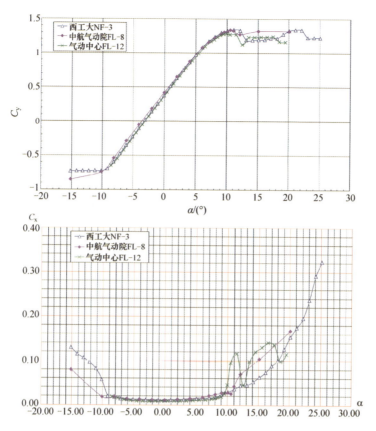

图 6-5　风力机翼型各风洞试验结果比较

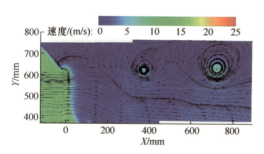

图 6-14　拼接的尾迹流场

图 6-15　叶片截面绕流场补光前后

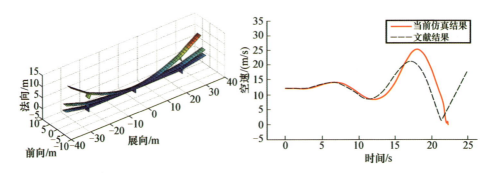

图 7-1　气动弹性与飞行动力学耦合仿真

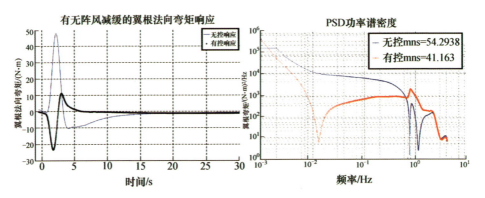

图 7-2　多控制面阵风减缓仿真

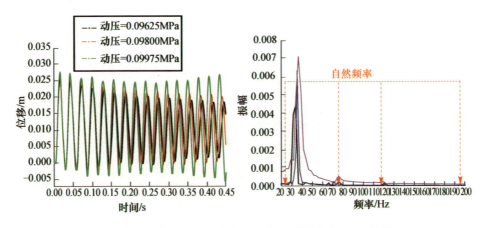

图 7-3　基于 CFD/CSD 方法的高超声速翼面颤振边界计算

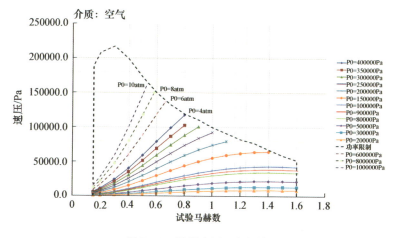

图 7 – 5　风洞速压运行包线

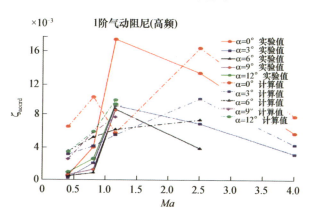

图 7 – 11　高频气动阻尼 – 马赫数曲线

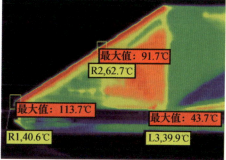

图 7 – 13　高超声速颤振试验模型变形和温度测试

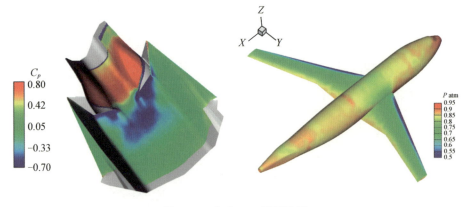

图 8-1　稳态 PSP 测量结果

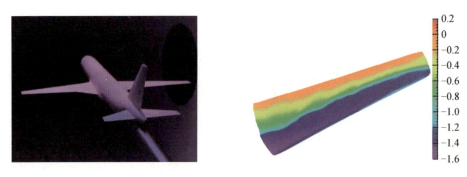

图 8-2　民机模型压力测量结果

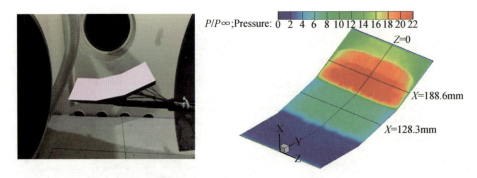

图 8-3　高超声速风洞压缩拐角测量

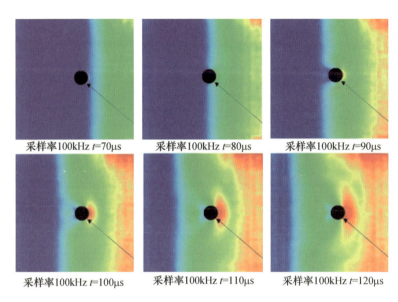

采样率100kHz *t*=70μs   采样率100kHz *t*=80μs   采样率100kHz *t*=90μs

采样率100kHz *t*=100μs   采样率100kHz *t*=110μs   采样率100kHz *t*=120μs

图 8 - 4   100kHz 激波撞击圆柱动态 PSP 测量

稳压腔外   稳压腔内

转子转速:18000r/min   22000r/min

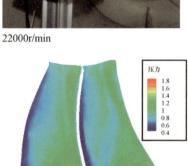

表面动态压力分布

图 8 - 5   高速风扇 PSP 表面压力测量

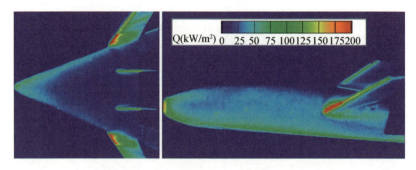

图 8-6　复杂外形飞行器热流云图

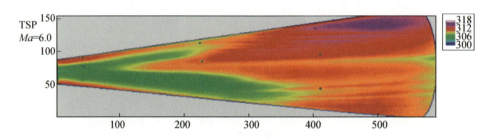

图 8-7　高超声速静风洞的 TSP 转捩测量

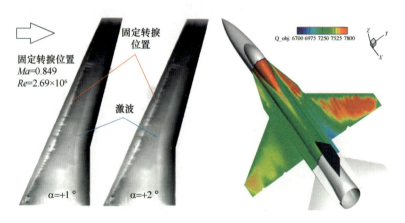

图 8-8　边界层转捩探测与三维热图重建结果

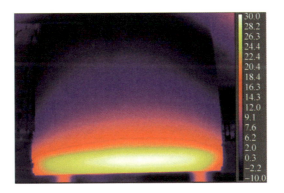

图 8 - 9　结冰试验模型防除冰表面测温

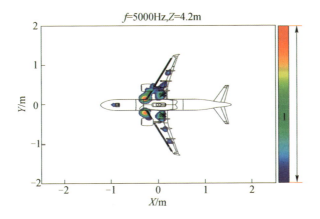

图 8 - 12　客机模型气动噪声试验($V=60\mathrm{m/s}$,1/3 倍频程分析)

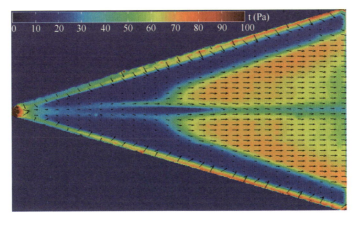

图 8 - 15　马赫数 5.0 条件下三角翼模型表面摩阻分布

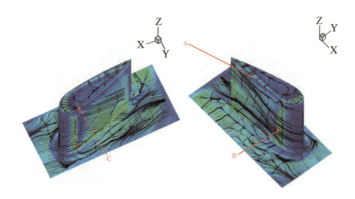

图 8 – 16　角区三维表面油流摩擦阻力测量

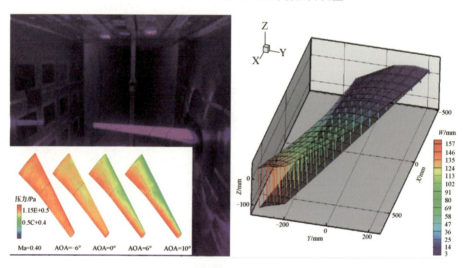

图 8 – 17　运输机弹性机翼 PSP 形变同步测量

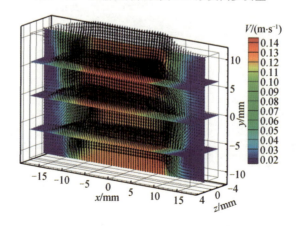

图 9 – 3　光场 PIV 测量结果

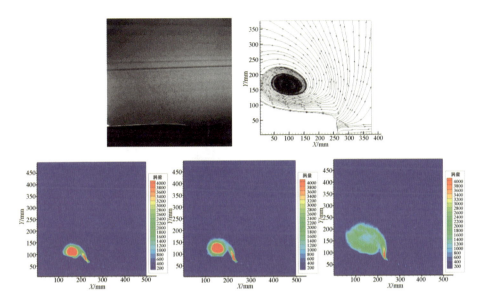

图 9 – 6　全流场粒子播撒图像和翼尖涡流场速度场、涡量场分布

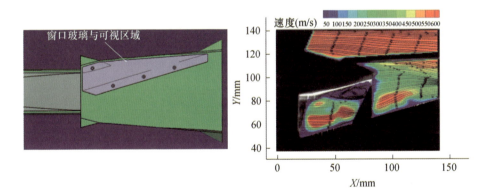

图 9 – 7　可视化超声速内流场 PIV 测量

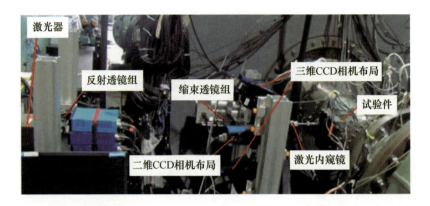

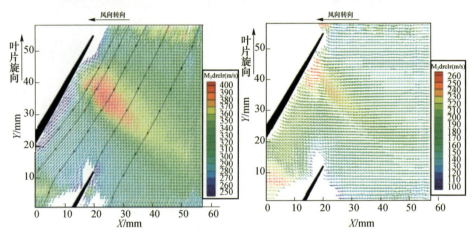

图 9 – 13　高速风扇 PIV 测量

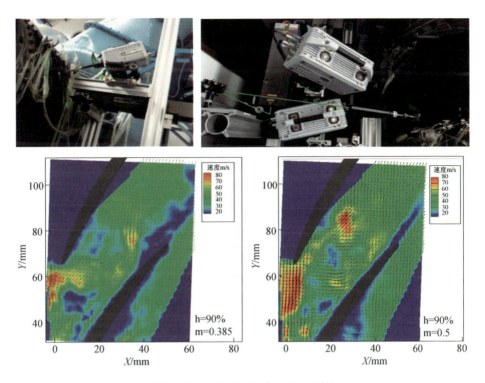

图 9 - 14　低速多级压气机 PIV 测量

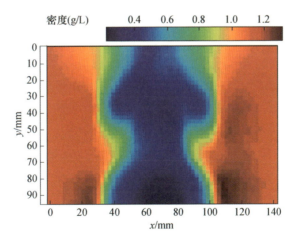

图 9 - 18　平面火焰上方流场 BOS 测量结果

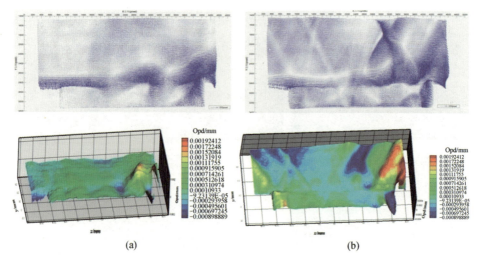

(a)　　　　　　　　　　　　　　　　　　(b)

图 9 - 19　空腔模型高速复杂流动结构

(a)马赫数 0.75；(b)马赫数 1.2。

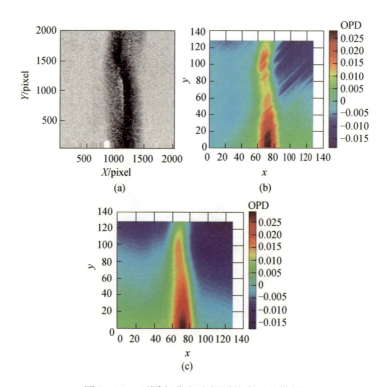

图 9 - 21　不同积分方法得到的光程差结果

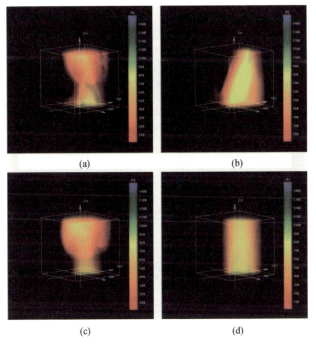

图 9-22　通过多方向臭尔 CT 实现三维温度分布重建

(a)$t=0s$；(b)$t=0.6s$；(c)$t=3.8s$；(d)$t=19.6s$。

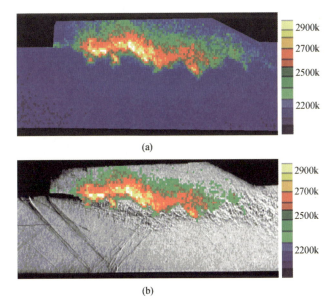

图 9-25　燃烧场 PLIF 和激光纹影同步诊断及合成结果

(a)燃烧场 PLIF 结果；(b)纹影和 PLIF 同步诊断合成结果。

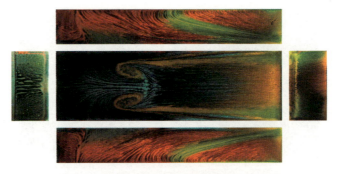

图 9 – 26　彩色荧光油流

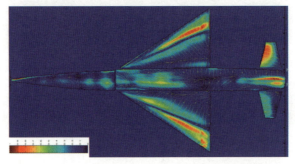

图 9 – 27　标模模型三维数字化油流试验结果